白桦种群的材性变异与木材腐朽的分子机理探析

杨传平　尚　洁　刁桂萍
闫绍鹏　王秋玉　著

科学出版社
北　京

内 容 简 介

本书在白桦天然种群木材理化性质遗传变异研究的基础上，根据白桦木材易腐朽的特点，从木材特性和木腐菌侵染机制入手探讨其木质纤维素降解酶活性和降解相关基因多样性的变化。同时，以白桦木材和两种典型的白桦专性腐朽菌——木蹄层孔菌（白腐菌）和桦剥管菌（褐腐菌）为研究材料，采用转录组的高通量测序和蛋白质双向电泳技术检测白桦木材腐朽过程中的基因和蛋白质表达水平的变化，为最终揭示白桦木材腐朽的分子机制，以及木材的保护和经济真菌的利用提供依据。

本书的读者对象主要为国内从事林业、森林培育和森林保护等专业的研究人员，以及高校相关专业的教师和研究生等。

图书在版编目（CIP）数据

白桦种群的材性变异与木材腐朽的分子机理探析 / 杨传平等著. —北京：科学出版社，2018.2

ISBN 978-7-03-054752-1

Ⅰ. ①白… Ⅱ. ①杨… Ⅲ. ①白桦–基因变异–研究 Ⅵ. ①S792.153

中国版本图书馆 CIP 数据核字（2017）第 246366 号

责任编辑：张会格 / 责任校对：郑金红
责任印制：张 伟 / 封面设计：刘新新

科 学 出 版 社 出版
北京东黄城根北街 16 号
邮政编码：100717
http://www.sciencep.com

北京京华虎彩印刷有限公司 印刷

科学出版社发行 各地新华书店经销

*

2018 年 2 月第 一 版 开本：787×1092 1/16
2018 年 2 月第一次印刷 印张：22 3/4
字数：537 000

定价：198.00 元

（如有印装质量问题，我社负责调换）

前　言

白桦适应性强，天然更新快，在我国东北地区分布面积最广，占全国桦木类的87%，而且在阔叶树中白桦的蓄积量最大，是全国所有杨树栽培品种总蓄积量之和。它的材质优良，具有纹理细致、颜色洁白、表面光滑度高、木质素含量低等独有特点，因此，是传统的单板、胶合板生产中最适宜和最重要的原料。同时，它可作工艺材、家具材、纸浆材等，在餐饮业和医药业中也被广为利用。“八五”以前，在我国林业传统的粗放式经营中，对白桦几乎未采取任何良种选育和培育措施，甚至在次生林经营改造时，白桦也是首先被伐除的对象。“八五”以后，白桦被列为国家科技攻关的树种，育种目标主要是单板类人造板材以及纸浆材良种选育，为白桦木材品质定向改良及木材产量和质量的综合选育奠定良好的基础。

木材腐朽是林业生产和木材使用的最主要病害，每年都会给各个国家造成重大的经济损失。现有的木材防腐剂的使用对环境存在着潜在的风险，因此，对木材腐朽机制的研究与耐腐朽树种和品种的选育一直是国内外关注的重点。白桦是极易腐朽的树种，心材腐朽最严重，既可被白腐菌侵染，也能被褐腐菌侵染。一般小径木的立木病害率较小，随树龄的增加病害率增大，老龄立木的病害情况极为严重。一般情况下，病源真菌自外向内侵入，木材变为黄白色棉絮状，并出现黑色线带、材质变脆等多种现象，严重时木材失去利用价值。因此，白桦作为木材腐朽的研究对象具有广泛的研究基础和重要的实际意义。同时，与使用木材防腐剂相比而言，通过传统的林木育种技术筛选天然耐腐的白桦种群和个体来培育白桦新品种，是一种环境友好的处理技术。

本书总结近年来的研究成果，对白桦天然种群的木材材质性状在群体间和群体内的变异规律进行全面系统分析，利用白桦天然种群内个体间生长和材性变异强度大的特点，在白桦天然种群内筛选对木材腐朽菌的抗腐和易腐植株，检测抗腐易腐植株之间的材性差异特点，为今后利用这种变异进行白桦木材品种改良、培育抗腐朽的白桦单板材和易腐朽的白桦纸浆材奠定基础，也为其他树种的森林培育、环境保护、生物制浆和木材利用等方面提供有用信息。

以白桦木材和两种典型的白桦木材专性腐朽菌——木蹄层孔菌（白腐菌）和桦剥管菌（褐腐菌）为研究材料，采用常规生物学技术、转录组的高通量测序和蛋白质双向电泳技术检测两菌种在白桦木材腐朽过程中的理化特点、基因和蛋白质表达水平的变化，探讨其木质素、纤维素、半纤维素降解相关酶活性和降解相关酶基因以及其他相关基因和蛋白质的表达变化；同时，采用红外光谱技术研究木材腐朽过程中木质纤维素各组分官能团损失状况。为最终揭示白桦木材腐朽的分子机制，为今后新一代快速高效木质纤维素酶系和工程菌的研发提供技术支持，为白桦木材保护和经济真菌的利用提供依据。

参加本书写作的主要人员有东北林业大学的杨传平教授（第1章），王秋玉教授（第2章），刁桂萍副教授（第5、第9章），闫绍鹏高级工程师（第3、第4、第7章）；北方民族大学的尚洁副教授（第6、第8章）。刘欣博士和赵敏、吕世翔、徐烨、王玉英、曹宇、李海峰、彭木等硕士在本书的数据收集和整理分析过程中给予了支持和帮助，以及科学出版社责任编辑为本书的出版付出了辛勤劳动，在此一并致以衷心的感谢。

杨传平

2017年11月10日

目　　录

1 绪　　论

1.1 白桦与白桦木材特点

1.1.1 白桦生物学特征

白桦（*Betula platyphylla*）是适应性较广、结实量多、萌生能力强的先锋树种。一般情况下，主要以天然纯林为主，有时与山杨（*Populus davidiana*）、栎（*Quercus* sp.）等形成以桦木为主的混交林。在原生群落内作为红松林、云冷杉林和落叶松林的伴生树种存在。白桦林是原生针叶林或针阔叶林受破坏后所形成的次生林，对恢复森林和维护森林的生态效益有重要意义，其木材也有重要的经济价值。

白桦在次生林区是生长比较迅速的树种。高和径生长高峰出现较早，数量成熟期、自然稀疏的起始期与结束期皆早于同属的枫桦（*Betula costata*）、黑桦（*B. dahurica*）、红桦（*B. albo-sinensis*）等，而与主要伴生树种山杨较接近。白桦的树高生长节律与落叶松接近，属持续生长类型[1]。

白桦种子更新及萌芽更新能力都很强，中国现有的白桦林中实生起源与萌生起源都存在。天然白桦在林龄达 15～20 年时即可产生大量种子，一株 30 年生的白桦年结实量达 1.0～1.5kg，且结实频繁，隔 1～2 年丰收一次。在采伐迹地、火烧迹地及其他生土熟化地段很容易获得良好的天然种子更新。白桦对光照条件要求很严格，属喜光树种，林冠下更新不良。白桦伐根萌芽力也很强，利用白桦的萌芽能力培育萌生林，方法简便，成材迅速。

白桦木材纹理直，结构细，易腐烂；可供胶合板、车辆、箱板、建筑、火柴杆、造纸及家具等用。树皮含鞣质 7.28%～11%，可提取栲胶，又可提取桦皮油，是重要的工业原料。种子含油量 11.43%，叶可作黄色染料，树皮药用。

1.1.2 白桦的分布

白桦林分布广泛，遍及东北、华北、西北以及陕北、宁夏、甘肃、青海和西南的四川等地。国外分布于俄罗斯的东西伯利亚和远东以及蒙古国、朝鲜北部、日本。中国境内白桦林分布范围从 28°N（四川木里）到 53°N（黑龙江漠河），从 96°E（青海囊谦吉曲）到 135°E（黑龙江东部边境三江口），南北跨纬度 25°，东西跨经度 39°，在新疆境内天山林区的阴坡与谷地云杉林中，能见到白桦存在，西藏米林甲格沟、太昭和林芝的森林中均有分布。

中国白桦林分布区内，白桦林分布的地理特点具有如下规律：由北向南、由东向西，白桦林的分布由多渐少，由各坡向逐渐集中于阴坡、半阴坡；由低海拔逐渐转向高海拔，由连续分布逐渐转向间断分布。东北林区集中了全国白桦面积和蓄积量的 2/3 以上，仅内蒙古大兴安岭北部的中心地带（呼伦贝尔地区和兴安盟），就有白桦林 189.95 万 hm^3，约占全国白桦林 489.97 万 hm^3 的 38.8%。东北林区白桦林多为次生幼中林，分布于大小兴安岭、长白山和辽宁东部山地天然林的四周，除个别较高山峰外，分布于 1000m 以下的各种坡向。在阴坡、缓坡河谷地形成大片纯林或与山杨、椴树、色木槭、榆树等形成混交林。

白桦林能分布在各种森林土壤上。在寒温带的大兴安岭山地分布在棕色针叶林土、漂灰土、暗棕色森林土、沼泽土上。在温带的东北东部山地，白桦林分布在暗棕色森林土、腐殖质潜育土、草甸土和完达山林区的白浆土上。华北、西北和四川的白桦林分布在山地棕色森林土和山地褐色土上。白桦林分布的土壤肥力较高，有较多腐殖质，为团粒结构，淋溶作用较弱。土壤反应呈中性或弱酸性与微碱性，土层为中层和厚层。

1.1.3 白桦的木材特点

1.1.3.1 木材粗视构造

白桦木材黄白至黄褐色，心边材区别不明显，立木因腐朽常出现假心材（暗褐色）；有光泽；无特殊气味和滋味。生长轮略明显，轮间呈浅色细线；散孔材；宽度略均匀，每厘米 2～7 轮。管孔略多至多；略小，在肉眼下呈白点状；大小略一致，分布略均匀；散生；侵填体未见。轴向薄壁组织在放大镜下可见；轮界状。木射线密度中等；极细至略细，在放大镜下略见，比管孔小；在肉眼下径切面上射线纹明显。波痕及胞间道缺如。

1.1.3.2 木材显微结构

导管横切面为卵圆及椭圆形，略具多角形轮廓；每平方毫米平均 65 个；单管孔及短径列复管孔（2～4 个，间或 5～6 个），少数呈管孔团；散生；壁薄（3.7μm）；最大弦径 93μm 或以上，多数为 55～80μm；导管分子长 600～1220μm，平均 940μm；侵填体未见；螺纹加厚缺如。复穿孔，梯状，少数具分枝；横隔窄（4.5μm），中至多（10～30 条或以上）；穿孔板甚倾斜。管间纹孔式局部对列，或对列-互列，卵圆形，长径 4.0～4.9μm；纹孔口内涵，外展及合生，线形及裂隙状。轴向薄壁组织量少；轮界状（通常宽 1 列细胞），少数星散状；间或星散-聚合状及环管状；端壁节状加厚不明显；多含树胶；晶体未见；筛状纹孔式常见。木纤维壁薄；直径多数为 18～24μm；长 980～2000μm，平均 1430μm；具缘纹孔数少，略明显，圆形，直径 3.4～4.3μm；纹孔口外展，裂隙状（多直立），少数略呈 X 形。木射线非叠生；每毫米 7～9 根。单列射线宽 9～16μm；高 1～10 细胞（23～387μm）或以上，多数 7～15 细胞（160～310μm）。多列射线宽 2～3 细胞（13～31μm）；高 7～29 细胞（105～496μm）或以上，多数 10～20 细胞（192～340μm）。射线组织同形单列及多列，偶见异形Ⅲ型，射线细胞卵圆及椭圆形，部分含树胶，晶体未见，端壁节状加厚及水平壁纹孔明显。射线-导管间纹孔式类似管间纹孔式。胞间道缺如[2]。

1.1.3.3 纤维形态特征

白桦只含两种形态的纤维，即纤维管胞及韧型木纤维，而纸浆中不存在管胞。白桦的管胞分子，基本上看不出早材和晚材的区别。桦木导管分子全部为复穿孔，即梯状穿孔，穿孔上的横条较多，排列细密。导管分子管壁上的纹孔特别小，通常呈群集状。孔口大小均匀，呈互列状排列，与交叉处的纹孔直径相差不大。交叉处有明显的横格状的木射线遗痕。导管的两端倾斜，有渐变的舌状尾部[3]。

1.1.3.4 白桦木材的主要缺陷

白桦是极易腐朽的树种。水心型腐朽最严重，一般小径木的立木病害率较小，随树龄的增加而病害率增大，老龄立木的病害情况极为严重。水心腐朽横切面上呈红褐色圆形或不规则形状，极似心材，但外部的边缘与年轮不吻合，通常还夹有淡黄色的波状带纹。此腐朽可由变色菌和假木紫芝菌引起，通常对材质影响不大，但质稍脆，冲击、弯曲及剪切强度略有降低，利用时可不加限制。此外，水心材中常出现白色斑点，掺杂黑褐色线圈的大理石腐朽，或具粗糠状干心腐朽，致使材质松软。干瓜子型腐朽，主要由水心产生，是假木紫芝菌腐朽的后期，出现的情况远较水心产生的少。

白桦在存放期间，边材极易感染大理石状腐朽，系由木紫芝菌、彩绒革盖菌、粗毛瓦菌和桦木白腐菌引起。真菌自外向内侵入，木材变为黄白色棉絮状，并出现黑色线带、材质变脆等多种现象，严重时木材失去利用价值。储存的原木若不加以适当处理，大部分将被腐朽，原木剥皮是减轻桦木边材腐朽的有效方法之一，但剥皮后又易引起严重的开裂。所以在保管期间采用端部涂刷封闭剂和剥离外皮对防止腐朽和开裂的效果较好。

桦木天然整枝能力较差。在主干部分，除裸出节外，还有许多隐生节，这些隐生节在外部表现为树皮上“八”字状节疤。在桦木主干上最多的是角质节、轻微腐朽节和松软节，其次是健康节、活节，最少的是腐朽节，腐朽节常使桦木形成心腐[4]。

1.1.4 国内外白桦研究历史与现状

森林树种生长周期长，多处于野生或半野生状态，由于长期异交，具有高度的杂合性和高度的遗传负荷。种源试验证明了很多树种都具有很大的遗传变异性，这些变异的原因是一些引起群体中不同基因频率发生变化的偶然因子或机制。可将这些因子分为两类，其一是创造或加大自然变异，其二是相应地减小这种变异[5,6]。

国外在桦树方面的研究最早可追溯到1940年，瑞典的哈格·约翰逊报道了桦树育种概况，随后苏联、德国、芬兰、荷兰及英国、美国、日本等国也都有详细的报道。研究的内容比较广泛，涉及种源试验、优树选择和子代测定、杂交育种、无性繁殖、种源的地理变异规律及最佳种源的选择、引种、强化育种等多个方面[5]。

Kinoshita 和 Saito[7]报道了日本白桦采用腋芽包被法获得再生植株。Leege 和 Tripepi[8]研究了欧洲白桦的组培快繁。结果发现，桦树叶片再生嫩枝的能力因植株个体不同而异，而与植株的年龄无关。这种可靠的嫩枝再生系统可用于快速嫩枝繁殖,为欧洲白桦的遗传转化提供基础。

对白桦幼苗（欧洲白桦）的次生代谢物的研究发现，提高 CO_2 含量和温度时桦树叶中和根中的含碳次生代谢物不同。并且桦树在对食草动物的抵抗方面，CO_2 和温度的共同作用比 CO_2 和温度单独作用小[9]。在 UV-B 辐射下，白桦叶片的（+）儿茶素、槲皮素、桂皮酸衍生物、五碳糖含量增加，尤其是槲皮素浓度和抗脂质过氧化作用水平表明桦树叶受到 UV-B 辐射时次生代谢物有抗氧化作用[10]。比较欧洲白桦幼苗和成年树的基因型、环境、个体发生对次生代谢产物改变的影响，发现大多数酚类化合物的变异都可以由母树的基因型不同解释，然而，三萜系化合物在母树和个体树冠上都有很高的变异，个体发生对于个别化合物有很高的影响，环境对于某些化合物的积累没有明显影响[11]。

我国在白桦方面的研究起步较晚，“八五”期间林业部将白桦列为科技攻关项目后，进行了种源试验、优树选择、强化育种、扦插繁殖等方面的研究，取得了可喜的成果。

杨贺道和宋杨[12]采用方差分析和最小显著全距测验等方法，对白桦分布区 4 个地点的白桦在产地间、产地内林分间、林分内个体间的生长特性的遗传差异进行了初步研究，研究表明，生长特性在产地间、林分间、个体间 3 个层次上均达到了极显著的差异水平，其中，个体间的差异最大，在最佳产地的最佳林分中选择最佳个体遗传增益达 107.24%。鲍甫成和江泽慧[13]分析了黑龙江等 5 省白桦天然种群的木材特性，表明各种群间纤维长度差异达到极显著，物理力学性质差异极显著。种群间变异大于种群内变异，部分指标种群内变异大于种群间变异，这为在种群选择的基础上进行个体选择提供了依据。刘欣欣和惠楠[14]测定国内 7 个省份的天然白桦的树高和胸径的家系遗传力分别为 0.456 和 0.424，表明白桦家系树高和胸径受中等强度的遗传控制，白桦不同种源间树高、胸径差异达到极显著水平。姜静和杨传平[15]对东北 3 个地区 13 个种源的白桦采用 RAPD 分子标记技术进行了遗传多样性分析表明，遗传变异在 3 个地区之间占 23.88%，13 个种源之间占 27.99%，种源内个体间占 48.13%。Hamrick 和 Godt[16]的等位酶分析结果虽然有些差异，但与作为风媒异交植物遗传变异主要分布于种群内的规律是一致的。

李绍臣等[17]利用拟测交策略，采用 RAPD 分子标记技术，以欧洲白桦×白桦 F_1 代 79 个个体为研究群体，对欧洲白桦和白桦的遗传连锁群结构进行分析，检测到 296 个多态性位点，分别构建了欧洲白桦和白桦的遗传连锁群。高福玲和姜廷波[18]以 80 个中国白桦（*Betula platyphylla* Suk.）×欧洲白桦（*Betula pendula* Roth.）的 F_1 个体为作图群体，利用扩增片段长度多态性（amplified fragment length polymorphism, AFLP）标记，按照拟测交作图策略，分别构建了中国白桦和欧洲白桦的分子标记遗传连锁图谱。

李开隆等[19]以 5 个白桦优树作为杂交亲本，按 5×5 完全双列交配设计进行控制杂交，发现 25 个杂交组合的种子千粒重、发芽率、发芽势及其苗高、地径均存在着极显著的差异；从 25 个杂交组合中选出 5 个组合为优良组合。陆爱君[20]对白桦×欧洲白桦 2 号杂交种、欧洲白桦 29 号、小北湖 5 号白桦优树子代进行苗期研究，结果表明，它们之间苗高、地径生长差异极显著，生长表现最好的是白桦×欧洲白桦 2 号，杂种优势明显。于洪芝和张胜[21]对 3 年生杂交的白桦幼树高生长及径生长进行方差分析，结果表明白桦不同杂交品系间存在显著差异，筛选出 2 个优良家系，2 个试验组树高、地径的遗传增益分别为 47%～49%和 26%～33%。王志英等[22]利用基因工程的方法，将杀虫基因导入白桦，转抗虫基因白桦对舞毒蛾幼虫具有直接致死作用，还具有降低其生殖力、体长、体质量和延缓生长发育的间接抗性。

1.2 木材与木材材性

1.2.1 木材

木材是地球上蕴藏能量最大的资源之一，但其组成成分中只有极少的一些单糖和淀粉能被其他生物直接利用，而主要的构成成分为纤维素、半纤维素和木质素。纤维素和半纤维素是多糖，而木质素是一种由苯丙烷的前体合成的芳族聚合物。不同树种的木材通常是由40%～50%纤维素、20%～35%的半纤维素和15%～35%的木质素组成。

1.2.1.1 木质素

木质素是由芳香醇构成的复杂聚合物，它是通过碳—碳键（C—C）和醚键（C—O—C）连接在一起的苯丙烷单元。木质素为植物纤维提供结构支撑，抵抗微生物的攻击，提高木质部和韧皮部水的运输。木质素生物合成的前体是 *p*-香豆醇、松柏醇和芥子醇。它通常来自于木材，是植物次生细胞壁和一些藻类第二层细胞壁的重要组成部分。全球木质素的产量大约每年 110 万 t，它是地球上最丰富的有机聚合物之一，仅次于纤维素，它占非化石有机碳的 30%，占木材干重的 1/4～1/3。作为一种生物聚合物，因为本质素的非均质性和缺乏明确的主要结构，所以是与众不同的。

在细胞壁中，木质素填充在纤维素、半纤维素和果胶成分的空隙之间，特别是在木质部管胞、导管分子和石细胞中。木质素被共价连接到半纤维素，因此交联不同的植物多糖，赋予细胞壁机械强度，并扩展到整个植物使其成为一个整体。

1.2.1.2 纤维素

纤维素是地球上最丰富的有机聚合物，由重复的纤维二糖构成，这些纤维二糖是由 β-1,4-糖苷键连接的葡萄糖构成。木材来源的纤维素的聚合度（DP）通常大于 10 000，相邻的纤维素聚合物通过氢键相互作用，形成包含非晶和结晶区高度稳定的结构。纤维素是分子式为 $C_6H_{10}O_5$ 的有机化合物，一个多糖由几百甚至超过一万个 β（1→4）键连接的 *D*-葡萄糖单元构成的直链组成。纤维素是绿色植物、不同形式的藻类和真菌初生细胞壁的一种重要结构，一些细菌分泌纤维素以形成生物膜。棉纤维中的纤维素含量为 90%，木材的是 40%～50%，而干燥亚麻约为 45%。

纤维素主要用于生产纸板和纸张。少量的纤维素被转换成各种各样的衍生产品，从能源作物转化为生物燃料，如纤维素乙醇正在被研究作为替代燃料来源。工业用纤维素主要来源于木浆和棉花。

1.2.1.3 半纤维素

像纤维素一样，半纤维素主链也是由 β-1,4-糖苷键连接的多糖。然而，半纤维素的特定糖组成取决于多糖的来源。例如，初生细胞壁中木葡聚糖是主要的半纤维素成分，这些木葡聚糖由 β-1,4-葡萄糖骨架构成，同时被木糖、半乳糖、岩藻糖修饰，有时被分支糖修饰。半纤维素（也称为多糖）是由几种不同类型单糖构成的杂聚物（基质多糖），如阿拉伯木聚糖，它伴随着纤维素存在于几乎所有的植物细胞壁中。纤维素是结晶体，坚韧、耐水解，而半纤维素具有随机、无定形的结构，也具有一点韧性。它很容易被稀酸或碱以及无数的半纤维素酶水解。

半纤维素包括木聚糖、葡萄糖醛酸、阿拉伯木聚糖、葡甘露聚糖和木葡聚糖。这些多糖含有很多不同的糖单体。与此相反，纤维素只包含无水葡萄糖。除了葡萄糖，半纤维素中的糖单体可以包括木糖、甘露糖、半乳糖、鼠李糖和阿拉伯糖。半纤维素含有大部分 *D*-戊糖，偶尔也有少量的 *L* 型糖。木糖在大多数情况下是存在最多的糖单体。半纤维素中不仅能发现常规的糖，而且还能发现它们的酸化形式，如葡萄糖醛酸和半乳糖醛酸。

半纤维素（多糖）由 500～3000 糖单元短链组成，而不像出现在纤维素聚合物中的 7000～15 000 葡萄糖分子。此外，半纤维素是一种支链化的聚合物，而纤维素是直链的。

1.2.2 木材材性

木材是一种重要的材料，用途广泛。木材材性是描述木材品质的指标，决定着木材的经济价值，同时对木材的加工和利用有着直接影响。只有掌握木材的性质，才能科学合理地利用木材。木材性质包括木材的宏观构造、显微构造、超微构造等木材解剖性质；木材的密度、含水率、吸湿性、湿胀、干缩、电学、热学、声学和光学等木材物理性质；抗弯、抗压、抗拉、韧性、抗剪、硬度、蠕变等木材力学性质；木材的元素组成、各化学成分的形成和分布等化学性质。

材性是木材利用的基础，人们对一个树种木材的高效利用依赖于对其材性的研究和了解。由于木材在生产和社会生活中有着非常广泛的用途，不同的利用目的对木材材性的要求不同，即使是同一树种的不同利用目的也是如此。相应地，用材林的育种目标也要转变，在追求原有生长量、干形、抗性等方面的同时，还要重视管胞长度、纸浆得率、内含物等多方面的综合利用[23]。因而，单纯以生长量为主要改良目标的林木遗传改良已经不能满足经济和社会发展的需要，用材树种的木材品质定向改良以及木材产量与质量的综合遗传改良已经成为当前世界林木遗传改良的重要发展方向。

1.2.2.1 木材材性研究历史与现状

关于木材性质和变异的研究起始于德国的 Karl Sanio 于 1872 年对欧洲赤松（*Pinus sylvestris*）管胞长度变异模式的研究（称为“Sanio”规律）。而早期的研究多侧重于木材的种属间差异的研究，目的是为科学分类提供依据。公认的最早对现代木材解剖构造变异进行系统研究的学者是 Rendle 和 Clark[24]。随后，1936 年德国的 Kollmann 出版了 *Principles of Wood Science and Technology* 一书，对木材的性质和加工利用作了较为详细的论述；1940 年美国木材学家 Panshin 和 de Zeeuw 编写了 *Text Book of Wood Technology* 一书，论述木材构造、识别和性质的基本概念，另外还涉及与生产实践有关的木材性质和用途[25]。20 世纪 50 年代末期，国际上已注意到木材材性的遗传变异性。60 年代初美国和日本等开始了针叶树改良的基础研究，并陆续制定和实施了美国南方松和日本落叶松的材性改良计划，一些著名学者就木材材性的变异原因及控制发表了一些具有重要影响的著作。近几十年来，木材材性和变异研究是与林木育种、营林抚育和造林相结合，进行不同种源、不同营林抚育措施、不同造林方法对木材构造和材性变异的影响等研究。Yanchuk 等[26]对颤杨（*Populus tremuloides*）3 个无性系的株内和无性系间的木材密度的变异进行了探讨；Byram 和 Lowe[27]分别对美国梧桐（*Platanus occidentalis*）5 个种源的 48 个家系、火炬松（*Pinus taeda*）、欧洲赤杨（*Alnus glutinosa*）的种源材性变异进行了研究。Sigh[28]对加拿大 13 个树种的木材密度地理变异进行了测定分析。

我国木材科学的研究历史不长，新中国成立以前偏重于木材构造与性质的研究。我国木材学创始人唐耀自 1934 年起便致力于中国木材的研究，先后发表了《华北重要阔叶树材之鉴定》、《华南重要阔叶树材之鉴定》和《中国裸子植物各属木材之研究》等学术论文。新中国成立后，我国木材科学的研究工作得到全面、迅速的发展，在木材构造、性质、利用、木材保护、木材改性及其测试和研究方法等方面的研究都取得了很大的成绩。1959 年，成俊卿先生等发表了《长白落叶松管胞长度的变异研究》；1962 年，成俊卿等又发表了《天然林和人工林长白落叶松木材材性的比较实验研究》[29]。一些林业科技工作者从 20 世纪 60 年代初开始进行有关速生人工林材性特点，天然林与人工林材性的对比试验，纤维形态、微纤丝角和一些物理力学性质变异规律等方面的研究。80 年代末我国率先开展了杉木材性改良研究工作，取得了初步成果。刘元等就间伐强度、栽培措施等对木材材性的影响进行了系统的研究[30,31]。90 年代以前我国木材科学研究大都着重于天然林木材材性的研究，并取得了巨大成绩。之后，一些重要造林树种材性变异、幼龄材和成熟材木材材性差异及界定、材性株内变异模式等的研究均有较大进展。与此同时，积极开展国际合作交流，追踪和掌握国际上材质、材性、变异等木材理论研究的最新进展，与国外同行开展多方向、深层次的合作使我国木材科学的研究水平与国外先进水平的差距进一步缩小。

1.2.2.2 木材材性研究方法和内容

木材材性研究获得了日新月异的进展，其研究内容越来越多地与其他学科交融渗透，综合扩展。主要表现为：①树种范围扩大，以往木材材性研究主要集中在主要的几种针叶和阔叶树种，如杉木、落叶松、红松、杨树和桉树等，现在研究的树种范围已扩展到具有经济价值和具有潜在开发价值的树种。②材性指标范围日渐扩大，早期研究的材性指标，主要集中在木材密度和纤维长度这两项最有代表性的基本性质上，其中又以木材密度研究为最多。目前材性指标的研究还包括木材物理性状、化学性状和力学性状中的各项指标，以及影响制浆性能、人造板材合成的各种指标。材性变异研究层次逐渐深入：已经从树种间、种源间发展到家系间、无性系间及各层次的个体间，直至株内径向、高度和圆周上的不同部位间，径向研究已从生长轮间深入到生长轮内。③研究手段和方法的改进，新的测试技术有力地推动了研究的深入和工作效率的提高。例如，木材微密度分析将木材密度变异的研究从年轮间推进到年轮内，纤维形态的快速测定、木材解剖构造的图像分析和木材基本密度的自动测量，以及现代计算机应用和各种软件的开发利用，都显著提高了测定的效率，为大量取样进行深入系统的研究创造了条件。④木材品质改良生物工程，研究主要集中于木材形成的分子调控机制，包括木材微细结构和化学成分对木材物理、力学性能的影响机制，探讨决定不同材性的木材物质组成与结构特点；维管形成层的休眠、活动及木质分化、发育的分子机制和调控机制及与品质有关的控制木材纹理、木材力学性质、木材比重的基因，与木材造纸和造纸废水污染有关的控制木质素合成的基因分离、克隆；寻找与主要木材材性指标相关的核酸序列，为从微观进行木材材质评价开辟新途径。

1.2.2.3 木材材性变异与环境因子的相关性

由于各种因素的作用，木材材质发生变化即木材材质的变异性。不同树种木材性质的差异使木材具有广泛的用途，木材的某种特殊用途常常取决于木材的某种特性；木材在遗传结构、不同环境和不同栽培条件下的显著变异，使树木的材质改良具有巨大潜力。另外一方面，木材变异性又使木材具有很大的不稳定性和不均匀性，给木材的加工利用带来不利影响。所以，木材变异性历来是木材学研究关注的一个重要领域。若要控制木材的质量和产量，就必须了解材质变异的种类、范围、原因及改善措施。

木材材质材性变异普遍存在，不仅树种之间存在着明显的差异，即使同一树种不同个体或同株不同部位材性都有差异。Panshin 总结木材材质变异性的大量研究成果指出，木材材质变异来自 3 种因素的影响：一是年龄，二是环境（包括培育措施），三是遗传结构。木材材质变异有 3 种模式：①生长轮内木材材性变异；②从髓心到树皮材性变异；③树木不同高度、不同部位的变异。Larson 研究木材性质指出：单株木材的变异性比在相同立地条件或不同立地生长环境的木材株间材性变异大得多，尽管它难以统计，但是它在木材的加工与利用过程中时刻存在[25]。

关于木材的生态解剖，早在 1975 年，Carlquist[32]就提出环境和生理的因素必然对木材组成的细胞构造有影响。20 世纪 80 年代 Baas[33,34]指出，系统分类、系统发育的和生态的木材解剖学，在木材演化的研究中是不可分开的，并且演化对木材有重要的影响[35,36]。近来，许多学者也做了不同的生长环境下木材的生态解剖研究，有红树林的生态解剖[37,38]，木材生态解剖的特征[39-41]，不同海拔白桦木材解剖特征[42]，不同生长环境对蓝桉木材解剖的影响[43-45]，大别山不同立地条件对五针松木材的影响的研究[46]，不同生长环境对赤松木材构造的影响[47]，不同的立地条件对人工林火炬松纸浆材材性的影响[48]，不同的气候条件对几种针叶树木材解剖构造的影响[49-52]，不同生长环境对木材物理力学性质的影响[53,54]，以色列树木的木质部结构变化[55]，木材解剖与树木根和茎的干旱适应性[56]。可见，木材的生态解剖具有重要的地位，并且生态环境与木材解剖因子、材性之间有密切的关系。何天相在《木材解剖学》中提出，木材构造存在着变异性，其变异性因森林生境和气候的影响而产生[57]。鲍甫成[58]在中国木材科学近期主攻方向中提出，生长环境与木材加工、利用之间的关系是主要研究方向之一。李坚和栾树杰在《生物木材学》中提出立地条件与林木材质密切相关，并能通过生态因子及森林经营措施提高林木材质[59]。由于生态环境与木材解剖因子及材性之间有密切的关系，因此可以加强这方面的研究以实现从营林方法上使林木达到优质。

1.2.2.4 木材生长性状与材性性状的相关性

生长与材性性状的相关方式决定联合遗传改良的可行性和效果。林木生长性状与材质性状的相关关系早已引起人们的关注，关于这方面的报道也较多，其中讨论最多的是林木生长与木材密度的相关关系。

对于纸浆材而言，木材密度、纤维素含量和纤维长度会强烈影响制浆过程和纸浆性能。Zobel 和 Talbert[60]认为影响纸浆生产最主要的性状为树干材积、木材密度和制浆得率，其他影响纸浆生产系统的生物学性状有树木成活率、病虫害抗性、树皮含量、纤维形态和木材化学组分等，但这些性状能适用的遗传学和经济学信息较少，并且对纸浆生产总的成本结构影响较弱。施季森等[61]对杉木生长速率与木材比重的研究表明，木材比重与树高生长间存在正相关关系，与胸径和材积之间存在负相关关系，但相关性都不显著。即使是按照生长和形态进行过选择的优树及其后代之间，木材密度的变异性依然很大。方乐金等[62]对全国第一批杉木优良家系区域试验的黄山试点的 112 个家系 10 年生林分的调查分析表明，杉木木材密度与树高、胸径和材积的相关系数分别为−0.009、−0.088 和−0.081，无明显相关，均具相对遗传的独立性。骆秀琴等[63]报道，杉木胸径与木材密度存在极显著的负相关，相关系数为−0.515。Williams 和 Megraw[64]认为火炬松自由授粉子代的木材密度与树高间表现微弱的正相关。Moura 等[65]研究发现*Pinus tecunumanii* 7 个家系的 168 株树木木材密度与材积生长之间也表现出弱的表型正相关。金其祥[66]的研究表明 8 年生杉木无性系的胸径、材积与木材密度间表现出中度的遗传负相关，树高与木材密度间则表现出弱的遗传负相关。但是在生长与材性呈中等强度以上负相关的情况下，采用合理的综合指数选择，仍可获得良好的综合改良效果。Yanchuk 和 Kiss[67]在对白云杉的研究中发现，木材密度与高生长的表型相关系数为−0.4，但两者的遗传相关系数接近零。由此可知，即使是表型值呈负相关，也并不妨碍在速生性好的种质资源中选出木材密度高的优良品系。

费本华[68]在对铜钱树木材的研究中得出微纤丝角与生长轮年龄之间呈弱的负相关关系的结论。大多数研究表明，冷杉属和云杉属的树木随着生长速度的加快而木材密度降低。树木生长速度对纤维形态的影响也不一致。姜笑梅等[69]通过对美洲黑杨无性系的研究认为，纤维长度与树高和胸径之间存在着正向遗传相关；Stairs 等[70]研究发现，速生和慢生的挪威云杉具有相同的管胞长度、直径和壁厚。张含国等[71]通过对长白落叶松的研究表明，木材密度和管胞长度家系间和家系内变异很大。木材密度和管胞性状是相互独立遗传的，可以进行独立选择。木材密度与树高、胸径存在极显著负相关，管胞长度与胸径呈显著正相关。徐有明等[72]研究发现，种源间火炬松基本密度与管胞宽度、腔径、年轮宽度呈负相关，与双壁厚、壁腔比呈正相关。Lima 等[73]对 7 个巨桉无性系的试验结果表明生长性状与木材密度性状呈负相关。Skroppa 等[74]对 29 年生挪威云杉 15 个种源 45 个家系的试验中，发现木材密度与早期高生长和生长节律性状表现出微弱到强烈的负相关。Beaudoin 等[75]研究得出 10 个 9 年生杂交种 *Populus*×*euramericana* [*P. canadensis*]的木材密度随生长率提高而降低。与生长性状相比，材性性状测定具有一定的复杂性，如果能用容易测定的生长性状对材性进行间接选择，将节省大量的人力、物力，降低育种改良的成本。

1.2.2.5 材性性状间的相关性研究

材性指标，是其材性优与劣的重要反映。首先，对于年轮宽度及晚材率而言，年轮宽度是反映树木生长快慢的重要特征。其次，对于管胞形态而言，管胞长度对树木强度影响不大，但造纸和纤维工业则要求一定的管胞长度，这是因为长纤维能提供较多的结合面，有利于提高纸张强度和纤维工业产品（如纤维板等）的强度。长宽比大的，其制品强度较好，长宽比小于 40 的，制品强度就比较低。就纤维形态与纸张性能的关系来说，纤维长度大，能提高纸张的撕裂度、抗拉强度、耐破度和耐折度；纤维壁的绝对厚度与纸张性能无关，但壁腔比影响纸张性能，一般来说，壁腔比小的纤维易于结合，纸张强度大；而壁腔比大的纤维难以结合，纸张强度低。对于木材纤维来说，壁腔比小于 1 的被列为上等造纸用材，等于 1 的为中等造纸用材，大于 1 的则为劣等造纸用材。再次是微纤丝角，微纤丝角即细胞次生壁微纤丝排列方向与木材细胞主轴所呈的夹角。由于细胞次生壁分为 S_1、S_2、S_3 层，所形成的微纤丝角相应也有 3 种情况：S_1 层微纤丝排列方向与细胞主轴所呈的夹角，常为 50°～70°；S_2 层微纤丝排列方向与细胞主轴所呈的夹角，常为 10°～30°；S_3 层微纤丝排列方向与细胞主轴所呈的夹角，常为 60°～90°。因为细胞壁厚度主要取决于 S_2 层，所以 S_2 层微纤丝角对木材材质有直接影响[57]。最后，木材密度是木材单一性质中最重要的，作为建筑材料的木材，其质量主要由密度来决定。同时，密度与纸浆产量直接相关，密度过大的木材，由于坚硬，不宜于生产木浆，密度过小的木材，虽然宜于制浆，但影响纸浆日产量，一般认为 0.4～0.6g/cm^3 的木材有利于生产木浆[76]。

木材材性性状除了与树木生长的环境因子和木材生长性状相关外，木材材性性状各指标之间也有较强的相关性。例如，年轮宽度越大，木材密度越小。晚材率影响木材物理力学性质，其多少是衡量木材强度大小的一个重要标志，晚材率越高，其木材强度越大。管胞壁的厚薄直接影响木材密度，对材性影响很大，通常管胞的胞壁厚，而胞腔小，密度大，强度高。微纤丝角影响木材的弹性模量和异向收缩性[77,78]，微纤丝角与木材密度也存在一定的相关关系，并与木材强度和硬度密切相关，如对辐射松和西加云杉早材的研究报道[79,80]。此外，木材横纹干缩性随 S_2 层微纤丝角的增大而减小，顺纹拉伸强度随 S_2 层微纤丝角的减小而增大[81]。木材组织比量也与木材密度有较密切的关系。密度与木材的力学性质、硬度、抗磨性及发热值等都有密切关系。一般来说，木材的力学性质大多与它的密度有显著相关性，木材的强度和刚度随密度的增加而加大。目前对木材密度和木材纤维性状与其他材性指标之间的相关性研究也较多。李艳霞[82]对长白落叶松自由授粉家系生长和材性遗传变异的研究表明，木材基本密度与管胞长度、宽度及长宽比呈微弱的负遗传相关；管胞长度与管胞长宽比呈显著正相关。王克胜等[83]在研究群众杨改良无性系材性时发现：纤维长度、纤维宽度与纤维长宽比，纤维宽度与纤维壁厚之间显著相关。潘惠新等[84]对美洲黑杨×小叶杨新无性系木材性状遗传相关分析表明，年轮宽度与早材宽度、晚材宽度遗传相关比较密切；与晚材率之间相关很弱；而年轮密度与早材密度、晚材密度、最小密度及最大密度之间遗传相关密切，与早晚材密度比及木材密度相关很弱；年轮密度与年轮宽度之间呈负弱相关。李开隆等[85]通过对山杨优树及4年生山杨子代林生长和材性相关性的研究表明：山杨木材密度与纤维性状、生长性状相互独立，纤维长度、宽度、纤维长宽比之间相关显著。邢亚娟等[86]通过对山杨群体的研究表明，纤维宽度与纤维长宽比呈极显著负相关，木材密度与纤维性状相关不显著。徐有明等[87]指出樟树株间年轮宽度与纤维长度在幼龄期基本上呈微弱的负相关，10年生后二者呈微弱的正相关，但均没有达到显著的水平。

木材材性指标之间的相关性研究在一定程度上降低了木材材性测定的复杂性，为快速评价木材品质优劣、有针对性地利用木材提供条件。

1.3 木材腐朽菌

1.3.1 木材腐朽菌的特征与分布

1.3.1.1 木材腐朽菌的特征

木材的腐朽大多数是由侵蚀木材的真菌造成，其中主要是霉菌、变色菌和木腐菌3类。霉菌只寄生在木材表面，对木材不起破坏作用；木材变色菌不影响木材结构，感染变色菌的木材其强度和密度不会显著降低；木腐菌破坏木材细胞壁，所以它破坏木材最严重。人们把参与木材腐朽的真菌分为白腐菌（white rot fungi）、褐腐真菌（brown rot fungi）和软腐真菌（soft-rot fungi）。分解纤维素和半纤维素导致木材褐色腐朽的是褐腐菌；分解木质素导致木材白色腐朽的是白腐菌。木腐菌引起的腐朽类型是一个重要的分类特征。

1.3.1.2 木材腐朽菌的类型

从分类学地位来看，木材腐朽菌主要是担子菌门（Basidiomycota）非褶菌目（Aphyllophorales）和子囊菌门（Ascomycota）盘菌纲（Discomycetes）以及半知菌类的部分真菌。根据木材腐朽菌造成木材腐朽的类型来划分主要有以下几种类型：

（1）木材白腐菌：白腐菌是木材腐朽菌中最大的类群，包括子囊菌、担子菌和半知菌的大多数种类。木材白腐时，木材的大多数组成成分（纤维素、半纤维素和木质素）均被降解，木材逐渐丧失韧性，软而多孔或多层，通常比原木的颜色浅[88,89]。白腐菌既能产生分解纤维素的酶系统，又能产生分解木质素的酶系统，对纤维素、半纤维素都能分解，但对木质素的分解能力更强。由于暗色木质素的大量分解，腐朽后的木材呈白色，随着分解的进行，木材细胞的次生壁逐渐变浅变薄，木材质地将变为纤维状或海绵状。引起木材白色腐朽的真菌种类较多，主要是担子菌，还有少数子囊菌。白色腐朽在阔叶树上发生较多，即木材白腐菌优先选择寄生于阔叶树。根据迄今的研究结果，在所有具有木质素降解能力的微生物中，只有引起木材白色腐朽的真菌被确切地证明能够彻底地分解木质素，能把复杂的木质素高分子逐步降解成二氧化碳和水[90,91]。

（2）木材褐腐菌：木材腐朽菌中只有 10%左右的真菌引起木材褐色腐朽，褐腐时只有纤维素和半纤维素被降解而木质素不能被分解，被降解后的木材通常表现为很快失去韧性，强烈收缩。最终呈破裂或颗粒状，在腐朽的最后阶段表现为残留木材变形、易碎、块状、褐色[92]。

（3）木材软腐菌：能使木材发生软腐朽，主要是子囊菌和半知菌的一些种类，其中最重要的软腐朽真菌是炭角菌科的枯焦菌（*Ustulina deusta*）。有些是土壤中纤维素的分解者，是木材腐朽菌中的特殊类群，通常在腐烂的窗框和滑湿的地板木块、栅栏木上能找到此类真菌。

1.3.1.3 木材腐朽菌的分布与危害

木材腐朽菌是森林生态系统中森林微生物的重要组成部分，这类菌广泛地生长在各种树木的活立木、枯立木、倒木、伐桩、原木、枕木、板材及许多建筑用材上，引起木材腐朽从而降低了木材的实用价值。木材腐朽菌使木质有机物发生解体或称为腐朽，它破坏木材细胞壁，所以它是木材最严重的破坏者。活立木的木材腐朽是各国林业生产和木材使用的大敌，在我国大小兴安岭林区等地的天然林中，一些过熟林的活立木腐朽一般在 40%以上，在人工幼林中也发现活立木腐朽，给林业生产造成巨大的经济损失[93]。自 1753 年 Linnaeus 开始，对木腐菌系统的研究至今已有 250 多年的历史。这些菌能分泌多种酶，把木材中的纤维素、半纤维素和木质素分解为简单的碳水化合物，作为木腐菌生活的养料。由于不同的木材腐朽菌生理特性不同，所分泌的酶及酶的活性各不相同，因此，不同的腐朽菌所分解木材的各种成分及相对速度各不相同[94,95]。

涂育合[96]认为杉木立木干基腐朽病是发生普遍而又广泛的一种杉木病害，在成熟林分中发生率在 25%左右，造成木材约 1.44%的材积损失，中龄林发生也相当严重，达 11%左右，且随林龄的增加而加剧。韦继光和潘秀湖[97]发现广西林场杉木成熟林株腐率达 23.4%。王永安和许国彬[98]对吉林林区 5 个林业局 9 个树种 3500 根带有一定缺陷的原条进行分析，认为木材腐朽是木材的主要缺陷，占抽样原条的 50%以上。在美国，真菌腐朽木材造成的损失估计每年超过 52 亿美元[99]。

在自然状态下，木材腐朽菌与寄生树种协同进化，在这种长期的生物进化和与其他同类及非同类微生物竞争的过程中，木材腐朽菌的生态对策各不相同，产生的酶种类和酶系统各不相同，对寄生树种的种类、树木的生活状态、部位等都有一定的选择性，如桦剥管菌只侵染桦木的边材，彩绒革盖菌发生于多种阔叶树的倒木、残桩或枝条上。

长白山林区的次生杨桦林多分布在红松针阔叶混交林带的边缘和公路两侧，林中常见的木材腐朽菌有木蹄层孔菌、扁芝、毛革盖菌、彩绒革盖菌、桦褶孔菌、火木层孔菌、囊孔菌、裂褶菌、宽鳞棱孔菌等，是生长在杨、桦为主的阔叶树上的木材腐朽菌群。

丁佐龙和费本华[100]对木材白腐与白腐机制作了综述性报道。池玉杰[101]采用常规重量分析法，分别测定了我国东北地区 64 种木材腐朽菌对红松、青杨、白桦木块的木材分解能力，测定了受菌侵染46天后木材样品的重量损失率和木块的颜色变化。研究表明这些木腐菌的木材分解能力显著不同。

1.3.1.4 寄生在白桦木材上的几种主要木材腐朽菌的生物学特征

（1）桦剥管菌［*Piptoporus betulinus*（Bull.:Fr.）P. Karst.］：又称为桦孔菌、桦滴孔菌、桦多孔菌。非褶菌目多孔菌科剥管菌属，担子果肉质或木栓质，无柄，基部有突包或有水平生长的短粗侧柄，呈山丘形、馒头形或肾形。菌盖近肉质至革质，扁半球形、扁平，靠基部着生部分常突起，表面光滑，初期污白褐色，后呈褐色，有一层薄的表皮，可剥离露出白色菌肉，边缘内卷。菌肉很厚，近肉质而柔韧，干后比较轻，为革质。菌管层色稍深，菌管长2.5～8mm，易与菌肉分离，管口小而密，近圆形或近多角形，每毫米3～4个，靠近盖的边沿有一圈不孕带。二系或三系菌丝系统，生殖菌丝具锁状联合。一年生。中期生长较快，菌落无色到白色，轻微升起，棉花状到絮状，很薄，几乎是半透明的。具清晰的苹果味。愈创木酚反应不变色。生于桦树的活立木、枯立木或倒木上，属桦木属树木专性木腐菌，造成心材褐色腐朽，也能腐生在桦树的倒木上，分布于桦树天然林分。

（2）木蹄层孔菌［*Fomes fomentarius*（L. Ex. Fr.）］：属于担子菌门担子菌纲多孔菌目多孔菌科层孔菌属的大型真菌，又称为木蹄、树基。担子果有时巨大，木质，无柄，侧生，马蹄形。三系菌丝系统，生殖菌丝具锁状联合。多年生。生长快，菌落初为白色，渐变为淡黄色、羊皮黄色、淡褐色和桂皮褐色，起初轻微升起，短棉花状、粉粒状，后渐变为紧贴生，毡状到羊皮状、菌膜状，菌膜逐渐变厚加密，最后形成棕色的硬壳，也具一些升高的白羊毛状区域。愈创木酚反应60min后滴定区域变成浅红色。

多年生，多生于阔叶树干、枯立木、倒木和伐桩上，以桦树、杨树上最为常见。孢子从伤口侵入，菌丝体在皮内和边材蔓延并向心材扩展，形成杂斑状白色腐朽，危害严重，易成风折木，是白桦的主要腐朽菌。它是世界性分布的白腐菌，广泛分布于我国东北、西南和西部等地区。木蹄层孔菌具有较强的木材分解能力，它能分解木材以提供其自身生长所需养分，引起多种树木患根腐病，是一种林木危害真菌。

木蹄层孔菌也是一种传统的中药，用于治疗食道癌、胃癌、子宫癌等，药用有消积化瘀作用，其味微苦，性平。其药用部位为子实体，现代药理研究表明，木蹄层孔菌粗提物具有抗肿瘤、抗氧化、增强免疫功能等活性。目前国内外对木蹄层孔菌的研究主要集中在医药方面的应用，而木蹄层孔菌对木材的降解作用以及相关酶的研究国内外鲜有报道。

（3）彩绒革盖菌［*Coriolus versicolor*（L.:Fr.）Quél.］：非褶菌目多孔菌科革盖菌属，担子果革质，侧生，覆瓦状叠生，有时平伏而反卷，群生于树干上，常形成大片群落，有时亦密集于伐桩上，呈莲座丛形。菌盖薄，半圆形至扇形，无柄，（2～5）cm×（3～7）cm，厚1.5～4mm。三系菌丝系统，生殖菌丝具锁状联合。一年生。生长快，菌落白色或具淡奶油色，较新的生长区为升起的羊毛状、粉末状，后逐渐变成薄毡状、菌膜状。有轻微动物脂肪味。愈创木酚反应30min后滴定区域变成粉红色。

群生、叠生于小青杨、小叶杨、青杨、蒙古栎、旱柳、苹果、山楂、李、榆、糖槭、桦、色木槭、椴、毛赤杨等多种阔叶树的枯立木、倒木、伐桩及枯枝上，偶尔也生于落叶松等针叶树的倒木、伐桩上和杨、柳的濒死木或老弱活立木干部，被害木质部形成海绵状白腐至杂斑混合腐朽，腐朽力强。

（4）白囊耙齿菌［*Irpex lacteus*（Fr.:Fe.）Fr.］：非褶菌目多孔菌科耙齿菌属，担子果平伏而反卷，有时全平伏，白色，软革质，常左右相连，覆瓦状叠生或侧生，二系菌丝系统，生殖菌丝简单分隔，骨架菌丝厚壁，偶尔简单分隔和分枝。一年生。生长快，菌落薄，白色，轻微升起的棉花状或絮状，羽毛状的气生菌丝体在整个菌落表面放射状排列，升起的菌丝密集，簇生。气味轻微或无。愈创木酚反应 80min 后滴定区域变成浅红色。生于花楷槭、毛赤杨等阔叶树枯立木、倒木、枯枝上，引起边材白腐。

（5）黄伞［*Pholiota adiposa*（Fr.）Quel.］：伞菌目球盖菇科鳞伞菌属，担子果中等大小，单生或丛生。菌盖扁半球形，谷黄色、污黄色至黄褐色，很黏，覆有褐色近平伏的鳞片，中央较密；边缘常内卷，后渐平展。菌肉白色或淡黄色，厚。孢子印锈色。生长中度较快到慢，菌落初为白色，渐变为橄榄绿黄色、草黄色、羊皮黄色，最初轻微升起，棉花状到羊毛状，多孔，渐变到衰弱，具颜色较深的分枝和网状的线。气味相当强烈，土味。在棓酸培养基上扩散带强烈，不生长，在鞣酸培养基上扩散带微弱，不生长或仅微量生长。春秋季单生或丛生于林内的杨、柳、榆、桦、椴等许多阔叶树活立木干基部、枯立木、倒木、伐桩上，有时也生在针叶树枯死木上，导致木材杂斑块状褐腐。

1.3.2 木材腐朽菌的研究现状

1.3.2.1 白腐菌研究

白腐菌是一类具有相同功能，即能引起木材白色腐烂的丝状真菌的集合。它的种类很多，主要分布在革盖菌属（*Coriolus*）、卧孔菌属（*Poria*）、多孔菌属（*Polyporus*）、原毛平革菌属（*Phanerochaete*）、层孔菌属（*Fomes*）、侧耳属（*Pleurotus*）及烟管菌属（*Bjerkandera*）和栓菌属（*Trametes*）等。白腐菌菌丝体一般为多核，少有隔膜。通常担子菌的两性结合是以锁状联合方式形成新的双核细胞。多核的分生孢子常为异核，存在同宗配合和异宗配合两类交配系统，多数多孔菌、伞菌都属于此类型。

从 20 世纪 70 年代开始，白腐菌逐渐进入人们的视线，人们对白腐菌最初的兴趣来自于其降解木质素的特性。随着不断地研究，人们发现这种生物所具有的特殊的生理生化机制及强大的降解代谢能力，使之成为生命科学理论研究的模式系统，成为环境工程和生物化学工程应用开发的宝贵资源。

白腐菌大多产生过氧化氢酶和多酚氧化酶，是已知的唯一能在纯系培养中将木质素降解为 CO_2 和 H_2O 的微生物。其中研究得最多，最重要的是黄孢原毛平革菌及其所产生的木质素过氧化物酶和锰过氧化物酶。该菌广泛分布于北美各地，在我国尚未发现。白腐菌降解木质素的酶主要是木质素过氧化物酶、锰过氧化物酶和漆酶。部分白腐菌能同时产生上述 3 种酶，而大多数白腐菌仅产生其中的 2 种或者 1 种，这些酶是非特异性和非立体结构选择性酶，能降解木质素以及一系列的顽固污染物，这种能力使它们在环境科学等领域有很好的应用潜能。

白腐菌分泌的酶主要有三大类：第一类是能直接攻击木材组织，降解纤维素、半纤维素和木质素，如葡萄糖苷酶、木聚糖酶、漆酶等；第二类不能单独攻击木材组织，而是与第一类酶协同作用，如过氧化氢歧化酶；第三类酶能在木材腐烂的过程中结合代谢链。这三大类酶对于世界上居第一、第二丰富的天然聚合物——纤维素和木质素的再利用有不可低估的作用。

为了深入了解木材腐朽的机制，使白腐菌能更好地应用于实践，人们根据不同的需要筛选优良菌种，优化菌种生长条件和各种酶的产酶条件。在此基础上，进一步分离纯化木质素酶、纤维素酶和半纤维素酶等。

1.3.2.2 褐腐菌研究

近年来，褐腐菌因其降解纤维素的强大能力和降解方式的独特性而备受关注，已成为国际上研究热点。

褐腐菌可在木质素很少被降解的情况下彻底降解木材，造成纤维素和半纤维素迅速解聚。在褐腐初期，褐腐菌分解破坏纤维素的速度快于其消化利用降解产物的速度，所以，当木材重量只减少 1%～10%时，纤维素的平均聚合度却大幅度下降，并且木材的机械强度也大大降低。

尽管褐腐菌降解纤维素能力极强，但它的纤维素酶系却不完整。目前，普遍认为真菌纤维素降解酶系一般由外切葡聚糖酶、内切葡聚糖酶和 β-葡萄糖苷酶组成，互相协同完成对纤维素的降解，而褐腐菌不具有对水解结晶区至关重要的外切葡聚糖酶；再者，褐腐菌降解木材时，植物细胞壁的 S_2 层先被降解，而紧贴菌丝的 S_3 层却保持完整。鉴于褐腐菌降解天然纤维素的独特性，推测其可能存在一种独特的、非酶的木材降解体系，体系中可能有一种小分子物质能够进入细胞壁的 S_2 层，使纤维素解聚。

褐腐菌的降解具有两大特点：一是大量分泌并积累乙二酸；二是在木材腐朽早期，褐腐菌可突破木质素屏障，迅速解聚纤维素和半纤维素。一般认为，褐腐菌的菌丝在接触木质纤维素时，通常会分泌出一些小分子量化合物，如乙二酸、小分子多肽等。这些化合物易于从菌丝体中扩散，穿透到木材细胞中，开始腐化扩大细胞壁的小孔，有利于褐腐菌分泌的胞外酶穿过木质素屏障，进而对纤维素和半纤维素进行解聚。褐腐菌降解纤维素和半纤维素的机制主要是 Fenton 型的非酶催化机制和酶催化机制。现在普遍认为，乙二酸在木材褐腐过程中主要扮演碳水化合物的酶解或非酶解的质子供体、金属螯合剂、木质素氧化酶的抑制剂、生产 NADH 的电子供体（可以用于苯醌类木质素的还原）、甲酸盐自由基、Mn^{3+}的稳定剂等角色，在褐腐菌转化利用生物质中发挥了重要作用。

褐腐菌对木质素的改性作用远不如白腐菌显著，目前普遍认为，褐腐菌对木质素的作用比较有限，褐腐菌对木质素的改性作用主要表现在以下 3 个方面：苯环侧链的氧化作用、去甲基化作用和降低木质素聚合度的作用。褐腐菌通过对木质素有限的修饰降解作用，降低木质素的聚合度，扩大生物质的孔径，有利于其利用生物质的纤维素底物。

1.3.3 木材腐朽菌的酶学特性

1.3.3.1 木质素降解酶系

许多微生物可对木质素进行不同程度的降解，其中，白腐菌是最有效的。除纤维素酶和半纤维素酶之外，白腐菌还能够产生两种胞外过氧化物酶，即木质素过氧化物酶（lignin peroxidase, LiP）和锰过氧化物酶（manganese-dependent peroxidase, MnP），许多白腐菌还同时产生一种含铜的酚氧化酶（copper-containing phenol oxidase）即漆酶（lactase，Lac）[102-105]。由于木质素是由苯丙烷衍生物单体通过 C—C 和 C—O 键连接而成，相对于线性的纤维素和半纤维素而言，不易仅凭微生物的水解酶类进行分解，所以，木质素的生物降解过程与一般生物多聚物的酶促水解反应很不相同，而是一个复杂的由一系列酶和非酶因子共同参与催化的氧化还原过程。

细胞学定位表明，降解发生在细胞外，这种细胞外降解系统为众多不可水解的、异质的、结构复杂的大分子有机物提供更易被处置的调节环境。LiP 和 MnP 只有在深度脱木质素后，才能渗入木材纤维的 S_2 层[106]。利用抗血清及免疫金标记技术，在细胞壁降解阶段对 LiP、MnP 和 Lac 进行定位，发现这些酶并不进入完好的、未被降解的木材内。而且在木腐的初期阶段，细胞壁内也未发现降解木质素的酶[107]。研究证明：大分子的蛋白质，如分子质量大于 40 000Da 的降解酶类，明显地不能穿过完整木材中的微孔结构。只有当细胞壁发生了深度破坏，才在次生壁胞间层中发现了酶。Niole 等[108]对细胞壁空隙容积及大小进行研究发现：完整木材表面微孔的最大直径为 2nm。在木材白腐过程中，当失重达 40%时，孔径也仅为 2～5nm。这说明，在降解初期，白腐菌降解发生在细胞外。

所以从总体上看，白腐菌的降解机制是依赖一个主要由细胞分泌的酶系统组成的细胞外降解体系，需氧并靠自身形成的 H_2O_2 激活，由酶触发启动一系列自由基链反应，实现对底物无特异性的氧化降解，主要包括单电子氧化、酯质氧化、共代谢等过程[109-111]。

LiP、MnP 和 Lac 是白腐菌的代表酶种，它们的催化功能很特殊，受到了国内外的广泛关注和研究。

LiP 和 MnP 都是含亚铁血红素辅基的胞外酶[112]。LiP 的催化过程可看作由白腐菌细胞产生的 H_2O_2 启动的一系列自由基链反应，自然状态下 LiP 含有高自旋 Fe^{3+}，被 H_2O_2 氧化两个电子后形成 LiPⅠ（氧带铁卟啉环自由基含 Fe^{4+}），LiPⅠ经单电子还原形成 LiPⅡ（氧带铁卟啉环含 Fe^{4+}），再经一次单电子还原回到自然状态，完成一次催化循环。LiPⅠ的氧化还原电位非常高，能催化木质素中富含电子的酚型或非酚型芳香化合物的芳环发生单电子氧化，从而使木质素形成阳离子活性基团，然后发生一系列的非酶促裂解反应，实现对底物的部分或彻底的氧化[113-115]。

MnP 是最常见的木质素降解酶，大部分白腐菌都能分泌 MnP[116]。MnP 的催化依赖其活性中心的 Mn^{2+}，H_2O_2 触发 MnP，将 Mn^{2+}氧化成 Mn^{3+}，Mn^{3+}被由真菌分泌并且分散到酶表面的有机酸螯合剂（如乙二酸盐、乙醇酸盐）固定。这样 Mn^{3+}就从酶的活性位点中释放出来，转而充当一种低分子质量的、可扩散的氧化还原调节剂，或直接将木质素单元催化氧化成对应的自由基，或在共氧化剂的协助下，将非酚型芳香族物质催化氧化成相应的自由基，接着发生一系列的自由基链反应，实施对木质素的降解[117]。

Lac 是一种含有 4 个铜原子的胞外糖蛋白酶，属于多酚氧化酶[117]。Lac 所催化的主要是氧化反应[114]。Lac 的氧化还原电位较低，不能直接氧化降解木质素结构中占大多数的非酚型结构单元，因此需添加一些低氧化还原位的化合物作为氧化还原调节剂。这些调节剂在酶的作用下形成高活性的稳定中间体，再从氧分子中获得电子传递给木质素分子从而降解木质素。

1.3.3.2 纤维素和半纤维素降解酶系

1. 纤维素降解相关酶

纤维素是地球上重要的可再生资源，也是构成木材细胞壁的主要成分，占木材总重量的 38%～52%。降解纤维素的方法主要以生物酶法和化学法为主，物理粉碎生物发酵为辅，而生物酶法降解纤维素具有特异性强、效率高和污染少等优点被广泛采用。纤维素是一种高分子化合物，*D*-葡萄糖通过 β-1,4-糖苷键相链接形成纤维二糖，再由氢键和范德华力将不同的纤维二糖连接在一起形成长链。纤维素酶（cellulase）是一组酶的总称[118]，酶系中各组分相互作用将纤维素分解成二糖或单糖分子。纤维素酶系主要由内切β-葡聚糖酶、外切β-葡聚糖酶和 β-*D*-葡萄糖苷水解酶三者相互辅助结合而构成[119]。

1）内切β-葡聚糖酶（β-endoglucanase）

内切β-葡聚糖酶，又称为羧甲基纤维素酶（简称 EG），一种水解酶，能在葡聚糖链的随机位点水解 β-1,4-糖苷键。将纤维素高分子聚合物分解成纤维二糖和纤维三糖[120]。科学家在 1906 年第一次从蜗牛消化液中发现内切β-葡聚糖酶，随后在动植物和微生物中也相继检测到了该酶[121]。

2）外切β-葡聚糖酶（β-exoglucanase）

外切β-葡聚糖酶，又称为纤维二糖水解酶或微晶纤维素酶（简称 CBH），能够在葡聚糖链的非还原端水解 β-1,4-糖苷键，释放出纤维二糖和少量葡萄糖。外切β-葡聚糖酶主要存在于细菌和真菌中，并分泌到细胞外产生作用。外切β-葡聚糖酶包括 CBH I 和 CBH II 两种。CBH I 的底物特异性和活力较低，但分泌量较高；CBH II 具有较强的底物特异性和降解活性，但是分泌量相对较少。

3）β-*D*-葡萄糖苷水解酶（β-glucosidase）

β-*D*-葡萄糖苷水解酶，又称为β-葡萄糖苷酶（简称 BG），可催化芳基或烃基与糖基之间的糖苷键水解，将纤维二糖转变成葡萄糖，是降解纤维素酶系的主要成分之一[122-124]。β-葡萄糖苷酶等电点一般在 3.5～5.5，最适 pH 大都在酸性范围内，分子质量为 40～300kDa[125]。β-葡萄糖苷酶首次被发现于苦杏仁渗出液，因此该酶又被称为苦杏仁苷酶。随后在细菌、真菌、动植物体中纷纷被检测到。

2. 半纤维素降解相关酶

半纤维素酶能高效降解半纤维素与纤维素之间的化学键，使纤维素酶作用位点暴露，从而提高木质纤维素酶的降解效果。因为半纤维素的非匀质性，其降解需一系列糖苷水解酶、糖酯酶参与并协同作用，且半纤维素酶具有与碳水化合物结合结构域，可提高酶的催化效率[126]。多种植物半纤维素含有取代基，如阿拉伯糖、葡萄糖醛酸或乙酰基团，去除这些取代基的酶有乙酰木聚糖酯酶、α-*L*-呋喃阿拉伯糖苷酶和 α-葡萄糖醛酸酶。

1）木聚糖酶

木聚糖酶，是一类可将线性多糖中 β-1,4-木聚糖降解为木糖的酶物质总称，包括β-1,4-木聚糖酶、β-木糖苷酶、阿拉伯呋喃糖苷酶、半乳糖苷酶、脱乙酰基酶、葡萄糖醛酸糖苷酶、葡萄糖醛酸基酯酶和阿魏酸酯酶等。以植物资源为生的微生物可产木聚糖酶，但哺乳动物不产生此类酶，木聚糖酶添加在饲料中有助于增加青贮饲料的消化率。木聚糖酶的应用还包括造纸前的无氯木浆漂白、发酵堆肥、小麦粉面团的触感和烘烤产品的质量改善、咖啡与植物油脂和淀粉的提取、颗粒饲料营养特性的提高等方面，在未来木聚糖酶还可以被用于不易利用植物材料之生物燃料生产[127,128]。

2）甘露聚糖酶

甘露聚糖酶，是一类可水解含有甘露聚糖的 β-1, 4-*D*-甘露糖苷键的半纤维素酶物质总称，该类酶广泛存在于动植物和微生物中，作用底物主要是甘露聚糖、葡甘露聚糖、半乳甘露聚糖以及半乳葡甘露聚糖。微生物甘露聚糖酶早期的研究工作主要集中在产酶菌株的选育、发酵条件优化、酶的纯化和理化性质、酶水解作用机制等方面[129]。随着基因和蛋白质工程技术的广泛运用，甘露聚糖酶的研究开始转向酶基因的克隆表达和活性位点等方面的研究[130]。甘露聚糖酶是近年来饲料用酶制剂研究的热点之一，甘露聚糖是除纤维素、木聚糖之外，分布最广泛、含量最高的一类半纤维素饲料原料，在许多植物中大量积累，动物的内源性消化酶难于消化这些细胞壁成分，甘露聚糖酶可降低消化道内容物黏度，破坏植物性饲料细胞壁结构，使营养物质能与消化菌消化酶充分接触，提高动物消化酶（如胰蛋白酶、淀粉酶和脂肪酶等）的利用率[131]。

3）α-葡萄糖苷酶

α-葡萄糖苷酶，可从低聚糖类底物的非还原末端切开 α-1, 4-糖苷键，释放出葡萄糖，或将游离出的葡萄糖残基转移到另一糖类底物形成 α-1, 6-糖苷键，从而得到非发酵性的低聚异麦芽糖、糖肽等[132]。自然界所有生物体内都有 α-葡萄糖苷酶存在，且同工酶种类繁多，性质各异。国内 α-葡萄糖苷酶生产菌种研发主要应用于淀粉水解、酒精发酵、低聚异麦芽糖生产、化学合成、代谢机制研究、临床检测、疾病预防和治疗等领域[133]。国外已报道的各类 α-葡萄糖苷酶研发已达几十种，美国、日本和丹麦等国已实现微生物发酵的工业化生产[134]。

由于微生物产生的纤维素酶类具有很强的特异性和较高的催化效率，因此应用纤维素酶转化木纤维物质具有很大潜力和良好的应用前景。早期研究思路是从自然界中筛选和人工诱变选育酶的高产菌株，但大多数细菌所产生的纤维素酶不能分泌到细胞外，提取纯化难度较大，酶活性较低，所生产出的纤维素酶活性低、价格昂贵，成为限制纤维素酶在生产领域应用的“瓶颈”。而真菌所产生的纤维素酶，大多为胞外酶，便于分离和提取，各组分较为齐全，因此一般用于工业化生产的纤维素酶大多来自于真菌。

真菌纤维素酶是一种多组分的复合酶，一般认为纤维素酶包括 3 种主要组分：β-内切葡聚糖酶、β-外切葡聚糖酶和 β-葡萄糖苷酶。纤维素的降解依靠 3 种组分的协同作用才能完成：β-内切葡聚糖酶从纤维素分子内部酶切，产生非还原末端，β-外切葡聚糖酶则从非还原性末端水解，产生纤维二糖和纤维寡糖；β-葡萄糖苷酶则将纤维二糖彻底分解成葡萄糖分子。

纤维素酶反应和一般酶反应不一样，其最主要的区别在于纤维素酶是多组分酶系，且底物结构极其复杂。由于底物的水不溶性，纤维素酶的吸附作用代替了酶与底物形成的 ES 复合物过程。Gow 在研究木霉（*Trichoderma reesei*）、青霉（*Penicillium funiculosumde*）的纤维素酶水解纤维素时，发现培养液中的两种外切酶在液化微晶纤维素和棉纤维素时具有协同作用[135]。Oguchi 等发现了对可溶性纤维素进攻方式不同的两种内切葡萄糖酶在微晶纤维素的水解过程中也具有协同作用[136]。关于内切-外切纤维素酶协同效应的机制，有人认为协同效应只是几个催化顺序反应的酶组分混合后，一个酶将前一个酶的产物转化掉，消除了产物抑制或空间的阻碍效应，使总反应速度提高了，其实酶的动力学参数并未发生改变。而原子力显微镜观察结果显示，外切酶的作用是使结晶纤维素的表面结构发生改变，这种变化使得内切酶的作用变得容易，由此表现出两种酶的协同作用。对纤维素酶分离过程的研究发现，葡聚糖内切酶、纤维二糖水解酶、β-葡萄糖苷酶均存在 2～4 个，甚至更多个同工酶。但是，这些同工酶的基因如何协同表达至今仍不清楚。纤维素酶酶解的协同作用比较复杂，其协同效应机制尚不十分清楚，但可以肯定的是，协同效应能够提高各单组分酶的水解效率。

半纤维素酶是分解半纤维素的一类酶的总称，主要由各种细菌和霉菌发酵产生，在自然界中是仅次于纤维素的可再生有机资源。与纤维素（β-1,4-葡聚糖主链）相比，半纤维素的结构与组成十分复杂，包括木聚糖、甘露聚糖、阿拉伯聚糖、阿拉伯半乳聚糖和木葡聚糖等多种组分，而其中又以木聚糖和甘露聚糖两种多糖与食品、饲料及制浆造纸工业关系最大。半纤维素酶可将木质纤维性材料生物转化为单细胞蛋白、乙醇或其他有用物质，同时酶法水解半纤维素还可得到各种低聚糖，这些低聚糖作为功能性食品越来越受到人们的重视。此外半纤维素酶还广泛应用于饲料工业中，半纤维素酶在改善青贮饲料的营养价值以及用于水果、蔬菜浸软等方面及果汁、酒的澄清等方面体现出了广阔的应用前景。目前，半纤维素酶已广泛地、成功地应用到纸浆业。

1.4 木材腐朽的特点与木材天然抗腐性

1.4.1 木材腐朽与腐朽类型

木材腐朽是指木材细胞壁被真菌分解而引起的木材糟烂和解体的现象。木材的腐朽大多数是由侵蚀木材的木腐真菌造成，但木材中菌丝的蔓延、扩展与木材的生物分解主要由木材本身的结构与性质决定，因而，不同种木材所受的腐朽程度也各不相同[137]。

1.4.1.1 白色腐朽

木材的大多数组成成分（纤维素、半纤维素和木质素）均被降解，木材逐渐丧失韧性，软而多孔或多层。腐朽后期，木材呈线状或片状。典型的白色腐朽木材被漂白，且颜色比原木浅。这种腐朽虽然有时使木材颜色略呈白色，但其本质是产生纤维素酶和木质素酶[138]。白色腐朽有两种形式，同步腐烂和选择性脱木质化作用。同步腐烂主要发生在阔叶树上，纤维素、半纤维素和木质素被同时降解，分解后的木材呈脆性断裂；而选择性脱木质化作用能同时发生在针叶树和阔叶树上，先分解木质素和半纤维素，后分解纤维素，分解后的木材呈塑性断裂[88]。

1.4.1.2 褐色腐朽

木材只有纤维素和半纤维素被降解，而木质素不能被分解，被降解后的木材通常表现为很快失去韧性，强烈收缩。最终呈破裂或颗粒状，在腐朽的最后阶段表现为残留木材变形、易碎、块状、褐色。褐色腐朽主要发生在针叶树上，其残留物主要是木质素，它们可在土壤中存留达 3000 年，是针叶林生态系统更新所必不可少的。褐色腐朽的残留物具有增加土壤的通风和保水能力，促进外生度，降低土壤的 pH 和增加养分中阳离子的交换等作用[89]。

Howell 等研究表明，在褐腐菌降解过程中的木材解剖结果显示木材纤维素的结晶度作为无定形的木构件有明显的增加，如半纤维素和非结晶体纤维素被移去，然后结晶度紧接着下降，此时结晶纤维素材料开始分解。晶体平面的平均距离（面间距）的减少归结于许多松散的外纤维素分子链的移去和剩下的晶体纤维素的重新排布形成紧密结构。当然，纤维素结晶度的改变包括白腐菌在降解过程中引起的晶体平面空间结构改变[139]。

1.4.1.3 软腐朽

软腐朽木材中只有纤维素和半纤维素被降解，其典型特征是，菌丝主要在木材细胞的次生壁中平行于次生壁中层的微纤维生长，其分解酶系可导致次生壁上出现圆形至椭圆形的孔洞，最后次生壁几乎完全被分解，残留些薄片状的复合物。软腐朽主要发生于高含水量和高含氮量的木材上。

1.4.2 木材腐朽后的主要成分变化

白腐菌能够从木材细胞壁的主要成分——纤维素、半纤维素、木质素中得到它们生长繁殖所需要的养料[140]。不同白腐菌分解破坏木材中以上3种主要成分的相对速度是不同的。例如，柏氏多孔菌分解木质素的速度比分解半纤维素或纤维素的速度快，特别是在白腐初期，这种差异更显著。而彩绒革盖菌几乎以同样的相对速度分解半纤维素、纤维素和木质素。还有少数白腐菌，如扁平层孔菌分解木材细胞壁中多糖类的速度比分解木质素的速度快，但正常分解木材的方式是同时分解纤维素和木质素。上述这些差异说明了不同白腐菌分泌产生的酶具有不同的活性，但白腐菌不会只分解木质素而不分解多糖类，因为分解木质素需要消耗相当数量的能量，需要供给更多较易取得的能源。而木材中的聚多糖和低分子质量的糖类都是白腐菌取得能量的基质。Ferraz等[141]利用白腐菌——虫拟蜡菌对尾巨桉木片生物降解15～90天，木材重量损失率为2.9%～11.7%。木质素最高损失27%，与90天发酵后的多糖损失21.6%相似。葡聚糖损失在60天生物降解后开始显著，90天后达到最大值7.3%。综纤维素含量在整个生物降解时期几乎没有变化。然而，生物降解期间综纤维素黏性降低，尤其是在30天。生物降解期间α-纤维素的含量从44%降到37%，显示当葡聚糖损失很低时产生纤维素解聚作用。灵芝菌在腐朽过程前期以分解木质素为主，至中期以后才逐渐增强对纤维素及半纤维素的分解。在腐朽率达71%时，木质素分解率仍大于半纤维素分解率。总而言之，无论彩绒革盖菌或灵芝菌对纤维素的分解率均略大于对木质素的分解率，但对半纤维素的分解率却小于对木质素的分解率；而彩绒革盖菌对纤维素的分解大于灵芝菌，但对半纤维素的分解则小于灵芝菌。因此，即使是白腐型腐朽菌，对木质素及纤维素、半纤维素的分解大都是同时进行的，只是各菌种对宿主有其偏好性，对木材各主要成分的分解程度亦有差异。

一些白腐菌在腐朽初期，分解木质素和总碳水化合物的相对速度有很大差别，但到腐朽后期，白腐菌一般都能够最终分解木材中的所有成分。在白腐期间，腐朽材在水、1% NaOH和有机溶剂中的溶解度与健康木材相似，这表明白腐菌分解木材所生成的分解产物的速度与白腐菌消耗这些分解产物的速度几乎相等，在白腐材中没有积聚多余的分解产物。在不同的白腐阶段，分解后留下来的聚多糖和木质素的性质与健康木材中它们的性质没有多大差别，可以认为在白腐的任何时候，白腐材中都只有一小部分聚多糖和木质素受到侵害，其余部分仍保持原状不变，并且受侵害的部分总是在未感染部分受到明显侵害之前就已经被完全降解和吸收了。

一般来说，阔叶树较易遭受白腐菌的侵害，针叶树容易遭受褐腐菌的侵害。褐腐菌主要分解木材中的多糖类物质，通常对木质素的损害很小。卧孔菌和粉孢革菌以相似或相等速率分解半纤维素和纤维素。Bucur等[142]用X射线微光密度分析检测2种真菌——密粘褶菌和彩绒革盖菌侵染的松树和山毛榉，比较样品重量损失。松树的纤维素损失大于山毛榉，山毛榉的木质素损失大于松树。5个月后，所有的成分密度都减少了。山毛榉中所有成分的损失大约是25%。松树的早材成分密度减少约10%，晚材约22%。相应的质量密度损失是用重量分析法测得的，山毛榉约18%，松树约 16%。

与健康木材相比，褐腐木材在水和 1% NaOH 溶液中的溶解度大大增加。木材碱溶性增大的程度基本上与纤维素含量的降低成正比。褐腐后期，部分降解的多糖碎片被褐腐菌所消化，木质素的溶解度，特别是在氢氧化钠中的溶解度逐渐增加，这些变化表明褐腐菌在分解木材多糖的同时，也改变了木质素结构。残留木质素的溶解度逐渐增加反映：①在木质素聚合物中引入了极性基团，芳香环上的甲氧基发生脱甲基化作用，生成酚羟基；②木质素和多糖类间的连接断裂；③木质素分子受酶的氧化作用，断裂成碎片。用木质素溶液，如二氧六环和水的混合液，二甲基甲酰胺或二甲基亚砜等处理褐腐木材时，随着褐腐程度的加深，溶出木质素的数量也逐渐增加。

褐腐木材中木质素颜色明显加深，这可能是一些含游离酚羟基的芳香环脱甲基化后形成的邻苯二酚结构被氧化的结果。褐腐菌也能使一定量的木质素解聚，木质素的这种有限的分解作用可能是多糖类完全分解前的必要条件。

软腐多发生在阔叶材。软腐菌主要分解细胞壁中的多糖类物质，且分解纤维素的速度快于分解半纤维素的速度，对木质素的分解速度远低于对多糖类物质的分解速度。

随着共聚焦扫描显微镜（CLSM）、扫描电子显微镜（SEM）和透射电子显微镜（TEM）等先进设备的发展，偏振光、免疫金标记等新技术在生物领域的使用，对木材腐朽菌侵染木材的状态有了更直观的认识。通过透射电子显微镜和共聚焦荧光紫外显微镜的观察，射线管胞的次生壁木质素浓度比轴向管胞的木质素浓度更高，射线管胞比轴向管胞能更强地抵抗软腐菌[13]。

1.4.3 木材腐朽的酶学原理

1.4.3.1 纤维素的生物分解

纤维素是构成植物细胞壁的结构物质，它是由活着的生物体产生的一种非常重要的天然有机高分子聚合物，在生物圈中分布广泛。纤维素的分解依赖于菌体产生的纤维素酶。纤维素酶是一组系列水解酶，它们能把纤维素分解成单个葡萄糖或由两个葡萄糖分子组成的纤维二糖。分解纤维素的好气性微生物水解纤维素时产生的葡萄糖，除一部分用于合成细胞物质外，另一部分被氧化，氧化的最终产物是二氧化碳和水。纤维素被厌氧性微生物分解即发酵时则累积相应的发酵产物，如乙醇、乙酸、乳酸、丁酸等[143,144]。

1.4.3.2 半纤维素的生物分解

半纤维素广泛存在于植物中，也是植物细胞壁的重要成分。在自然界中半纤维素的分解进行得较快，在纤维素开始分解之前，一般已有较多的半纤维素被分解。但从分解的最后结果看，纤维素基本上能完全被分解，而半纤维素往往会残留一些难分解的部分。腐朽菌也是通过酶的作用将半纤维素分解成戊糖和己糖，然后进一步在菌体内进行代谢。半纤维素酶也是一组系列酶，研究较多的是木聚糖酶和甘露聚糖酶[128,145]。

1.4.3.3 木质素的生物分解

木质素是植物木质化组织的重要成分，是大而复杂的立体聚合物，由 3 种苯基丙烷单位通过很多不同的键组合而成，只有白色腐朽真菌才能降解木质素，其分解的过程可称为酶动力燃烧，本质上是一个酶参与调节的氧化作用，伴有电子向木质素分子的转移。

1.4.4 木材的天然耐腐性与木材主要化学成分的关系

木材对木材腐朽菌的耐腐性可能受以下几种因素的影响：①毒性或抗氧化性化合物；②不易被水沾湿的化合物；③机械屏障（解剖学和化学原因）使得木材不能被渗透；④木材中大量的纤维素和木质素。

木材天然耐腐性是木材对菌侵害固有的抗性。强耐腐的木材包括柏木、柳杉、落叶松、银杏等，中耐腐的木材包括红松、杉木、水曲柳、柞木等，弱耐腐的木材包括红皮云杉、银桦、泡桐、喜树等，不耐腐的木材包括白桦、红桦、山杨、水杉等。

木材的化学成分通常分为主要成分和次要成分两大类，主要成分是构成木材细胞壁和胞间层的化学成分，包括纤维素、半纤维素和木质素，总量达到木材的 90%以上；次要成分不是构成木材细胞壁的主要物质，可以用适当溶剂浸提出去而不影响木材细胞壁的物理结构。次要成分大多存在于细胞腔内或特殊组织中，有时也沉积于细胞壁内，有的只存在于特殊树种中，次要成分的含量因树种不同而有很大变化，一般在 10%以下。

木材的抗腐性不同，与木材的组织构造、材性及化学组成有关。一般心材比边材耐腐，因为心材中含有较多的多酚类物质、生物碱、树脂、脂肪酸等，这些物质对菌、虫均有一定的抑制或毒杀作用[146]；而边材细胞具有生命力，含有较多的营养物质，适宜菌、虫滋生繁殖。Yu 等[147]用褐腐菌（密褐褶孔菌）、白腐菌（彩绒革盖菌）和立木腐朽菌（红缘拟层孔菌）腐朽白云杉。褐腐菌的生长率和心材的木材密度之间的表现型和基因型是正相关，但是白腐菌的生长率和心材的木材密度之间的基因型是负相关，但不显著。在白云杉中选择木材密度可能会导致增加对白腐菌的抗性，但减少对褐腐菌的抗性。

于文喜等[148]分析了山杨、山槐、暴马丁香、黄檗、水曲柳的心材在彩绒革盖菌和密粘褶菌的腐朽过程中的主要化学成分变化，发现除山杨外的 4 种树种心材有很强的抗腐力，特别是山槐和暴马丁香，除了它们的构造因素之外，更重要的是化学成分的因素。池玉杰和于钢[149]使用 6 种白腐菌对山杨进行了木质素分解能力的研究，测定了经 6 种白腐菌分解后山杨木材木质素的含量，初步探讨了白腐菌对山杨木材木质素生物降解的机制。

1.4.4.1 水分对木材腐朽的影响

立木中的水分既是树木生长所必不可少的物质，又是树木输送各种物质的载体。木材含水量的变化在一定范围内影响木材的强度、耐腐性、渗透性等。含水量的多少对木材的耐腐性有较大的影响[150]。

木材的各部分水分含量不同。在活立木中，边材的水分含量远比心材多。在有生命的边材中，导管和筛管内是充满水分的；而在心材中，导管或管胞内由空气或侵填体占据。

木材的水分状况对木材的分解速率影响很大，微生物在木材上的生长与木材本身的含水量密切相关。水是构成木材腐朽菌菌丝体的主要部分，适当的水分（包括空气湿度和木材含水量）也是真菌孢子萌发的一个基本条件，一般木材腐朽菌的孢子萌发，大体上需要纤维饱和点以上的含水量，并且木材腐朽菌分泌的酶在分解木材时又必须要有水为媒介。因此，水分对菌类能否在木材上生长起决定性的作用，也是必要的条件之一，腐朽所引起的木材质量减少随相对湿度的降低而降低即可证明这一点。当相对湿度在 50%以下时，一般不会出现较明显的因腐朽而造成的质量减少。多数真菌适合木材含水率在 35%～60%时生长。若含水率低于 20%或高达 100%，可抑制真菌的生长。Muller 等[151]用核磁共振成像检测褐腐菌侵染 12 天和 26 天的山毛榉木材样品，能够检测到侵染 12 天后对真菌活性有贡献的自由水。这种技术对于检测真菌腐朽木材早期形成的任何可见破坏是有用的工具。

1.4.4.2 木质素对木材腐朽的影响

木质素是由苯丙烷单元通过醚键和碳碳键连接的复杂的无定形高聚物，难以被酸水解，是天然高聚物中最难研究清楚的一个领域[152]。在植物体内，苯丙烷单元先组装成 3 种基本结构——对羟苯基结构、愈创木基结构和紫丁香基结构，再由这 3 种基本结构聚合形成植物体内分子质量更大的一些基本成分。这些基本成分再通过任意组合、共聚化后，形成了具有不均匀的、无旋光性的交叉键和具有高度分散结构的聚合物——木质素。它包围着纤维素和半纤维素一起填充于微原纤维之间，与细胞壁成分紧密结合，构成一体，防止过多水分和有害物质渗入植物的细胞壁，对植物起支持和保护作用。但从另外一方面来说，由于木质素与细胞壁紧密结合使其结构非常稳定，不易降解。另外，木质素的结构单元在不同物种植物及不同年龄的植物当中，其细胞壁的形态、比例都各有不同，给木质素结构的深入研究增加了困难。

在自然界中，能降解木质素并产生相应酶类的生物只占少数。木质素的完全降解是真菌、细菌及相应微生物群落共同作用的结果；其中真菌起着主要作用。降解木质素的真菌，根据腐朽类型分为白腐菌（使木材呈白色腐朽的真菌）、褐腐菌（使木材呈褐色腐朽的真菌）以及软腐菌。前者属担子菌、子囊菌和半知菌类。白腐菌降解木质素的能力优于其降解纤维素的能力，这类菌首先使木材中的木质素发生降解而不产生色素。而后两者降解木质素的能力弱于其降解纤维素的能力，它们首先开始纤维素的降解并分泌黄褐色的色素使木材黄褐变，而后才部分缓慢地降解木质素。白腐菌能够分泌胞外氧化酶降解木质素，因此被认为是最主要的木质素降解微生物[153,154]。

1.4.4.3 纤维素对木材腐朽的影响

纤维素分子是由葡萄糖分子通过 β-1,4-糖苷键连接而成的链状高分子聚合物，天然的纤维素由排列整齐而规则的结晶区和相对不规则、松散的无定形区构成。纤维素为植物细胞壁的主要成分，纤维素含量的多少，关系到植物细胞机械组织发达与否，因而影响植物的抗倒伏、抗病虫害能力的强弱。在植物细胞壁中，纤维素分子聚集成纤维丝，包埋在半纤维素和木质素里，形成网状结构。由于纤维素分子本身的结构致密而稳定，在微纤丝间还有氢键互相牢固连接，造成纤维素基本不可溶，对于酶的作用也具有极大的抵抗力，致使纤维素不容易降解而难以被充分利用或被大多数微生物直接作为碳源。纤维素不能为一般动物直接消化利用，但能被若干微生物消化分解，褐腐菌能够借纤维素酶分解纤维素和半纤维素，导致木材呈褐色，朽材易粉碎解体[155-157]。

纤维素是植物材料的主要成分，也是地球上最丰富的可再生资源，但目前这些生物资源除了用于燃烧和造纸等以外还很少有其他用途。纤维素的生物降解已经研究了很长的时间，到目前为止，还没有找到一种高效的酶或微生物来充分利用这种生物质。有人已经对来源于真菌、细菌和植物，甚至是一些动物的纤维素酶进行了研究，并且对纤维素酶的生物学功能进行了讨论。虽然纤维素的开发利用早已引起人们的广泛重视，但目前其利用率仅有 1%左右，限制其利用的主要原因是生物转化的成本高和降解酶的催化效率低。

1.4.4.4 抗性化学物质的种类

抗性化学物质包括营养物质和次生代谢物质[158]。次生性产物多为植物次生代谢的产物，不直接参与维持植物的生长发育和与生殖有关的基础生化活动，一般也不作为菌类、昆虫的营养成分，但能影响菌类、昆虫对寄主植物的选择、繁殖等活动[159]。

次生代谢物质有时也称为化感物质（allelochemical），多为植物次生代谢的产物，主要有[160-163]：①异戊间二烯类，包括大量萜，特别是单萜、倍半萜、三萜（皂角苷、甾醇等）。例如，樟树茎中所含的樟脑（二环单萜）、桉叶所含的桉树脑（单环单萜）、柑橘果皮中的萜类等。很多苯并呋喃类化合物和倍半萜类化合物有抗真菌活性，在一些遭受微生物感染的植物当中含量较高。②乙酰配体及其衍生物，主要是酚类（phenolic）、萘、萘醌、苯基羧酸类、苯丙烷衍生物（木质素、肉桂酸、香豆素等）及黄酮类化合物（槲皮酮、肉豆蔻醚、桑色素、*D*-儿茶酸等）、缩合单宁等。酚类化合物或多酚类是一类携有一个或多个羟基的具有一个共同芳香环的植物化学物质。几乎所有的酚类化合物都具有突出的抗菌活性。二苯乙烯类化合物可作为兰花鳞茎受到真菌感染时形成的植物抗毒素，也存在于松科以及被子植物（如桉树、桑科等）的心材中，有助于这些树木抗真菌感染。单宁的抗菌活性很早之前就为人们所认识。丝状真菌如黑曲霉、葡萄孢霉、毛壳菌、刺盘孢菌和青霉菌属可受不同来源的单宁物质的抑制，酿酒酵母也对单宁物质敏感。皂苷类化合物的抗真菌活性较强，其最小抑菌浓度（MIC）值为 0.25～160μg/ml，它对真菌的主要抗菌机制是破坏细胞膜。核桃科植物中含有的核桃酮具有利己素的效应。③生物碱为含氮杂环化合物，虽然其中一些具有抗生性，但其防御保护功能尚不普遍。另外，糖苷、同工酶、蛋白酶类抑制剂等也与抗生性有关[164]。Dorado 等[165]评估两种白腐菌——烟管菌和彩绒革盖菌降解欧洲赤松的亲脂性木材抽提成分，2 周内去掉了全部高水平的树脂 34%～51%。木材中的缩三甘油是抽提成分中最容易被降解的，93%以上在 2 周内除掉。自由脂肪酸和树脂酸可能是真菌的潜在抗性物质，在真菌的作用下也迅速分解了。固醇类最慢被利用，虽然如此，4 周后真菌对这种抽提成分的降解率为 50%～88%。

在我国民间，桦木皮及桦木汁常被用于治疗慢性气管炎等。近年来国内外学者对桦木属植物的化学成分做了系统研究，发现桦木属植物中主要含有三萜、黄酮、木脂素、二苯基庚烷及其他酚性成分。桦木属中的三萜类成分主要存在于树皮和树叶中，主要类型有 Ocotollol 型、达玛烷型、羽扇豆烷型和齐墩果烷型。Fuchino 等[166,167]发现 3 种开环三萜：betula-schmidtoside A、ovalifoliolides A 和 ovalifoliolides B，并认为这是桦木属与赤杨属亲缘关系较近的又一佐证。Hilpisch 等自 *B. pendula* 叶中分离出一种降三萜[168]。Fuchino 等自 *B. platyphylla* var. *japonica* 的腐烂树皮中得到了 betulin 的生物降解产物[169]。在这几类三萜中，3 位、11 位、12 位、17 位及 25 位常有羟基取代，其中 3 位、11 位、12 位羟基常被乙酰化，3 位羟基还常被咖啡酸、香豆酸、丙二酸酰化，而其苷的种类较少，均为葡萄糖苷或乙酰葡萄糖苷。日本学者研究了 3 种白桦[170-172]，认为 *B. platyphylla* var. *japonica* 叶中具有 3α-、12β-羟基的达玛烷型三萜，并可形成丙二酸酯，而 *B. errmanii* 叶中具有 3β-、11α-羟基达玛烷型三萜，并形成葡萄糖苷。在 *B. platyphylla* var. *japonica* 中，达玛烷型三萜存在于叶和根皮，树干部树皮中则没有；叶中的达玛烷型三萜具有 3β-、12α-羟基，而树皮中则只有 3β-羟基，缺少 12-羟基。从 *Betula alba*[173-175]的叶中得到两种单萜苷 betullabuside A 和 betullabuside B。从 *B. platyphylla* var. *japonica* 的叶中得到倍半萜 caryophyllene oxide[172]，此化合物具有白桦叶的特殊香气。因此，桦木属植物的主要活性成分为三萜，尤其是达玛烷型三萜与人参三萜具有很大的相似性，具有广泛的生理活性，如抗癌、抗氧化、抗菌作用等[176,177]。

1. 酚类物质与木材耐腐性的关系

近年来国内外对酚类物质的研究十分活跃，内容涉及也十分广泛。主要集中在植物体内酚类物质含量与植物的抗病、抗虫、果实的遗传品质与医药等方面。有关酚类物质与树木木材腐朽的研究国内还没有系统的报道，大量的研究在欧洲，特别是欧洲赤松。欧洲赤松心材中含有两种大量的次生酚类化合物。它们属于二苯乙烯类化合物（stibenes），Erdtman 和 Rennerfelt[178]将它们分别命名为 3,5-二羟苯乙烯（pinosylvin，PS）和 1 -甲基-3,5-二羟苯乙醚（pinosylvin monomethylether，PSM），PS 和 PSM 是两种剧毒化合物。人们普遍认为，这两种化合物与欧洲赤松心材的抗腐蚀性有关。在含有 PS 和 PSM 的液体或琼脂糖培养基中，其毒性被证明对几种木材腐朽菌有抗性，能够起到阻止真菌繁殖和生长的效果。Loman[179]将黑松（lodgepole pine）心材样品磨成粉末状后，放入含有褐腐菌（*Coniophora puteana*）的琼脂培养基中。结果发现，在 PS 浓度为 200ppm①的培养基中，褐腐菌仍然能够存活。但在以往的实验中发现在 PS 浓度为 50ppm 的不含心材样品的麦芽琼脂培养基中，*Coniophora puteana* 就已经无法生存了。Hart[180]总结了前人的研究，认为单纯的二苯乙烯类化合物不会提高心材对木材腐

① 1ppm=10^{-6}，下同。

朽菌的抗性。根据 Hart 的研究，虽然二苯乙烯类化合物浓度和木材抗腐朽之间有着密切的联系，但是由于二苯乙烯类化合物在木材中的确切定位和具体化学结构还不是十分清楚，因此解释天然化合物的抗菌机制是很困难的。Schultz 和 Nicholas[181]提出了木材中二苯乙烯类化合物抗腐朽的两种功能机制：二苯乙烯类化合物不但有一定的杀菌作用，而且它是一种优良的抗氧化剂，这种抗氧化剂能够阻碍细菌对木材的基本腐蚀机制。Harju 等[182]在两个完全独立的实验中，用褐腐菌（*Coniophora puteana*）处理赤松心材，研究发现欧洲赤松同一种群内不同个体间心材的抗腐蚀能力有很大的差异。Venalainen 等[183]对两个子代测定林的 783 株欧洲赤松的心材进行了木材腐朽体外测定，发现树木个体间在木材腐朽抗性上存在显著差异。然后根据木材样品的降解程度区分了敏感植株和抗性植株，对其进行全酚含量等物质的测定，研究表明植株中全酚含量越高，木材水分含量越低，抗腐性越强。

Aloui 等[184]研究了欧洲栎树对白腐菌的耐受性与酚类抽提物的关系，证明了木材中酚类抽提物与木材对白腐菌的耐受性之间具有明显的正相关，此外，木材对白腐菌的耐受性在个体间存在显著差异。有 18%的样品在经过腐朽处理后还具有很强的耐腐性。同时，欧洲栎树株间腐朽抗性与树木生长、木材密度、纹理角度、木射线特点、木材抽提物等木材特性有一定的相关性。

树叶中酚类化合物（主要的酚类化合物是类黄酮配糖、杨梅酮、槲皮素衍生物）含量年变化很大。白桦个体的酚类化合物化学结构的稳定性表明其质量由基因型严格控制。树叶中防御化学成分的种内高度变异可以防御不同种昆虫（普通的或者特定的），因此，对物种生存有积极的影响。Laitinen 等[185]分别连续报道了欧洲白桦种群间和种群内幼树个体间在叶片酚类化合物，特别是一些防御类化合物的种类和含量上存在显著的差异。并且认为这种差异由基因型控制，通过选择可以提高种群的抗菌性。对不同抗性的辣椒品系接种黄瓜花叶病毒（CMV）后，总酚的相对含量整体上呈上升趋势，总酚含量的变化可以反映出抗病性的差异[186]。

抗奥氏蜜环菌［*Armillaria ostoyae*（Romagn.）Herink］[187]的美国西部落叶松根皮中酚类化合物及单宁的含量明显高于感病的北美冷杉和花旗松。肉蔻山核桃、绒毛山核桃、粗皮山核桃和黑胡桃比薄壳山核桃抗疮痂病［*Cladosporium caryigenum*（Ellis & Langl.）Gottwald］是由于它们的叶片和果壳中胡桃醌、异栎苷和缩合单宁的含量高[188]。Forrest[189]发现西特喀云杉［*Picea sitchensis*（Bong.）Carr.］中抗松根白腐病的植株都是一些根部松脂单萜中 α-蒎烯含量较高的植株（37%以上）。Ennos 和 Swales[190]分析了欧洲赤松松脂中 5 种单萜（α-蒎烯、β-蒎烯、Δ^3-蒈烯、β-香叶烯和苎烯）对溃疡病菌的抑菌作用，发现它们都能降低病菌的生长率。Schwarze 等[191]和 Blanchette 等[192]在对松树抗梭形锈病的研究中发现，抗病无性系单萜组分中的 β-水芹烯与抗病性有密切关系。

桦木属中木脂素类化合物[193]、二苯基庚烷类化合物[194-196]以及其他酚类化合物主要自内皮和叶中分离。除此之外，还有苯丁烷类化合物[197]、苯乙烷类化合物[198]等。

2. 黄酮类物质与木材耐腐性的关系

黄酮类化合物（flavonoid）是一大类天然产物，广泛存在于植物界，是许多中草药的有效成分。以前，黄酮类化合物主要是指基本母核为 2-苯基色原酮（2-phenylchromone）类化合物，现在则是泛指两个苯环（A 与 B 环）通过中央三碳链相互联结而成的一系列化合物。黄酮类化合物在植物体内大部分与糖结合成苷类或以碳糖基的形式存在，也有以游离形式存在的。天然黄酮类化合物母核上常含有羟基、甲氧基、烃氧基、异戊烯氧基等取代基。

在自然界中最常见的是黄酮和黄酮醇，其他包括双氢黄（醇）、异黄酮、双黄酮、黄烷醇、查尔酮、橙酮、花色苷及新黄酮类等。它在植物的生长、发育、开花、结果以及抗菌防病等方面起着重要的作用[199-201]。

银杏树含黄酮类成分就有 20 多种，另有萜类、酚类以及多种微量元素、维生素和氨基酸等。银杏表现出强大的生命力，抗污染、抗烟尘、抗火灾、抗核辐射、抗病虫害、抗严寒酷暑，是其他树种所不能比拟的[202]。

桦木属黄酮主要分布在叶和花中，花中的黄酮多被甲基化。二氢黄酮类有柚皮素、刺槐素及其 7-*O*-葡萄糖苷、樱花素；黄烷类有儿茶素及其 7-*O*-木糖苷、二氢金丝桃苷、表儿茶素及 5-*O*-和 7-*O*-葡萄糖苷；黄酮类有芹菜素及 7,4′-二甲基醚、黄芩素及 7-*O*-葡萄糖苷、柳穿鱼黄素及 7-*O*-葡萄糖苷、蓟黄素（cirsimaritin）、三裂鼠尾草素（salvigenin）、木犀草素及 7-*O*-芸香糖苷和 4′-*O*-葡萄糖苷；黄酮醇类有山萘酚及其醚类和 3-*O*-（4-乙酰）鼠李糖苷、鼠李柠檬素、槲皮素及 3-*O*-和 7-*O*-鼠李糖苷、3-*O*-阿拉伯糖苷、3-*O*-（4-乙酰）鼠李糖苷、3-*O*-葡萄糖苷、3-*O*-槐花糖苷、各种醚类、异槲皮苷、金丝桃苷、异金丝桃苷、异鼠李素及 3-*O*-半乳糖苷、鼠李素、芦丁、杨梅黄素及 3-*O*-半乳糖苷、3-*O*-二半乳糖苷、3-*O*-阿拉伯糖苷、杨梅苷[177]。

参 考 文 献

[1] 《中国森林》编辑委员会. 中国森林. 北京: 中国林业出版社, 2000: 1333-1343.

[2] 成俊卿, 杨家驹, 刘鹏. 中国木材志. 北京: 中国林业出版社, 1992: 143-144.

[3] 王菊华. 中国造纸原料纤维特性及显微图谱. 北京: 中国轻工出版社, 1999: 91.

[4] 王明庥. 林木遗传育种学. 北京: 中国林业出版社, 2001: 121-124.

[5] 刘欣, 王秋玉, 杨传平. 4 种木材腐朽菌对白桦木材降解能力的比较. 林业科学, 2009, 45（8）: 179-184.

[6] 陶静, 闫淑兰, 刘丹, 等. 国内外桦树育种和遗传转化研究的现状及前景展望. 吉林林业科技, 2008, 6（3）: 33-37.

[7] Kinoshita I, Saito A. Propagation of Japanese white birch by encapsulated axillary buds. J For Soc, 1990, 72（2）: 166-170.

[8] Leege A D, Tripepi R R. Rapid adventitious shoot regeneration from leaf explants of European birch. Plant Cell Tissue Organ Culture, 1993, 32:123-129.

[9] Kuokkanen K, Julkunen-Tiitto R, Keinänen M, et al. The effect of elevated CO_2 and temperature on the secondary chemistry of *Betula pendula* seedlings. Trees, 2001, 15: 378-384.

[10] Kostina E, Wulff A, Julkunen-Tiitto R. Growth, structure, stomatal responses and secondary metabolites of birch seedlings （*betula pendula*） under elevated UV-B radiation in the field. Trees, 2001, 15: 483-491.

[11] Laitinen M L, Julkunen-Tiitto R, Tahvanainen J, et al. Variation in birch （*Betula pendula*） shoot secondary chemistry due to genotype, environment, and ontogeny. Journal of Chemical Ecology, 2005, 31（4）: 697-717.

[12] 杨贺道, 宋杨. 白桦种群和个体间生长特性的遗传差异. 林业科技情报, 1996, 3: 35-37.

[13] 鲍甫成, 江泽慧. 中国主要人工林树种木材性质. 北京: 中国林业出版社, 1998: 316-324.

[14] 刘欣欣, 惠楠. 白桦种源与子代生长性状的遗传变异与早期初步选择. 林业科技, 2004, 29（6）: 6-7.

[15] 姜静, 杨传平. 应用 RAPD 技术对东北地区白桦种源遗传变异的分析. 东北林业大学学报, 2001, 29（2）: 30-34.

[16] Hamrick J L, Godt M J W. Allozyme diversity in plant species. *In*: Brown A H D, Clegg M T, Kahler A L, et al. Plant Population Genetics, Breeding and Genetic Resources. Sunderland: Mass Sinauer, 1990: 43-63.

[17] 李绍臣, 高福玲, 姜廷波.基于 RAPD 标记的白桦遗传连锁群分析.林业科学, 2008, 44（5）: 155-159.

[18] 高福玲, 姜廷波. 白桦 AFLP 遗传连锁图谱的构建.遗传, 2009, 31（2）: 213-218.

[19] 李开隆, 姜静, 姜莹, 等.白桦 5×5 完全双列杂交种苗性状的遗传效应分析.北京林业大学学报, 2006, 28（4）: 82-87.

[20] 陆爱君. 白桦×欧洲白桦杂种优势遗传稳定性苗期试验.辽宁林业科技, 2009, 2: 21-23.

[21] 于洪芝, 张胜. 白桦杂交良种的早期测定. 防护林科技, 2009, 1: 30-31.

[22] 王志英, 薛珍, 范海娟, 等. 转基因白桦对舞毒蛾的抗性研究. 林业科学, 2007, 43（1）: 116-120.

[23] 洪菊生, 刘复华, 黄东志, 等. 巴西桉树人工林栽培技术考察报告. 北京: 中国林业科学研究院发行办编印, 1991.

[24] Kollmann F F P, Kuenzi E W, Stamm A J. Principles of Wood Science and Technology l. Solid wood. New York: Springer-Verlag New York Inc, 1968.

[25] Panshin A J, de Zeeuw C. Textbook of Wood Technology. 4th edition. New York: McGraw-Hill Book Company, 1980, 43（1）: 1-2.

[26] Yanchuk A D, Dancik B P, Micko M M. Intraclonal variation in wood density of trembling aspen in Alberta. Wood Fib Sci, 1983, 15（4）: 387-394.

[27] Byram T D, Lowe W J. Specific gravity variation in a loblolly pine seed source study in the western Gulf Region. For Sci, 1988, 34（3）: 798-803.

[28] Sigh B T. Wood density in thirteen Canadian tree species. Wood Fib Sci, 1987, （4）: 362-369.

[29] 成俊卿, 李源哲, 孙成志, 等. 人工林和天然林长白落叶松木材材性比较实验研究. 林业科学, 1962, 6（1）: 18-27.

[30] 刘元. 幼龄材范围的确定及树木生长速率对幼龄材生长量的影响. 林业科学, 1997, 33（5）: 419-425.

[31] Liu Y, Na K Y, Fujiwara S. Effect of site conditions and growth rate on wood properties of Chinese fir. Part 1——trachea length. Proc. CTIA/I VFRO International Wood Workshop, Canada, 1997: 41-48.

[32] Carlquist S. Ecological Strategies of Xylem Evolution. Berkeley: Univ of California Pr, 1975.

[33] Baas P. Systematic, phylogenetic, and ecological wood anatomy: History and Perspectives. *In*: Bass P. New Perspective in Wood Anatomy. The Hague: Martinus Nijhoff, 1982: 23-58.

[34] Baas P. Reviews for S Carlquist's "Comparative wood anatomy: systematic, ecological, and evolutionary aspects of Dicotyledon wood." IAWA Bull. n. s, 1988, 9:284-388.

[35] Lev-Yadun S, Sederoff R. Pines as model gymnosperms to study evolution, wood formation, and perennial growth. Journal of Plant Growth Regulation, 2000, 19（3）: 290-305.

[36] Gilbert S G. Evolutionary significance of ring porosity in woody angiosperms. Bot Gaz, 1940, 102: 105-120.

[37] 林鹏, 林盖明, 林建辉. 桐花树和海桑次生木质部的生态解剖. 林业科学, 2000, 36（2）: 125-128.

[38] Yáñez-Espinosa L, Terrazas T, López-Mata L. Effects of flooding on wood and bark anatomy of four species in a mangrove forest community. Trees, 2001, 15（2）: 91-97.

[39] Carlquist S. Wood anatomy of coriariaceae: Phylogenetic and ecological implications. Syst Bot, 1985, 10: 174-183.

[40] Baas P, Schweingruber F H. Ecological trends in the wood anatomy trees, shrubs and climbers from Europe. IAWA Bull. n.s, 1987, 8: 245-274.

[41] Baas P. The wood anatomy of *Ilex* （Aquifoliaceae） and its ecological and phylogenetic significance. Blumea, 1973, 21: 141-159.

[42] 郭明辉, 潘月洁, 陈广胜. 不同海拔高度白桦木材解剖特征径向变异. 东北林业大学学报, 2000, 28（4）: 25-29.

[43] 王昌命, 张新英. 不同生境下蓝桉的木材解剖研究. 植物学报, 1994, 36（1）: 31-38.

[44] 王昌命, 张新英. 昆明西山蓝桉木材生态解剖的研究. 西南林学院学报, 1994, 14（1）: 62-68.

[45] 王昌命, 张新英. 不同生境下蓝桉木材扫描电镜观察的研究. 西南林学院学报, 1994, 14（4）: 247-251.

[46] 江泽慧. 大别山五针松在不同立地条件下木材构造及材性的研究. 安徽农学院学报, 1985（1）: 51-57.

[47] 金春德, 吴义强, 金顺泽, 等. 不同生长环境赤松木材构造的变异. 东北林业大学学报, 2001, 29（3）: 21-24.

[48] 李贤军. 不同立地条件对人工林火炬松纸浆材材性影响规律的研究. 中南林学院硕士学位论文, 2001.

[49] 郭明辉, 陈广胜, 王金满. 红松人工林木材解剖特征与气象因子的关系. 东北林业大学学报, 2000, 28（4）: 30-35.

[50] Gindl W, Grabner M, Wimmer R. The influence of temperature on latewood lignin content in treeline Norway spruce compared with maximum density and ring width. Trees-Structure and Function, 2000, 14（7）: 409-4 14.

[51] Yasue K, Funada R, Kobayashi O, et al. The effects of tracheid dimensions on variations in maximum density of *Picea glehnii* and relationship to climatic factors. Trees-Structure and Function, 2000, 14（4）: 0223-0229.

[52] Yamamota H, Kojima Y. Properties of cell wall constituents in relation to longitudinal elasticity of wood. Wood Science and Technology, 2002, 36（1）: 55-74.

[53] Glock W S. Growth rings and climate. Bot. Rev., 1955, 21: 73-188.

[54] 王传贵, 柯曙华, 费本华, 等. 不同种源杉木物理力学性质的比较研究. 东北林业大学学报, 1998, 26（4）: 51-54.

[55] Liphschitz N. Ecological wood anatomy: changes in xylem structure in Israeli trees. *In*: Wu S M. Wood Anatomy Research. Beijing: International Academic Publishers, 1995: 12-15.

[56] Ma R J, Wu S M. Wang F C. Wood anatomy and drought adaptability of root and stem in Tamarix. *In*: Wu S M. Wood Anatomy Research. Beijing: International Academic Publishers, 1995: 25-31.

[57] 何天相. 木材解剖学. 广州: 中山大学出版社, 1994: 213.

[58] 鲍甫成. 中国木材科学近期主攻方向. 世界林业研究, 1994（6）: 1-5.

[59] 李坚, 栾树杰. 生物木材学. 哈尔滨: 东北林业大学出版社, 1993: 124-209.

[60] Zobel B J, Talbert J. Applied Forest Tree Improvement. New York: John Wiley & Sons, 1984.

[61] 施季森, 叶志宏, 陈岳武. 木材材性的遗传和变异研究 II.杉木种子园自由授粉子代间木材密度的遗传变异和性状之间的相关性. 南京林业大学学报, 1997, 11（4）: 15-24.

[62] 方乐金, 施季森, 张运斌. 杉木优良家系及单株综合选择研究. 南京林业大学学报, 1998, 22（1）: 17-21.

[63] 骆秀琴, 管宁, 张寿槐, 等. 32 个无性系木材性质和力学性质的差异. 林业科学研究, 1994, 7(3): 259-262.

[64] Willlams C G, Megraw R A. Juvenile-mature relationships for wood density in *Pinus taeda*. Canadian Journal of Forest Research, 1994, 24（4）: 714-722.

[65] Moura V P G, Dvorak W S, Nogueira M V P. Variation in wood density, stem volume and dry matter of the Mountain Pine Ridge, Belize, provenance of *Pinus tecunumanii* grown at Planaltina, Brazil. Scientia-Forestalis, 1998, 53: 7-13.

[66] 金其祥. 杉木无性系生长和木材密度的遗传变异及选择. 林业科技通讯, 1999, 8: 11-13.

[67] Yanchuk A D, Kiss G K. Genetic variation of growth and wood specific gravity and its utility in the improvement of interior spruce in British Columbia. Silvea Genetic, 1992, 42: 141-148.

[68] 费本华. 铜钱树木材纤维形态特征和组织比量变异的研究. 东北林业大学学报, 1994, 22（4）: 61-67.

[69] 姜笑梅, 张力非, 张绮玟, 等. 36 个美洲黑杨无性系基本材性遗传变异的研究. 林业科学研究, 1994, 7（3）: 253-257.

[70] Stairs G R, Marton R, Brown A F, et al. Anatomical and pulping properties of fast and slow grow Norway spruce. Tappi, 1966, 49: 269-300.

[71] 张含国, 张殿福, 李希才, 等. 长白落叶松自由授粉家系生长和材性遗传变异及性状相关的研究. 林业科技, 1995, 20（6）: 1-5.

[72] 徐有明, 邹明宏, 万鹏. 火炬松种源木材管胞特征值的差异分析. 南京林业大学学报（自然科学版）, 2002, 26（5）: 15-20.

[73] Lima J T, Rosado S C S, Trugilho P F. Assessment of wood density of seven clones of *Eucalyptus grandis*. Southern African Forestry Journal, 2001, 191: 21-27.

[74] Skroppa T, Hylen G, Dietrichson J. Relationships between wood density components and juvenile height growth and growth rhythm traits for Norway spruce provenances and families. Silvae Genetica, 1999, 48（5）: 235-239.

[75] Beaudoin M, Hernandez R E, Koubaa A, et al. Interclonal, intraclonal and within-tree variation in wood density of poplar hybrid clones. Wood and Fiber Science, 1992, 24（2）: 147-153.

[76] 成俊卿. 木材学. 北京: 中国林业出版社, 1985: 178-179.

[77] Walke J C F, Butterfield B G. The importance of microfibril angle for the processing industries. New Zealand Forestry, 1995, 40（4）: 34-40.

[78] Cave I D, Walker J C F. Stiffness of wood in fast-gown plantation softwoods: the influence of microfibril angle. Forest Products of Journal, 1994, 44（5）: 43-48.

[79] 洑香香, 杨文忠, 方升佐. 木材微纤丝角研究的现状和发展趋势. 南京林业大学学报（自然科学版）, 2002, 26（6）: 83-87.

[80] Codrey D R, Preston R D. Elasticity and microfibril angle in the wood of Sika spruce. Proc of the Royal Soc, 1996, BI66（1004）: 245-272.

[81] Barber N F, Meylan B A. The anisotropic shrinkage of wood. A theoretical model. Holzforschung, 1964, 18（5）: 146.

[82] 李艳霞. 长白落叶松优树子代生长与材质的遗传变异及多性状联合选择.东北林业大学硕士学位论文, 2012.

[83] 王克胜, 韩一凡, 任建中, 等. 群众杨改良无性系材性的遗传. 林业科学, 1995, 31（1）: 44-60.

[84] 潘惠新, 黄敏仁, 阮锡根, 等. 美洲黑杨×小叶杨新无性系木材性状遗传相关分析. 林业科学, 1997, 33（1）: 83-92.

[85] 李开隆, 张芳春, 陈忠财, 等. 山杨材性遗传与性状相关的研究. 林业科技, 1999, 24（1）: 1-4.

[86] 邢亚娟, 周荣俊, 周边军, 等. 山杨群体生长和材性性状的遗传相关. 林业科技, 2001, 26（2）: 12-14.

[87] 徐有明, 林汉, 江泽慧, 等. 樟树人工林株间株内材性变异及其材性预测的研究. 林业科学, 2001, 37（4）: 92-98.

[88] Larsen M J, Jurgenson M F, Harvey A E. N_2 fixation associated with wood decayed by some common firs in Western Montana. Can J For Res, 1979, 8: 341-345.

[89] Larsen M J, Jurgenson M F, Harvey A E. N_2 fixation brown rotted soil wood in an inter mountain Cedar Hemlock ecosystem. For Sci, 1982, 28: 292-296.

[90] 池玉杰. 木材腐朽与木材腐朽菌. 北京: 科学出版社, 2003: 21-130.

[91] 席冬梅, 邓卫东. 白腐真菌降解木质素的营养调控. 云南畜牧兽医, 2002, 3: 8-9.

[92] 魏玉莲, 戴玉成. 木材腐朽菌在森林生态系统中的功能. 应用生态学报, 2004, 15（10）: 245-248.

[93] 刘一星. 中国东北地区木材性质与用途手册. 北京: 化学工业出版社, 2004: 85-88.

[94] 池玉杰, 刘智会, 鲍甫成. 木材上的微生物类群对木材的分解及其演替规律. 菌物研究, 2004, 2（3）: 51- 57.

[95] 戴玉成. 中国木本植物病原木材腐朽菌研究. 菌物学报, 2012, 31（4）: 493-505.

[96] 涂育合. 杉木立木干基腐朽病发生规律的初步研究. 福建林业科技, 1999, 26（增刊）: 133-136.

[97] 韦继光, 潘秀湖. 杉木立木腐朽病的初步调查. 西北农林科技大学学报（自然科学版）, 2005, 33（增刊）: 115-117.

[98] 王永安, 许国彬. 吉林林区主要树种木材缺陷（腐朽）规律. 吉林林学院学报, 1999, 15（2）: 82-84.

[99] Lee K H, Wi S G, Singh A P, et al. Micromorphological characteristics of decayed wood and laccase produced by the brown-rot fungus *Coniophora puteana*. J. Wood Sci., 2004, 50: 281-284.

[100] 丁佐龙, 费本华. 木材白腐机理研究进展. 木材工业, 1997, 11（5）: 18-21.

[101] 池玉杰. 东北林区 64 种木材腐朽菌木材分解能力的研究. 林业科学, 2001, 37（5）: 107-112.

[102] 谢君, 任路. 白腐菌液体培养产生木质纤维素降解酶的研究. 四川大学学报, 2000, 37（10）: 161-166.

[103] 叶汉玲, 尤纪雪, 房桂干, 等. 选择性降解木质素白腐菌筛选的研究. 纤维素科学与技术, 2004,（1）: 12-14

[104] Perez V, Troya Mt-De, Martinez A T, et al. *In vitro* decay of *Aextoxicon punctatum* and *Fagus sylvatic* woods by white and brown-rot fungi. Wood Science and Technology, 1993, 27（4）: 295-307.

[105] Andre F, Jaime R, Juanita F, et al. Biodegradation of *Pinus radiata* softwood by white and brown-rot fungi. World J. of Microbiology and Biotechnology, 2001, 17（1）: 31-34.

[106] 刘尚旭, 赖寒. 木质素降解酶的分子生物学研究进展. 重庆教育学院学报, 2001, 14（3）: 64-67.

[107] Messer K, Srebotnik E, Ranua M, et al. Biopulping: An overview of development in an environmentally safe paper making technology. FEMS Microbiol Rev, 1994, 13: 351-364.

[108] Niole M, Chamberland H, Geiger J P, et al. Immunocytochemical localization of laccase L1 in wood decayed by *Rigidoponus lignosus*. Appl. Environ. Microbiol., 1992, 58: 1727-1739.

[109] 张建军, 罗勤慧. 木质素酶及其化学模拟的研究进展. 化学通报, 2001, （8）: 470-477.

[110] 尹峻峰, 王涛. 真菌降解木质素的研究现状. 云南林业科技, 2003, 1: 75-78.

[111] Mester T, Tien M. Oxidation mechanism of ligninolytic enzymes involved in the degradation of environmental pollutants. International Biodeterioration & Biodegradation, 2000, 46: 51-59.

[112] Ferraz A, Guerra A, Mendonça R, et al. Technological advances and mechanistic basis for fungal biopulping. Enzyme Microb Technol, 2007, 43: 178-185.

[113] Wesenberg D, Kyriakides I, Agathos S N. White-rot fungi and their enzymes for the treatment of industrial dye effluents. Biotechnology Advances, 2003, 22: 161-187.

[114] Christian V, Shrivastava R, Shukla D, et al. Mediator role of veratryl alcohol in the lignin peroxidase-catalyzed oxidative decolorization of remazol brilliant blue R. Enzyme Microb Tech, 2005, 36（4）: 426-431.

[115] Amirta R, Tanabe T, Watanabe T. Methane fermentation of Japanese cedar wood pretreated with a white rot fungus *Ceriporiopsis subvermispora*. Journal of Biotechnology, 2006, 123: 71-77.

[116] 王宏勋, 杜甫佑, 张晓昱. 白腐菌选择性降解秸秆木质纤维素研究. 华中科技大学学报（自然科学版）, 2006, 34（3）: 97-100.

[117] Itoh H, Wada M, Honda Y, et al. Bioorganosolve pretreatments for simultaneous saccharification and fermentation of beech wood by ethanolysis and white rot fungi. Journal of Biotechnology, 2003, 103（3）: 273-280.

[118] 武林芝. 纤维素酶以及应用行业的研究进展. 安徽农业科学, 2013, 41（26）: 10570-10574.

[119] 张晓勇, 高向阳, 陈秀霞, 等. 纤维素酶半纤维素酶的应用及分子相关性. 纤维素科学与技术, 2006, 14（1）: 47-51.

[120] 房晓明, 方春雷, 刘振振. 可再生资源纤维素酶的研究进展. 中国中医药咨讯, 2011, 3（18）: 113-113.

[121] 方诩, 秦玉琪, 李雪芝, 等. 纤维素酶与木质纤维素生物降解转化的研究进展. 生物工程学报, 2010, 26（7）: 864-869.

[122] 王春丽. β-葡萄糖苷酶高产菌株的选育及玉米芯的诱导作用研究. 北京化工大学硕士学位论文, 2010.

[123] 常军, 周斌, 胡娜. 黑曲霉葡萄糖苷酶的分离纯化及酶学性质研究. 安徽农业科学, 2011, 39（19）: 11374-11376.

[124] 刘海英, 王娟, 舒正玉, 等. 长梗木霉内切葡聚糖酶 I 基因的克隆及其在毕赤酵母中的表达. 微生物学通报, 2009, 36（3）: 355-359.

[125] 李华, 高丽. β-葡萄糖苷酶活性测定方法的研究进展. 食品与生物技术学报, 2007, 26（2）: 107-114.

[126] 蔡红英. 青霉来源的半纤维素酶基因的克隆与表达. 中国农业科学院硕士学位论文, 2011.

[127] Percival Zhang Y-H. Reviving the carbohydrate economy via multi-product lignocellulose biorefineries . Journal of Industrial Microbiology & Biotechnology, 2008, 35（5）: 367-375.

[128] 徐君飞, 张居作. 微生物 β-1, 4-内切木聚糖酶研究进展. 中国酿造, 2014, 33（5）: 15-17.

[129] 张学文, 田志坚, 吴永尧, 等. β-甘露聚糖酶基因克隆与在大肠杆菌中表达. 湖南农业大学学报（自然科学版）, 2005, 31（6）: 605-608.

[130] 张婕, 赵敏. β-甘露聚糖酶的研究进展. 黑龙江医药, 2011, 24（2）: 248-250.

[131] 包晓兰. β-甘露聚糖酶基因整合组成型表达载体的构建及整合体的筛选. 内蒙古农业大学硕士学位论文, 2007.

[132] 李远华. α-葡萄糖苷酶的研究进展. 安徽农业大学学报, 2002, 29（4）: 421-425.

[133] 杨震, 胡先望, 陈朋, 等. α-葡萄糖苷酶应用开发现状. 甘肃科学学报, 2011, 23（2）: 54-57.

[134] 李书涛, 樊攀, 程景伟, 等. 肠膜明串珠菌 α-葡萄糖苷酶基因克隆表达及酶学性质. 生物技术进展, 2012, 2（2）: 124-129.

[135] Gow L A, Wood T M. Break down of crystalline cellulose by synergistic action between cellulose components from *Clostridium thermocellum* and *Trichoderma koningii*. FEMS Microbiology Letters, 1988, 50（2/3）: 247-252.

[136] Oguchi M, Kanda T, Akamatsu N. Hexokinase of *Angiostrongylus cantonensis*: presence of a glucokinase. Comparative Biochemistry and Physiology Part B:Comparative Biochemistry, 1979, 63（3）: 335-340.

[137] 池玉杰, 闫洪波．6 种白腐菌腐朽后的山杨木材酚酸种类和含量变化的高效液相色谱分析．林业科学, 2008, 44（2）: 116-123.

[138] 刘欣, 赵敏, 王秋玉．5 种木材腐朽菌的生物学特性及对白桦木材腐朽能力的分析．东北林业大学学报, 2008, 36（3）: 41-44.

[139] Howell C, Hastrup A C S, Goodell B, et al. Temporal changes in wood crystalline cellulose during degradation by brown rot fungi. International Biodeterioration & Biodegradation, 2009, 63（4）: 414-419.

[140] 周慧明．木材防腐．北京: 中国林业出版社, 1993: 109-111.

[141] Ferraz A, Rodriguez J, Freer J, et al. Biodegradation of *Pinus radiata* softwood by white and brown-rot fungi. World Journal of Microbiology and Biotechnology, 2001, 17（1）: 31-34.

[142] Bucur V, Garros S, Navarrete A, et al. Kinetics of wood degradation by fungi with X-ray microdensitometric technique. Wood Science and Technology, 1997, 31: 383-389.

[143] 吴显荣, 穆小民．纤维素酶分子生物学研究进展及趋向．生物工程进展, 1994, 14（4）: 25-27.

[144] 顾方媛,陈朝银, 石家骥, 等．纤维素酶的研究进展与发展趋势．微生物学杂志, 2008, 28（1）: 83-87.

[145] 喻云梅,刘赟,翁恩琪,等．白腐真菌木质素降解酶的产生及其调控机制研究进展．安全与环境学报, 2005, 02: 82-86.

[146] Taipale H T, Vepsäläinen J, Laatikainen R, et al. Isolation and structure determination of three triterpenes from bark resin of juvenile European white birch. Phytochemistry, 1993, 34（3）: 755-758.

[147] Yu Q B, Yang D Q, Zhang S Y, et al. Genetic variation in decay resistance and its correlation to wood density and growth in white spruce. Canadian Journal of Forest Research, 2003, 33（11）: 2177-2184.

[148] 于文喜, 朱洪坤, 彭晓伟, 等．几种天然耐腐材在腐朽过程中化学成分的变化．林业科技, 1994, 19（3）: 19-22.

[149] 池玉杰, 于钢．6 种木材白腐菌对山杨材木质素分解能力的研究．林业科学, 2002, 38（5）: 115-120.

[150] Liu Y X, Zhao G J. Wood-based Resources Material. Beijing: China Forestry Publishing House, 2004: 134.

[151] Muller U, Bammer R, Halmschlager E, et al. Detection of fungal wood decay using magnetic resonance imaging. European Journal of Wood and Wood Products, 2001, 59: 190-194.

[152] Higuchi T. Lignin biochemistry : biosynthesis and biodegradation.Wood Science and Technology, 1990, 24: 23-63.

[153] Buswell J A, Odier E. Lignin biodegradation. CRC.Crit Rev Biotechnol, 1987, 6: 1- 60.

[154] Kirk T K, Farrell R L. Enzymatic "combustion": The microbial degradation of lignin. Ann Rev Microbiol, 1987, 41: 465-505.

[155] 张平平, 刘宪华. 纤维素生物降解的研究现状与进展. 天津农学院学报, 2004, 11（3）: 48-54.

[156] Xu Y B, Sun Y Q. Domain structure and conformation of a cellobiohydrolase from *Trichoderma pseudokiningii* S-38.The Protein Journal, 1997, 16（1）: 59-66.

[157] 高培基, 曲音波, 汪天虹, 等. 微生物降解纤维素机制的分子生物学研究进展. 纤维素科学与技术, 1995, 3（2）: 1-19.

[158] 唐传核. 植物生物活性物质. 北京: 化学工业出版社, 2005: 29-344.

[159] 严善春, 胡隐月, 孙江华, 等. 落叶松挥发性物质与球果花蝇危害的关系. 林业科学, 1999, 35（3）: 58.

[160] 高汉忠, 杨雪彦, 魏佳宁. 树木对两种天牛抗性的调查. 西北林学院学报, 1997, 12（增）: 42.

[161] 王琛柱, 张青文, 杨奇华, 等. 植物抗虫性的化学基础. 植物保护, 1993, 19（6）: 39.

[162] 顾静文, 刘立鼎, 肖忆良, 等. 苦楝果实植物杀虫剂的开发研究. 江西科学, 1995, 13（3）: 142.

[163] 赵善欢. 几种楝科植物种核油对稻褐虱的拒食作用试验. 昆虫学报, 1983, 26（11）: 1.

[164] 娄永根, 程家安. 植物的诱导抗虫性. 昆虫学报, 1997, 40（3）: 320.

[165] Dorado J, van Beek T A, Claassen F W, et al. Degradation of lipophilic wood extractive constituents in *Pinus sylvestris* by the white-rot fungi *Bjerkandera* sp. and *Trametes versicolor*. Wood Science and Technology, 2001, 35: 117-125.

[166] Fuchino H, Satoh T, Hida J, et al. Chemical evaluation of *Betula* species in Japan.Ⅵ. Constituents of *Betula schmidtii*. Chem Pharm Bull, 1998, 46（6）: 1051-1053.

[167] Fuchino H, Satoh T, Yokochi M, et al. Chemical evaluation of *Betula* species in Japan. V. Constituents of *Betula ovalifolia*. Chem Pharm Bull, 1998, 46（1）: 169-170.

[168] Hilpisch U, Hartmann R, Glombitza K W. New dammaranes, esterified with malonic acid, from leaves of *Betula pendula*. Planta Medica, 1997, 63: 347-351.

[169] Fuchino H, Konishi S, Imai H, et al. A biodegradation product of betulin. Chem Pharm Bull, 1994, 42（2）: 379-381.

[170] Fuchino H, Satoh T, Tanaka N. Chemical evaluation of *Betula* species in Japan.Ⅲ.Constituents of *Betula maximowicziana*. Chem Pharm Bull, 1996, 44（9）: 1748-1753.

[171] Fuchino H, Satoh T, Tanaka N. Chemical evaluation of *Betula* species in Japan. Ⅰ.Constituents of *Betula errmanii*. Chem Pharm Bull, 1995,43（11）: 1937-1942.

[172] Fuchino H, Konishi S, Satoh T, et al. Chemical evaluation of *Betula* species in Japan. Ⅱ. Constituents of *Betula platyphylla* var. *japonica*. Chem Pharm Bull, 1996, 44（5）: 1033-1038.

[173] Tschesche R, Ciper F, Breitmaier E. Monoterpenoid glycosides from the leaves of *Betula alba* and the fruits of *Chaenomeles japonica*. Chem Ber, 1977, 110（9）: 3111-3117.

[174] 王素娟, 裴月湖. 桦木属植物化学成分的研究进展. 沈阳药科大学学报, 2000, 17（5）: 378-382.

[175] Pokhilo N D, Uvarova N I. Isoprenoids of various species of the genus *Betula*. Khim Prir Soedin, 1988, 3: 325-341.

[176] Willams D E, Sinclair A R E, Andersen R J. Triterpene constituents of the dwarf birch, *Betula glandulosa*. Phytochemistry, 1992, 31（7）: 2321-2324.

[177] Vainiotalo P, Julkunen-Thtto R, Juntheikki M-R, et al. Chemical characteristics of herbivore defenses in *Betula pendula* winter-dormant young stems. Journal of Chromatography, 1991, 547: 367-376.

[178] Erdtman V H, Rennerfelt E. Der Gehalt des Kiefernkernholzes an Pinosylvin-Phenolen. Ihre quantitative Bestimmung und ihre hemmende Wirkung gegen Angriff verschiedener Fäulpilze. Sven Papperstidn, 1944, 47: 45-56.

[179] Loman A A. Bioassays of fungi isolated from *Pinus contorta* var. *latifolia* with pinosylvin, pinosylvinmonomethyl ether, pinobanksin, and pinocembrin. Can J Botany, 2011, 48(7): 1303-1308.

[180] Hart J H. Role of phytostilbenes in decay and disease resistance. Phytopathology, 2003, 19（19）: 437-458.

[181] Schultz T P, Nicholas D D. Naturally durable heartwood: evidence for a proposed dual defensive function of the extractives. Phytochemistry, 2000, 54: 47-52.

[182] Harju A M, Venalainen M, Beuker E, et al. Genetic variation in the decay resistance of Scots pine wood against brown rot fungus. Can J Forest Res, 2001, 31: 1244-1249.

[183] Venalainen M, Harju A M, Saranpaa P, et al. The concentration of phenolics in brown-rot decay resistant and susceptible Scots pine heartwood. Wood Science and Technology, 2004, 38: 109-118.

[184] Aloui F, Ayadi N, Charrier F, et al. Durability of European oak （*Quercus petraaea* and *Quercus robur*） against white rot fungi（*Coriolus versicolor*）: Relations with phenol extractives. European Journal of Wood and Wood Products, 2004, 62（4）: 286-290.

[185] Laitinen M L, Julkunen-Tiitto R, Rousi M. Variation in phenolic compounds within a birch（*Betula pendula*）population. Journal of Chemical Ecology, 2000, 26（7）: 1609-1622.

[186] 杨辉, 沈火林, 朱鑫, 等. 防御酶活性、木质素和总酚含量与辣椒抗黄瓜花叶病毒的关系. 中国农学通报, 2006, 22（5）: 134-136.

[187] Entry J A, Martin N E, Kelsey R G, et al. Chemical constituents in root bark of five species of western conifer saplings and infection by *Armillaria ostoyae*. Phytopathology, 1992, 82(4): 393-397.

[188] Diehl S V, Chjr G, Hedin P A. Cytochemical responses of pecan to *Cladosporium caryigenum*: *in situ* localization and quantification of fungitoxic phenols. Phytopathology, 1992, 82（10）: 1037-1041.

[189] Forrest G I. Preliminary work on the relation between resistance to *Fomes annosus* and the monoterpene of Sitka spruce resin. *In*: Heybroek H M, Stephan B R, Weissenberg K. Resistance to diseases and pests in forest trees. Wageningen: Centre for Agri. Publishing and Documentation, 1982, 194-197.

[190] Ennos R A, Swales K W. Genetic variation in tolerance of host monoterpenes in a population of the ascomycete canker pathogen *Crumenulopsis sororia*. Plant Pathology, 2010, 37（37）: 407-416.

[191] Schwarze F W M R, Fink S, Deflorio D. Resistance of parenchyma cells in wood to degradation by brown rot fungi. Mycological Progress, 2003, 2（4）: 267-274.

[192] Blanchette R A, Obst J R, Hedges J I, et al. Resistance of hardwood vessels to degradation by white rot Basidiomycetes. Canadian Journal of Botany, 1988, 66（9）: 1841-1847.

[193] Smite E, Pan H, Lundgren L N. Lignan glycosides from inner bark of *Betula pendula*. Phytochemistry, 1995, 40（1）: 341-343.

[194] Fuchino H, Satoh T, Yokochi M, et al. Chemical evaluation of *Betula* species in Japan.IV. Constituents of *Betula davurica*. Chem Pharm Bull, 1998, 46（1）: 167-168.

[195] Smite E, Lundgren L N, Andersson R. Arylbutanoid and diarylheptanoid glycosides from inner bark of *Betula pendula*. Phytochemistry, 1993, 32（2）: 365-369.

[196] Pan H, Lundgren L N, Andersson R. Triterpene caffeates from bark of *Betula pubescens*. Phytochemistry, 1994, 37（3）: 795-799.

[197] Pan H, Lundgren K N. Rhododendrol glycosides and phenyl glucoside esters from inner bark of *Betula pubescens*. Phytochemistry, 1994, 36（1）: 79-83.

[198] Rickling B, Glombitza K W. Saponins in the leaves of birch?Hemolytic dammarane triterpenoid esters of *Betula pendula*. Planta Med, 1993, 59: 76-79.

[199] 王玮, 王琳. 黄酮类化合物的研究进展. 沈阳医学院学报, 2002, 4（2）: 115-119.

[200] 曹纬国, 刘志勤, 邵云, 等. 黄酮类化合物药理作用研究进展. 西北植物学报, 2003, 23（12）: 2241.

[201] 黄锁义, 蒋丽芳, 刘海花, 等. 大叶榕榕树须总黄酮提取及对羟自由基清除作用. 化学世界, 2006, 11: 689-691.

[202] 姜国芳, 谢宗波, 乐长. 银杏叶黄酮类化合物的研究进展. 时珍国医国药, 2004, 15（5）: 306.

2　白桦天然种群木材材性变异

2.1　白桦天然种群木材物理性质的变异

2.1.1　实验材料

2003 年 8 月选择东北地区白桦自然分布区的 5 个天然群体进行木材取样，各天然群体所处的地理位置情况见表 2-1。

表 2-1　白桦各种群所处地理位置及气候情况

地点	纬度	经度	年均温/℃	降水量/mm	无霜期/天	平均树龄/年
新宾	41°36'	125°21'	6.6	780	130	29.7
汪清	43°22'	130°30'	4	700	118	46.7
帽儿山	45°24'	127°34'	2.8	737.12	121	33
金山屯	47°14'	129°12'	−0.54	562.9	135	50.7
塔河	52°32'	124°42'	−5	428	100	62.7

在 5 个天然白桦种群内各选取 10 株样本，从距离地面 1m 处向上取 1m 长的木段，测量样树的树高和胸径，做好记录，并标记南北方向。样木风干后，取 1.3m 处的圆盘做木材材性分析，取材应避免有疤结存在。

2.1.2　实验方法

2.1.2.1　年轮宽度测定

依据国家标准 GB 1930—91 测定木材年轮宽度。具体步骤为，选取 5cm 厚的圆盘样品，按标注从箭头往箭尾方向用细木工小型带锯和精截锯将其锯成以髓心为中心的 1.2cm×1.0cm 的木条 3 块。并在试样端面上按径向划一直线，采用显微年轮测定仪量出从髓心至边材方向每一个年轮宽度，准确至 0.01mm。

2.1.2.2　微纤丝角的测定

1. 样材的截取

将试材从髓心到树皮方向锯成截面为 1cm×1cm 的木条，注意取样位置应无节子、裂纹和腐朽等缺陷。

2. 样材的处理

将试样编号后放入保温瓶内用开水浸泡 15 天后取出，再用乙醇和甘油（1∶1）混合液浸泡 15 天左右，直至样品软化。然后用滑走式木材切片机制作树皮至髓心方向的弦切面切片（早材片厚 18μm 左右，晚材片厚 10μm 左右），每个年轮内制作 10 个左右切片，放入称量瓶中待用。

3. 脱木质素

将制好的切片放在 15%硝酸和 10%铬酸的混合溶液中浸泡 17min。

4. 脱水

将脱木质素切片用蒸馏水洗净后放入 50%以上的乙醇中浸泡 5min。

5. 染色

将脱水后的切片放在载玻片上，滴 1～2 滴 5%碘化钾液进行染色，在 30℃恒温箱中放置 15min，然后用滤纸吸去过剩残液。

6. 固定

滴 1～2 滴 45%硝酸于染色后的样片上以固定碘液，使碘液沿管胞壁的微纤丝间隙形成针状结晶，示出纤丝的排列角度。

7. 观察测定

将固定好的切片压上盖玻片，用滤纸吸去过剩溶液后立刻放在 400 倍可读角度的显微镜下观察测定，记录数据。

2.1.2.3　基本密度的测定

1. 制样

将待测样品锯成从髓心到树皮截面为 0.5cm×0.5cm 的木条，放在水中浸泡至木样饱和，每个年轮切制一定体积的小块，按序号用湿毛巾覆盖保持原湿度。

2. 体积的测定

将烧杯放在电子天平上，把固定于铁架上的金属针尖端约 0.5cm 浸入水中，调整天平归零。取下金属针，轻轻插入切好的木样中，至木样刚好不掉为宜。将金属针放回铁架上，使木样浸没在烧杯的水中（木样不能与玻璃杯的底部或壁接触），记下天平的读数，准确至 0.0001g，即为样品的体积（V_{max}）。此方法适用于测定密度小于 1 的形状不规则木材。

3. 样品绝干重量的测定

将测定体积后的样品装入纸袋，放在 103℃烘箱中烘至样品绝干，用分析天平称其绝干重量，此数据即为样品的质量（m_0）。

4. 基本密度的计算

根据国家标准 GB1933—91 计算每个年轮的木材基本密度，准确至 0.001g/cm^3。

$$\rho_y = \frac{m_0}{V_{\max}}$$

式中，ρ_y为试样的基本密度（g/cm^3）；$V_{\max}$为试样饱和水分时的体积（cm^3）。

2.1.2.4 纤维长度的测定

（1）取样。

将样品按年轮劈成 0.1cm 长、火柴棍粗细的木条或木片，然后放入试管中待用。

（2）离析纤维。

向装有样品的试管中加入 10ml 30%的硝酸和少量氯酸钾，然后常温浸泡几小时后再放入 60～70℃烘箱中加热，待木材变成白色并膨胀时，用玻璃棒试触木材是否松软，若已松软则证明已脱去木质素，此时吸去硝酸，并用水冲洗木片数次以洗去残余的硝酸。然后向试管中倒入 5ml 左右的水，并用玻璃棒将木片搅成浆。

（3）用吸管移少许木浆到载玻片上，然后盖上盖玻片，即可在已标定的显微投影测量镜下观察、量取纤维长度。

2.1.2.5 横切面显微组织的测定

1. 制片

将髓心到树皮方向的试材木条软化后，用滑走式木材切片机以厚度为 10～15μm 的斜口式横断面连续年轮切片，然后分别进行染色，乙醇梯度脱水，二甲苯透明，施胶封盖玻片。

2. 图像采集

显微图像检测系统由日本 OLYMPUS 研究级显微镜、美国 Pixera 的 Penguin 600CL 摄像传感器、计算机及彩色图像处理分析软件组成。按测定指标要求将制作好的横切面切片逐年轮采集清晰图像。利用软件测定下列指标值。

（1）纤维弦径向腔径、双壁厚与壁腔比：通过拉线测量和二值筛选每个年轮的纤维弦、径向中央腔径和双壁厚，测量取点不少于 2 处，被测有效纤维数量不少于 50 个；系统会同时计算出纤维壁腔比（纤维双壁厚/纤维腔径）。

（2）胞腔率测定：利用 10 倍物镜逐年轮采集图像，测量每个年轮的胞腔率指标。

（3）组织比量：利用计算机视觉和数字图像处理技术编制的软件，是目前测定木材组织比量的新方法。通过对图像进行二值变换，使木材的细胞壁和空腔通过二值颜色及颗粒的大小等区分各种细胞组织。并分别计算面积，通过计算获得各种组织的百分比量（导管比量、纤维比量、木射线比量）。

3. 计算指标值

$$\text{纤维宽度} = \frac{(\text{纤维弦中央腔径} + \text{纤维径中央腔径})}{2} + \text{纤维双壁厚}$$

$$\text{纤维长宽比} = \frac{\text{纤维长度}}{\text{纤维宽度}}$$

$$\text{胞壁率（\%）} = 100\% - \text{胞腔率（\%）}$$

2.1.2.6 小拉伸强度的测定

1. 试样的制作

样品风干后，按图 2-1 制作试样。试样的高度应取作径向，水平边缘线应与形成年轮层的方向一致，试样的各面均应刨光（避免疤结和腐朽部位存在）。

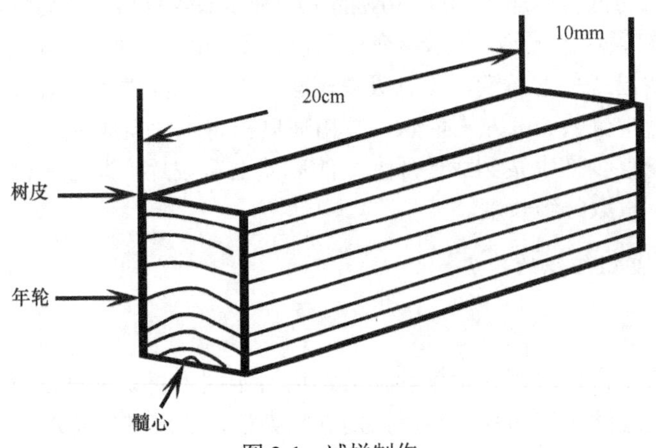

图 2-1 试样制作

2. 试样的测量

在每个试样长度方向（弦向）不同位置测量试样宽度，一般为 10mm，求出试样宽度均值 a。

3. 试样切割

用滑走式切片机按照弦向方向切取不同年轮的样条，厚度为 0.1mm。将切好的样条用玻璃板压好，放一层样条，压一块玻璃板，并做好标记。放置一周，使样条充分展平。

4. 样品测试

先测量每个样条不同位置的厚度，以求出平均厚度 b。用纸张拉力机测量样条所能承载的最大拉力 P。拉断的每组样条用天平称量重量 m_1 后，放在烘箱中烘干，测量烘干后的重量 m_2。

5. 小拉伸强度的计算

$$含水率W(\%)=\frac{m_1-m_2}{m_2}\times 100\%$$

$$含水率为W(\%)时的顺纹抗拉强度\rho_w=\frac{0.98\times P}{a\times b}$$

以含水率为 12%时的顺纹抗拉强度 $\rho_{12}=\rho_w[1+0.015(W-12)]$为标准进行校正（注：含水率在 9%～15%时按此式计算）。

2.1.3 白桦种群木材纤维性状变异

木纤维是指木质部中除导管、薄壁细胞和管胞之外的一切细长的厚壁细胞组织，是阔叶树材的主要成分，占木材总体积的 50%以上。其主要功能是支持树体、承受机械作用。纤维长度、宽度、腔径、壁厚、长宽比、腔径比和壁腔比等直接影响木材硬度、密度、强度等物理力学性质及制浆造纸性能。因此，研究其形态特征及变异规律无论是在理论上还是实践上都有十分重要的意义。

2.1.3.1 白桦不同种群木材纤维形态特征的差异

一般认为，纤维细而长，长宽比值大，打浆时有较大的结合面积，纸张的强度高。根据国际木材解剖学会的木材纤维长度分级标准，中等长度纤维（0.9～1.6mm）适宜纸浆造纸。就纸浆材来说，对木材纤维形态性状有一定的要求。纤维长度与纤维间的结合力密切相关，长纤维能提供较多的结合面，因而有利于提高纸张的抗拉强度、耐破度和耐折度。长宽比大的纤维有利于交织，造出的纸张强度高。因此造纸用的纤维对长宽比值有一定的要求，一般认为，长宽比值小于 50 的纤维是不适合造纸的。

我们对 5 个种群的木材纤维形态特征进行测量，得到木材纤维形态特征各指标均值，见表 2-2。测量所得数据用 SPSS 软件进行方差分析表明（表 2-3），木材纤维长度在种群间差异不显著，纤维宽度和长宽比在 5 个地区间差异显著。这些结果说明，地区气候条件和白桦自身的遗传差异对白桦的木材纤维长度无明显影响，但对纤维宽度影响较大，从而影响纤维长宽比。

表 2-2 白桦不同种群木材纤维形态特征均值

种群	纤维长度/mm		纤维宽度/μm		纤维长宽比	
	平均数	变异系数	平均数	变异系数	平均数	变异系数
新宾	1.027	0.055	19.052	0.054	54.309	0.108
汪清	1.048	0.047	20.301	0.049	51.924	0.069
帽儿山	1.080	0.037	18.485	0.049	59.167	0.064
金山屯	1.084	0.037	19.365	0.047	56.285	0.066
塔河	1.062	0.049	18.328	0.072	57.722	0.065

表 2-3　白桦纤维性状种群间方差分析

性状	自由度（df）	F	F_{crit}（0.05）	显著性
纤维长度	4	2.324	2.579	NS
纤维宽度	4	5.936	2.579	**
纤维长宽比	4	4.387	2.579	*

*表示 5%水平显著，**表示 1%水平显著，NS 表示不显著（no significance），下同

进一步对各种群内木材纤维性状进行方差分析（表 2-4），结果表明：在种群内木材纤维性状单株间差异极显著，说明在种群内白桦个体纤维性状的遗传品质有很大的差异。因此，从白桦个体角度选择优良单株对改良白桦纤维性状有重要意义。

表 2-4　白桦纤维形态种群内方差分析

性状指标	种群	自由度（df）	F	F_{crit}（0.01）	显著性
纤维长度	新宾	9	4.837	2.60	**
	汪清	9	4.339	2.59	**
	帽儿山	9	11.068	2.59	**
	金山屯	9	5.629	2.59	**
	塔河	9	15.372	2.59	**
纤维宽度	新宾	9	10.130	2.60	**
	汪清	9	10.129	2.59	**
	帽儿山	9	8.078	2.59	**
	金山屯	9	9.588	2.59	**
	塔河	9	24.449	2.59	**
纤维长宽比	新宾	9	15.151	2.60	**
	汪清	9	6.271	2.59	**
	帽儿山	9	13.792	2.59	**
	金山屯	9	12.818	2.59	**
	塔河	9	16.734	2.59	**

2.1.3.2　白桦不同种群木材纤维形态特征的频率分布

在分析木材纤维形态特征时，只看纤维长度和纤维宽度的平均值是不够全面的，在考虑纤维长度的影响时，应同时考虑纤维长度的不均匀性。只有纤维长度的不均匀性较小，而且纤维的最低长度能满足结合面的充分要求时，增加纤维的平均长度，才有可能使纸浆与纸的性质提高到所需的强度。木材纤维性状的不均一性常用频率分布表和图来表示。

表 2-5 为测量的白桦木材纤维长度和纤维宽度频率分布表。我们进一步对各种群纤维形态特征频率分布作图（图 2-2 和图 2-3），从木材纤维长度和纤维宽度频率分布图可以看出，在 5 个种群内白桦纤维长度和纤维宽度基本呈正态分布，纤维长度跨幅较大，由于树龄的差异，塔河种群和金山屯种群的峰值右移。纤维宽度正态分布的波峰范围较大，主要在 17.00～21.00μm。

表 2-5 白桦纤维形态特征频率分布

种群	纤维长度/mm							纤维宽度/μm			
	<0.6	0.6～0.8	0.8～1	1～1.2	1.2～1.4	1.4～1.6	>1.6	10～15	15～20	20～25	>25
M-1	—	0.240	0.350	0.410	—	—	—	0.150	0.860	—	—
M-2	0.100	0.190	0.420	0.290	—	—	—	0.190	0.800	—	—
M-3	0.060	0.060	0.250	0.560	0.080	—	—	0.230	0.780	—	—
M-4	0.070	0.130	0.400	0.400	—	—	—	0.260	0.720	—	—
M-5	0.060	0.090	0.250	0.590	—	—	—	0.090	0.820	0.090	—
M-6	0.090	0.060	0.260	0.580	—	—	—	—	0.960	0.030	—
M-7	0.060	0.090	0.210	0.630	—	—	—	0.120	0.810	0.060	—
M-8	0.060	0.030	0.330	0.580	—	—	—	0.170	0.480	0.360	—
M-9	0.110	0.060	0.200	0.590	0.060	—	—	0.090	0.700	0.220	—
M-10	0.060	0.230	0.320	0.390	—	—	—	0.190	0.740	0.060	—
L-1	0.130	0.170	0.300	0.420	—	—	—	—	1.000	—	—
L-2	0.060	0.180	0.630	0.120	—	—	—	—	0.600	0.390	—
L-3	0.070	0.110	0.220	0.610	—	—	—	0.150	0.860	—	—
L-4	0.110	0.140	0.290	0.460	—	—	—	0.180	0.780	0.040	—
L-5	—	0.170	0.280	0.560	—	—	—	—	0.920	0.080	—
L-6	—	0.290	0.300	0.410	—	—	—	—	0.620	0.370	—
L-7	0.080	0.160	0.580	0.170	—	—	—	0.080	0.620	0.290	—
L-8	0.070	0.190	0.630	0.110	—	—	—	0.070	0.660	0.260	—
L-9	—	0.280	0.480	0.240	—	—	—	0.080	0.720	0.200	—
L-10	0.070	0.140	0.500	0.300	—	—	—	—	1.000	—	—
T-1	0.030	0.020	0.160	0.730	0.040	—	—	—	0.830	0.180	—
T-2	0.070	0.080	0.340	0.390	0.130	—	—	0.080	0.930	—	—
T-3	0.030	0.070	0.130	0.770	—	—	—	—	0.800	0.200	—
T-4	0.030	0.080	0.110	0.610	0.170	—	—	—	0.690	0.300	0.020
T-5	—	0.150	0.180	0.670	—	—	—	0.070	0.710	0.230	—
T-6	—	0.070	0.090	0.360	0.470	—	—	0.040	0.430	0.540	—
T-7	0.080	0.100	0.150	0.440	0.230	—	—	0.100	0.910	—	—
T-8	0.040	0.070	0.120	0.200	0.550	—	—	0.060	0.660	0.260	—
T-9	—	0.135	0.289	0.442	0.135	—	—	—	0.640	0.370	—

续表

种群	纤维长度/mm							纤维宽度/μm			
	＜0.6	0.6～0.8	0.8～1	1～1.2	1.2～1.4	1.4～1.6	＞1.6	10～15	15～20	20～25	＞25
T-10	0.040	0.020	0.220	0.590	0.130	—	—	0.040	0.840	0.120	—
J-1	0.030	0.050	0.210	0.660	0.050	—	—	0.030	0.310	0.650	—
J-2	0.060	0.110	0.130	0.640	0.070	—	—	0.090	0.360	0.560	—
J-3	0.030	0.080	0.070	0.290	0.530	—	—	0.050	0.620	0.320	—
J-4	0.060	0.040	0.170	0.530	0.210	—	—	—	0.530	0.480	—
J-5	0.000	0.240	0.210	0.510	0.040	—	—	—	0.660	0.340	—
J-6	0.040	0.090	0.150	0.270	0.450	—	—	0.020	0.710	0.270	—
J-7	0.050	0.060	0.160	0.530	0.110	0.060	0.020	—	0.560	0.430	—
J-8	0.030	0.070	0.150	0.530	0.220	—	—	0.100	0.710	0.180	—
J-9	0.130	0.150	0.130	0.500	0.090	—	—	—	0.930	0.070	—
J-10	0.100	0.120	0.160	0.620	—	—	—	0.120	0.420	0.460	—
W-1	0.060	0.080	0.160	0.670	0.020	—	—	0.040	0.810	0.140	—
W-2	0.090	0.020	0.260	0.630	—	—	—	0.060	0.740	0.200	—
W-3	0.050	0.100	0.160	0.660	0.020	—	—	0.000	0.230	0.760	—
W-4	0.060	0.120	0.510	0.280	0.020	—	—	0.060	0.400	0.530	—
W-5	0.100	0.180	0.230	0.440	0.050	0.020	—	0.120	0.650	0.220	—
W-6	0.060	0.090	0.280	0.570	—	—	—	0.070	0.480	0.450	—
W-7	0.070	0.040	0.290	0.250	0.350	—	—	—	0.550	0.440	—
W-8	0.100	0.080	0.340	0.460	—	—	—	0.040	0.360	0.590	—
W-9	0.060	0.080	0.180	0.650	0.020	—	—	0.060	0.520	0.410	—
W-10	0.060	0.080	0.260	0.600	—	—	—	0.060	0.320	0.620	—

注：M. 帽儿山种群，L. 新宾种群，T. 塔河种群，J. 金山屯种群，W. 汪清种群；“—”表示无数据

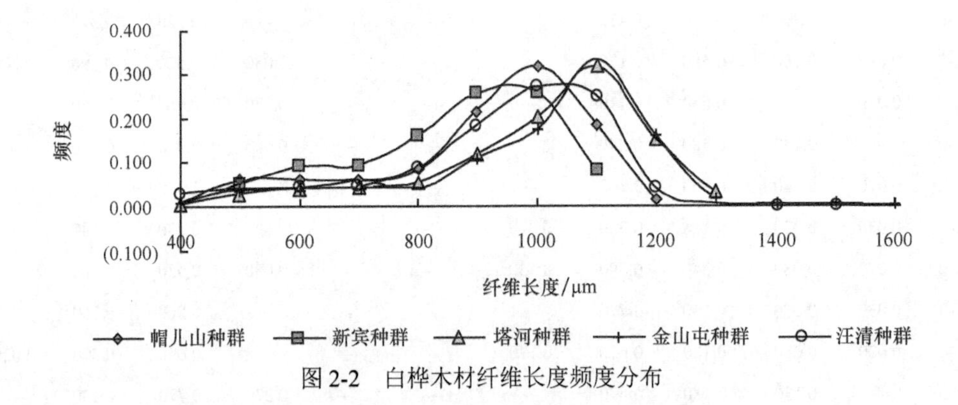

图 2-2 白桦木材纤维长度频度分布

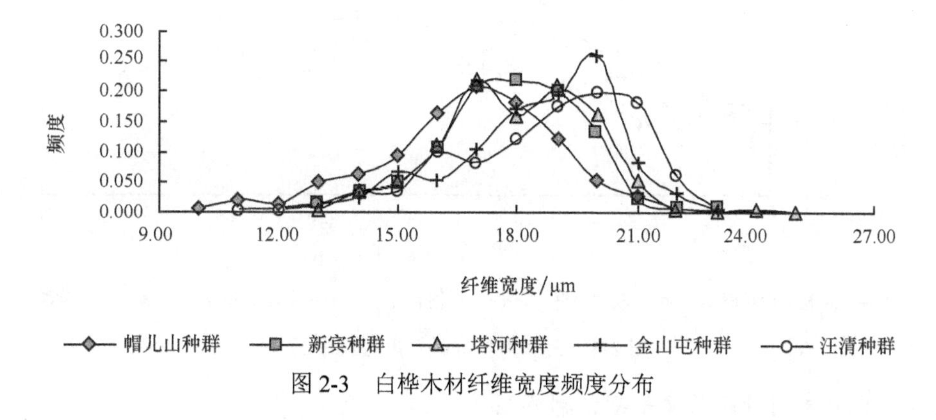

图 2-3　白桦木材纤维宽度频度分布

2.1.3.3　白桦木材纤维形态特征的径向变异

不同地区白桦纤维长度和宽度径向变异曲线如图 2-4 和图 2-5 所示。从图中可以看出，白桦木材纤维长度在 5 个种群内径向变异趋势相同，都是由髓心向外逐渐增大，当达到 20 年左右时趋于平缓，表明纤维长度进入成熟期。这个变化趋势与 Panshin 和 Zeeuw[1]关于阔叶树纤维长度的径向变异曲线描述一致，其他学者[2]的研究也得到相似的结论。纤维宽度的径向变异曲线与纤维长度的径向变异曲线变化趋势相近，也是在 20 年左右进入成熟期，但纤维宽度的变化曲线更平缓，增长幅度不明显。树龄最大的塔河种群纤维宽度有变窄的趋势，这表明树木已经接近老龄。

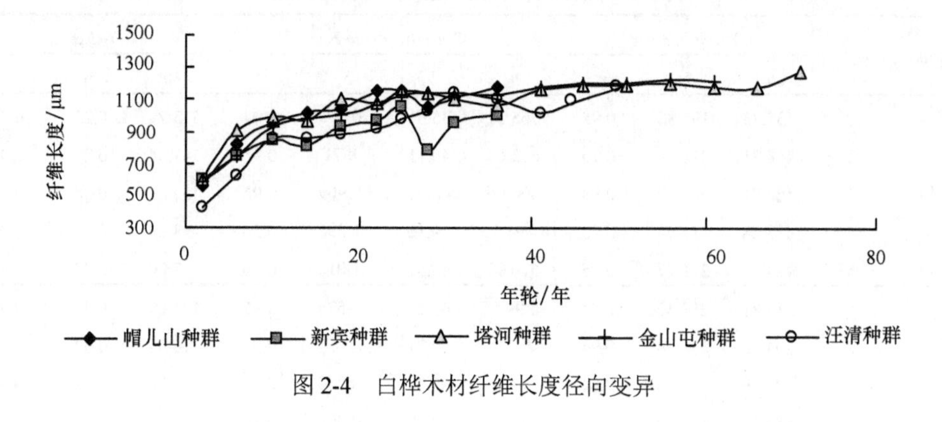

图 2-4　白桦木材纤维长度径向变异

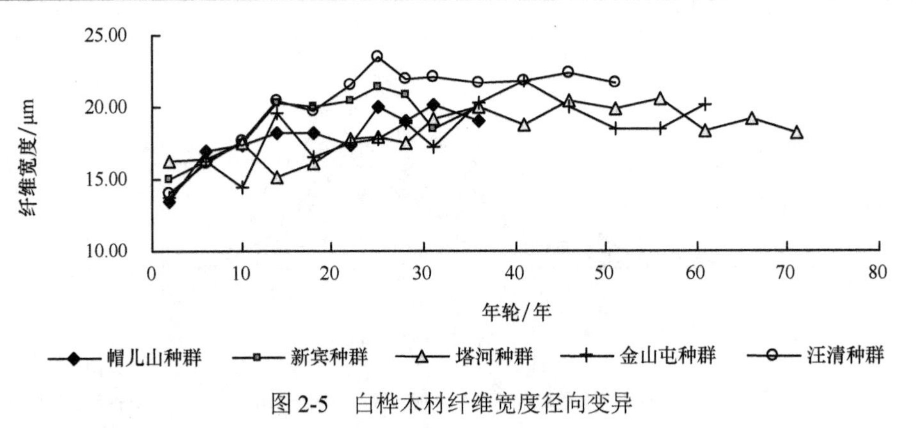

图 2-5　白桦木材纤维宽度径向变异

2.1.3.4　白桦木材纤维长度早期预测模型

对 25 株白桦样本的木材纤维长度与树龄进行回归分析，用二次方程 $Y=b_0+b_1\times x+b_2\times x^2$、对数方程 $Y=b_0+b_1\times \ln x$ 和乘幂曲线模型 $Y=b_0x^{b_1}$ 进行拟合均得到了较好的效果，回归系数多数在 0.8 以上，只有个别样本回归系数在 0.7 与 0.8 之间（表 2-6）。因为 5 个种群白桦树龄不同：辽宁新宾种群样本的树龄为 24～33 年，帽儿山种群为 30～36 年，汪清和金山屯种群样本的树龄为 40～60 年，塔河种群样本的树龄为 50～80 年。从以上的回归分析结果来看，用二次方程 $Y=b_0+b_1\times x+b_2\times x^2$、对数方程 $Y=b_0+b_1\times \ln x$ 和乘幂曲线模型 $Y=b_0x^{b_1}$ 建立白桦纤维长度的早期预测模型是比较理想的。这一结果与费本华[3]对铜钱树纤维长度的回归结果一致。

表 2-6　白桦木材纤维长度与年龄相关模型

种群	株号	$Y=b_0+b_1\times \ln x$			$Y=b_0+b_1\times x+b_2\times x^2$				$Y=b_0x^{b1}$		
		b_0	b_1	r^2	b_0	b_1	b_2	r^2	b_0	b_1	r^2
帽儿山	1	437.73	195.88	0.95	565.61	35.61	−0.593	0.94	513.79	0.23	0.96
	2	468.71	211.79	0.96	603.63	40.11	−0.71	0.91	541.38	0.24	0.94
	3	368.91	227.72	0.98	490.06	48.21	−0.969	0.96	455.69	0.28	0.98
	4	413.88	236.04	0.93	494.3	59.56	−1.336	0.94	498.69	0.27	0.93
	5	424.55	211.77	0.95	510.99	49.52	−1.018	0.95	497.26	0.25	0.93
新宾	1	313.81	250.32	0.94	399.8	63.89	−1.526	0.97	421.09	0.31	0.95
	2	294.45	256.04	0.94	413.2	57.21	−1.17	0.95	410.34	0.32	0.96
	3	470.66	168.88	0.84	547.16	38.05	−0.738	0.81	536.28	0.2	0.82
	4	484.44	165.22	0.91	622.31	24.32	−0.308	0.88	536.28	0.2	0.92
	5	420.39	200.53	0.9	462.23	58.99	−1.616	0.94	488.55	0.25	0.93
塔河	1	581.79	157.52	0.9	758.69	17.7	−0.169	0.79	626.47	0.17	0.86
	2	281.97	235.54	0.96	538.66	25.96	−0.242	0.94	419.32	0.28	0.97
	3	399.84	214.02	0.95	586.58	29.94	−0.348	0.92	497.96	0.24	0.94
	4	482.69	213.44	0.94	682.85	28.33	−0.326	0.89	574.39	0.22	0.94
	5	234.07	287.02	0.95	453.25	43.61	−0.529	0.98	405.91	0.32	0.95

续表

种群	株号	$Y=b_0+b_1\times\ln x$			$Y=b_0+b_1\times x+b_2\times x^2$				$Y=b_0x^{b1}$		
		b_0	b_1	r^2	b_0	b_1	b_2	r^2	b_0	b_1	r^2
金山屯	1	418.38	206.77	0.93	605.01	28.83	−0.35	0.87	501.21	0.24	0.91
	2	318.4	234.07	0.93	494.65	36.86	−0.48	0.93	434.62	0.28	0.93
	3	333.85	231.52	0.89	553.59	28.09	−0.249	0.96	460.41	0.26	0.93
	4	407.02	223.64	0.91	568.54	35.73	−0.452	0.92	498.73	0.25	0.88
	5	372.66	232.74	0.97	546.76	37.16	−0.506	0.97	483.43	0.26	0.96
汪清	1	310.5	247.65	0.96	487.15	41.53	−0.61	0.95	431.63	0.29	0.96
	2	411.94	220.92	0.93	518.59	46.93	−0.857	0.94	496.98	0.26	0.93
	3	396.23	193.13	0.81	572.69	27.6	−0.361	0.71	460.03	0.25	0.8
	4	233.2	240.1	0.95	445.2	33.62	−0.411	0.92	367.26	0.31	0.95
	5	364.89	216.98	0.96	510.31	37.88	−0.573	0.95	462.3	0.26	0.96

2.1.3.5 白桦不同种群纤维壁腔比的差异

胞壁的绝对厚度与纸张性能关系不大，但壁腔比，即胞壁厚度和胞腔之比对纸张却有很大影响。壁腔比小的纤维，打浆时容易崩解，纤维间结合紧密，制成的纸张强度大。一般认为纤维壁腔比大于 1 的材料不适合造纸；壁腔比接近 1 的纤维则可用于造纸，属中等原料；壁腔比小于 1 的特别适合造纸，属于上等原料。各种群纤维壁腔比测量结果见表 2-7。从表 2-7 可以看出，纤维壁腔比塔河种群最大，达到了 0.714，汪清种群最小，只有 0.529。从纤维壁腔比角度考虑，5 个种群都是造纸的上等原料。

表 2-7 白桦不同种群纤维壁腔比均值

壁腔化	新宾种群	汪清种群	帽儿山种群	金山屯种群	塔河种群
平均数	0.596	0.529	0.640	0.629	0.714
标准差	0.086	0.111	0.136	0.085	0.212
变异系数	0.144	0.210	0.212	0.135	0.297

方差分析结果显示种群间纤维壁腔比差异不显著（表 2-8），说明环境条件对白桦纤维壁腔比影响不大。塔河种群纤维壁腔比的变异系数最大，个体间的差异较大（图 2-6）。说明塔河种群白桦纤维壁腔比在种群内不稳定，立地条件和个体自身的遗传差异对白桦纤维壁腔比有较大的影响。种群内白桦纤维壁腔比的差异为优良单株的选择提供了条件。

表 2-8 白桦种群间纤维壁腔比方差分析

差异源	平方和	自由度（df）	F	F_{crit}（0.05）
种群间	0.182	4	2.523	2.579
种群内	0.814	45		
总和	0.996	49		

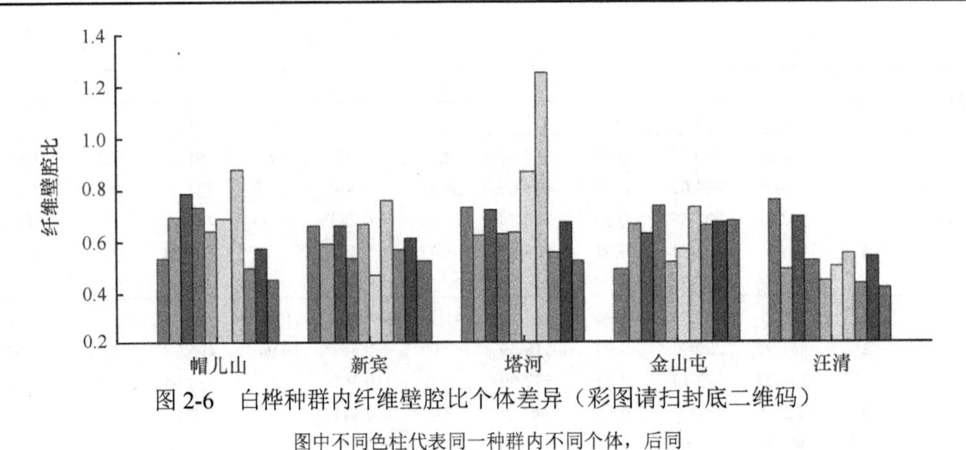

图 2-6　白桦种群内纤维壁腔比个体差异（彩图请扫封底二维码）

图中不同色柱代表同一种群内不同个体，后同

2.1.3.6　白桦纤维壁腔比的径向变异

各种群白桦纤维壁腔比径向变异趋势如图 2-7 所示。从图中可以看出，5 个同树龄白桦种群纤维壁腔比的径向变异趋势基本一致：从髓心向外开始逐渐减小，在生长旺盛时期趋于平缓，而后逐渐增加，再达到平稳。从图中还可以看出，低纬度种群，如新宾、汪清和帽儿山种群，较早地进入成熟期；而高纬度的塔河、金山屯种群直到 40 年生长才进入成熟期。在髓心处纤维细胞较小，胞腔也较小，所以纤维壁腔比较大；进入壮龄时期，细胞生长快，细胞壁较薄，胞腔较大，壁腔比变小；随着树木进入成熟龄后期，细胞生长减慢，纤维壁腔比又增大。此外，不同年份间白桦纤维壁腔比变化较大，说明生长期内的气候条件如降水和温度对白桦纤维壁腔比影响较大。

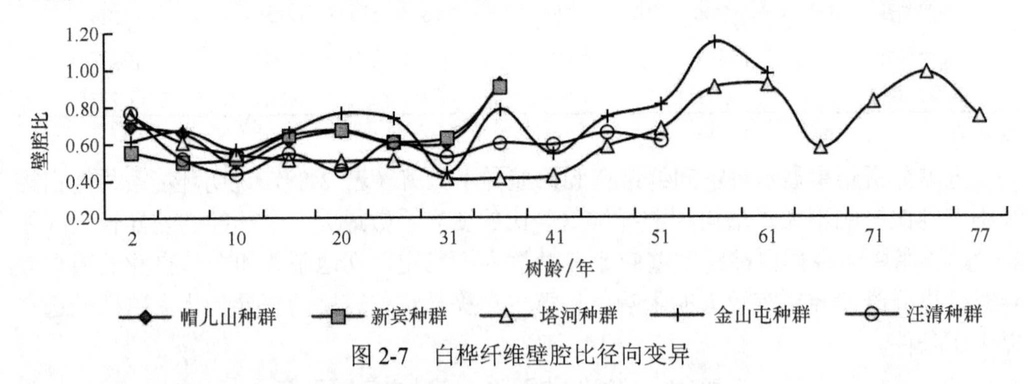

图 2-7　白桦纤维壁腔比径向变异

2.1.4　白桦种群木材基本密度变异

木材密度是判断木材强度的最佳指标，可以估测木材重量，判断木材工艺性质和物理力学性质等，是材性育种的重要指标，其变异规律的研究对于林木材质改良、新品种选育、纸浆产量质量评估及人造板生产和木材合理利用具有重要的指导意义，在制浆造纸工业中，木材密度越大，纸浆产量越高。

2.1.4.1　白桦不同种群木材基本密度的差异

对白桦木材基本密度进行方差分析表明（表 2-9），种群间差异极显著。从表 2-10 可以看到，种群间白桦木材基本密度的大小关系是：塔河＞新宾＞帽儿山＞金山屯＞汪清。塔河地区白桦基本密度达到了 0.509g/cm^3，汪清地区最小，只有 0.437g/cm^3。塔河种群位于大兴安岭地区，年均温低，白桦细胞生长缓慢，单位体积积累干物质多，木材基本密度偏大。其他 4 个种群木材基本密度与种群所处地理纬度分布不一致，位于低纬度地区的新宾种群木材基本密度偏大，说明除了地理条件对白桦基本密度有影响外，各地区白桦基本密度的遗传变异也起重要作用。新宾种群内单株间基本密度变化较大（图 2-8），因此可进一步进行单株选择。

表 2-9　白桦种群间木材基本密度方差分析

差异源	平方和	自由度（df）	F	F_{crit}（0.05）
种群间	0.115	4	32.000**	2.422
种群内	0.160	178		
总和	0.275	182		

表 2-10　白桦不同种群木材基本密度均值

木材基本密度	新宾种群	汪清种群	帽儿山种群	金山屯种群	塔河种群
平均数/（g/cm^3）	0.47	0.437	0.458	0.451	0.509
标准差	0.064	0.027	0.009	0.009	0.04
变异系数	0.137	0.061	0.033	0.02	0.079

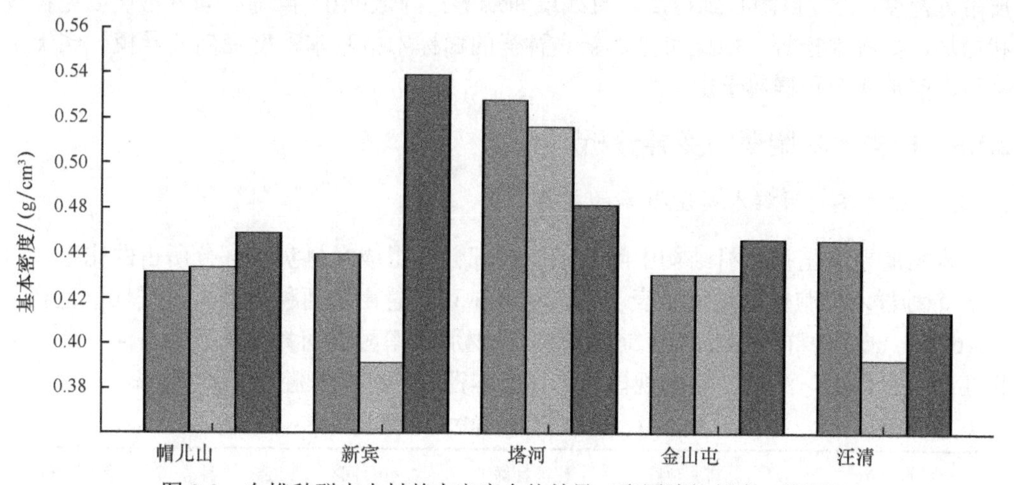

图 2-8　白桦种群内木材基本密度个体差异（彩图请扫封底二维码）

2.1.4.2 白桦种群木材基本密度径向变异

木材基本密度径向变异曲线（图 2-9）在 5 个种群间略有差异。新宾种群的白桦木材基本密度径向生长趋势先减小后增大，呈“V”字形；其他 4 个种群的白桦基本密度随树龄的增长而增大，但增长幅度不大。

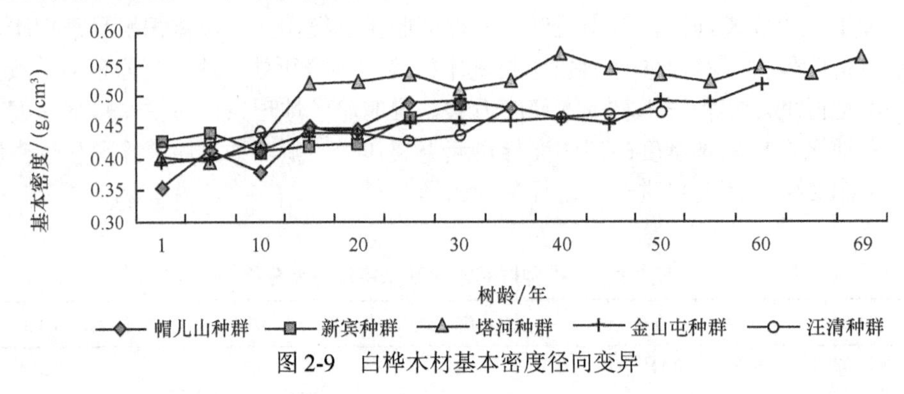

图 2-9 白桦木材基本密度径向变异

塔河种群基本密度随树龄增加增长较多，主要是由于该地区年平均气温较低，生长期短，白桦细胞生长缓慢，细胞较小，胞壁率较大，积累的干物质多。新宾种群白桦基本密度不同的径向变异可能与当时新宾的环境条件有关，新宾种群位于 5 个种群的最南端，气候温和，水分比较充足，白桦进入成熟龄后细胞分裂和生长加快，这一点可以从纤维长度和纤维宽度的迅速增大看出，因此单位体积积累的有机质相对减少，木材基本密度偏低。从图 2-9 中还可以看出，新宾种群和汪清种群在 10 年生时进入速生期。

Panshin 和 Zeeuw[1]在总结大量变异规律的基础上将密度径向变异划分为 3 种类型：Ⅰ. 自髓心向外，最初递减，然后向外缓慢增加，如刺楸等；Ⅱ. 髓心附近密度高于树皮附近密度，密度自髓心到树皮以直线或曲线形式降低；Ⅲ. 自髓心向外密度以抛物线状增加，如湿地松等。由此可见，新宾种群的白桦木材基本密度径向变异模式属于Ⅰ类型，其他 4 个种群属于Ⅲ类型。

2.1.5 白桦木材胞壁率变异分析

2.1.5.1 白桦不同种群木材胞壁率的差异

木材胞壁率是指木材结构中除去细胞腔部分，组成木材实质部分所占的比率。白桦 5 个种群木材胞壁率均值见表 2-11。从表中可以看出塔河种群最大，平均值达到了 59.469%；汪清种群最小，只有 55.306%。木材胞壁率种群间大小关系为塔河＞新宾＞帽儿山＞金山屯＞汪清，这个规律与木材基本密度和纤维壁腔比基本相同。

表 2-11 白桦不同种群木材胞壁率均值

胞壁率	新宾种群	汪清种群	帽儿山种群	金山屯种群	塔河种群
平均数/%	58.152	55.306	57.602	56.112	59.469
标准差	2.571	4.476	5.356	4.099	4.158
变异系数	0.044	0.081	0.093	0.073	0.070

方差分析结果见表 2-12。方差分析结果表明：种群间差异显著，分析产生此结果的主要原因是各种群白桦木材胞壁率的遗传差异和各地区气候条件的共同影响。此外，各种群木材胞壁率的变异系数都较小，说明在种群内木材胞壁率变化小。在帽儿山种群内个体间木材胞壁率存在较大差异（图 2-10），说明白桦个体存在遗传差异，这对品种改良有很大帮助。

表 2-12　白桦种群间木材胞壁率方差分析

差异源	平方和	自由度（df）	F	F_{crit}（0.05）
种群间	416.718	4	2.899*	2.422
种群内	6396.900	178		
总和	6813.618	182		

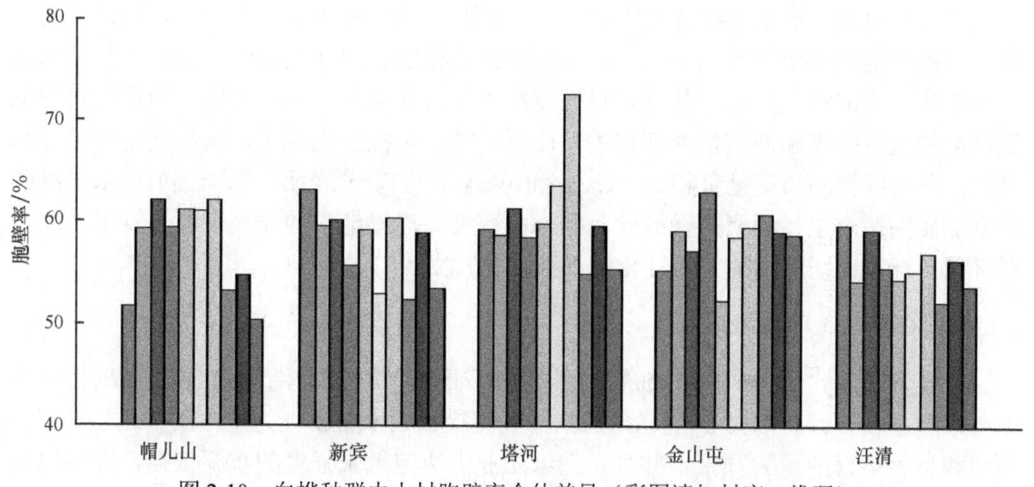

图 2-10　白桦种群内木材胞壁率个体差异（彩图请扫封底二维码）

2.1.5.2　白桦木材胞壁率的径向变异

各白桦种群木材胞壁率径向变异结果见图 2-11。

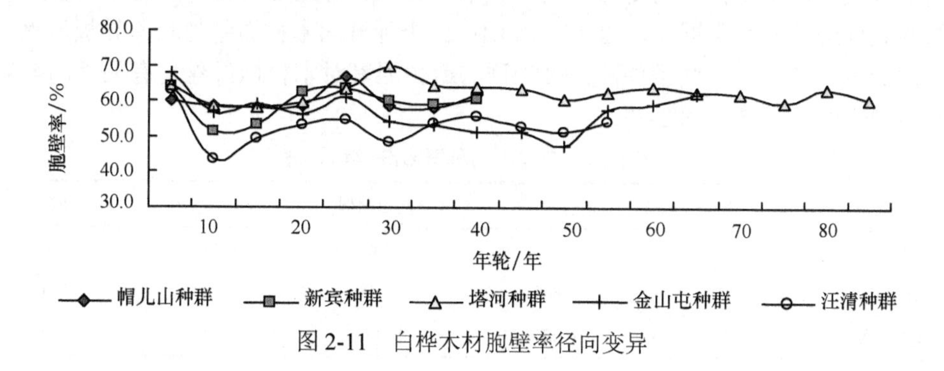

图 2-11　白桦木材胞壁率径向变异

从图 2-11 中可以看出，5 个白桦种群只有塔河种群木材胞壁率基本保持平稳，其他 4 个种群在不同树龄时变化较大。塔河地区位于 5 个种群的最北端，每年的气候条件变化较小。同时，由于其地理位置的原因，每年的温度和降水等条件的相对改变对白桦木材胞壁率的影响较小。而其他 4 个地区的年均温相对较高，降水量的多少对树木的生长影响较大。在林木生长旺季，降水量在一定范围内的增加会加快纤维细胞生长，细胞较大。同时，导管细胞变大，数目增加，导致木材胞壁率减小。

各种群白桦木材胞壁率在生长初期较高，是因为在生长初期细胞小，细胞腔也较小，所以胞壁率的值较大。在各年轮变化中，塔河种群木材胞壁率平均值基本处于 5 个种群的最大值，而汪清种群处于最小（表 2-11）。

2.1.6 白桦木材微纤丝角变异

微纤丝角是影响木材综合性质的一个重要因子，国内外研究表明[4,5]，微纤丝角是木材机械性能的主要决定因子之一，特别是弹性模量和异向收缩性。微纤丝角与木材密度存在一定的相关关系，并与木材强度和硬度密切相关。单个管胞中微纤丝角与纸浆纤维的抗拉强度和伸缩性密切相关，微纤丝角小则抗拉强度大，微纤丝角大则伸缩性强，并与纤维的长度呈负相关。Cave 和 Walker[6]的研究表明，影响辐射松木材纸浆产品品质的两个主要因素是微纤丝角和木材密度。对湿地松的研究表明，管胞长度与微纤丝角存在密切的相关关系，相关系数达 0.7 以上[4]。

2.1.6.1 白桦不同种群微纤丝角的差异

Kerr 和 Baily[7]最早对木材细胞次生壁进行研究，发现 S_2 层最厚，微纤丝的排列近似与细胞主轴平行。木材 S_2 层微纤丝的排列直接影响木材物理力学性质、化学加工、利用和良种培育的预测预报，并且是造纸工业中决定纸张强度的重要依据，同时也是评定材性、纸张强度和干缩性的重要因子。木材微纤丝角的大小、变异是木材材质、良种选育的重要指标。因此，对木材微纤丝角的研究具有十分重要的意义。

在每个种群内取 3 个样本测量木材微纤丝角，测量结果见表 2-13。新宾种群白桦木材微纤丝角最大，达到 10.248°；帽儿山种群最小，只有 5.409°。各种群微纤丝角变异系数较大，说明在种群内变异较大，立地环境和遗传效应对微纤丝角影响较大。对测量的数据进行方差分析（表 2-14）表明：5 个种群间木材微纤丝角差异极显著，说明不同的生态条件、气候条件和白桦种群的遗传因素对木材微纤丝角有显著的影响。种群内样本间的差异见图 2-12。

表 2-13 白桦不同种群微纤丝角均值

微纤丝角	新宾种群	汪清种群	帽儿山种群	金山屯种群	塔河种群
平均数/（°）	10.248	8.294	5.409	6.292	7.495
标准差	2.992	1.861	1.159	1.905	2.002
变异系数	0.292	0.224	0.214	0.303	0.267

表 2-14 白桦种群间微纤丝角方差分析

差异源	平方和	自由度（df）	F	F_{crit}（0.05）
种群间	513.416	4	28.127**	2.422
种群内	812.288	178		
总和	1325.704	182		

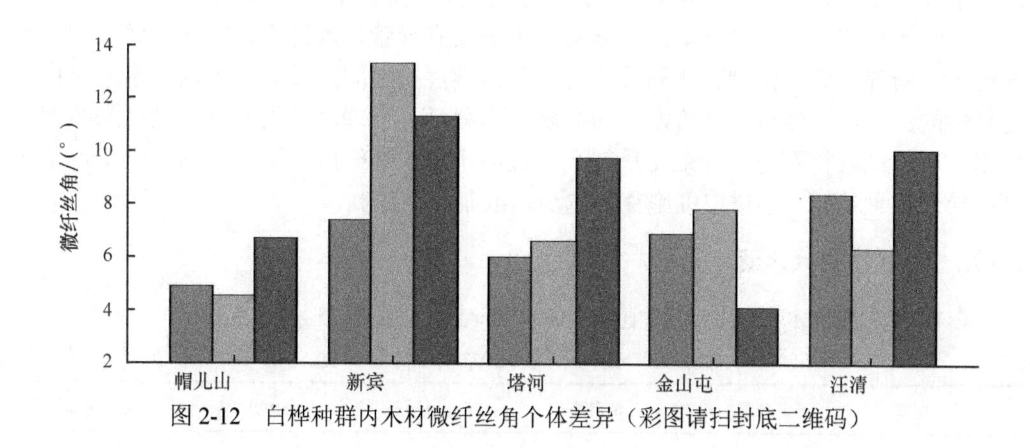

图 2-12 白桦种群内木材微纤丝角个体差异（彩图请扫封底二维码）

2.1.6.2 白桦木材微纤丝角的径向变异

从图 2-13 可以看出，5 个种群白桦微纤丝角径向变异趋势基本相同，即随着树龄的增大，微纤丝角逐渐变小，在达到 20 年左右时趋于平缓，表明树木进入成熟龄。这个变化趋势与纤维长度正好相反，表明白桦木材微纤丝角与纤维长度之间呈一定程度的负相关。对于微纤丝角的径向变异，有学者[8]认为，树木在幼龄期细胞直径增长快于长度生长，微纤丝轴向伸长受抑制，因此角度较大。当进入成熟期后，情况相反，细胞长度生长快于直径生长，微纤丝在轴向得以延伸，因此微纤丝角较小。

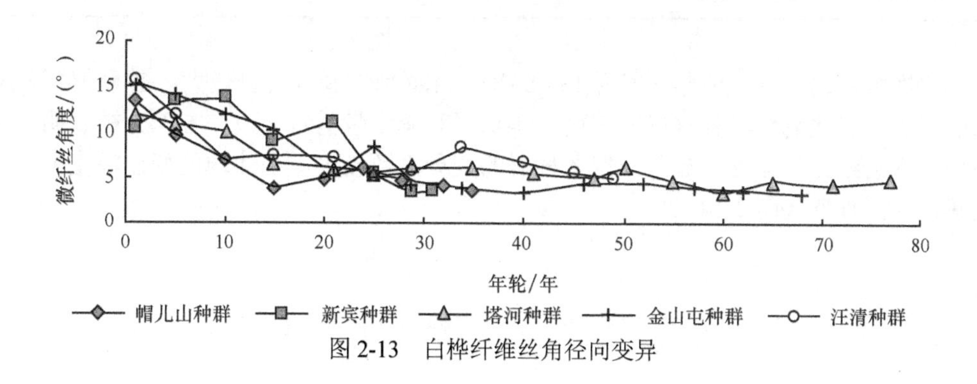

图 2-13 白桦纤维丝角径向变异

在幼龄期，帽儿山种群微纤丝角较小，新宾和金山屯种群较大。而塔河和汪清种群居中。进入成熟期后，帽儿山、新宾和金山屯种群的微纤丝角基本一致，而塔河和汪清种群偏大。新宾种群在年轮间波动较大，说明当时的环境对白桦微纤丝角影响较大。

2.1.7 白桦木材组织比量变异

木材组织比量是指构成木材的各种细胞所占横截面积的比例。研究木材纤维构造的数量特征是探寻木材解剖分子和材性因子之间内在联系的一种手段[9]。

阔叶树材的成分比较复杂，其结构分子主要有导管、木纤维、轴向薄壁组织和木射线等。研究它们的比例、排列及其与物理力学性质之间的关系，可以揭示木材构造与材性的关系，进而可以评价木材的品质，为科学、合理的利用木材提供可靠的理论依据。对于纸浆材而言，纤维比量越大，说明木材中纤维所占比率越高，纸浆得率越高；导管比量越低，木材中细胞空腔越少，纸浆得率越高。

2.1.7.1 白桦木射线比量变异

白桦不同种群木射线比量均值和方差分析结果见表 2-15 和表 2-16。

表 2-15 白桦不同种群木射线比量均值

木射线比量	新宾种群	汪清种群	帽儿山种群	金山屯种群	塔河种群
平均数/%	14.868	13.420	13.194	13.901	13.089
标准差	1.945	2.402	1.588	2.037	2.016
变异系数	0.131	0.179	0.120	0.147	0.154

表 2-16 白桦种群间木射线比量方差分析

差异源	平方和	df	F	F_{crit}（0.05）
种群间	21.126	4	1.302	2.579
种群内	182.589	45		
总和	203.715	49		

白桦木射线比量各种群均值为 13.089%～14.868%，新宾种群最大，塔河种群最小。木射线大小变化趋势与各种群的纬度、年均温和降水量基本一致。方差分析表明：在种群间木射线比量差异不显著，但各种群的变异系数较大，个体均值变化幅度很大，尤其是汪清种群（图 2-14）。

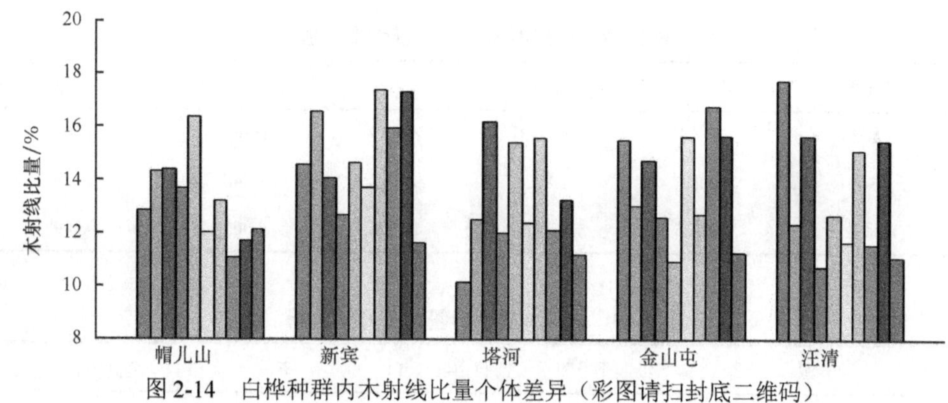

图 2-14　白桦种群内木射线比量个体差异（彩图请扫封底二维码）

白桦木射线比量径向变异趋势如图 2-15 所示。各种群变化各不相同：塔河种群和汪清种群木射线比量初始递减，约 30 年后又增加，之后变缓或略有下降，这与费本华[3]关于铜钱树和任海青[10]关于三角枫的研究结果一致；帽儿山种群木射线比量开始逐渐增加，在 20 年左右达到最大，而后逐渐减小，呈“∧”形；金山屯种群木射线比量从髓心向外先增加，达到最大值平稳一段后再逐渐减小，趋于平稳；而新宾种群基本保持在一个水平上下波动；在生长旺期，金山屯种群在高值波动，塔河和汪清种群在低值波动。

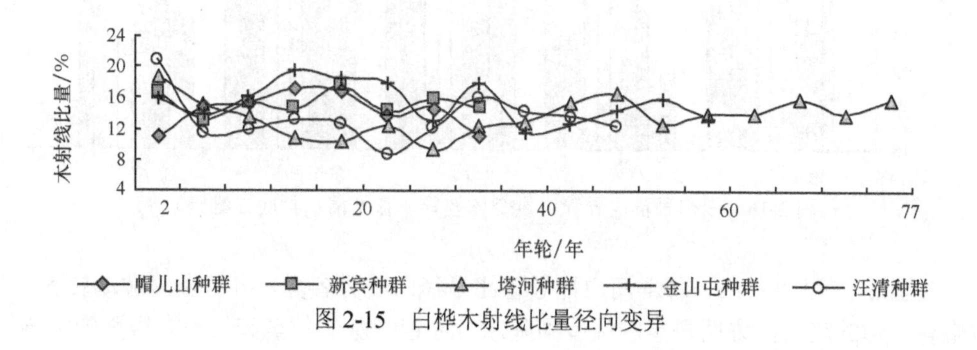

图 2-15　白桦木射线比量径向变异

2.1.7.2　白桦导管比量变异

白桦导管比量大小关系为金山屯＞塔河＞帽儿山＞新宾＞汪清（表 2-17），基本与各种群的年均温和年均降水量一致。经方差分析（表 2-18）表明，白桦种群间导管比量差异显著。说明气候条件和遗传因素对白桦导管比量影响较大。各种群内个体间存在较大差异（图 2-16），因此可以在种群选择的基础上进一步进行个体选择。

表 2-17　白桦不同种群导管比量均值

导管比量	新宾种群	汪清种群	帽儿山种群	金山屯种群	塔河种群
平均数/%	25.747	25.743	26.479	28.494	28.474
标准差	3.214	2.862	2.816	1.846	2.536
变异系数	0.125	0.111	0.106	0.065	0.089

表 2-18　白桦种群间导管比量方差分析

差异源	平方和	自由度（df）	F	F_{crit}（0.05）
种群间	78.249	4	2.696*	2.579
种群内	326.571	45		
总和	404.820	49		

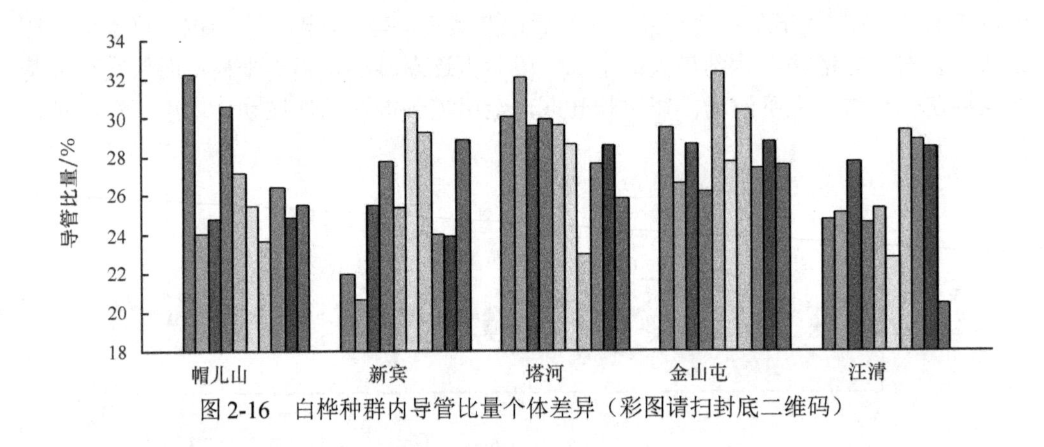

图 2-16　白桦种群内导管比量个体差异（彩图请扫封底二维码）

从图 2-17 可以看出，种群间白桦导管比量径向变异各异，并且曲线波动较大，整体略有下降的趋势，说明每年的温度和降水对导管细胞的数量和大小有很大的影响。

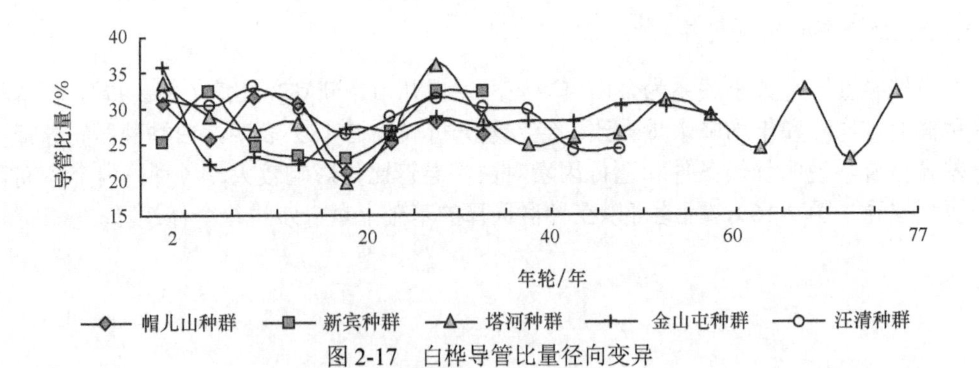

图 2-17　白桦导管比量径向变异

2.1.7.3　白桦纤维比量变异研究

白桦纤维比量均值及种群间方差分析见表 2-19 和表 2-20。纤维比量的变化幅度为 57.605%～60.836%，金山屯种群最小，汪清种群最大。种群间差异不显著，说明地理环境和遗传因素对白桦纤维比量影响不大。从图 2-18 可以看出，在汪清种群内纤维比量个体间差异较大，可以通过单株选择提高纤维比量的遗传品质。

表 2-19　白桦不同种群纤维比量均值

纤维比量	新宾种群	汪清种群	帽儿山种群	金山屯种群	塔河种群
平均数/%	59.385	60.836	60.456	57.605	58.437
标准差	2.935	4.484	3.093	2.368	2.855
变异系数	0.049	0.074	0.051	0.041	0.049

表 2-20　白桦种群间纤维比量方差分析

差异源	平方和	自由度（df）	F	F_{crit}（0.05）
种群间	73.138	4	1.757	2.579
种群内	468.416	45		
总和	541.554	49		

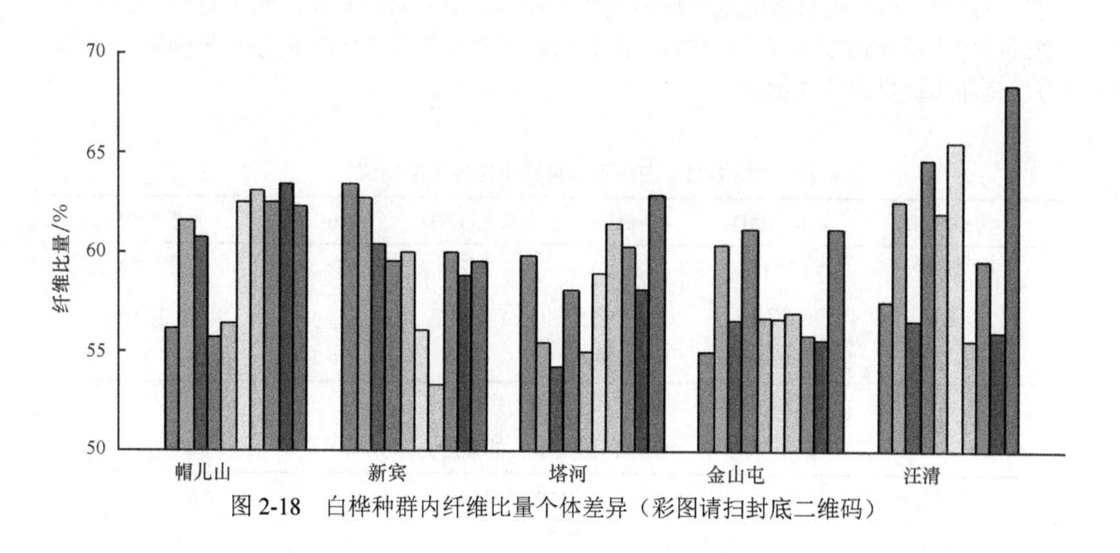

图 2-18　白桦种群内纤维比量个体差异（彩图请扫封底二维码）

白桦纤维比量的径向变异曲线（图 2-19）与导管比量的曲线很相似，基本保持在一个水平上下波动，并且幅度较大，这与每年的气候差异有关。此结果与吴义强和罗建举[11]对巨桉的研究结果一致。

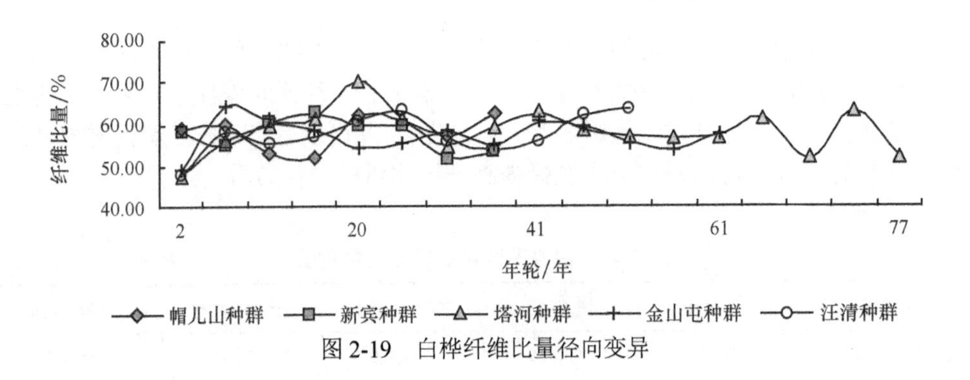

图 2-19　白桦纤维比量径向变异

2.1.8　白桦木材小拉伸强度变异

小拉伸强度，它不仅涉及木材内部的纤维结构，也关系到木材许多的宏观条件。这项研究可了解木材在不同生长时期的材质变化，同时也是研究木材纤维力学的一项重要指标。

2.1.8.1　白桦不同种群小拉伸强度的差异

从表 2-21 和表 2-22 可以看出，塔河白桦种群小拉伸强度均值最大，达到了 27.572MPa；帽儿山种群最小，只有 18.748MPa。种群间差异极显著，并且由变异系数可知，汪清、帽儿山和金山屯种群内遗传不稳定。个体间的差异表明（图 2-20）：可以通过白桦小拉伸强度进行单株选择（此处指的是含水率为 12%时的小拉伸强度），为选育优良品种提供理论依据。

表 2-21　白桦不同种群小拉伸强度均值

小拉抻强度	新宾种群	汪清种群	帽儿山种群	金山屯种群	塔河种群
平均数/MPa	24.162	26.276	18.748	25.520	27.572
标准差	0.713	10.988	5.730	7.633	1.940
变异系数	0.030	0.418	0.306	0.299	0.070

表 2-22　白桦种群间小拉伸强度方差分析

差异源	平方和	自由度（df）	F	F_{crit}（0.05）
种群间	3 443.114	4	11.254**	2.422
种群内	13 615.022	178		
总和	17 058.136	182		

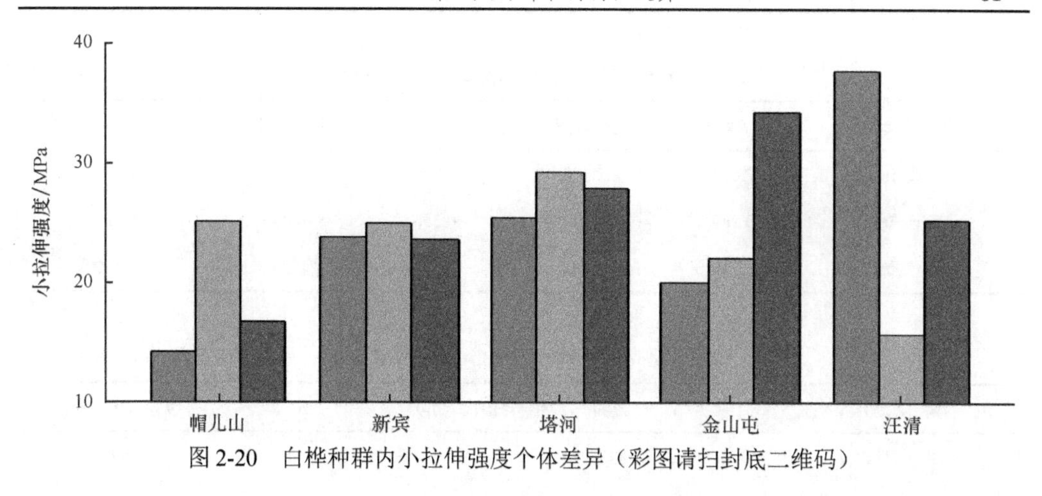

图 2-20　白桦种群内小拉伸强度个体差异（彩图请扫封底二维码）

2.1.8.2　白桦小拉伸强度的径向变异

白桦小拉伸强度径向变异趋势表明（图 2-21）：除帽儿山种群外，其他 4 个种群从髓心向外小拉伸强度呈缓慢增加的趋势，这与纤维长度和纤维宽度的变化趋势相同。帽儿山种群小拉伸强度径向变异较小，变化平缓，在生长旺期始终处于最小值波动；金山屯和汪清种群在年轮间波动较大，在生长旺期处于高值波动。

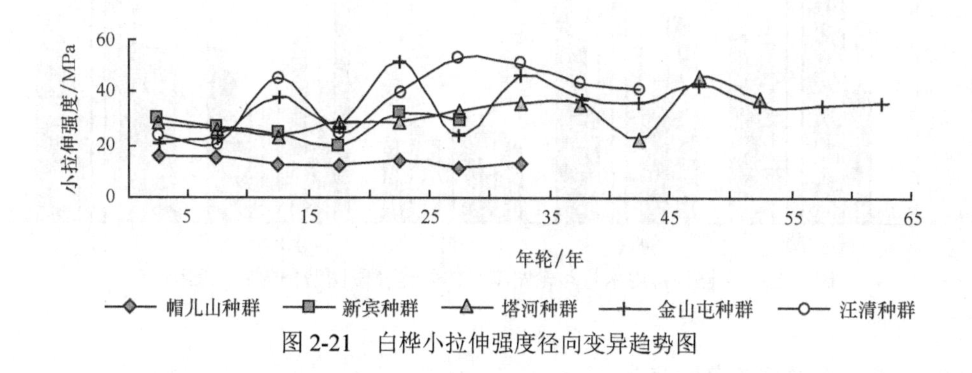

图 2-21　白桦小拉伸强度径向变异趋势图

2.1.9　白桦木材年轮宽度变异

2.1.9.1　白桦不同种群年轮宽度的差异

各种群白桦年轮宽度见表 2-23。从表中可以看出，新宾、汪清和帽儿山种群年轮宽度较大，而金山屯和塔河种群年轮宽度较小，这与各种群的地理纬度基本一致。在低纬度地区如新宾、汪清和帽儿山种群，温度较高，雨量充足，树木细胞生长速度快，表现出树木生长量较大，年轮较宽。在高纬度地区如金山屯和塔河种群，温度较低，细胞代谢活动缓慢，细胞小，年轮较窄。在新宾和金山屯种群内年轮宽度个体间差异较大（图 2-22，表 2-24）。

表 2-23　白桦不同种群年轮宽度均值

年轮宽度	新宾种群	汪清种群	帽儿山种群	金山屯种群	塔河种群
平均数/mm	2.428	2.402	2.385	1.846	1.229
标准差	0.489	0.240	0.356	0.433	0.227
变异系数	0.216	0.102	0.146	0.236	0.182

表 2-24　白桦种群间年轮宽度方差分析

差异源	平方和	自由度（df）	F	F_{crit}（0.05）
种群间	9.838	4	18.551**	2.579
种群内	5.966	45		
总和	15.804	49		

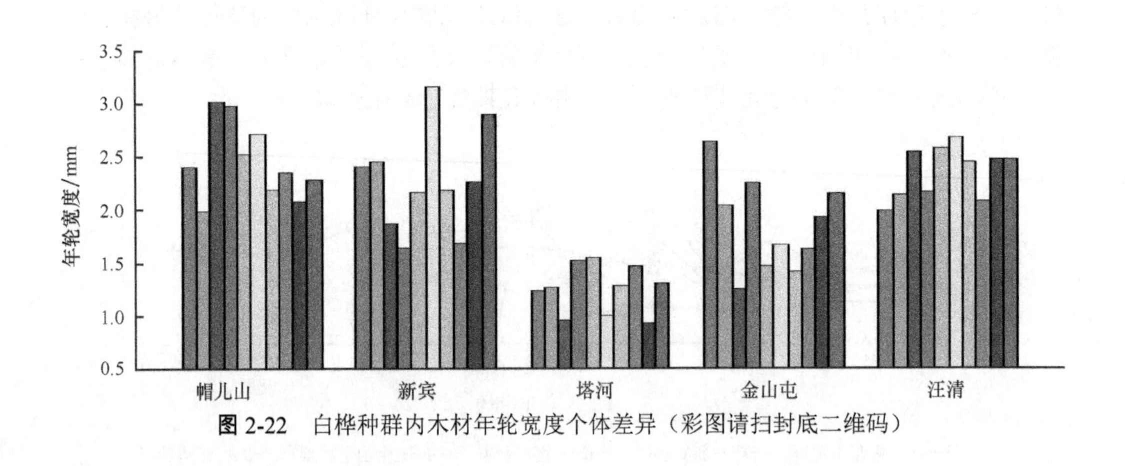

图 2-22　白桦种群内木材年轮宽度个体差异（彩图请扫封底二维码）

2.1.9.2　白桦年轮宽度径向变异

白桦年轮宽度径向变异曲线如图 2-23 所示。除塔河种群外，其他 4 个种群年轮宽度从髓心向外先逐渐增加，达到一定值后，趋于平缓，而后开始逐渐减小，在 35 年左右达到平稳；塔河种群白桦年轮宽度在整个生长过程中始终保持平稳，波动幅度不大，可能是由于该地区气温较低，降水量较少，所以树木生长缓慢，年轮宽度保持在一个水平上。在 35 年以前，新宾种群、汪清种群和帽儿山种群在高值波动，金山屯和汪清种群在低值波动；35 年以后，各种群年轮宽度差异不大。

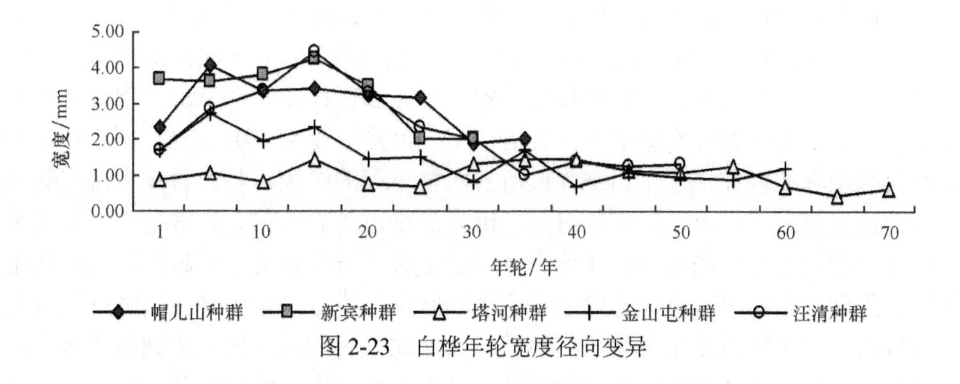

图 2-23 白桦年轮宽度径向变异

2.1.10 白桦木材性状的相关性

木材各性状间的相关关系，对于制定多性状的综合遗传改良方案有非常重要的意义，若两性状之间是正相关，选择了一个性状，另一个性状也会同时得到改良；若两个性状互相独立，或相关甚微，改良这一个性状，对另一个性状影响不大；若两个主要性状间是较高的负相关，一个性状的改良会导致另一个性状的负向增益，这就会给育种工作带来困难。因此，了解性状间的相关性意义重大。

2.1.10.1 主要材性性状之间以及与气候因子的相关性

取 5 个种群各性状的平均值，对种群的主要气候因子和材性性状进行相关性分析(表 2-25)。结果表明：纤维比量与纬度呈负相关，与均温和降水量呈正相关，但都未达到显著水平。白桦导管比量与均温和降水量相关显著，相关系数达到了–0.9，说明年均温高、降水量大的地区白桦种群导管比量低；导管比量还与纬度呈正相关，但未达到显著水平。木射线比量与纬度呈负相关，与均温、降水量、无霜期呈正相关，但都未达到显著水平。说明在低纬度、年均温较高、降水量较大的地区白桦种群纤维比量和木射线比量较高。胞壁率和木材基本密度与经度呈显著负相关，相关系数达到了–0.9，经度越大的地区白桦胞壁率和木材基本密度越小；此外，木材基本密度还与纬度呈正相关，与均温、降水量、无霜期呈负相关关系，但未达到显著水平。壁腔比也与纬度呈正相关，与经度、均温、降水量、无霜期呈负相关关系，但都未达到显著水平。说明在高纬度、低温干旱地区的种群胞壁率、壁腔比和木材基本密度较大。纤维长度与纬度呈正相关；纤维宽度与纬度呈负相关，与经度呈正相关，但未达到显著水平。

表 2-25 材性性状与气候因子的相关性分析

指标	纤维比量	导管比量	木射线比量	胞壁率	壁腔比	木材基本密度	年轮宽	小拉伸强度	纤维长度	纤维宽度	纤维长宽比	微纤丝角
纬度	−0.57	0.88	−0.63	0.51	0.85	0.71	−0.01	0.38	0.52	−0.55	0.58	−0.47
经度	0.32	−0.24	−0.14	−0.98*	−0.73	−0.93*	−0.32	−0.09	0.29	0.80	−0.45	−0.31
均温	0.61	−0.91*	0.63	−0.40	−0.79	−0.63	0.00	−0.44	−0.56	0.45	−0.52	0.49
降水量	0.68	−0.90*	0.50	−0.36	−0.71	−0.63	−0.20	−0.62	−0.42	0.33	−0.34	0.32
无霜期	−0.13	−0.23	0.69	−0.54	−0.49	−0.67	−0.24	−0.32	0.03	0.37	−0.23	0.09

*显著相关，**极显著相关，下同

对种群间白桦材性性状相关性分析结果表明（表 2-26）：导管比量与纤维比量呈负相关，相关系数达到-0.85，与壁腔比、纤维长度呈正相关，但未达到显著水平。壁腔比与胞壁率、木材基本密度、纤维长宽比的正相关性也较高（r>0.8），但也未达到显著水平。木材基本密度与胞壁率呈显著正相关，相关系数为 0.94，这与两个性状的含义相符，胞壁率的值体现了木材细胞壁所占木材体积的多少，与木材基本密度基本相同。纤维长度与微纤丝角呈显著负相关，相关系数达到了-0.97，比其他学者研究单株内纤维长度和微纤丝角的相关性还要高；理论上讲，纤维长度越长越好，微纤丝角越小越好。因此，在白桦种群选择时对这两个性状可以进行联合选择；同时纤维长度还与木射线比量、年轮宽度呈负相关，与纤维长宽比呈正相关，但未达到显著水平。纤维宽度与胞壁率、纤维壁腔比和长宽比呈显著负相关，相关系数达到-0.8 以上。因为纤维占木材体积的 50%以上，纤维壁厚基本保持不变，纤维越宽，只有纤维腔增加，引起纤维壁腔比和胞壁率减小；纤维宽度与木材基本密度呈负相关，相关系数达到-0.78。微纤丝角还与纤维比量、木射线比量、年轮宽度呈正相关，与纤维长宽比呈负相关，但都未达到显著水平。

表 2-26　种群间木材指标相关性分析

性状	导管比量	木射线比量	胞壁率	壁腔比	木材基本密度	年轮宽度	小拉伸强度	纤维长度	纤维宽度	纤维长宽比	微纤丝角
纤维比量	−0.85	−0.19	−0.28	−0.59	−0.44	−0.17	−0.45	−0.32	0.32	−0.30	0.68
导管比量		−0.36	0.29	0.76	0.50	−0.08	0.38	0.64	−0.42	0.54	−0.50
木射线比量			−0.03	−0.35	−0.16	0.40	0.03	−0.61	0.19	−0.41	0.73
胞壁率				0.81	0.94*	0.18	0.00	−0.14	−0.89*	0.59	0.14
壁腔比					0.85	−0.14	0.03	0.42	−0.90*	0.83	−0.37
木材基本密度						0.33	0.29	−0.08	−0.78	0.50	0.11
年轮宽度							0.82	−0.78	0.29	−0.65	0.84
小拉伸强度								−0.29	0.33	−0.50	0.40
木质素								−0.22	0.55	−0.48	0.32
纤维素								0.02	0.35	−0.37	0.12
纤维长度									−0.27	0.67	−0.97*
纤维宽度										−0.89*	0.28
纤维长宽比											−0.67

2.1.10.2　白桦株内材性性状的相关性研究

对白桦单株内材性指标进行相关性分析（表 2-27），结果发现：种群不同，各材性性状间的相关程度不同。在 5 个种群内：导管比量和纤维比量呈极显著负相关，相关系数为-0.90～-0.69；壁腔比与胞壁率呈显著正相关（0.68～0.89）；纤维长度与纤维宽度和纤维长宽比存在极显著正相关（0.68～0.89）。

表 2-27 白桦材性性状株内相关分析

种群		纤维比量	导管比量	胞壁率	壁腔比	木材基本密度	纤维宽度	纤维长度	纤维长宽比	年轮宽度	微纤丝角
新宾种群	木射线比量	-0.28	-0.44	0.89**	0.47	0.33	0.07	-0.59	0.08	0.19	-0.30
	纤维比量		-0.69**	-0.39	-0.45	0.12	0.52	0.50	0.29	0.21	0.02
	导管比量			-0.26	-0.05	0.19	-0.53	-0.02	-0.48	-0.30	-0.09
	胞壁率				0.79**	-0.45	-0.58*	-0.37	-0.11	-0.34	-0.28
	壁腔比					0.60*	-0.63*	-0.52	-0.29	-0.30	-0.34
	木材基本密度						0.43	0.38	0.22	-0.47	-0.32
	纤维宽度							0.78**	0.41	0.07	-0.10
	纤维长度								0.89**	-0.21	-0.13
	纤维长宽比									-0.28	-0.38
	年轮宽度										0.44
汪清种群	木射线比量	-0.86**	-0.21	0.56*	0.51*	0.19	-0.25	-0.35	-0.62**	-0.15	0.47
	纤维比量		-0.80**	-0.57*	-0.50*	0.02	0.52*	0.75**	0.62**	0.30	-0.54*
	导管比量			-0.19	0.15	-0.24	-0.29	-0.84**	-0.40	-0.43	0.43
	胞壁率				0.84**	0.20	-0.15	0.48*	-0.17	-0.40	0.51*
	壁腔比					0.16	-0.13	-0.14	-0.16	-0.21	0.20
	木材基本密度						0.17	0.18	0.46	-0.32	-0.55*
	纤维宽度							0.68**	0.45	-0.05	-0.75*
	纤维长度								0.79**	-0.25	-0.80*
	纤维长宽比									-0.21	-0.63*
	年轮宽度										-0.01
帽儿山种群	木射线比量	-0.81**	0.30	0.34	0.14	-0.12	0.31	0.09	0.08	-0.27	0.15
	纤维比量		-0.81**	-0.27	-0.09	0.81**	0.31	0.40	0.31	0.38	-0.22
	导管比量			-0.06	-0.04	-0.68**	-0.50	-0.54*	-0.50	-0.34	0.07
	胞壁率				0.84**	-0.13	-0.30	-0.25	0.09	-0.13	0.18
	壁腔比					0.27	0.05	0.26	0.32	-0.42	-0.48
	木材基本密度						0.79**	0.89**	0.63*	-0.25	-0.16
	纤维宽度							0.81**	0.28	0.01	-0.69*
	纤维长度								0.79**	-0.06	-0.59*
	纤维长宽比									-0.21	-0.22
	年轮宽度										-0.13

续表

种群		纤维比量	导管比量	胞壁率	壁腔比	木材基本密度	纤维宽度	纤维长度	纤维长宽比	年轮宽度	微纤丝角
金山屯种群	木射线比量	−0.33	−0.32	0.33	0.30	0.25	−0.32	−0.21	0.17	−0.26	−0.07
	纤维比量		−0.80**	−0.05	−0.27	−0.19	0.14	0.05	0.11	0.43	−0.04
	导管比量			−0.25	−0.04	0.03	0.07	−0.10	−0.09	−0.16	0.12
	胞壁率				0.68*	−0.09	−0.42	−0.37	−0.25	−0.24	0.14
	壁腔比					0.35	−0.28	−0.06	0.11	−0.31	−0.18
	木材基本密度						0.65**	0.86**	0.70**	−0.73**	−0.78*
	纤维宽度							0.71**	0.29	−0.22	−0.74*
	纤维长度								0.88**	−0.55*	−0.82*
	纤维长宽比									−0.56**	−0.77*
	年轮宽度										0.50*
塔河种群	木射线比量	−0.04	−0.52*	0.48	0.55	0.54*	0.37	0.45	0.28	−0.29	−0.59*
	纤维比量		−0.90**	0.27	−0.01	0.35	0.17	0.46	0.41	0.07	−0.28
	导管比量			−0.75**	−0.18	−0.54*	−0.36	−0.60*	−0.60**	0.33	0.50*
	胞壁率				0.89**	0.56*	0.39	0.55*	0.48*	−0.35	−0.63*
	壁腔比					0.60**	0.35	0.64**	0.28	−0.48*	−0.65*
	木材基本密度						0.75**	0.93**	0.75**	−0.80**	−0.77*
	纤维宽度							0.74**	0.29	−0.18	−0.67*
	纤维长度								0.85**	−0.33	−0.70*
	纤维长宽比									−0.45	−0.47*
	年轮宽度										0.19

本研究结果表明：除新宾种群外，微纤丝角与纤维长度和纤维宽度呈显著负相关，相关系数最大为−0.59，最小的达到−0.82。微纤丝角还与纤维长宽比和木材基本密度呈负相关，并且在汪清、金山屯和塔河 3 个种群内也达到了显著水平。刘盛全[12]认为，阔叶材的纤维长度与微纤丝角之间密切程度要比针叶材低很多，并且其株内相关程度远大于株间的相关性，微纤丝角只是反映材性变化的综合指标之一。国内外对木材密度的研究也比较多[13-16]，认为木材密度是影响木材品质的重要指标之一。本研究表明：在新宾和塔河种群，木材基本密度与胞壁率显著正相关；在帽儿山、金山屯和塔河种群，木材基本密度与纤维长度、纤维宽度和纤维长宽比呈显著正相关；此外 5 个种群中木材基本密度与年轮宽度呈负相关，在金山屯和塔河种群内达到了显著水平，相关系数为−0.73 和−0.80。

其他各材性指标间的相关关系在不同种群内表现不一致，有些相关显著，有些相关性较弱；有些呈正相关，有些呈负相关，这与种群内个体间遗传差异有关，也与各地区的气候条件和个体所处的立地环境不同有关。

2.1.11 结论与讨论

2.1.11.1 小结

天然白桦林在成熟材 18～31 年阶段，木材纤维宽度、纤维长宽比、木材基本密度、胞壁率、微纤丝角、导管比量、小拉伸强度和年轮宽度种群间差异显著或极显著；木材纤维长度、纤维壁腔比、木射线比量和纤维比量差异不显著。

白桦木材纤维长度、纤维宽度、木材基本密度和小拉伸强度从髓心向外呈增加趋势，新宾种群的白桦木材基本密度径向生长趋势先减小后增大，呈“V”字形。各种群纤维壁腔比从髓心向外开始有一个减小的过程，在速生期趋于平缓，而后逐渐增大。微纤丝角从髓心向外逐渐减小，在 20 年左右趋于平缓，减小缓慢。木材纤维比量、导管比量和木材胞壁率径向变化基本保持在一个水平，上下波动。木射线比量各种群径向变异不同：塔河种群和汪清种群木射线比量初始递减，约 30 年后又增加，之后变缓或略有下降；帽儿山种群木射线比量开始逐渐增加，在 20 年左右达到最大，而后逐渐减小，呈“∧”形；金山屯种群木射线比量从髓心向外先增加，达到最大值平稳一段后再逐渐减小，趋于平稳；而新宾种群基本保持在一个水平上下波动。塔河种群的白桦年轮宽度径向变化较平缓，其他 4 个种群从髓心向外先逐渐增加，达到最大值保持一段平稳后，又开始减小，达到平稳。

白桦木材纤维长度和宽度频率分布基本呈正态分布，纤维长度在 0.9～1.2mm 的频率达到 0.7～0.8；纤维宽度在 17～21μm 的频率达到 0.7～0.8（由于新宾种群白桦树龄较小，对应的频率只有 0.6）。对白桦木材纤维长度和树龄进行回归分析表明，用二次方程 $Y=b_0+b_1\times x+b_2\times x^2$、对数方程 $Y=b_0+b_1\times \ln x$ 和乘幂曲线模型 $Y=b_0x^{b_1}$ 建立白桦纤维长度的早期预测模型是比较理想的。

对 5 个种群的主要气候因子和材性性状进行相关性分析，结果表明：白桦导管比量与均温和降水量相关性显著，相关系数达到了−0.9，说明年均温高、降水量大的地区种群导管比量低；胞壁率和木材基本密度与经度呈显著负相关，相关系数达到了−0.9，经度越大的地区胞壁率和木材基本密度越小。

种群间白桦材性性状相关性分析结果表明：密度与胞壁率呈显著正相关，相关系数为 0.94；纤维宽度与胞壁率、纤维壁腔比和纤维长宽比呈显著负相关，相关系数达到−0.8 以上。纤维长度与微纤丝角呈显著负相关，达到了−0.97，因此，在种群选择时这两个性状可以进行联合选择。

种群不同，单株内各材性性状间的相关程度不同。在 5 个种群内：导管比量和纤维比量呈极显著负相关，相关系数为−0.90～−0.69；壁腔比与胞壁率呈显著正相关（0.68～0.89）；纤维长度与纤维宽度和纤维长宽比呈极显著正相关（0.68～0.89）。除新宾种群外，微纤丝角与纤维长度和纤维宽度呈显著负相关，相关系数绝对值最小为−0.59，最大的达到−0.82。微纤丝角还与纤维长宽比和木材基本密度呈负相关关系，并且在汪清、金山屯和塔河种群内也达到了显著水平。在所有种群，壁腔比与胞壁率呈显著正相关；在帽儿山、金山屯和塔河种群，木材基本密度与纤维长度、纤维宽度和纤维长宽比呈显著正相关；此外，5 个种群木材基本密度与年轮宽度呈负相关，在金山屯和塔河种群内达到了显著水平，相关系数为-0.73 和-0.80。

2.1.11.2　讨论与建议

相同性状在种群间变异趋势不同，因此针对一个种群的研究是没有代表性的。方差分析中变异系数的大小，说明这个指标在种群内的稳定性高低。

白桦材性指标在种群内变异较大，说明进行优良单株的选择具有很大的潜力，因此在种源选择的基础上还可以进一步进行优良单株的选择，为选育白桦良种奠定基础。

根据纸浆材的用材标准，5 个种群的纤维长度均值都大于 1.0mm，纤维长宽比都大于 50，密度在 0.4～0.6g/cm^3，因此都是适用于造纸的用材。

白桦木材属于散孔材（图 2-24），但在本研究实验过程中发现，塔河种群一个试样从树皮向内的第二个年轮导管呈规则排列（图 2-25），呈现环孔材结构，有待进一步研究其产生的原因。

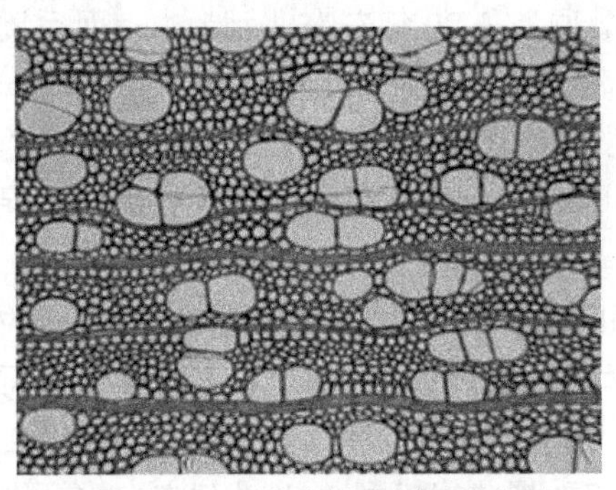

图 2-24　正常白桦木材显微构造
（彩图请扫封底二维码）

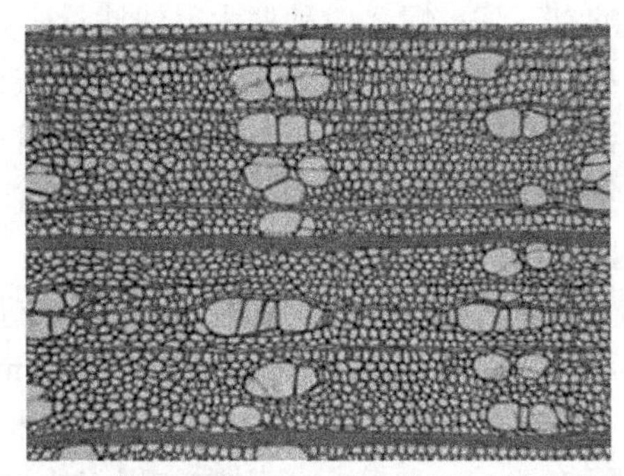

图 2-25　塔河种群白桦“环孔材”木材显微构造
（彩图请扫封底二维码）

2.2　白桦天然种群木材化学性质的变异

2.2.1　实验材料与方法

实验材料见 2.1.1。

2.2.1.1　样木采伐和取样

样木伐倒后，每株样木在离地 1m 处取 1m 长的树段。去除原木表皮，切成小薄片，分单株充分混合。风干后，置入粉碎机中磨成细末，过筛，截取能通过 0.38mm 筛孔（40 目）而不能通过 0.25mm 筛孔（60 目）的细末，储于具磨砂玻璃塞的广口瓶中，留供化学成分分析使用。

蒸煮试验所用木片合格规格为长度 15～20mm，厚度 3～5mm，宽度不超过 20mm，木片合格率要求 85%以上。应注意采用无腐朽变质和水分不太大的样品。

2.2.1.2　试样水分的测定

1. 测定原理

将原料试样在规定的烘干温度（105±2）℃下烘干至恒重，水分测定是所失去的质量与试样原质量之比，以百分数表示。

2. 实验步骤

精确称取1～2g试样（精确至0.0001g），放入洁净的已烘干至质量恒定的扁形称量瓶中，置于（105±2）℃烘箱中烘4h，将称量瓶移入干燥器中，冷却0.5h时称重。而后将称量瓶再移入烘箱，继续烘1h，冷却称重。如此重复，直至质量恒定为止。

3. 结果计算

水分x（%）按下式计算：

$$x=\frac{m-m_1}{m}\times 100\%$$

式中，m为试样在烘干前的质量（g）；m_1为试样在烘干后的质量（g）。

以两次测定的算术平均值作为结果，精确至小数点后第二位。两次测定计算值间误差不应超过0.2%。

2.2.1.3　灰分含量的测定

1. 测定原理

灰分是指试样在高温下经炭化和灼烧，使其中的有机物变成二氧化碳和水蒸气而挥发，所剩余的矿物性残渣之质量与试样质量之比，以百分数表示。

2. 测定步骤和结果计算

1）测定步骤

精确称取2～3g试样（精确至0.0001g）置于经预先灼烧至质量恒定的瓷坩埚中（同时另称取试样测定水分），先在电炉上仔细燃烧使其炭化，然后将坩埚移入高温炉中，在（575±25）℃范围内灼烧至灰渣中无黑色炭素。取出坩埚，在空气中冷却5～10min后，置入干燥器内，冷却0.5h，称量。再将坩埚放入高温炉中，重复上述操作，称量至质量恒定。

2）结果计算

灰分含量X（%）按下式计算：

$$X=\frac{m_2-m_1}{m}\times 100\%$$

式中，m_1为灼烧后坩埚质量（g）；m_2为灼烧后盛有灰渣的坩埚质量（g）；m为绝干试样质量（g）。

以两次测定的算术平均值作为结果，精确至小数点后第二位。

2.2.1.4 水抽出物含量的测定

1. 测定原理

测定方法是用水处理试样，然后将抽提后的残渣烘干，从而确定其被抽出物的含量。

冷水抽出物测定是采用温度为（23±2）℃的水处理 48h；热水抽出物测定是用 95～100℃的热蒸馏水加热 3h。

2. 样品的采集和制备

样品的采集和制备按 GB/T2677.1 的规定进行。准备风干样品不少于 20g，样品为能通过 0.38mm 筛孔（40 目筛）但不能通过 0.25mm 筛孔（60 目筛）的部分细末。

3. 测定步骤和结果计算

1）冷水抽出物含量的测定

（1）测定步骤：

精确称取 1.9～2.1g（称准至 0.0001g）试样（同时另称取试样测定水分），移入容量 500ml 锥形瓶中，加入 300ml 蒸馏水，置于温度可调的恒温装置中，保持温度为（23±2）℃。加盖放置 48h，并经常摇荡。用倾泻法经已恒重的 1G2 玻璃滤器过滤，用蒸馏水洗涤残渣及锥形瓶，并将瓶内残渣全部洗入滤瓶中。继续洗涤至洗液无色后，再多洗涤 2～3 次。吸干滤液，用蒸馏水洗净滤器外部，移入烘箱内，于（105±2）℃烘干至质量恒定。

（2）结果计算：

冷水抽出物含量 X_1（%）按下式计算：

$$X_1 = \frac{m_1 - m_2}{m_1} \times 100\%$$

式中，m_1 为抽提前试样的绝干质量（g）；m_2 为抽提后试样的绝干质量（g）。

2）热水抽出物含量的测定

（1）测定步骤：

精确称取 1.9～2.1g（称准至 0.0001g）试样（同时另称取试样测定水分），移入容量为 300ml 锥形瓶中，加入 200ml 95～100℃的蒸馏水，装上回流冷凝管或空气冷凝管，置于沸水浴中（水浴的水平面需高于装有试样的锥形瓶中液面）加热 3h，并经常摇荡。用倾泻法经已恒重的 1G2 玻璃滤器过滤，用热蒸馏水洗涤残渣及锥形瓶，并将锥形瓶内残渣全部洗入滤瓶中。继续洗涤至洗液无色后，再多洗涤 2～3 次。吸干滤液，用蒸馏水洗净滤器外部，移入烘箱内，于（105±2）℃烘干至质量恒定。

（2）结果计算：

热水抽出物含量 X_2（%）按下式计算：

$$X_2 = \frac{m_1 - m_3}{m_1} \times 100\%$$

式中，m_1为抽提前试样的绝干质量（g）；m_3为抽提后试样的绝干质量（g）。

水抽出物应同时进行两份测定，取其算术平均值作为测定结果，精确至小数点后一位，两次测定计算值间偏差不应超过0.2%。

2.2.1.5 1%氢氧化钠抽出物含量的测定

1. 测定原理

测定方法是在一定条件下用1%（质量分数）NaOH溶液处理试样，残渣经洗涤烘干后恒重，根据处理前后试样的质量之差，从而确定其抽出物的含量。

2. 试剂

分析时，必须使用分析纯试剂，试验用水应为蒸馏水或去离子水。

①乙酸溶液：1∶3（体积分数）。

②指示剂溶液。

甲基橙指示液（1g/L）：称取0.1g甲基橙，溶于水中，并稀释至100ml。

③1%（质量分数）NaOH溶液。

3. 测定步骤和结果计算

1）测定步骤

精确称取1.9～2.1g（称准至0.0001g）试样（同时另称取试样测定水分），放入洁净干燥的容量为300ml的锥形瓶中，准确地加入100ml 1%（10g/L）NaOH溶液，装上回流冷凝器或空气冷凝管，置沸水浴中加热1h，在加热10min、25min、50min时各摇荡一次。等规定时间到达后，取出锥形瓶，静置片刻以使残渣沉积于瓶底，然后用倾泻法经已恒重的1G2玻璃滤器过滤。用温水洗涤残渣及锥形瓶数次，最后将锥形瓶中残渣全部洗入滤器中，用水洗至无碱性后，再用60ml乙酸溶液（1∶3，*V*/*V*）分三次洗涤残渣。最后用冷水洗至不呈酸性反应为止（用甲基橙指示剂试验），吸干滤液，取出滤器，用蒸馏水洗涤滤器外部，移入烘箱，于（105±2）℃烘干至质量恒定。

2）结果计算

1%（质量分数）氢氧化钠抽出物含量X（%）按下式计算：

$$X = \frac{m - m_1}{m} \times 100\%$$

式中，m为抽提前试样的绝干质量（g）；m_1为抽提后试样的绝干质量（g）。

同时进行两份测定，取其算术平均值作为测定结果，精确至小数点后一位，两次测定计算值间偏差不应超过0.4%。

2.2.1.6 苯醇抽出物含量的测定

1. 测定原理

测定方法是用有机溶剂（苯-醇混合液）抽提试样，然后将抽出液蒸发烘干、称重，从而定量地测定溶剂所抽出的物质含量。苯-醇混合液不但能抽出原料中所含的树脂、蜡和脂肪，而且还能抽出一些乙醚不溶物，如单宁及色素等。

2. 试剂

①苯：分析纯；②乙醇：95%（*V*/*V*），分析纯；③苯醇混合液（2∶1，体积比）：将2体积的苯及1体积的95%乙醇混合均匀，备用。

3. 测定步骤和结果计算

1）测定步骤

精确称取（3±0.2）g（称准至 0.0001g）试样（同时另称取试样测定水分），用预先经有机溶剂（苯醇混合液）抽提 1～2h 的定性滤纸包好，用线扎住，不可包太紧，但亦应防止过松，以免漏出。放入索氏抽提器中，加入不少于 150ml 所需用的有机溶剂使其超过溢流水平，并多加 20ml 左右。装上冷凝器，连接抽提仪器，置于水浴中。打开冷却水，调节加热器使有机溶剂沸腾速率为每小时在索氏提取器中的循环不少于4次，如此抽提 6h。抽提完毕后，提起冷凝器，若发现抽出物中有纸毛，则应通过滤纸将抽出液滤入称量瓶中，再用少量有机溶剂分次漂洗底瓶及滤纸。用夹子小心地从抽提器中取出盛有试样的纸包，然后将冷凝器重新和抽提器连接，蒸发至抽提底瓶中的抽提液约 30ml 为止，以此来回收一部分有机溶剂。

取下底瓶，将内容物移入已烘干恒重的称量瓶中，并用少量抽提用的有机溶剂漂洗底瓶 3～4 次，洗液亦应倾入称量瓶中。将称量瓶置于水浴上，小心地加热以蒸去多余的溶剂。最后擦净称量瓶外部，置入烘箱，于（105±2）℃烘干至质量恒定。

2）结果计算

苯醇抽提物含量 X（%）按下式计算：

$$X = \frac{[(m_1 - m_0) \times 100]}{[m_2 \times (10 - w)]} \times 100\%$$

式中，m_0 为空称量瓶或抽提底瓶的质量（g）；m_1 为称量瓶及烘干后的抽出物质量（g）；m_2 为风干试样的质量（g）；w 为试样的水分（%）。

同时进行两份测定，取其算术平均值作为测定结果，精确至小数点后一位，两次测定计算值间偏差不应超过 0.20%。

2.2.1.7　综纤维素含量的测定

1. 测定原理

测定方法是在 pH 为 4～5 时，用亚硫酸钠处理已抽出树脂的试样，以除去所含木质素，定量地测定残留物量，以百分数表示，即为综纤维素含量。

2. 试剂

① 2∶1 苯醇混合液：将 2 体积苯和 1 体积 95%乙醇混合并摇匀；②亚氯酸钠：化学纯级以上；③冰醋酸：分析纯；丙酮：分析纯。

3. 测定步骤和结果计算

1）测定步骤

精确称取2g(称准至0.0001g)试样，用定性滤纸包好并用棉线捆牢，按GB/T2677.6进行苯醇抽提（同时另称取试样测定水分）。最后将试样包风干。

打开上述风干的滤纸包，将全部试样移入综纤维素测定仪的250ml锥形瓶中。加入65ml蒸馏水、0.5ml冰醋酸、0.6g亚氯酸钠（按100%计），摇匀，扣上25ml锥形瓶，置75℃恒温水浴中加热1h，加热过程中，应经常旋转并摇动锥形瓶。到达1h时不必冷却溶液，再加入0.5ml冰醋酸及0.6g亚氯酸钠，摇匀，继续在75℃水浴中加热1h，如此重复进行（一般木材纤维原料重复进行4次），直至试样变白为止。

从水浴中取出锥形瓶放入冰水浴中冷却，用已恒重的玻璃滤器抽吸过滤，用蒸馏水反复洗涤至滤液不呈酸性反应为止。最后用丙酮洗涤3次，吸干滤液取下滤器，并用蒸馏水将滤器外部洗净，置（105±2）℃烘箱中烘至恒重。

2）结果计算

木材原料中综纤维素含量X_1（%）按下式计算：

$$X_1 = \frac{m_1}{m_0} \times 100\%$$

式中，X_1为木材原料中综纤维素含量（%）；m_1为烘干后综纤维素质量（g）；m_0为绝干试样质量（g）。

同时进行两份测定，取其算术平均值作为测定结果，精确至小数点后一位，两次测定计算值间偏差不应超过0.4%。

2.2.1.8　聚戊糖含量的测定

1. 容量法（溴化法）的测定原理

测定方法是将试样与12%（质量分数）盐酸共沸，使试样中的聚戊糖转化为糠醛。用容量法（溴化法）定量地测定蒸馏出来的糠醛含量，然后换算成聚戊糖含量。

2. 试剂

（1）12%（质量分数）盐酸溶液：量取307ml盐酸（ρ_{20}＝1.19g/ml），加水稀释至1000ml。加酸或加水调整，使其ρ_{20}＝1.057g/ml。

（2）溴酸钠-溴化钠溶液：称取2.5g溴酸钠和12.0g溴化钠（或称取2.8g溴酸钾和15.0g溴化钾），溶于1000ml容量瓶中，并稀释至刻度。

（3）硫代硫酸钠标准溶液〔c（$Na_2S_2O_3$）＝0.1mol/L〕：称取25.0g硫代硫酸钠（$Na_2S_2O_3 \cdot 5H_2O$）和0.1g Na_2CO_3，溶于新煮沸并已冷却的1000ml蒸馏水中，充分摇匀后静置一周，过滤，标定其浓度。

（4）乙酸苯胺溶液：量取1ml新蒸馏的苯胺于烧杯中加入9ml冰醋酸搅拌均匀。

（5）1mol/L NaOH溶液：溶解2g分析纯氢氧化钠于水中并加水稀释至50ml。

（6）酚酞指示液（10g/L）。

（7）碘化钾溶液（100g/L）。

（8）淀粉指示液（5g/L）。

（9）氯化钠：分析纯。

3. 测定步骤和结果计算

1）测定步骤

精确称取试样（试样中聚戊糖含量高于 12%者称取 0.5g，低于 12%者称取 1g，精确至 0.1mg）（同时另称取试样测定水分），置入 500ml 圆底烧瓶中。加入 10g 氯化钠和数枚小玻璃球，再加入 100ml 12%的盐酸溶液。装上冷凝器和滴液漏斗，倒一定量的 12%盐酸于滴液漏斗中。调节电炉温度，使圆底烧瓶内容物沸腾，并控制蒸馏速度为每 10min 蒸馏出 30ml 馏出液。此后每蒸馏出 30ml，即从滴液漏斗中加入 30ml 12%盐酸于烧瓶中。至总共蒸出 300ml 馏出液时，用乙酸苯胺溶液检验糠醛是否蒸馏完全。为此，用一试管从冷凝器下端集取 1ml 馏出液，加入 1～2 滴酚酞指示剂，滴入 1mol/L 氢氧化钠溶液中和至恰好显微红色，然后加入 1ml 新配制的乙酸苯胺溶液，放置 1min 后若显红色，则证实糠醛尚未蒸馏完毕，仍需继续蒸馏；若不显红色，则表示蒸馏完毕。

糠醛蒸馏完毕后，将接收瓶中的馏出液移入 500ml 容量瓶中，用少量 12%盐酸漂洗接收瓶，并将全部洗液倒入容量瓶中，然后加入 12%盐酸至刻度，充分摇匀后得出馏出液 A。

用移液管吸取 200ml 馏出液 A 于 1000ml 锥形瓶中，加入 250g 用蒸馏水制成的碎冰，当馏出液降至 0℃，加入 25ml 溴酸钠-溴化钠溶液，迅速塞紧瓶塞，在暗处放置 5min，此时溶液温度应保持在 0℃。

达到规定时间后，加入 100g/L 碘化钾溶液 10ml，迅速塞紧瓶塞，摇匀，在暗处放置 5min。用 0.1mol/L $Na_2S_2O_3$ 标准溶液滴定，当溶液变为浅黄色时，加入 5g/L 淀粉指示液 2～3ml，继续滴定至蓝色消失为止。

另吸取 12%盐酸溶液 200ml，按上述操作进行空白试样。

2）结果计算

糠醛含量 X（%）按下式计算：

$$X = \frac{[(v_1 - v_2) \times c \times 0.048 \times 500]}{200m} \times 100\%$$

式中，v_1 为空白试样所耗用的 0.1mol/L $Na_2S_2O_3$ 标准溶液体积（ml）；v_2 为试样所耗用的 0.1mol/L $Na_2S_2O_3$ 标准溶液体积（ml）；c 为 $Na_2S_2O_3$ 标准溶液浓度 （mol/L）；m 为试样绝对质量（g）；0.048 为与 1.0ml $Na_2S_2O_3$ 标准溶液〔c（$Na_2S_2O_3$）＝0.1000mol/L〕相当的糠醛质量（g）；500 为样本定溶量；200 为测定样本取样量。

试样中聚戊糖含量 Y（%）按下式计算：

$$Y = K \times X$$

式中，K 为系数（试样为木材植物纤维时，K=1.88）。

同时进行两份测定，取其算术平均值作为测定结果，精确至小数点后第二位，两次测定计算值间偏差不应超过 0.4%。

2.2.1.9　木质素含量的测定

1. 测定原理

硫酸法测定酸不溶木质素含量的基本原理是：用（72±0.1）%（质量分数）硫酸水解经苯醇混合液抽提过的试样，然后定量地测定水解残余物（酸不溶木质素）的质量，即可计算出酸不溶木质素的含量。

造纸原料和纸浆中酸溶木质素含量的测定采用紫外分光光度法。用 72%硫酸法分离出酸不溶木质素以后得到的滤液，于波长 205nm 处测量紫外线的吸收值。吸收值与滤液中 3%硫酸溶解的木质素含量有关。依据朗伯-比耳定律，可求得滤液中酸溶木质素的含量。

2. 试剂

酸不溶木质素：① 2∶1（体积比）苯醇混合液，将 2 体积的苯及 1 体积的 95%乙醇混合并摇匀；② 100g/L 氯化钡。

酸溶木质素：3%硫酸溶液，将 17.3ml 浓硫酸加到 500ml 水中，并用蒸馏水稀释至 1000ml。

3. 测定步骤和结果计算

1）酸不溶木质素

（1）试样称取及处理：

精确称取一定量（原料称取 1g，纸浆称取 2g，称准至 0.0001g）试样（同时另称取试样测定水分），用定性滤纸包好并用棉线捆牢，在索氏抽提器中按 GB/T2677.6 进行苯醇抽提 6h，最后将试样包风干。

（2）试样的水解：

（a）（72±0.1）%硫酸水解。

打开上述风干后的滤纸包，将苯醇抽提过的试样移入容量 100ml（纸浆用 250ml）的具塞锥形瓶中，并加入冷却至 12～15℃的（72±0.1）%硫酸（原料加 15ml；纸浆加 40ml），使试样全部为酸液所浸透，并盖好瓶塞。然后将锥形瓶置于 18～20℃水浴（或水槽）中，在此温度下保温一定时间（木材原料保温 2h；非木材原料保温 2.5h；纸浆保温 2h），并不时摇晃锥形瓶，以使瓶内反应均匀进行。

（b）3%硫酸水解。

到达规定时间后，将上述锥形瓶内容物在蒸馏水的漂洗下全部移入 1000ml 锥形瓶（纸浆用 2000ml 锥形瓶）中，加入蒸馏水（包括漂洗用）至总体积为 560ml（纸浆为 1540ml）。将此锥形瓶置于电热板上煮沸 4h，期间应不断加水以保持总体积不变。然后静置，使酸不溶木质素沉积下来。

（c）酸不溶木质素的过滤及恒重。

用已在称量瓶（或铝盒）内恒重的定量滤纸（滤纸应预先用 3%硫酸溶液洗涤 3 或 4 次，再用热蒸馏水洗涤至洗液不呈酸性，并烘至恒重），过滤上述酸不溶木质素，并用热蒸馏水洗涤至洗液加数滴 100g/L 氯化钡溶液不再混浊，用 pH 试纸检查滤纸边缘不再呈酸性为止。然后将滤纸移入原恒重用的称量瓶（或铝盒）中，在（105±2）℃烘箱中烘至恒重。

木材原料（或木浆）中酸不溶木质素含量 X_1（%）按下式计算：

$$X_1 = \frac{m_1}{m_0} \times 100\%$$

式中，m_1 为烘干后的酸不溶木质素残渣质量（g）；m_0 为绝干试样质量（g）。

同时进行两次测定，取其算术平均值至小数点后第二位，两次测定计算值之间相差不应超过 0.20%。

2）酸溶木质素

将试验样品溶液放入吸收池中，以 3%硫酸滤液作为参比溶液，用紫外分光光度计于波长 250nm 处测量其吸收值。如果试验样品溶液的吸收值大于 0.7，则用 3%硫酸溶液在容量瓶中稀释滤液，以便得到 0.2～0.7 吸收值，并用此稀释后的滤液作为试验样品溶液进行吸收值测定。

计算滤液中的酸溶木质素含量（B），以每 1000ml 中的质量（g）表示，按下式计算：

$$B = \frac{A}{110} \times D\,(\mathrm{g/1000ml})$$

式中，A 为吸收值；D 为滤液的稀释倍数，以 V_D/V_O 表示，此处 V_D 为稀释后滤液的体积（ml），V_O 为原滤液的体积（ml），未稀释溶液 D=1；110 为吸光系数［L/（g · cm）］。该数值是由不同原料和纸浆的平均值求得的。

原料与纸浆试样中酸溶木质素含量 X（%），按下式计算：

$$X = \frac{B \times V}{1000 \times m_0} \times 100\%$$

式中，B 为滤液中酸溶木质素的含量，以 g/1000ml 表示；V 为滤液的总体积，如原料为 585ml，纸浆为 1540ml；m_0 为绝干试样质量，以 g 表示。

用两次测定的算术平均值，精确至第一位小数报告结果[17]。

2.2.2 白桦化学成分在种群间与种群内的变异

木材主要成分是纤维素、半纤维素和木质素，它们是构成木材细胞壁主要的化学成分；次要成分有抽出物和无机物等，其含量在同一树种不同种群间因遗传和地理环境等因素的影响而存在较大的变异。即使在同一株树内，其含量也随着所处部位的不同而存在着一定程度的差异。木材化学成分的变异直接影响木材的性质。例如，纤维素含量的变异会影响木材的吸湿性，而聚戊糖含量的变异会影响木材的润湿膨胀能力。

木质素和半纤维素含量的变异能引起木材力学性质上的变化，抽出物对木材的颜色、气味、耐久性等性能都有一定的影响[18]。所以对木材化学成分及其变异规律进行研究是很有必要的。在制浆过程中，木材化学成分分析结果可决定是否适宜于作为纸浆原料，或为制浆时采取何种技术措施提供参考。

2.2.2.1 灰分含量的变异

灰分是植物纤维原料中的有机物经完全燃烧后的残留物质，主要是硅、钾、钙、镁、硫、磷的盐类。其数量和组分与原料的种类、生长条件等有关。一般的纸张对原料中灰分高低没有特殊要求，但生产电气绝缘纸时必须除去灰分才能达到质量要求。纸浆中硅酸盐含量过高时使纸质发脆。黑液中如果含硅量高时，会影响碱回收，使蒸发器壁上结硅酸盐垢，影响热传导并堵塞管道。灰分是矿物质含量高低的标志，造纸原料中灰分含量虽对普通纸张影响不大，但越低越好。

一般木材中灰分含量较少，为 0.1%～1.0%。本研究所测定的不同种群白桦木材灰分的平均含量为 0.278%～0.407%，其种群间平均值约为 0.345%，灰分含量较小。

由各种群灰分含量测定结果的平均值、极差、变异系数（表 2-28）可以看出，灰分含量的变化在种群间比较显著，种群间变异系数为 13.12%；除汪清外种群间的变异系数基本大于种群内的变异系数。方差分析结果进一步表明（表 2-29），种群间灰分含量差异极显著。其中汪清种群灰分含量最小，为 0.278%，塔河种群灰分含量最高，达 0.407%。从图 2-26 可以看出，金山屯种群灰分含量低，变异幅度小，适于种群选择，而汪清种群更适合于个体选择。

表 2-28 种群间种群内白桦灰分含量的变异

种群	平均值/%	标准差	极差	变异系数/%
新宾	0.366	0.025	0.08	6.80
汪清	0.278	0.052	0.15	18.68
帽儿山	0.363	0.029	0.10	8.08
金山屯	0.311	0.023	0.08	7.53
塔河	0.407	0.045	0.11	11.04
种群间	0.345	0.045	0.13	13.12

表 2-29 白桦灰分含量的方差分析

差异源	方差（SS）	自由度（df）	均方差（MS）	F	F_{crit}（0.01）
组间	0.103	4	0.026	17.087**	3.767
组内	0.068	45	0.002		
总计	0.171	49			

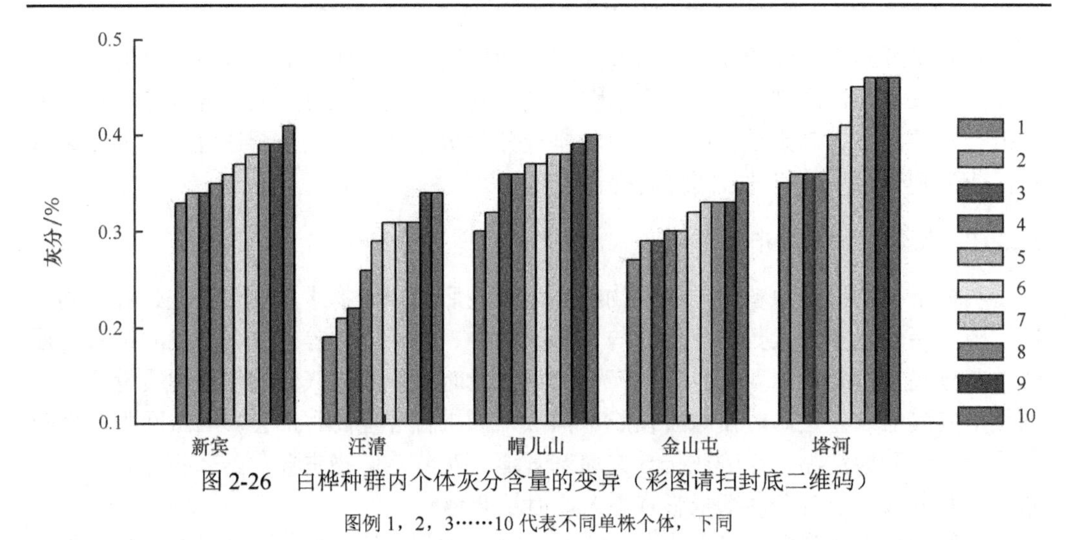

图 2-26　白桦种群内个体灰分含量的变异（彩图请扫封底二维码）

图例 1，2，3……10 代表不同单株个体，下同

2.2.2.2　抽出物含量的变异

造纸植物纤维原料通常采用水、有机溶剂和碱等为抽提介质，在一定条件下测定各项抽出物的含量，用以衡量该原料制浆造纸性能的差异。抽出物主要存在于木材的细胞腔内，它虽不属于木材细胞壁的主要化学物质，但它与木材的色、香、味和木材的耐久性等都有密切的关系。在造纸工业中，抽出物含量高，不仅会降低纸浆的得率，增加制浆药液的消耗，还容易使纸浆产生返黄现象和出现树脂障碍。常用的抽出物含量的测定方法有冷水抽出物、热水抽出物、1%氢氧化钠抽出物和有机溶剂（苯醇、乙醚、二氯甲烷等）抽出物等。抽出物的数量和成分与原料的种类、生长期、产地和气候条件等有关；对于同一种原料，也因部位不同而异。因此，测定前取样时，一定要了解原料的自然状况，并加以标明。由于抽提物的成分有很大差异，而且对它们单个成分的定量分离有很大困难，所以在分析中通常采用测定在不同溶剂和水溶液中溶出的抽出物总量的方法[17]。

2.2.2.3　冷水抽出物含量的变异

冷水抽出物中一般包含有机或无机盐类、糖、植物碱、单宁及色素等。其含量的多少对造纸工业有着很大的影响。若含量过高，则往往需要增加制浆时的化学药品消耗量，并降低纸浆的得率[10]。

表 2-30 中冷水抽出物含量的分布范围为 1.148%～1.830%，种群间平均值为 1.492%，极差为 0.68，变异系数较大为 17.82%。表 2-31 显示白桦种群间冷水抽出物含量差异极显著，其中新宾种群白桦冷水抽出物含量较高，达 1.830%；汪清种群含量最低，比新宾种群低 37.3%。如图 2-27 所示，汪清和金山屯种群冷水抽出物含量较低，因此既适合于种群选择，也适合于个体选择。

表 2-30 种群间种群内白桦冷水抽出物含量的变异

种群	平均值/%	标准差	极差	变异系数/%
新宾	1.830	0.384	1.36	21.01
汪清	1.148	0.385	1.22	33.54
帽儿山	1.752	0.259	0.73	14.76
金山屯	1.263	0.309	1.01	24.43
塔河	1.466	0.463	1.68	31.56
种群间	1.492	0.266	0.68	17.82

表 2-31 白桦冷水抽出物含量的方差分析

差异源	方差（SS）	自由度（df）	均方差（MS）	F	F_{crit}（0.01）
组间	3.533	4	0.883	5.913**	3.767
组内	6.722	45	0.149		
总计	10.255	49			

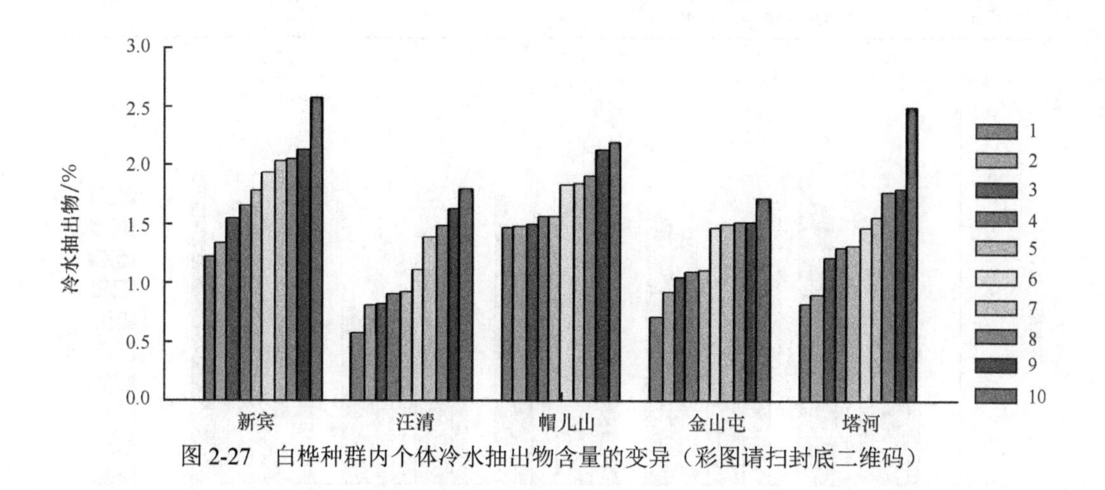

图 2-27 白桦种群内个体冷水抽出物含量的变异（彩图请扫封底二维码）

2.2.2.4 热水抽出物含量的变异

热水抽出物与冷水抽出物的物质基本相同，但热水抽出物的数量较冷水抽出物多。热水抽出物中含有的聚糖较多，可能是脱除下来的有机酸使原料发生部分水解的缘故。热水抽出物含量对造纸工业也有着很大的影响[18]。例如，热水抽出物中的多酚类物质和有机酸等直接影响制浆的难易和蒸煮率以及黑液的特性。若其含量高则会增加碱耗、加深纸浆的颜色、增大黑液的黏度。

表 2-32 中热水抽出物含量的分布范围为 1.725%～2.311%，种群间平均值为 2.098%，极差为 0.59，变异系数较大为 10.04%。金山屯种群的白桦热水抽出物含量最低，只有 1.725%。表 2-33 方差分析显示白桦种群间热水抽出物含量差异极显著。如图

2-28 所示，金山屯种群适于种群选择，汪清种群则适于个体选择。

表 2-32 种群间种群内白桦热水抽出物含量的变异

种群	平均值/%	标准差	极差	变异系数/%
新宾	2.311	0.382	1.26	16.51
汪清	2.012	0.536	1.52	26.63
帽儿山	2.220	0.274	0.94	12.36
金山屯	1.725	0.175	0.57	10.15
塔河	2.220	0.290	1.06	13.05
种群间	2.098	0.211	0.59	10.04

表 2-33 白桦热水抽出物含量的方差分析

差异源	方差（SS）	自由度（df）	均方差（MS）	F	F_{crit}（0.01）
组间	2.217	4	0.554	4.005**	3.767
组内	6.226	45	0.138		
总计	8.443	49			

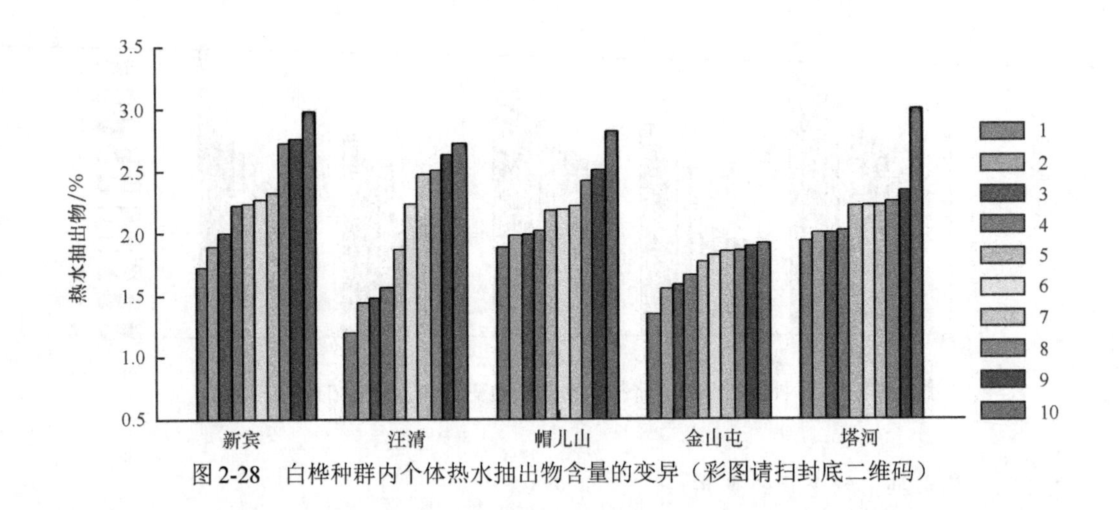

图 2-28 白桦种群内个体热水抽出物含量的变异（彩图请扫封底二维码）

2.2.2.5 1%氢氧化钠抽出物含量的变异

1%NaOH 溶液除了能溶解冷水和热水所溶出的物质外，还能溶出部分木质素、聚戊糖、聚己糖、树脂及糖醛酸等[18]。根据其测定结果，在一定程度上可以推断木材因光、热、氧化或受细菌侵蚀等作用而变质或腐朽的程度。1%NaOH 抽出物含量高，则说明原料变质严重。其含量的多少也会对制浆造纸有着较大的影响。1%NaOH 抽出物含量的大小，影响碱法制浆过程中碱的使用量。碱抽出物含量越高，制浆耗碱量就越大。而在制浆过程中的一定条件下，金属与逆没食子酸之间起反应而生成络合物，造成在蒸煮器网、加热器、交换器废液等管道内结成坚硬的沉积物。这些络合物也可能留在纸浆中，并因其颜色而造成质量问题[10,19]。

从表2-34可以看出，5个种群1%NaOH抽出物含量差别不大，在15.549%～16.915%分布，种群间及种群内变异系数都较小，变异不大。方差分析结果也表明（F=2.545），白桦种群间1%NaOH抽出物含量差异不显著（表2-35）。而图2-29所示，汪清种群个体间差异较大，抽出物平均含量最低，适合种群内个体间选择。

表2-34 种群间种群内白桦1%NaOH抽出物含量的变异

种群	平均值/%	标准差	极差	变异系数/%
新宾	16.915	1.267	4.08	7.49
汪清	15.549	0.978	3.31	6.29
帽儿山	16.744	0.908	3.58	5.42
金山屯	16.497	0.902	2.44	5.47
塔河	16.751	1.049	3.44	6.26
种群间	16.491	0.490	1.37	2.97

表2-35 白桦1%NaOH抽出物含量的方差分析

差异源	方差（SS）	自由度（df）	均方差（MS）	F	F_{crit}（0.05）
组间	11.988	4	2.997	2.545	2.579
组内	53.002	45	1.178		
总计	64.990	49			

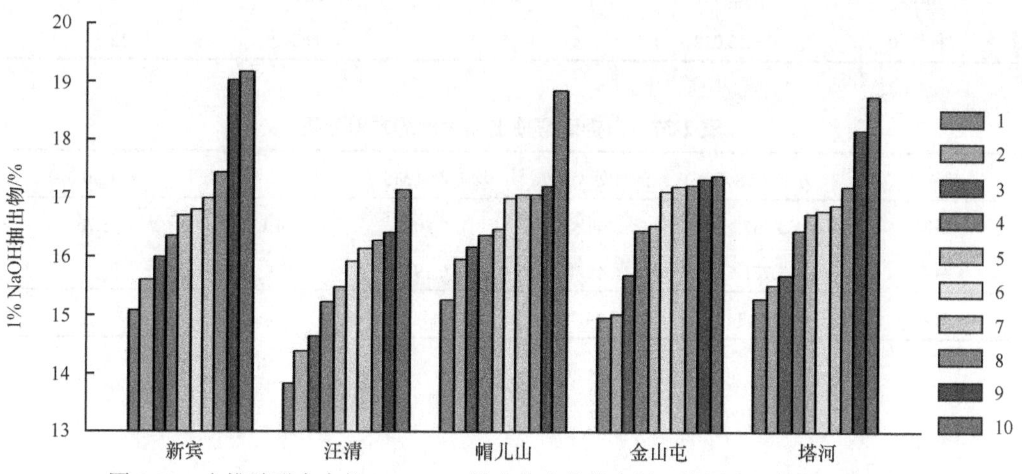

图2-29 白桦种群内个体1%NaOH抽出物含量的变异（彩图请扫封底二维码）

2.2.2.6 苯醇抽出物含量的变异

苯醇混合液除了能溶出乙醚抽出物外还可以除去单宁、色素和一些其他成分。实际上，除了单宁未被全抽出外，有机抽提物全部被除去了。苯醇抽出物的树脂以中性树脂为主，而且含有较多的双键化合物。在氯化时，不饱和的树脂或脂肪酸双键与氯发生加成反应，形成疏水性树脂，在热碱处理时难以溶出。在造纸工业中，木材苯醇抽出物含量高，会对纸浆工艺及纸张产生诸多不利因素，苯醇抽出物含量越低越有利于造纸。

表 2-36 中苯醇抽出物含量的分布范围为 1.715%～2.337%，平均值为 2.028%，极差为 0.62，变异系数较大为 12.54%。根据造纸原料要求来看，白桦各种群苯醇抽出物含量较低，有利于造纸。表 2-37 显示白桦种群间苯醇抽出物含量差异极显著，种群内变异系数（12.72%～30.07%）大于种群间变异系数，说明苯醇抽出物含量在种群选择的基础上进行个体选择改良效果较好。图 2-30 所示，汪清种群的一些个体、金山屯种群大部分个体较适合作为选择目标。

表 2-36 种群间种群内白桦苯醇抽出物含量的变异

种群	平均值/%	标准差	极差	变异系数/%
新宾	2.097	0.218	0.75	10.38
汪清	1.715	0.516	1.74	30.07
帽儿山	2.245	0.563	1.77	25.07
金山屯	1.748	0.398	1.63	22.79
塔河	2.337	0.297	0.90	12.72
种群间	2.028	0.254	0.62	12.54

表 2-37 白桦苯醇抽出物含量的方差分析

差异源	方差（SS）	自由度（df）	均方差（MS）	F	F_{crit}（0.01）
组间	3.237	4	0.809	4.152^{**}	3.767
组内	8.771	45	0.195		
总计	12.008	49			

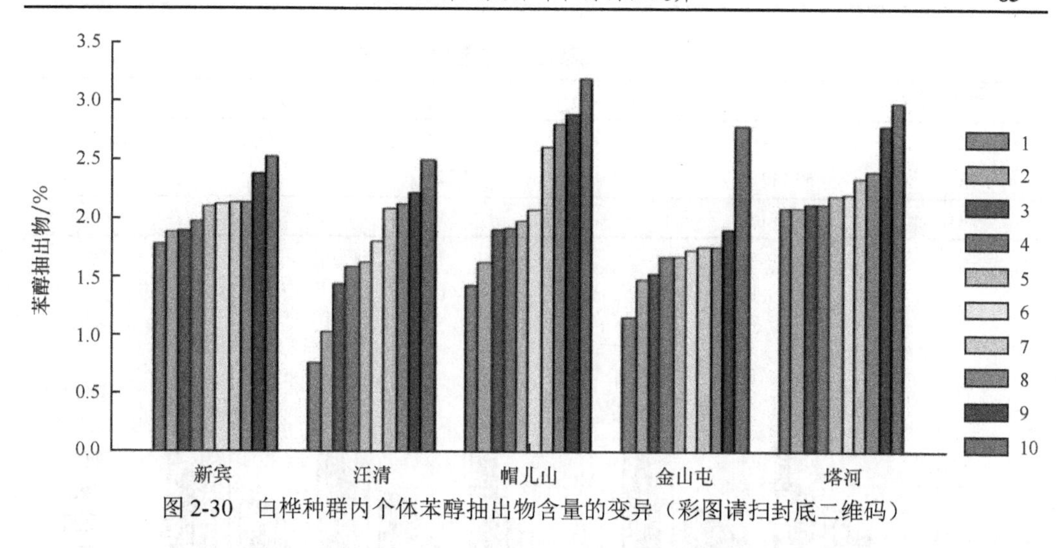

图 2-30　白桦种群内个体苯醇抽出物含量的变异（彩图请扫封底二维码）

2.2.2.7　综纤维素含量的变异

综纤维素是指植物纤维原料中纤维素和半纤维素的全部，即碳水化合物总量。它是构成木材细胞壁主要化学组分的物质，其含量的多少直接影响着木材的强度和加工性质，同时也是造纸用材的主要指标，即是确定纸浆、造纸工艺的重要依据。一般综纤维素含量高的原料，纤维之间交织容易，质量较好，成浆得率较高。综纤维素含量越高，木质素含量就越低，蒸煮比较容易，可适当减少化学药品的消耗，从而降低纸张的成本。

表 2-38 中白桦各种群木材综纤维素含量分布范围为 80.127%～81.315%，平均值为 80.897%，极差为 1.19，变异系数为 0.56%。种群间综纤维素含量平均值达到了木材制浆造纸原料纤维素的基本要求。方差分析结果表明各种群间木材综纤维素含量差异不显著（表 2-39），种群间木材综纤维素含量极差为 1.19，变异系数为 0.56%，说明种群内个体间变异大于种群间的差异，不同种群间木材综纤维素含量比较接近，因此在材性育种、种群选择时可以不考虑种群间木材综纤维素含量的差异。如图 2-31 所示，汪清、金山屯、塔河种群适于种群选择，帽儿山种群高值个体适合作为选择目标。

表 2-38　种群间种群内白桦综纤维素含量的变异

种群	平均值/%	标准差	极差	变异系数/%
新宾	80.654	0.908	3.20	1.13
汪清	81.110	0.714	2.22	0.88
帽儿山	80.127	1.813	6.86	2.26
金山屯	81.315	0.740	2.34	0.91
塔河	81.277	0.590	2.31	0.73
种群间	80.897	0.451	1.19	0.56

表 2-39 白桦综纤维素含量的方差分析

差异源	方差（SS）	自由度（df）	均方差（MS）	F	F_{crit}（0.05）
组间	10.164	4	2.541	2.073	2.579
组内	55.149	45	1.226		
总计	65.313	49			

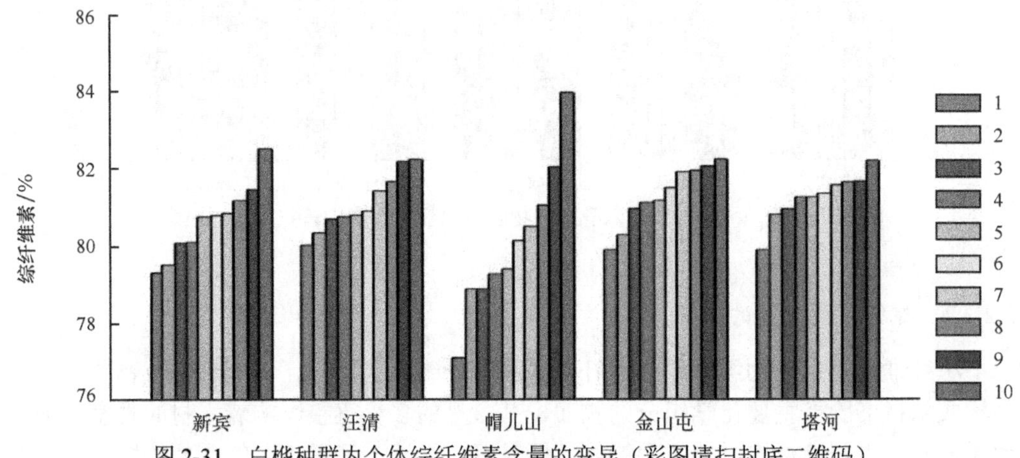

图 2-31 白桦种群内个体综纤维素含量的变异（彩图请扫封底二维码）

2.2.2.8 聚戊糖含量的变异

半纤维素是造纸植物纤维原料的主要成分之一。它是指除纤维素和果胶以外的植物细胞壁聚糖，也可称为非纤维素的碳水化合物。半纤维素经酸水解可生成多种单糖，其中有五碳糖（木糖和阿拉伯糖）和六碳糖（甘露糖、葡萄糖、半乳糖、鼠李糖等）。聚戊糖是指半纤维素中五碳糖组成的高聚物的总称。

不同种类的植物纤维原料半纤维素的含量和结构有很大不同。一般来说，针叶树半纤维素（含量为 15%～20%）以聚甘露糖为主，同时还有少量聚木糖；而阔叶树和非木材的半纤维素（含量为 20%～30%）则以聚木糖为主。因此，对于阔叶树和非木材原料来说，测定聚戊糖对于表征半纤维素含量更具有实际意义。针叶树聚戊糖含量为 8%～12%；阔叶树为 12%～26%；禾本科植物为 18%～26%[17]。

通常纸浆中残留的聚戊糖有利于纸张纤维的结合，增加纸浆得率，同时亦影响到高级纸张的白度与透明度[20]。表 2-40 中聚戊糖含量的分布范围为 29.698%～32.253%，均值为 31.332%，极差为 2.56，变异系数为 2.79%。表 2-41 则表明种群间聚戊糖含量差异不显著（F=1.970），受环境的影响不明显。制浆造纸工艺中常采用综纤维素含量来评估纸浆得率也包含着聚戊糖含量对纸浆得率的部分贡献。白桦各个种群间木材聚戊糖含量均值为 31.332%，比一般阔叶材聚戊糖含量（12%～26%）稍高。如图 2-32 所示，汪清、金山屯种群适于种群选择，新宾、塔河种群适于个体选择。

表 2-40　种群间种群内白桦聚戊糖含量的变异

种群	平均值/%	标准差	极差	变异系数/%
新宾	31.283	2.205	6.74	7.05
汪清	31.755	1.066	3.69	3.36
帽儿山	29.698	2.103	7.00	7.08
金山屯	31.671	0.944	2.78	2.98
塔河	32.253	3.237	10.82	10.04
种群间	31.332	0.873	2.56	2.79

表 2-41　白桦聚戊糖含量的方差分析

差异源	方差（SS）	自由度（df）	均方差（MS）	F	F_{crit}（0.05）
组间	38.144	4	9.536	1.970	2.579
组内	217.879	45	4.842		
总计	256.023	49			

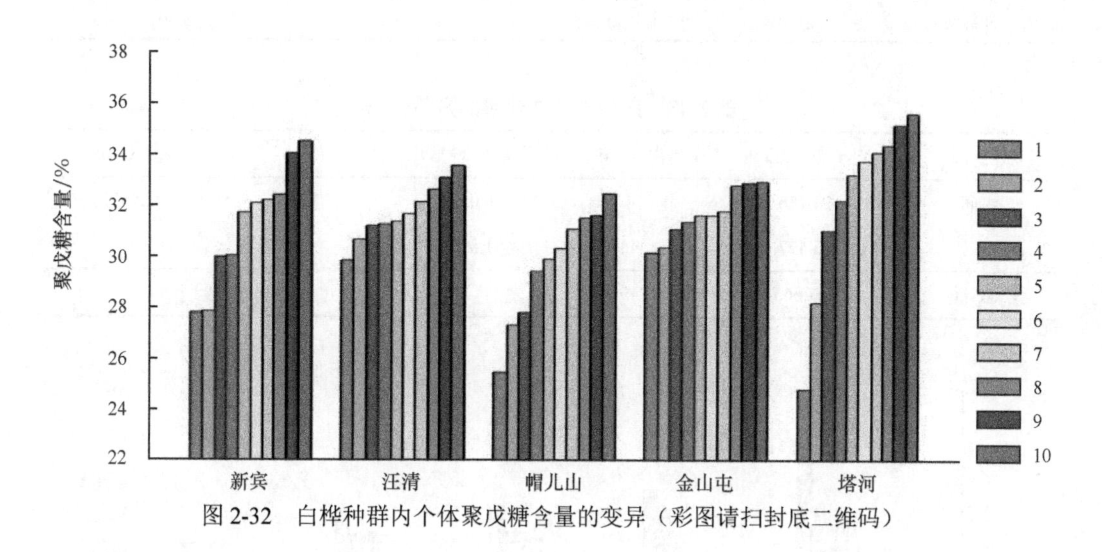

图 2-32　白桦种群内个体聚戊糖含量的变异（彩图请扫封底二维码）

2.2.2.9　木质素含量的变异

木质素是造纸植物纤维原料中的主要化学成分之一，它是由苯丙烷结构单元通过醚键和碳碳键连接而成的具有三维空间结构的天然芳香族高分子化合物。大部分木质素存在于细胞壁中，而胞间层中木质素含量最高，使纤维相互粘合在一起。不同植物原料种类，木质素的含量各不相同，一般针叶木的木质素含量为 25%～35%；阔叶木为 18%～22%。同一种类原料的不同部位，木质素含量也有很大差别。木质素含量的测定在化学制浆过程中具有十分重要的意义。只有了解了植物原料中木质素的含量，才能制定合理的蒸煮和漂白工艺方案，从而提高纸浆的质量。化学制浆过程的实质是脱除木质素。木质素含量越高，纤维分离越困难，制浆也就越困难，纸浆得率降低、增大蒸煮药剂的消耗量、延长蒸煮时间、增加纸浆漂白难度[10,18]。

表 2-42 中白桦各种群木质素含量分布范围为 19.880%～21.802%，平均值为 21.104%，极差为 1.92，变异系数为 3.30%。其中塔河木质素含量平均值最小，只有 19.88%；新宾最大，比塔河的增加了 9.7%。从表 2-43 方差分析结果得到白桦种群间木质素含量有显著性差异。由图 2-33 所示，汪清、帽儿山和塔河种群木质素含量较低，更适于纸浆材的选择。

表 2-42 种群间种群内白桦木质素含量的变异

种群	平均值/%	标准差	极差	变异系数/%
新宾	21.802	1.569	5.65	7.20
汪清	21.223	1.192	4.02	5.62
帽儿山	20.899	1.461	4.22	6.99
金山屯	21.718	0.858	3.10	3.95
塔河	19.880	1.262	3.80	6.35
种群间	21.104	0.695	1.92	3.30

表 2-43 白桦木质素含量的方差分析

差异源	方差（SS）	自由度（df）	均方差（MS）	F	F_{crit}（0.05）
组间	24.186	4	6.047	3.259*	2.579
组内	83.477	45	1.855		
总计	107.663	49			

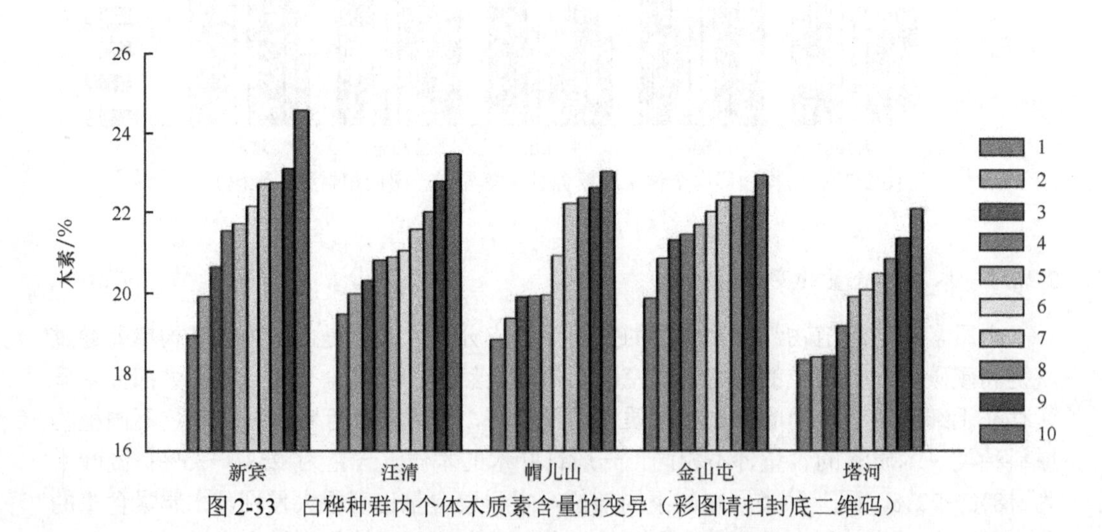

图 2-33 白桦种群内个体木质素含量的变异（彩图请扫封底二维码）

2.2.2.10　酸不溶木质素含量的变异

表 2-44 中白桦各种群酸不溶木质素含量分布范围为 15.302%～17.707%，平均值为 16.673%，极差为 2.41，变异系数为 5.08%。从表 2-45 中方差分析结果得到白桦种群间酸不溶木质素含量差异极显著。其中，塔河种群酸不溶木质素含量平均值最小，只有 15.302%；新宾最大，比塔河的增加了 15.72%。

表 2-44　种群间种群内白桦酸不溶木质素含量的变异

种群	平均值%	标准差	极差	变异系数/%
新宾	17.707	1.339	3.93	7.56
汪清	16.494	1.217	3.42	7.38
帽儿山	16.444	1.304	4.05	7.93
金山屯	17.416	0.963	3.18	5.53
塔河	15.302	1.509	4.52	9.86
种群间	16.673	0.847	2.41	5.08

表 2-45　白桦酸不溶木质素含量的方差分析

差异源	方差（SS）	自由度（df）	均方差（MS）	F	F_{crit}（0.01）
组间	35.853	4	8.963	4.932**	3.767
组内	81.779	45	1.817		
总计	117.632	49			

2.2.2.11　酸溶木质素含量的变异

造纸植物纤维原料和纸浆采用 72%硫酸法测定克拉森（Klason）木质素时，由酸不溶残渣恒重质量对绝干试样质量的百分数计算的酸不溶木质素含量仅是试样中木质素的一部分，并不能代表全部木质素的含量，这是因为在酸水解的过程中，有一部分木质素也能溶解在酸溶液中。这部分可溶于 3%硫酸溶液的、分子质量较小的、亲水性的木质素被称为酸溶木质素[17]。由于酸溶木质素在蒸煮的过程中同样也要消耗药品，如果仅仅只依靠酸不溶木质素的含量来制定蒸煮工艺将导致用碱量不够，出现生浆等一系列纸病。所以，在原料分析的过程中，测量酸溶木质素是非常有必要的[21]。

表 2-46 中白桦各种群酸溶木质素含量的分布范围为 4.095%～4.729%，平均值为 4.432%，极差为 0.63，变异系数为 4.95%。从表 2-47 方差分析结果中可见，白桦种群间酸溶木质素含量有显著性差异。其中，新宾种群酸溶木质素含量平均值最小，只有 4.095%；汪清最大。

表 2-46　种群间种群内白桦酸溶木质素含量的变异

种群	平均值/%	标准差	极差	变异系数/%
新宾	4.095	0.447	1.72	10.90
汪清	4.729	0.459	1.60	9.71
帽儿山	4.455	0.359	1.43	8.06
金山屯	4.302	0.292	0.95	6.80
塔河	4.578	0.508	1.87	11.10
种群间	4.432	0.219	0.63	4.95

表 2-47　白桦酸溶木质素含量的方差分析

差异源	方差（SS）	自由度（df）	均方差（MS）	F	F_{crit}（0.05）
组间	2.405	4	0.601	3.066*	2.579
组内	8.826	45	0.196		
总计	11.231	49			

2.2.2.12　白桦种群间木材化学成分含量的相关性分析

从表 2-48 中可以看出，灰分含量与各种抽出物含量呈较大程度正相关，与苯醇抽出物含量呈显著正相关，这是因为灰分是木材原料经高温燃烧和灰化后剩余的矿物质，而各种抽出物中均含有一定的矿物质，所以它们之间有较高的正相关。冷水抽出物与热水抽出物之间有较大程度正相关，是由于冷水抽出物和热水抽出物两者成分大体相同，都为植物原料中所含有的部分无机盐类、糖类、植物碱、环多醇、单宁、色素以及多糖类物质。但因其处理条件不同，溶出物质的数量不同，热水抽出物的数量较冷水抽出物多，其中含有较多糖类物质。从表 2-48 中还可以看到 1%NaOH 抽出物与灰分、冷热水抽出物呈较大程度正相关，因为采用热的 1%NaOH 溶液处理试样，除能溶出一部分木质素、聚戊糖、聚己糖、树脂酸及糖醛酸等外，还能溶解原料中能被冷热水溶出的物质。苯醇抽出物与其他抽出物呈较大程度正相关性，这可能是由于苯醇混合液从原料中抽提出的物质和其他溶液抽出物有相当大一部分物质是相同的。综纤维素与聚戊糖含量呈显著正相关，由于综纤维素包括纤维素和半纤维素，聚戊糖含量大小影响半纤维素含量大小；而综纤维素与水抽出物呈较大程度负相关，水抽出物较少时，相应地综纤维素含量较大。木质素含量与灰分、苯醇抽出物含量有较大程度负相关，可能是由于矿物质、树脂、脂肪、单宁等物质的增加抑制了木质素的形成。

表 2-48 白桦各种群木材化学组成含量间的相关分析

化学组成	灰分	冷水抽出物	热水抽出物	1%NaOH 抽出物	苯醇抽出物	综纤维素	聚戊糖	木质素
灰分	1							
冷水抽出物	0.681	1						
热水抽出物	0.685	0.770	1					
1%NaOH 抽出物	0.834	0.807	0.449	1				
苯醇抽出物	0.955*	0.720	0.785	0.735	1			
综纤维素	−0.234	−0.770	−0.576	−0.360	−0.436	1		
聚戊糖	−0.067	−0.593	−0.283	−0.276	−0.271	0.941*	1	
木质素	−0.595	0.036	−0.362	−0.107	−0.660	−0.124	−0.187	1

2.2.3 白桦种群间木材化学成分含量与地理、气候因子的相关性分析

由表 2-49 可以看出，灰分、冷热水抽出物、1% NaOH 抽出物、苯醇抽出物与经度呈较大程度负相关，相关系数为−0.953～−0.722，其中灰分与经度呈显著负相关。这表明，来自高经度的种群，灰分和各种抽出物的含量低。

表 2-49 白桦种群间化学成分含量与地理、气候因子间的相关性分析

因子	灰分	冷水抽出物	热水抽出物	1%NaOH 抽出物	苯醇抽出物	综纤维素	聚戊糖	木质素
纬度	0.502	−0.247	−0.125	0.229	0.421	0.472	0.395	−0.798
经度	−0.953*	−0.722	−0.743	−0.824	−0.867	0.182	−0.050	0.424
年均温	−0.408	0.345	0.236	−0.160	−0.311	−0.557	−0.457	0.739
降水量	−0.337	0.437	0.290	−0.089	−0.194	−0.717	−0.641	0.661
无霜期	−0.508	0.088	−0.442	0.043	−0.577	−0.182	−0.310	0.959**

从相关性分析中还可以看出，综纤维素、聚戊糖与纬度呈正相关，木质素与纬度呈负相关；综纤维素、聚戊糖与年均温、降水量、无霜期呈弱的负相关，木质素与年均温、降水量、无霜期呈较强的正相关。说明种群的地理纬度越高，综纤维素、聚戊糖含量也越高，木质素含量越低；年均温、降水量越低，无霜期越短，综纤维素、聚戊糖含量越大，木质素含量也越少。年均温、降水量、无霜期这些气候因子主要由纬度和经度等因素影响。一般是纬度越低，气温越高；纬度越高，气温越低，而大气湿度、降水等因素自海洋向内陆沿经度方向递变。在制浆造纸过程中，从化学组分方面看，希望木材综纤维素、聚戊糖含量高，木质素及抽出物含量低。所以进行纸浆材选择时，可以考虑纬度较高、经度也较高地区的木材，其木材内综纤维素、聚戊糖含量会较高，木质素、灰分和各种抽出物含量较低。

2.2.4 白桦种群间木材化学成分含量与材性性状相关性分析

由表 2-50 可以看到胞壁率、壁腔比、木材基本密度与灰分、各种抽出物都呈较大正相关性，这可能是因为胞壁率、壁腔比、木材基本密度的增大，也相应地使除纤维素、聚戊糖、木质素外的其他物质含量增大，所以灰分、各种抽出物含量也呈增大趋势。

年轮宽度与综纤维素、聚戊糖呈一定程度正相关，这是因为年轮越宽，纤维素、半纤维素含量积累的也越多。所以在选择纸浆材时，可以选择年轮较宽的树种。

表 2-50 白桦种群间木材化学成分含量与材性性状相关性分析

材性性状	灰分	冷水抽出物	热水抽出物	1%NaOH 抽出物	苯醇抽出物	综纤维素	聚戊糖	木质素
木射线比量	−0.046	0.379	0.091	0.303	−0.228	−0.074	0.054	0.777
纤维比量	−0.279	0.133	0.43	−0.459	−0.006	−0.597	−0.493	0.003
导管比量	0.300	−0.305	−0.451	0.297	0.142	0.580	0.410	−0.413
胞壁率	0.998**	0.651	0.71	0.793	0.931*	−0.162	0.031	−0.601
壁腔比	0.825	0.300	0.215	0.710	0.750	0.081	0.072	−0.672
木材基本密度	0.925*	0.362	0.517	0.635	0.805	0.165	0.327	−0.715
年轮宽度	0.107	−0.177	0.178	−0.145	−0.111	0.588	0.820	−0.022
小拉伸强度	−0.066	−0.618	−0.291	−0.326	−0.301	0.938*	0.999**	−0.187
纤维长度	−0.095	−0.269	−0.551	0.055	−0.011	0.025	−0.285	−0.22
纤维宽度	−0.914*	−0.673	−0.520	−0.869	−0.918*	0.349	0.293	0.546
纤维长宽比	0.638	0.454	0.185	0.697	0.708	−0.365	−0.463	−0.477
微纤丝角	0.090	0.224	0.417	0.018	−0.065	0.118	0.403	0.316

小拉伸强度与综纤维素含量呈显著正相关，与聚戊糖含量呈极显著正相关。综纤维素、聚戊糖含量增大，意味着纤维素、半纤维素含量的增加。纤维素在细胞壁中起着骨架物质的作用，对木材的物理、力学和化学性质有着重要影响[22]。而半纤维素本身有一定的黏接作用，而且由于它的吸水润胀性使纤维素的塑性增加，有利于提高纤维之间的结合力[23]。

纤维宽度与灰分及各种抽出物呈较大负相关性，特别与灰分、苯醇抽出物呈显著负相关，与木质素呈正相关。纤维长宽比与灰分、1%NaOH 抽出物、苯醇抽出物呈一定程度正相关。

木质素与木射线比量呈较大正相关，与胞壁率、壁腔比、木材基本密度呈较大负相关。虽然大部分木质素存在于细胞壁中，但是胞间层中木质素含量最高，胞壁率、壁腔比、木材基本密度较大时，胞间层较小，木质素含量相应的较少。

2.2.5 小结

白桦天然种群间和种群内个体间的各化学成分含量多具有较大的变异性，这为白桦纸浆材的选育提供了可能。方差分析结果表明，种群间灰分、冷热水抽出物、苯醇抽出物含量差异极显著，木质素含量差异显著，而1%NaOH抽出物、综纤维素、聚戊糖差异不显著。由于制浆造纸过程中，综纤维素、聚戊糖、木质素具有极大的重要性，而种群间综纤维素、聚戊糖差异不显著，而木质素含量大小对制浆药剂耗量和纸浆得率都有直接的影响，木材中木质素含量越低，药剂耗量越少，纸浆得率越高。所以在白桦纸浆材的选育时，可以先考虑种群间木材木质素含量的差异，再根据不同的需要考虑灰分、冷热水抽出物、苯醇抽出物含量的差异。从变异系数也可以看出不同种群间的各化学成分含量差异非常明显。

白桦天然种群间灰分与苯醇抽出物含量呈显著正相关，综纤维素与聚戊糖含量呈显著正相关。灰分、冷热水抽出物、1% NaOH抽出物、苯醇抽出物与经度呈一定程度负相关，经度较高地区的白桦木材灰分和各种抽出物的含量较低。综纤维素、聚戊糖与纬度呈正相关，与年均温、降水量、无霜期呈负相关，而木质素恰好相反，它与纬度呈负相关，与年均温、降水量、无霜期呈正相关。所以在白桦纸浆材选育时可以适当选择较高经纬度地区的白桦，但也应考虑到经纬度过高时，温度较低，降水量较少，会影响植物正常生长发育。

在白桦种群间木材化学成分含量与材性性状相关性分析中，胞壁率、壁腔比、木材基本密度与灰分、各种抽出物都呈较大程度正相关性；年轮宽度与综纤维素、聚戊糖呈一定程度正相关；小拉伸强度与综纤维素含量呈显著正相关，与聚戊糖含量呈极显著正相关。纤维宽度与灰分及各种抽出物呈较大负相关性，特别与灰分、苯醇抽出物呈显著负相关，与木质素呈正相关。纤维长宽比与灰分、1%NaOH抽出物、苯醇抽出物呈一定程度正相关。木质素与木射线比量呈较大正相关，与胞壁率、壁腔比、木材基本密度呈较大负相关。因此，可以从化学成分分析，大概了解木材的材性情况。

参考文献

[1] Panshin A J, Zeeuw C. Text Book of Wood Technology. New York: Mc Graw-Hill Book Company, 1980.

[2] 杨文忠, 方升佐. 杨树无性系木材纤维长度和宽度的株内变异. 南京林业大学学报（自然科学版）, 2003, 27（6）: 23-26.

[3] 费本华. 铜钱树木材纤维形态特征和组织比量变异的研究. 东北林业大学学报, 1994, 22（4）: 61-67.

[4] Hirabawa Y,Yamashita K, Fujisawa Y,et al. The effects of s2 microfibril angles and density on MOE in Sugi tree logs. *In*: Butterfield B G. Microfibril Angle in Wood. New Zealand: Chrit Church, 1998: 312-322.

[5] 鲍甫成,江泽慧. 中国主要人工林树种木材性质. 北京: 中国林业出版社, 1998: 30-36.

[6] Cave I D,Walker J C E. Stiffness of wood in fast-grown plantation softwoods: The influence of microfibril angle. Forest Products of Journal, 1994, 44（5）: 43-48.

[7] Kerr J, Baily I W. The cambium and its derivation tissues NO. X structure optical properties and chemical composition of the so-called middle camella. Journal of Arnold Aboretu, 1934, 15: 327.

[8] 刘一星, 吴玉章, 李坚. 火炬松木材材性变异规律. 东北林业大学学报, 1999, 27（5）: 29-34.

[9] 曹琳. 施肥处理对纸浆材尾叶桉木材化学成分含量影响规律的研究. 中南林学院硕士学位论文, 1997.

[10] 任海青. 三角枫木材细胞组织比量及微纤丝角径向变异研究. 安徽农业大学学报, 1997,（1）: 16-19.

[11] 吴义强, 罗建举. 巨桉无性系株内、株间解剖性质变异的研究. 中南林学院学报, 2000, 20（3）: 34-41.

[12] 刘盛全. 刺楸木材微纤丝角与组织比量的变异研究. 安徽农业大学学报, 1996, 23（2）: 186-190.

[13] Bergès L, Dupouey J L, Franc A. Long-term changes in wood density and radial growth of Quercus petraea Liebl. in northern France since the middle of the nineteenth century. Trees - Structure and Function, 2000, 14（7）: 398-408.

[14] 姜笑梅, 骆秀琴, 殷亚方. 湿地松种源木材材性遗传变异的研究. 林业科学, 2002, 38（3）: 130-135.

[15] Klasnja B , Kopitovic S, Orlovic S. Variability of some wood properties of eastern cottonwood（*Populus deltoids* Bartr.）clones. Wood Sci Technol, 2003, 37: 331-337.

[16] Bouriaud O, Bréda N, Moguédec G, et al. Modelling variability of wood density in beech as affected by ring age, radial growth and climate. Trees-Structure and Function, 2004, 18（3）: 264-267.

[17] 石淑兰, 何福望. 制浆造纸分析与检测. 北京: 中国轻工业出版社, 2003: 22-50.

[18] 屈维均. 制浆造纸实验. 北京: 中国轻工业出版社, 1999.

[19] 成俊卿, 杨家驹, 刘鹏. 中国木材志. 北京: 中国林业出版社, 1992: 143-144.

[20] 凯西. 制浆造纸工艺学（第二卷）. 第三版. 董芝元译. 北京: 中国轻工业出版社, 1988.

[21] 范金晖. 浅谈酸溶木质素. 湖北造纸, 1996, （3）: 26-28.

[22] 李坚. 木材科学. 哈尔滨: 东北林业大学出版社, 1994.

[23] 冯利群, 牛耕芜, 吴珊. 榛子木材的构造、纤维形态及其化学成分的分析研究. 内蒙古林学院学报, 1997, 19（3）: 87-91.

3　白桦木材腐朽的耐受性变异

3.1　实 验 材 料

2005 年 8 月，在黑龙江省尚志市东北林业大学帽儿山实验林场白桦天然成熟林（20 年以上）选择优树 300 株，植株编号，在每株白桦胸高位置用木材生长锥（直径 5mm）钻取木材样品，–20℃保存。

2005 年 9 月，在黑龙江省尚志市东北林业大学帽儿山实验林场采集了白囊耙齿菌（*Irpex lacteus*）、黄伞（*Pholiota adiposa*）、彩绒革盖菌（*Coriolus versicolor*）、木蹄层孔菌（*Fomes fomentarius*）和桦剥管菌（*Piptoporus betulinus*）5 种木材腐朽菌子实体，组织分离法得到纯菌丝，在木屑培养基中 4℃保存（5 种木材腐朽菌的基本特征如表 3-1 所示）。

表 3-1　5 种木材腐朽菌的基本特征

木材腐朽菌	分类地位	腐朽类型	常见宿主
木蹄层孔菌（*Fomes fomentarius*）	非褶菌目多孔菌科层孔菌属	白色腐朽	白桦、枫桦等
彩绒革盖菌（*Coriolus versicolor*）	非褶菌目多孔菌科革盖菌属	海绵状白腐至杂斑混合腐朽	杨、桦等
白囊耙齿菌（*Irpex lacteus*）	非褶菌目多孔菌科耙齿菌属	边材白腐	花楷槭、毛赤杨等
黄伞（*Pholiota adiposa*）	伞菌目球盖菇科鳞伞菌属	杂斑块状褐腐	杨、桦等
桦剥管菌（*Piptoporus betulinus*）	非褶菌目多孔菌科剥管菌属	褐色腐朽	桦树

3.2　实 验 方 法

3.2.1　白桦木材天然耐腐性测定

在灭菌后的 90mm 培养皿中加入大约 20ml 的灭菌 PDA 培养基（121℃灭菌 20min），分别在培养基中央处接入少许的白囊耙齿菌（*Irpex lacteus*）、黄伞（*Pholiota adiposa*）、彩绒革盖菌（*Coriolus versicolor*）、木蹄层孔菌（*Fomes fomentarius*）和桦剥管菌（*Piptoporus betulinus*）菌种，然后置于温度（28±2）℃、空气相对湿度 75%～85%的气候箱中避光培养，至菌丝长满培养皿。

将生长锥木材切成直径 5mm、长度 5mm 的试样，每个样品 3 个重复。放入（100±5）℃烘箱中烘至恒重。试样称重（精确至 0.0001g），用多层纱布包好，121℃灭菌 60min，冷却后即用。在无菌条件下放入已经长满菌丝的培养基中，继续避光培养 38～105 天。腐朽处理后试样取出，将试样表面的菌丝、杂质清理干净后，烘干，称量[1]。

计算每块试样腐朽后重量损失率，以百分数计算表示。计算公式如下：

$$试样重量损失率(\%)=\frac{w_1-w_2}{w_1}\times 100$$

式中，w_1 为试样实验前的绝干重；w_2 为试样实验后的绝干重。

3.2.2 白桦木材总酚含量检测

采用 Folin-Ciocalteu 技术，酚类化合物及还原性物质等在分子上有极易被氧化的羟基，在碱性条件下与 Folin-Ciocalteu 试剂反应生成的蓝紫色化合物在可见光下有稳定的吸收，一定条件下遵从郎伯-比尔定律。在本试验中，选择单宁酸为标准物质绘制标准曲线，用于测定白桦木材心材中的总酚类物质含量。所有操作步骤都避光进行。

1. 总酚含量测定的操作步骤

（1）分别向两个 10ml 容量瓶中加入酚类化合物萃取液 100μl。加入 1.9ml 蒸馏水，手动振荡混匀。

（2）加入 1ml Folin-Ciocalteu 试剂，用力振荡，然后立即加入 5ml 20%碳酸钠溶液，振荡容量瓶。加水将容量瓶定容至 10ml，每个样品都要设置对照作为分光光度计检测的标准样品，做法是向容量瓶中加入 2ml 水，然后加 Folin-Ciocalteu 试剂和 20%碳酸钠溶液。

（3）将容量瓶中的液体转移到 10ml 离心管中，离心（4300r/min，20℃）。

（4）设定分光光度计波长，进行样品分析。

（5）实验结果单位用单宁酸等价物（TAE）来表示：μgTAE/g。

2. 最佳检测波长的确定

任取一萃取液，用 Folin-Ciocalteu 方法处理萃取液，得到蓝紫色液体，用紫外分光光度计对此液体在全波长下检测其吸光度，确定最佳检测波长。

3. 萃取方法的确定

本实验采用溶剂萃取法，溶剂萃取法操作简单有效。分别用以下方式萃取样品中的酚类物质，在特定波长下检测总酚含量，确定最佳萃取方法。

（1）静置萃取：称取 0.1g 木材溶于 10ml 溶剂中，室温下静置 48h，离心 3min（4300r/min，20℃），取上清液。

（2）振荡萃取：称取 0.1g 木材溶于 5ml 溶剂中，在试管振荡器上振荡，放在平板摇床上，200r/min 振荡 30min。离心 3min（4300r/min，20℃）。上清液转移到 10ml 管中。用 2.5ml 的溶剂洗涤沉淀 2 次。振荡方法同上，平板摇床上，振荡 5min，离心。上清液移到管中，定容至 10ml。

（3）超声波处理：称取 0.1g 木材放入烧瓶中，加入 7.5ml 溶剂，在超声波处理 20min 后，离心 3min（4300r/min，20℃），取上清液保存，残渣中再加入 2.5ml 的溶剂，在上述条件下再次离心，保存上清液，定容到 10ml。

4. 萃取试剂的选择

分别以水、80%丙酮＋20%水、甲醇（分析纯）、石油醚（30～60℃）为萃取液，用已确定的萃取方法对样品进行处理。在特定波长下检测萃取液中的总酚含量，确定最佳萃取试剂。

5. 标准曲线的绘制

用单宁酸作为衡量白桦木材中总酚类物质含量的标准。标准液采用 100mg 单宁酸加蒸馏水定容到 1000ml。注意每次试验都要配制新的标准溶液，由于这种溶液对光敏感，因此在使用过程中要尽量避免标准液暴露于光线中。标准液的配制浓度见表 3-2。

表 3-2 单宁酸标准液配制

单宁酸标准液/ml	蒸馏水/ml	在标准曲线中单宁酸的含量/μg
0	2	0
0.025	1.975	2.5
0.05	1.95	5
0.1	1.9	10
0.2	1.8	20
0.3	1.7	30
0.4	1.6	40

3.2.3 白桦木材总黄酮含量检测

1. 总黄酮含量的检测依据

以芦丁为对照样品测定木粉中总黄酮的含量，加入铝离子试剂，同时控制适宜 pH，使黄酮化合物与铝盐形成络合物，在可见光区能获得稳定的特征吸收峰。

2. 总黄酮含量检测的操作步骤

（1）精确称取木粉 0.1g，放入 10ml 离心管中，加 5ml 95 %乙醇；振荡混匀，超声波处理 40min，离心 3min（4300r/min，20℃），吸取上清液另行保存。

（2）木粉中再加入 2.5ml 95%乙醇，振荡混匀，超声波处理 20min，离心 3min（4300r/min，20℃），吸取上清液另行保存，重复此步骤 1 次。

（3）将上清液汇集到一起，定容到 10ml，作为总黄酮类化合物萃取液。

（4）向 10ml 容量瓶中加入总黄酮类化合物萃取液 1.0ml，再加入 0.3ml 5%亚硝酸钠溶液，摇匀，放置 6min；加入 10%硝酸铝 0.3ml，摇匀，放置 6min；加入 4% NaOH 4ml，最后加入 70%乙醇至刻度。在 510nm 处测吸光度。

（5）实验结果单位用芦丁等价物（RUT）来表示：μgRUT/g。

3. 最佳检测波长的确定

任取一萃取液，按总黄酮含量检测操作步骤（4）的方法处理萃取液，显色，用紫外分光光度计对此液体在全波长下检测其吸光度，确定最佳检测波长在 510nm 处。

4. 标准曲线的绘制

用芦丁作为衡量白桦木材中总黄酮类化合物含量的标准。标准液采用 100mg 芦丁加蒸馏水定容到 1000ml。注意每次试验都要配制新的标准溶液，因为这种溶液对光敏感，因此在使用过程中要尽量避免标准液暴露于光线中。标准液的配制浓度见表 3-3。

表 3-3 芦丁标准液配制

芦丁标准液/ml	蒸馏水/ml	在标准曲线中芦丁的含量/μg
0	1.0	0
0.1	0.9	10
0.2	0.8	20
0.3	0.7	30
0.4	0.6	40
0.5	0.5	50

3.2.4 数据处理

本研究中所用的百分含量都为质量百分数，经反正弦转换后，用 SPSS 软件对测得数据进行统计分析。

3.3 白桦木材腐朽后重量损失率的株间方差分析

国内外广泛应用木材的天然耐腐性检测方法评定不同树种的耐腐性，或者某一种群内不同个体的腐朽差异。也有研究用该实验方法判断不同木材腐朽菌对某种木材的腐朽能力的强弱。

本研究利用 5 种木材腐朽菌——白囊耙齿菌、黄伞、彩绒革盖菌、木蹄层孔菌和桦剥管菌对 300 株白桦木材进行天然耐腐性检测，根据检测到的重量损失率进行个体间方差分析（表 3-4）。

表 3-4 白桦木材经木材腐朽菌腐朽后重量损失率的基本特征

特征	白囊耙齿菌	黄伞	彩绒革盖菌	木蹄层孔菌	桦剥管菌
腐朽时间/天	97	105	50	50	97
有效数据	296	296	295	288	292
重量损失率/%	34.97	37.48	70.47	62.55	56.77
标准差	0.086 4	0.058 1	0.082 8	0.065 8	0.084 58
变异系数 CV	24.71	15.51	18.52	10.52	14.90
极差	0.55	0.29	0.56	0.46	0.65
平方和	6.298	2.989	5.594	9.458	5.423
均方	0.021	0.010	0.019	0.032	0.019
F 值	1.557^{**}	1.521^{**}	1.806^{**}	2.470^{**}	1.568^{**}

通过木材重量损失率可见不同种木材腐朽菌对白桦木材的腐朽能力差异很大。彩绒革盖菌腐朽白桦木材的能力最强，PDA 培养基上腐朽白桦木材 50 天，重量损失率达到 70.47%。木蹄层孔菌和桦剥管菌腐朽白桦木材的能力中等，而白囊耙齿菌和黄伞的腐朽能力最弱。

研究显示 5 种木材腐朽菌降解的白桦木材重量损失率在株间差异达极显著水平，这与 Hamrick 和 Godt[2]、Venalainen 等[3]的研究结果基本相符，说明可以通过木腐菌对白桦木材进行腐朽试验，并从中筛选出相应的抗腐和易腐的白桦个体。

3.4　白桦木材腐朽后重量损失的频度分布

5 种木材腐朽菌腐朽后的白桦木材重量损失比较符合正态分布（图 3-1），为单峰曲线，说明白桦抵抗木材腐朽菌的作用是由微效多基因控制的数量性状，小于平均重量损失的植株较抗腐朽，大于平均重量损失的植株较易腐，适于筛选易腐和抗腐植株。采用帽儿山的 300 株白桦木材进行验证性实验，得到相似的结果。

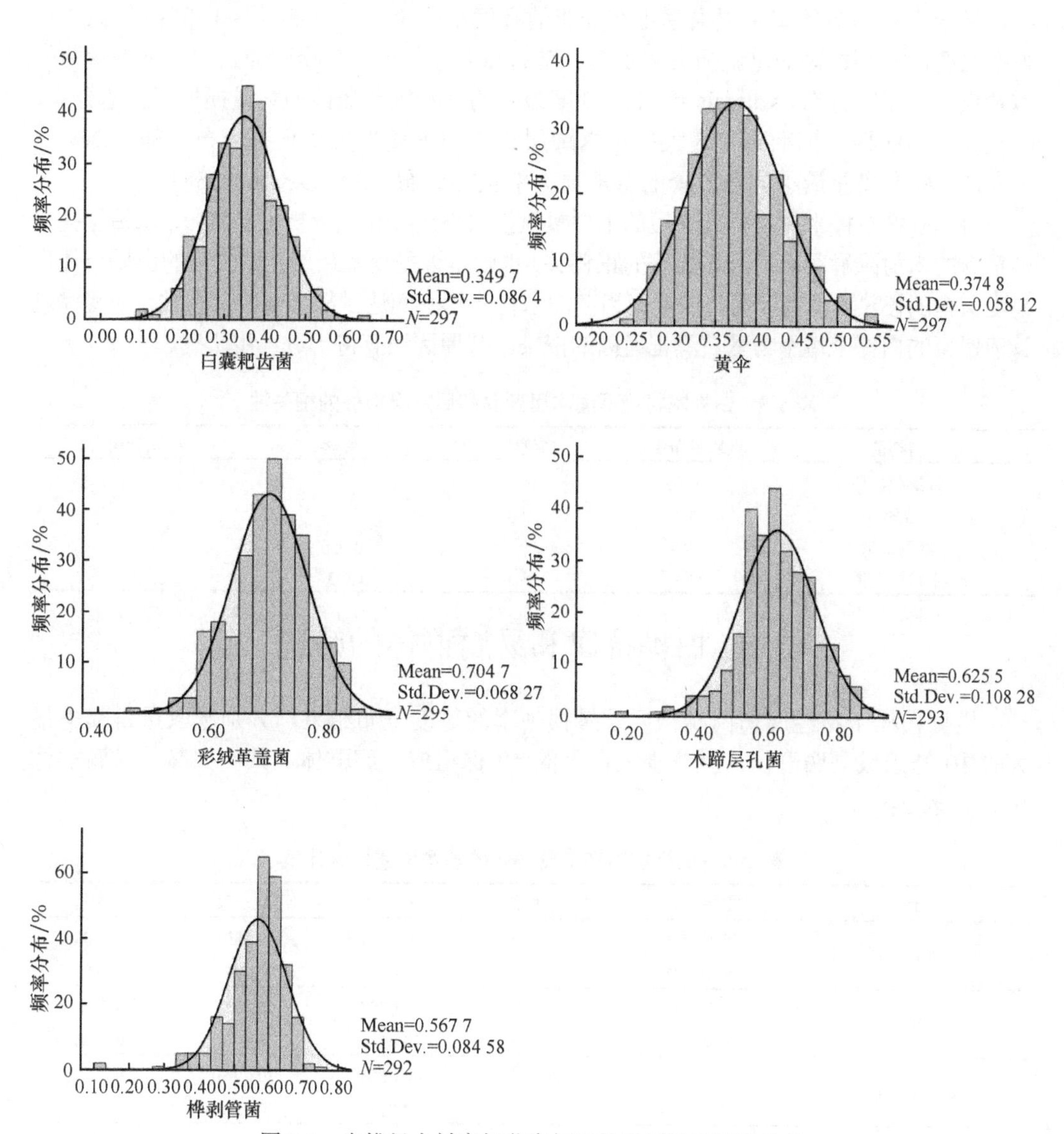

图 3-1　白桦经木材腐朽菌腐朽后的重量损失频度分布

Mean 表示平均数；Std. Dev.表示标准差；*N* 表示样本数量

5 种木材腐朽菌腐朽后的白桦木材重量损失率都符合正态分布，偏度系数（skewness）/SE 和峰度系数（kurtosis）/SE 都小于 2。其中，白囊耙齿菌和黄伞腐朽白桦的重量损失率正态分布的偏度系数大于零，属于正偏态；彩绒革盖菌、木蹄层孔菌和桦剥管菌的重量损失率正态分布的偏度系数小于零，属于负偏态。偏度系数绝对值最大的是桦剥管菌的重量损失率正态分布，skewness = –1.627，偏度系数绝对值最小的是白囊耙齿菌的重量损失率正态分布，skewness = 0.126。

黄伞腐朽白桦的重量损失率正态分布的峰度小于零，kurtosis = –0.335；其他 4 种木材腐朽菌腐朽白桦的重量损失率正态分布的峰度都大于零。峰度最大的是桦剥管菌的重量损失率正态分布，kurtosis = 5.45，峰度最小的是彩绒革盖菌的重量损失率正态分布，kurtosis = 0.019。标准离差最大的是木蹄层孔菌的重量损失率正态分布，Std. Dev. = 0.1083，标准离差最小的是黄伞的重量损失率正态分布，Std. Dev. = 0.0581。

对 300 株白桦木材腐朽处理后的木材重量损失率进行相关分析（表 3-5），木蹄层孔菌与黄伞的木材降解率间达到极显著的正相关，也就是说易受木蹄层孔菌侵染的白桦个体也易受黄伞的侵染。桦剥管菌与白囊耙齿菌的木材降解率间达到极显著的负相关，易受桦剥管菌侵染的白桦个体不易受白囊耙齿菌的侵染。其原因还有待于进一步研究。

表 3-5 白桦木材经不同木腐菌腐朽后重量损失的相关性

腐朽菌	彩绒革盖菌	白囊耙齿菌	黄伞	桦剥管菌
白囊耙齿菌	0.052			
黄伞	0.029	0.010		
桦剥管菌	–0.011	–0.224**	0.056	
木蹄层孔菌	–0.077	–0.004	0.333**	0.103

3.5 白桦抗腐和易腐群体的筛选

根据白桦木材经腐朽菌腐朽后重量损失率的频度分布结果，分别选取重量损失最大的 10 株组成易腐群体，重量损失最小的 10 株组成抗腐群体。共计抗腐、易腐群体 10 个（表 3-6）。

表 3-6 白桦抗腐和易腐群体的基本描述性统计表

菌种	白桦群体	平均值	标准差	最小值	最大值
白囊耙齿菌	抗腐群体	16.45%	0.0365	0.08%	0.21%
	易腐群体	55.33%	0.0421	0.49%	0.59%
黄伞	抗腐群体	26.29%	0.0099	0.23%	0.28%
	易腐群体	50.72%	0.0180	0.47%	0.53%
彩绒革盖菌	抗腐群体	20.91%	0.0664	0.09%	0.33%
	易腐群体	59.79%	0.0125	0.55%	0.64%
木蹄层孔菌	抗腐群体	34.16%	0.0706	0.20%	0.38%
	易腐群体	85.68%	0.0225	0.81%	0.88%
桦剥管菌	抗腐群体	30.47%	0.1063	0.15%	0.36%
	易腐群体	70.21%	0.0215	0.67%	0.75%

筛选出的白桦抗腐和易腐群体之间的离差分别是0.55（白囊耙齿菌）、0.29（黄伞）、0.56（彩绒革盖菌）、0.46（木蹄层孔菌）和0.40（桦剥管菌）。其中，黄伞筛选出的白桦抗腐和易腐群体之间的离差最小，白囊耙齿菌和彩绒革盖菌筛选出的白桦抗腐和易腐群体之间的离差最大（图3-2）。

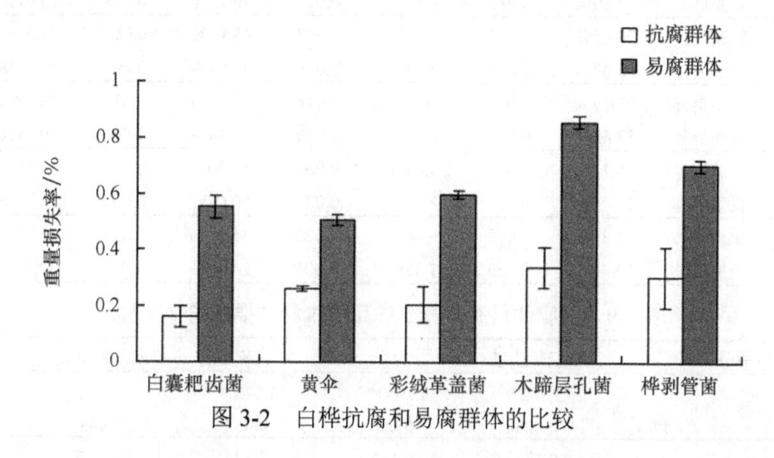

图3-2 白桦抗腐和易腐群体的比较

将同一种木材腐朽菌筛选出的抗腐和易腐群体之间进行 t 检验，结果显示群体间差异都达到极显著水平（表3-7）。说明筛选出的这5对抗腐和易腐群体彼此间差异很大，可以用于以后其他性状的分析。

表3-7 白桦抗腐和易腐群体之间 t 检验

t 检验	白囊耙齿菌	黄伞	彩绒革盖菌	木蹄层孔菌	桦剥管菌
t	22.067**	37.626**	18.180**	21.974**	11.584**
均差	0.389	0.244	0.389	0.515	0.397

本研究分别根据这5种木材腐朽菌腐朽白桦木材后的重量损失率将白桦木材分为抗腐、易腐和中等耐腐3个标准。今后判断白桦木材对这5种木材腐朽菌的抗腐朽程度，可以按照3.2.1的方法进行检测，其重量损失率与表3-6进行比较，判断此白桦的天然耐腐朽程度。

3.6 抗腐和易腐白桦群体木材主要化学成分比较

3.6.1 抗腐和易腐白桦群体腐朽木材的主要化学成分比较

按2.2.2节检测筛选出的抗腐和易腐白桦群体的腐朽木材中的主要化学成分，结果列于表3-8，并对其进行 t 检验（表3-9）。

表 3-8 抗腐和易腐白桦群体腐朽木材的主要化学成分分析

按菌种筛选的白桦木材		1%NaOH 抽出物		苯醇抽出物		纤维素		木质素	
		平均值	标准差	平均值	标准差	平均值	标准差	平均值	标准差
白囊耙齿菌	抗腐群体	29.83%	0.003	2.46%	0.010	51.28%	0.007	23.22%	0.003
	易腐群体	32.29%	0.012	2.35%	0.010	46.25%	0.008	19.95%	0.005
黄伞	抗腐群体	28.05%	0.003	2.94%	0.009	48.48%	0.011	23.61%	0.001
	易腐群体	33.68%	0.007	3.04%	0.008	44.98%	0.004	19.46%	0.003
彩绒革盖菌	抗腐群体	27.29%	0.007	8.0%	0.018	38.80%	0.016	28.47%	0.031
	易腐群体	32.63%	0.013	5.05%	0.016	35.14%	0.006	29.71%	0.024
木蹄层孔菌	抗腐群体	26.18%	0.029	4.49%	0.003	51.76%	0.037	23.56%	0.015
	易腐群体	31.10%	0.011	8.11%	0.032	50.02%	0.050	24.08%	0.005
桦剥管菌	抗腐群体	61.39%	0.052	6.86%	0.025	36.29%	0.014	29.04%	0.003
	易腐群体	50.40%	0.035	7.82%	0.005	24.39%	0.056	32.51%	0.019

表 3-9 抗腐和易腐白桦群体腐朽木材主要成分 *t* 检验

主要成分		白囊耙齿菌	黄伞	彩绒革盖菌	木蹄层孔菌	桦剥管菌
1%NaOH 抽出物	*t*	3.382*	13.491**	6.173**	2.272	2.885
	均差	0.025	0.056	0.053	0.049	0.110
苯醇抽出物	*t*	0.133	0.135	2.134	1.935	2.305
	均差	0.001	0.001	0.029	0.036	0.008
纤维素	*t*	8.031**	5.298**	4.307*	0.484	3.557*
	均差	0.050	0.035	0.026	0.017	0.119
木质素	*t*	9.196**	7.490**	0.554	0.548	3.185*
	均差	0.033	0.001	0.012	0.005	0.035

如图 3-3 所示，桦剥管菌筛选出的抗腐群体白桦腐朽木材中的 1%NaOH 抽出物含量高于易腐群体，其他 4 种木材腐朽菌筛选出的白桦腐朽木材中抗腐群体的 1%NaOH 抽出物含量都低于对应的易腐群体。其中，桦剥管菌筛选出的易腐群体和抗腐群体之间差距最大，白囊耙齿菌筛选出的易腐群体和抗腐群体之间差距最小。

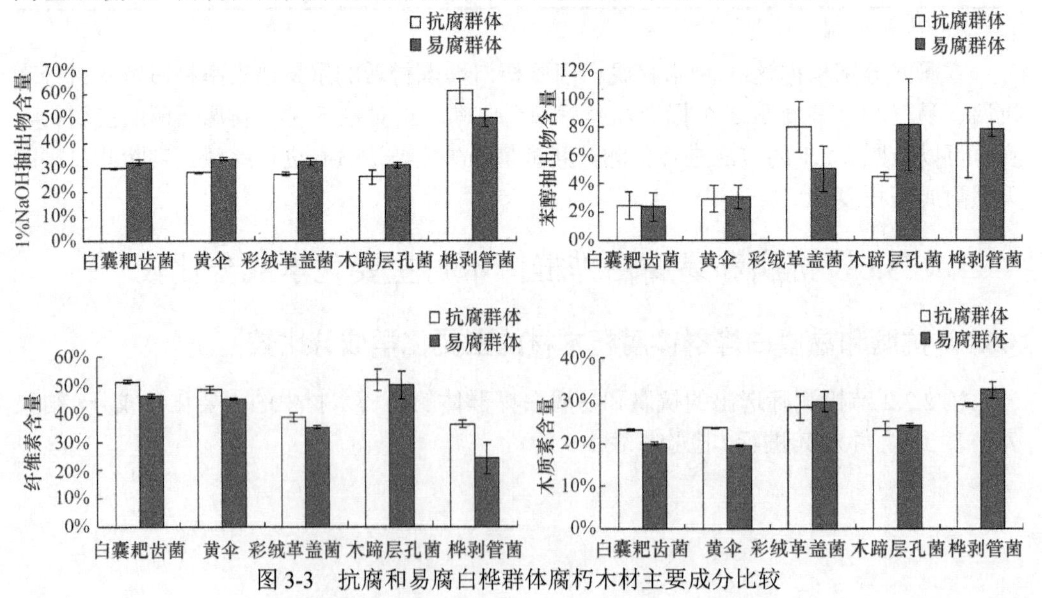

图 3-3 抗腐和易腐白桦群体腐朽木材主要成分比较

白囊耙齿菌和彩绒革盖菌筛选出的白桦腐朽木材中抗腐群体的苯醇抽出物含量都高于对应的易腐群体，黄伞、木蹄层孔菌和桦剥管菌筛选出的白桦腐朽木材中抗腐群体的苯醇抽出物含量都低于对应的易腐群体。其中，木蹄层孔菌筛选出的易腐群体和抗腐群体之间差距最大，白囊耙齿菌和黄伞筛选出的易腐群体和抗腐群体之间差距最小。

5 种木材腐朽菌筛选出的白桦腐朽木材中抗腐群体的纤维素含量都高于对应的易腐群体，其中，桦剥管菌筛选出的易腐群体和抗腐群体之间差距最大，木蹄层孔菌筛选出的易腐群体和抗腐群体之间差距最小。

白囊耙齿菌和黄伞筛选出的白桦腐朽木材中抗腐群体的木质素含量都高于对应的易腐群体，彩绒革盖菌、木蹄层孔菌和桦剥管菌筛选出的抗腐群体白桦腐朽木材中的木质素含量都低于对应的易腐群体。其中，黄伞筛选出的易腐群体和抗腐群体之间差距最大，木蹄层孔菌筛选出的易腐群体和抗腐群体之间差距最小。

白囊耙齿菌和黄伞腐朽后木材的易腐群体中，1% NaOH 抽出物含量都显著或极显著高于抗腐群体，t=3.382*、13.491**；苯醇抽出物均无显著性差异；易腐群体的纤维素含量极显著低于抗腐群体，t=8.031**、5.298**；易腐群体的木质素含量极显著低于抗腐群体，t=9.196**、7.490**。

彩绒革盖菌的易腐群体中，1%NaOH 抽出物含量极显著高于抗腐群体，t=6.173**；苯醇抽出物无显著性差异；腐朽木材的纤维素含量显著低于抗腐群体，t=4.307*，木质素含量略高于抗腐群体。

木蹄层孔菌的易腐群体中，腐朽木材的纤维素含量略低于抗腐群体，1%NaOH 抽出物、苯醇抽出物含量和木质素含量略高于抗腐群体，无显著性差异。

桦剥管菌的易腐群体中，腐朽木材的 1%NaOH 抽出物含量低于抗腐群体，苯醇抽出物含量高于抗腐群体，均无显著性差异；腐朽木材的纤维素含量极显著低于抗腐群体，t=3.557**；木质素含量极显著高于抗腐群体，t=3.185**。

3.6.2　抗腐和易腐白桦群体新鲜木材的主要化学成分比较

利用 5 种木材腐朽菌分别对白桦木材进行腐朽处理，根据每种木材腐朽菌对木材重量损失率的频度分布筛选出 1 组抗腐和 1 组易腐植株，组成抗腐和易腐群体，共计 10 个群体。按植株的个体编号，回到种源地进行二次取样，按 2.2.1.1 节的方法进行材料处理，按 2.2.2.1 节的方法对材料进行主要化学成分分析，实验结果列于表 3-10 中。

从图 3-4 中可见，5 种木材腐朽菌筛选出的新鲜白桦木材中，抗腐群体的水分含量都低于易腐群体。其中，白囊耙齿菌筛选出的抗腐群体和易腐群体之间的差距最大，彩绒革盖菌筛选出的抗腐群体和易腐群体之间的差距最小。

白囊耙齿菌、黄伞、彩绒革盖菌和木蹄层孔菌筛选出的新鲜白桦木材中抗腐群体的 1% NaOH 抽出物含量都高于易腐群体，桦剥管菌筛选出的新鲜白桦木材中抗腐群体的 1% NaOH 抽出物含量低于易腐群体。其中，黄伞筛选出的抗腐群体和易腐群体之间的差距最小，桦剥管菌筛选出的抗腐群体和易腐群体之间的差距最大。

表 3-10　抗腐和易腐白桦新鲜木材主要化学成分分析

按菌种筛选的白桦木材		水分		1%NaOH 抽出物		苯醇抽出物		纤维素		木质素	
		平均值	标准差	平均值	标准差	平均值	标准差	平均值	标准差	平均值	标准差
白囊耙齿菌	抗腐群体	7.80%	0.01	13.30%	0.018	2.80%	0.004	48.20%	0.013	23.27%	0.041
	易腐群体	8.90%	0.009	11.80%	0.021	3.30%	0.006	51.70%	0.008	29.52%	0.038
黄伞	抗腐群体	8.30%	0.018	13.00%	0.025	3.28%	0.004	49.25%	0.015	24.42%	0.037
	易腐群体	8.50%	0.008	12.80%	0.028	2.72%	0.007	49.45%	0.016	31.19%	0.038
彩绒革盖菌	抗腐群体	8.30%	0.007	13.80%	0.019	3.10%	0.004	49.49%	0.011	27.76%	0.045
	易腐群体	8.31%	0.008	13.30%	0.017	3.30%	0.003	49.51%	0.02	27.46%	0.03
木蹄层孔菌	抗腐群体	8.00%	0.013	13.90%	0.023	2.90%	0.003	48.95%	0.015	27.40%	0.037
	易腐群体	8.40%	0.007	13.60%	0.029	2.60%	0.005	49.88%	0.02	22.90%	0.045
桦剥管菌	抗腐群体	8.20%	0.004	10.88%	0.032	3.00%	0.004	49.34%	0.012	28.30%	0.026
	易腐群体	8.44%	0.006	15.24%	0.023	2.77%	0.006	50.01%	0.022	25.98%	0.015

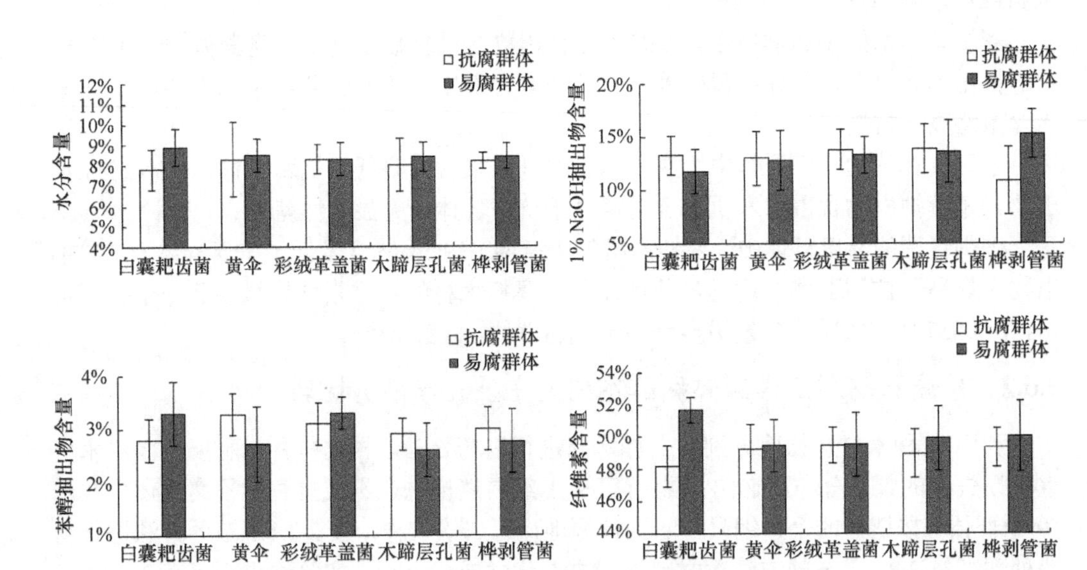

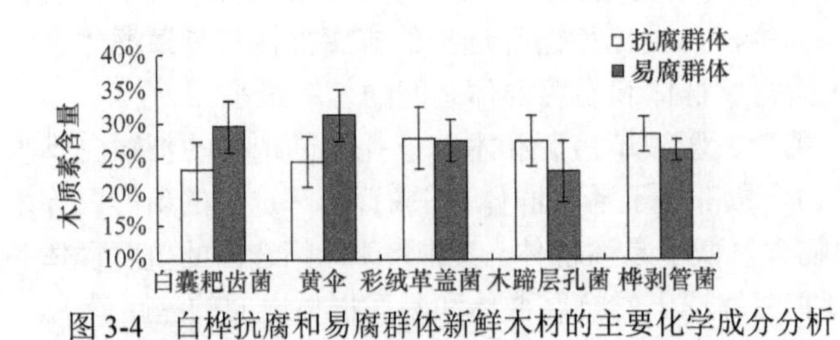

图 3-4　白桦抗腐和易腐群体新鲜木材的主要化学成分分析

黄伞、木蹄层孔菌和桦剥管菌筛选出的新鲜白桦木材中抗腐群体的苯醇抽出物含量都高于易腐群体，白囊耙齿菌和彩绒革盖菌筛选出的新鲜白桦木材中抗腐群体的苯醇抽出物含量都低于易腐群体。其中，黄伞筛选出的抗腐群体和易腐群体之间的差距最大，彩绒革盖菌筛选出的抗腐群体和易腐群体之间的差距最小。

5 种木材腐朽菌筛选出的新鲜白桦木材中抗腐群体的纤维素含量都低于易腐群体。其中，白囊耙齿菌筛选出的抗腐群体和易腐群体之间的差距最大，彩绒革盖菌筛选出的抗腐群体和易腐群体之间的差距最小。

彩绒革盖菌、木蹄层孔菌和桦剥管菌筛选出的新鲜白桦木材中抗腐群体的木质素含量都高于易腐群体，白囊耙齿菌和黄伞筛选出的新鲜白桦木材中抗腐群体的木质素含量都低于易腐群体。其中，黄伞筛选出的抗腐群体和易腐群体之间的差距最大，彩绒革盖菌筛选出的抗腐群体和易腐群体之间的差距最小。

白囊耙齿菌筛选出的白桦抗腐群体的木材含水率显著低于易腐群体，t=2.571*；新鲜木材中抗腐群体的 1% NaOH 抽出物含量显著高于易腐群体，t=2.315*；抗腐群体的苯醇抽出物含量低于易腐群体；抗腐群体木材纤维素含量极显著低于易腐群体，t=6.393**；抗腐群体木材木质素含量极显著低于易腐群体，t=4.305**（表 3-11）。这说明白囊耙齿菌易腐朽水分、纤维素、木质素含量高，1% NaOH 抽出物含量低的白桦木材。

表 3-11　白桦抗腐群体和易腐群体主要成分之间的 t 检验

t 检验		白囊耙齿菌	黄伞	彩绒革盖菌	木蹄层孔菌	桦剥管菌
水分	t	2.571*	0.295	0.563	1.284	0.977
	均差	0.011	0.002	0.002	0.006	0.002
1% NaOH 抽出物	t	2.315*	0.122	0.631	0.276	3.179**
	均差	0.021	0.001	0.005	0.003	0.044
苯醇抽出物	t	1.986	2.010	1.986	1.093	0.950
	均差	0.005	0.006	0.004	0.002	0.002
纤维素	t	6.393**	0.298	0.028	1.179	0.876
	均差	0.035	0.002	0.0002	0.009	0.007
木质素	t	4.305**	3.783**	0.368	3.969**	2.314*
	均差	0.029	0.041	0.006	0.045	0.023

黄伞筛选出的白桦抗腐群体的木材含水率低于易腐群体；1% NaOH 抽出物含量高于易腐群体；苯醇抽出物含量高于易腐群体；纤维素含量略低于易腐群体，无显著性差异；木质素含量极显著低于易腐群体，t=3.783**，其中，抗腐群体的木材酸溶木质素含量极显著低于易腐群体，t=3.8**。这说明黄伞易腐朽木质素含量高的木材。

彩绒革盖菌筛选出的白桦抗腐群体的木材含水率低于易腐群体；1% NaOH 抽出物含量高于易腐群体；苯醇抽出物含量低于易腐群体；纤维素含量低于易腐群体；木质素含量高于易腐群体，但均无显著性差异。

木蹄层孔菌筛选出的白桦抗腐群体的木材含水率低于易腐群体；1% NaOH 抽出物

含量高于易腐群体；苯醇抽出物含量高于易腐群体；纤维素含量低于易腐群体；木质素含量显著高于易腐群体，t=3.969*；其中抗腐群体的酸溶木质素含量极显著高于易腐群体，t=2.972**。这说明木蹄层孔菌易腐朽木质素含量低的木材。

桦剥管菌筛选出的白桦抗腐群体的木材含水率低于易腐群体；1%NaOH 抽出物含量极显著低于易腐群体，t=3.179**；苯醇抽出物含量高于易腐群体；纤维素含量低于易腐群体；木质素含量显著高于易腐群体，t=2.314*。这说明桦剥管菌易腐朽 1%NaOH 抽出物含量高、木质素含量低的木材。

3.7 抗腐和易腐白桦群体总酚和总黄酮含量比较

3.7.1 总酚含量测定方法的比较

3.7.1.1 最佳总酚含量检测波长的确定

根据图 3-5 全波长检测结果，780nm 处吸光度值较高，所以选择 780nm 波长作为检测波长。

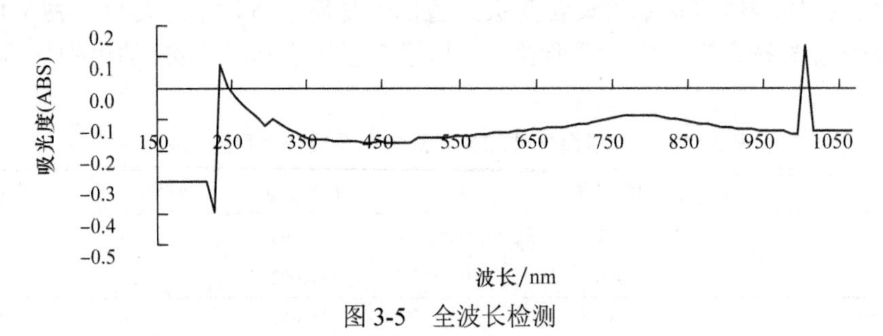

图 3-5 全波长检测

3.7.1.2 总酚含量测定的标准曲线的绘制

根据实验中标准曲线的建立方法，取不同浓度的标准品溶液进行检测，在 780nm 波长下检测对照样品吸光度，结果如表 3-12 所示。

表 3-12 单宁酸标准溶液检测

单宁酸标准液/ml	蒸馏水/ml	在标准曲线中单宁酸的含量/μg	780nm 吸光度
0.000	2.000	0.000	0.000
0.025	1.975	2.500	0.011
0.050	1.950	5.000	0.024
0.100	1.900	10.000	0.057
0.200	1.800	20.000	0.154
0.300	1.700	30.000	0.218
0.400	1.600	40.000	0.303

根据表 3-12 中数据绘制的标准曲线见图 3-6。对数据进行回归分析得到标准曲线的回归方程为 y=0.0077x−0.0092（y 为吸光度，x 为样品中多酚含量），R^2=0.9959，在 0～50μg/ml 浓度范围内对照品的量与吸光度有良好的线性关系，从图中可以看出标准曲线近似一条直线，且理论计算的相关系数为 0.9959，与朗伯–比尔定律相符。

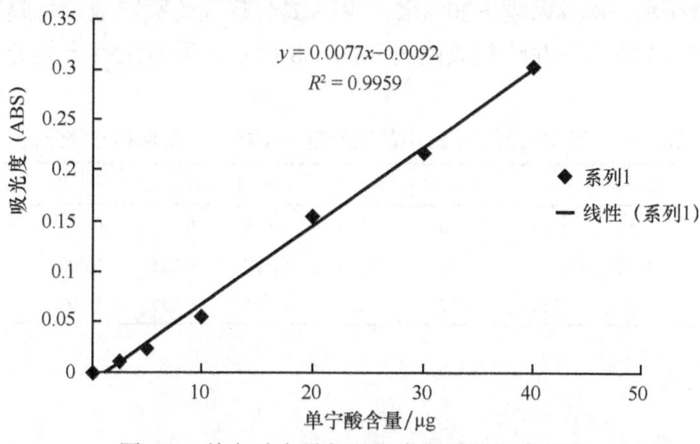

图 3-6　单宁酸含量与吸光度关系的标准曲线

3.7.1.3　总酚萃取试剂的选择

（1）分别用水、80%丙酮+20%水、80%丙酮+20%乙醇、甲醇（分析纯）、石油醚用振荡萃取的方法对木材样品进行处理，检测总酚含量如表 3-13 和图 3-7 所示，并进行方差分析。

表 3-13　不同溶剂的总酚萃取含量比较和方差分析

	水	80%丙酮+20%水	80%丙酮+20%乙醇	甲醇	石油醚
总酚/（mg/g）	0.0241	0.0564	0.0453	0.0306	0.0129
标准差	0.0042	0.0031	0.0045	0.0063	0.0002
平方和	自由度	均方	F		
0.002	4	0.001	11.890**		

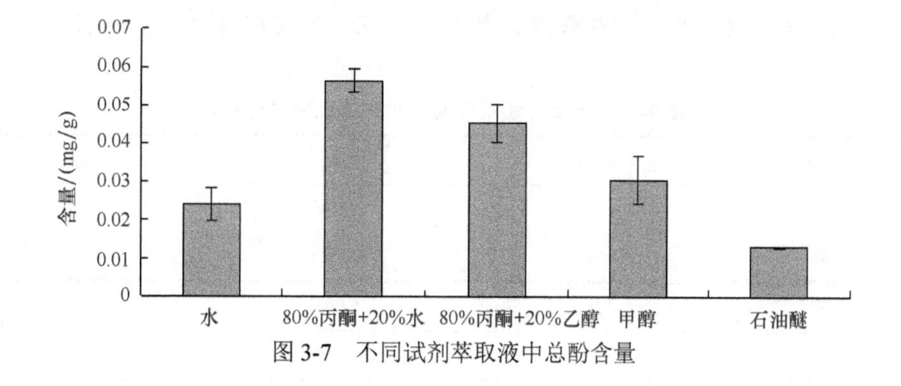

图 3-7　不同试剂萃取液中总酚含量

不同试剂萃取液中总酚含量差异极显著，F=11.890**。这些试剂的萃取能力是 80%丙酮＋20%水＞80%丙酮＋20%乙醇＞甲醇＞水＞石油醚。80%丙酮＋20%水萃取的萃取液中酚类物质含量最高并且误差较小，所以本实验选用 80%丙酮＋20%水作为萃取试剂。

（2）4℃储存水、80%丙酮＋20%水、甲醇试剂萃取的萃取液，每隔 24h 检测吸光度，结果如表 3-14 所示，并绘制成曲线如图 3-8 所示，同时进行方差分析。

表 3-14　不同试剂萃取液中的吸光度（ABS）日变化和方差分析

溶剂	第一天	第二天	第三天	第四天	第五天	第六天	平方和	df	均方	F
水	0.093	0.084	0.065	0.069	0.058	0.076	0.003	5	0.001	0.675
80%丙酮＋20%水	0.248	0.227	0.225	0.226	0.197	0.226	0.005	5	0.001	0.106
甲醇	0.144	0.141	0.121	0.135	0.114	0.139	0.002	5	0.000	0.136

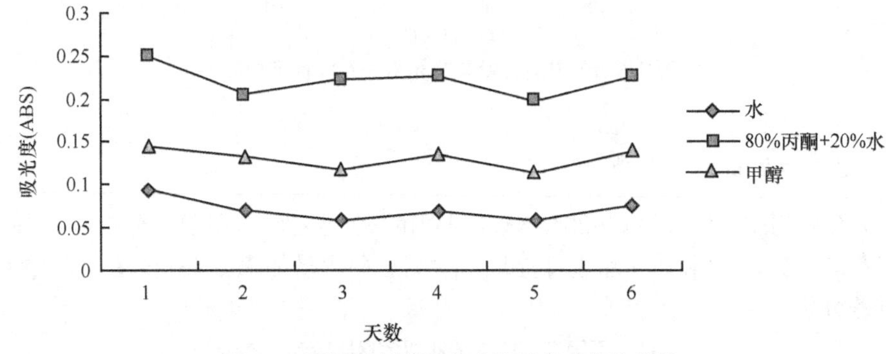

图 3-8　不同试剂萃取总酚的吸光度变化曲线

如表 3-14 所示，水、80%丙酮＋20%水、甲醇萃取液 4℃保存，吸光度日变化差异不显著，说明在这 3 种试剂中，酚类物质很稳定。

3.7.1.4　总酚萃取方法的确定

（1）任选 3 种木材以 80%丙酮＋20%水为萃取液，采用振荡法、静置法、超声波处理法萃取，经检测物质中总酚含量如表 3-15 所示，作成图表如图 3-9 所示，并进行方差分析。

表 3-15　不同方法萃取液的吸光度和方差分析

萃取方法	振荡	静置	超声
平均值	0.248	0.214	0.209
标准差	0.083	0.002	0.062

平方和	df	均方	F
0.005	2	0.003	0.725

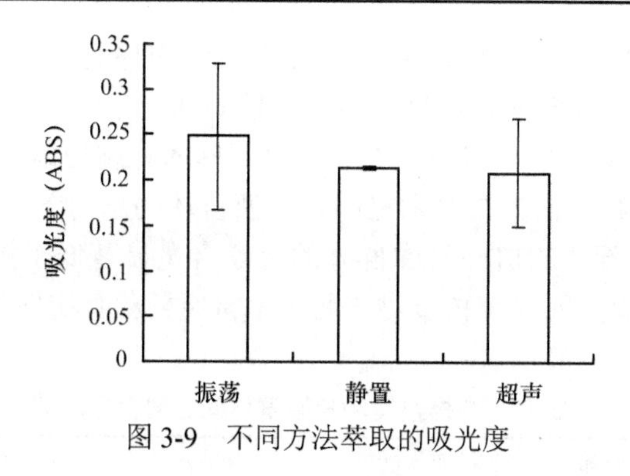

图 3-9　不同方法萃取的吸光度

结果表明：不同方法的萃取液中总酚含量没有明显差异，用振荡的方法萃取的萃取液中总酚含量略高并且此方法简便快捷，因此本实验用振荡萃取法进行萃取。

（2）4℃储存 3 种方法萃取的萃取液，每隔 24h 检测吸光度，结果如表 3-16 所示，绘制成曲线如图 3-10 所示，并进行方差分析。

表 3-16　不同方法萃取的总酚吸光度日变化和方差分析

萃取方法	第一天	第二天	第三天	第四天	第五天	平方和	df	均方	*F*
振荡	0.248	0.205	0.222	0.226	0.197	0.005	4	0.001	0.134
静置	0.214	0.201	0.217	0.215	0.229	0.00	4	0.00	0.881
超声	0.209	0.206	0.207	0.175	0.204	0.002	4	0.001	0.130

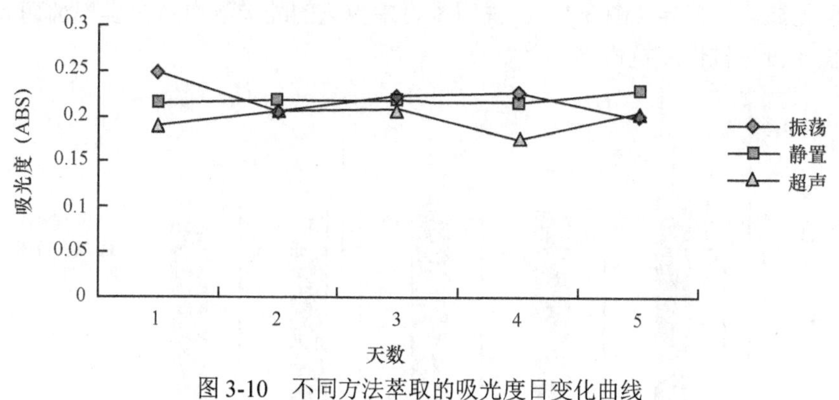

图 3-10　不同方法萃取的吸光度日变化曲线

如表 3-16 所见，3 种方法得到的萃取液的吸光度日变化差异都不显著，说明这 3 种方法萃取的酚类物质表现都很稳定。

3.7.2　抗腐和易腐白桦群体新鲜木材总酚含量比较

用 80%丙酮+20%水作为溶剂，振荡方法萃取，测量不同植株白桦新鲜木材中总酚含量，对结果进行方差分析，植株间差异极显著，平方和为 0.049，自由度是 91，均方为 0.001，F=116.90**。这与 Laitinen 等[4]发现欧洲白桦幼树个体间叶片酚类化合物，特别是一些防御类化合物含量存在显著的差异性的结论相似。

从表 3-17 中可以看出，木材中酚类物质对不同木材腐朽菌的抗性不同，黄伞、木蹄层孔菌和桦剥管菌筛选出的白桦木材中，易腐群体的总酚含量要低于抗腐群体。其中木蹄层孔菌和桦剥管菌的白桦易腐群体的总酚含量显著低于抗腐群体，t=2.331*、2.452*，说明木材中少量的酚类物质对这两种木材腐朽菌有抗性作用。

表 3-17　白桦抗腐和易腐群体间总酚含量比较

按菌种筛选的白桦木材	群体	平均值	标准差	t	均差
白囊耙齿菌	抗腐群体	4.98	0.007	0.994	0.015
	易腐群体	5.58	0.013		
黄伞	抗腐群体	5.27	0.009	0.021	0.0001
	易腐群体	5.26	0.010		
彩绒革盖菌	抗腐群体	5.01	0.008	1.747	0.010
	易腐群体	5.42	0.017		
木蹄层孔菌	抗腐群体	5.50	0.0132	2.331*	0.11
	易腐群体	4.40	0.006		
桦剥管菌	抗腐群体	5.52	0.006	2.452*	0.007
	易腐群体	4.84	0.006		

白囊耙齿菌和彩绒革盖菌筛选出的白桦木材中，易腐群体的总酚含量要高于抗腐群体，但无显著性差异（图 3-11）。说明木材中少量的酚类物质对白囊耙齿菌、黄伞和彩绒革盖菌没有抗性或抗性很小。

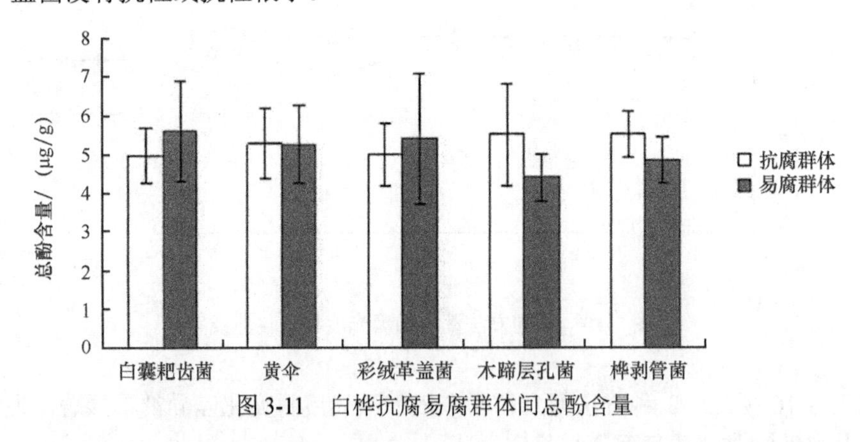

图 3-11　白桦抗腐易腐群体间总酚含量

3.7.3　总黄酮含量测定的标准曲线的绘制

根据实验中标准曲线的建立方法，取不同浓度的标准品溶液进行检测，在 510nm 波长下检测对照样品吸光度，结果如表 3-18 所示。

表 3-18　芦丁标准溶液检测

芦丁标准液/ml	蒸馏水/ml	在标准曲线中芦丁的含量/μg	780nm 吸光度
0.000	1.000	0.000	0.000
0.100	0.900	10.000	0.130
0.200	0.800	20.000	0.272
0.300	0.700	30.000	0.393
0.400	0.600	40.000	0.525
0.500	0.500	50.000	0.692

对表 3-18 中数据绘制的标准曲线见图 3-12。对数据进行回归分析得到标准曲线的回归方程为 y=0.1348x（y 为吸光度，x 为样品中芦丁含量），R^2=0.9979，在 0～50μg/ml 浓度范围内对照品的量与吸光度有良好的线性关系，从图中可以看出标准曲线近似一条直线，且理论计算的相关系数为 0.9979，与朗伯-比尔定律相符。

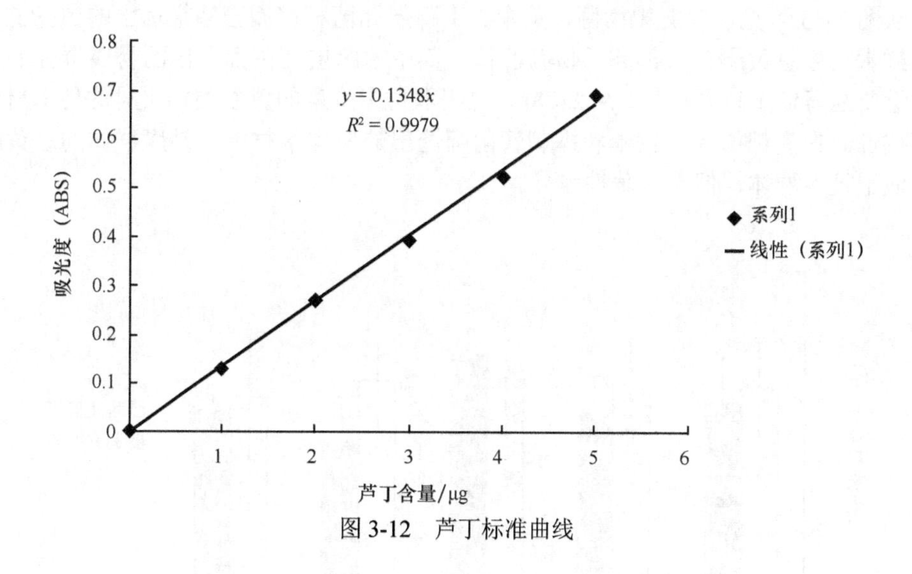

图 3-12　芦丁标准曲线

3.7.4　抗腐和易腐白桦群体新鲜木材中总黄酮含量比较

按 3.2.3 节的方法检测 10 个抗腐和易腐白桦群体新鲜木材中的总黄酮含量，结果列于表 3-19。

表 3-19　白桦抗腐易腐群体间总黄酮含量比较

按菌种筛选的白桦木材	群体	平均值/（μg/g）	标准差	t	均差
白囊耙齿菌	抗腐群体	6.3984	1.540	0.643	0.482
	易腐群体	5.9162	1.458		
黄伞	抗腐群体	6.4973	1.437	1.328	0.850
	易腐群体	5.6473	1.100		
彩绒革盖菌	抗腐群体	6.3947	1.465	1.229	1.016
	易腐群体	7.4110	2.166		
木蹄层孔菌	抗腐群体	6.5746	2.046	2.178*	1.920
	易腐群体	4.6550	1.424		
桦剥管菌	抗腐群体	6.1016	1.919	0.652	0.479
	易腐群体	5.6225	0.829		

从图 3-13 可见，白囊耙齿菌、黄伞、木蹄层孔菌和桦剥管菌筛选出的白桦抗腐群体新鲜木材中总黄酮含量都高于易腐群体。其中木蹄层孔菌筛选出的易腐群体的总黄酮含量要显著低于抗腐群体，t=2.178*，说明木材中少量的黄酮类物质对这种木材腐朽菌有抗性。白囊耙齿菌、黄伞和桦剥管菌筛选出的白桦木材中，易腐群体的总黄酮含量都低于抗腐群体，但无显著性差异。

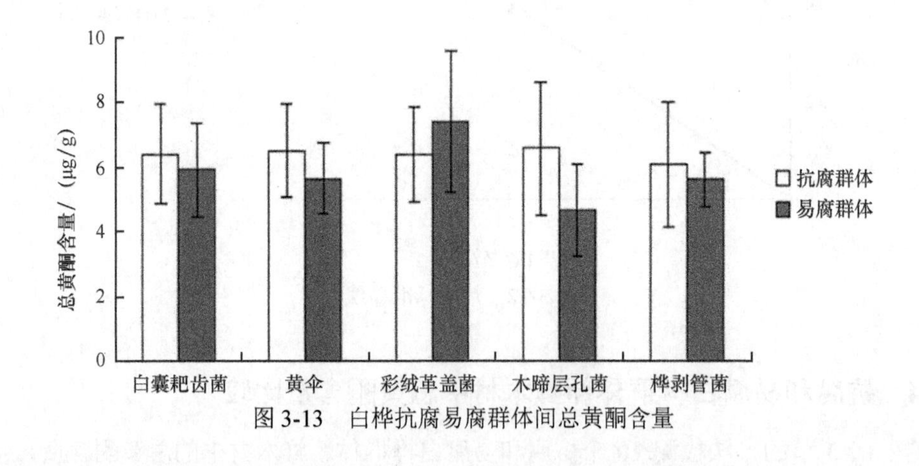

图 3-13　白桦抗腐易腐群体间总黄酮含量

彩绒革盖菌筛选出的白桦木材中，抗腐群体的总黄酮含量低于易腐群体，但无显著性差异。说明木材中少量的黄酮类物质对白囊耙齿菌、黄伞、彩绒革盖菌和桦剥管菌没有抗性或抗性很小。

3.8 白桦耐腐和易腐群体木材理化性质间的相关分析

将每株白桦的水分、1%NaOH 抽出物、苯醇抽出物、木质素、纤维素、总酚和总黄酮含量按抗腐群体和易腐群体分别做 Pearson 相关性分析，结果如表 3-20 和表 3-21 所示。

表 3-20 白桦抗腐群体新鲜木材主要成分相关分析

主要成分	水分	1% NaOH 抽出物	苯醇抽出物	木质素	纤维素	总酚
1%NaOH 抽出物	−0.385**					
苯醇抽出物	0.082	0.065				
木质素	0.231	−0.358*	−0.047			
纤维素	0.264	−0.336*	0.162	0.052		
总酚	−0.04	−0.105	0.059	0.118	−0.291	
总黄酮	0.001	0.306	0.045	−0.037	0.071	0.096

*相关的显著性在 0.05 水平（双尾检验）；**相关的显著性在 0.01 水平（双尾检验）

表 3-21 白桦易腐群体新鲜木材主要成分相关分析

主要成分	水分	1% NaOH 抽出物	苯醇抽出物	木质素	纤维素	总酚
1%NaOH 抽出物	−0.652**					
苯醇抽出物	0.189	0.005				
木质素	0.017	−0.108	−0.014			
纤维素	0.571**	−0.480**	0.121	−0.134		
总酚	0.185	−0.105	0.394**	0.309*	−0.029	
总黄酮	0.141	−0.145	0.212	0.343*	−0.173	0.710**

*相关的显著性在 0.05 水平（双尾检验）；**相关的显著性在 0.01 水平（双尾检验）

根据 Pearson 相关性分析，抗腐群体白桦木材中的 1%NaOH 抽出物与水分、木质素、纤维素含量分别都呈显著负相关。1%NaOH 抽出物主要是木材中溶于水的物质，所以它与木材中的水分含量呈负相关；木质素和纤维素都是不溶于水的大分子物质，也是木材的主要成分，它们在木材中的含量与木材中溶于水的物质呈负相关。也就是说抗腐植株木材的 1%NaOH 抽出物含量越高，其木材水分、木质素和纤维素含量越低。

易腐群体白桦木材中的水分和纤维素含量与 1%NaOH 抽出物含量呈极显著负相关，该结果与抗腐植株白桦相似。这说明易腐植株的木材 1%NaOH 抽出物含量越低，其水分和纤维素含量越高。

同时，易腐植株的水分与纤维素含量、苯醇抽出物与总酚含量、总酚与总黄酮含量间呈极显著正相关，木质素和总酚与总黄酮含量呈显著正相关，即水分含量高的植株纤维素含量也高，木质素含量高的植株总酚和总黄酮含量也高。

易腐群体白桦木材中水分含量普遍高于抗腐群体，纤维素含量都高于抗腐群体，所以易腐群体白桦木材中的水分与纤维素含量呈正相关。

白囊耙齿菌筛选的白桦木材中易腐群体苯醇抽出物、木质素和总酚都高于抗腐群体，黄伞筛选的白桦木材中易腐群体苯醇抽出物、总酚和总黄酮都低于抗腐群体，彩绒革盖菌筛选的白桦木材中易腐群体苯醇抽出物、总酚和总黄酮都高于抗腐群体，木蹄层孔菌和桦剥管菌筛选的易腐群体白桦木材中苯醇抽出物、木质素、总酚和总黄酮都低于抗腐群体。苯醇抽出物中含有很多的酚类物质，所以它与总酚含量呈正相关；酚类和黄酮类物质都属于次生代谢产物中的乙酰配体及其衍生物，都含有苯环，易溶于有机溶剂。而木质素是由苯丙烷单元通过醚键和碳碳键连接而成的聚酚类三维网状高分子芳香族化合物，它们在结构和性质上的共同点使它们在含量检测中表现为正相关，其相关关系与它们在易腐群体白桦木材中的含量表现基本相符。

3.9 不同菌种对白桦木材降解能力比较与菌种选择

对白囊耙齿菌（*Irpex lacteus*）、黄伞（*Pholiota adiposa*）、彩绒革盖菌（*Coriolus versicolor*）和木蹄层孔菌（*Fomes fomentarius*）4 种木材腐朽菌降解白桦木材后的重量损失率进行个体间方差分析，研究显示这 4 种木材腐朽菌降解的白桦木材重量损失率在株间差异除彩绒革盖菌外均达显著或极显著水平，F=1.593**，1.499**，1. 217*（表 3-22），这与 Hamrick 等[5]的研究结果基本相符，说明可以通过木腐菌对白桦木材进行生物降解，并从中筛选出相应的抗腐朽和易腐朽的白桦个体。

表 3-22 白桦木材经木材腐朽菌生物降解后重量损失率的基本特征

基本特征	白囊耙齿菌	黄伞	彩绒革盖菌	木蹄层孔菌
有效数据	297	292	298	293
重量损失率	29.65	27.03	74.48	47.26
变异系数	31.27	29.9	7.23	24.83
极差	0.47	0.44	0.31	0.68
F	1.593**	1.217*	1.036	1.499**

采用 4 种木材腐朽菌对来自凉水实验林场的 300 株白桦木材分别进行木材腐朽处理后测定木材重量损失率，分别得到 292～298 个有效数据，4 种木材腐朽菌的生物降解时间略有不同，但总降解时间均在 90 天以上。如果忽略时间上的差异，从白桦木材经木腐菌生物降解后质量损失的基本特征可见，彩绒革盖菌对白桦木材的生物降解能力最强，木样在河沙木屑培养基中腐朽 93 天，平均质量损失达 74.48%，但它的变异系数最小，仅为 7.23。木蹄层孔菌的生物降解能力中等，重量损失率为 47.26%，而白囊耙齿菌和黄伞的生物降解能力最弱。采用 4 种木材腐朽菌分别进行木材腐朽处理后的木材重量损失率的相关分析见表 3-23，木蹄层孔菌和黄伞的木材降解率间达到极显著正相关，也就是说易受木蹄层孔菌侵染的白桦个体也易受黄伞的侵染。通过对它们的木质素降解酶表达活性的检测，木蹄层孔菌和黄伞表达出的酶活特性有很多相似处[6]，这暗示它们的木材降解途径有相似的部分，或者它们腐朽木材时对同类物质敏

感，其原因还有待于进一步研究。彩绒革盖菌腐朽木样的重量损失率与其他 3 种真菌腐朽木样的重量损失率呈显著或极显著相关，也就是说，容易被彩绒革盖菌腐朽的木样也容易被其他 3 种真菌腐朽。

表 3-23　白桦木材经不同木腐菌腐朽后质量损失的相关性

菌种	彩绒革盖菌	白囊耙齿菌	黄伞
白囊耙齿菌	0.418**		
黄伞	0.254**	−0.003	
木蹄层孔菌	0.130*	−0.058	0.171**

3.9.1　木材腐朽菌腐朽白桦木材后的质量、纤维素与木质素损失率比较

根据 3.2.1 节方法，测定并计算白桦木材腐朽后的质量、纤维素和木质素损失率（表 3-24）。

表 3-24　白桦木材腐朽后的纤维素和木质素损失　（单位：%）

检测项目	白囊耙齿菌	黄伞	彩绒革盖菌	木蹄层孔菌	桦剥管菌
重量损失率	34.97	37.48	44.72	62.55	56.77
纤维素损失率	36.43	41.42	59.58	61.79	73.63
木质素损失率	46.72	53.62	38.94	66.84	50.89

对以上 5 种木材腐朽菌降解白桦木材后的重量损失率进行个体间方差分析，研究显示这 5 种木材腐朽菌降解的白桦木材重量损失率在株间差异除彩绒革盖菌外均达显著或极显著水平，这与 Hamrick 和 Godt 以及 Venalainen 等、Laitinen 等的研究结果基本相符[2-4]，说明可以通过木腐菌对白桦木材进行生物降解，并从中筛选出相应的抗腐朽和易腐朽的白桦个体。

桦剥管菌腐朽后的白桦木材纤维素损失率最高，木蹄层孔菌次之，白囊耙齿菌最低。木蹄层孔菌腐朽后的白桦木材的木质素损失率最高，彩绒革盖菌最低。

白囊耙齿菌、黄伞和木蹄层孔菌腐朽木材中的木质素损失率高于纤维素损失率，木质素分解速度要高于纤维素。这 3 种真菌都是白腐菌，主要腐朽对象是木质素。

桦剥管菌腐朽木材中的木质素损失率低于纤维素损失率，木质素分解速度要低于纤维素。这与褐腐菌的腐朽特点相符。作为白腐菌的彩绒革盖菌的木材腐朽特点与褐腐菌的桦剥管菌相似，木质素损失率低于纤维素损失率，木质素分解速度要低于纤维素分解速度。这可能与其杂斑混合腐朽有关。

3.9.2　白桦腐朽木材与新鲜木材主要化学成分比较

对白桦腐朽木材与新鲜木材进行主要化学成分比较和检测，其结果见表 3-25。

表 3-25　腐朽与新鲜白桦木材主要化学成分分析

不同菌种腐朽的木材		1% NaOH 抽出物		苯醇抽出物		纤维素		木质素	
		平均值	标准差	平均值	标准差	平均值	标准差	平均值	标准差
新鲜木材	对照样本	13.16	0.024	2.97	0.006	49.58	0.021	26.67	0.034
腐朽木材	白囊耙齿菌	45.3	0.016	2.4	0.009	48.76	0.028	21.58	0.020
	黄伞	38.0	0.003	2.8	0.006	46.73	0.021	19.54	0.009
	彩绒革盖菌	42.0	0.010	8.0	0.014	36.47	0.018	29.09	0.004
	木蹄层孔菌	36.3	0.004	6.8	0.004	50.89	0.041	23.32	0.021
	桦剥管菌	52.29	0.131	7.64	0.013	30.43	0.075	29.92	0.036

与新鲜白桦木材相比，腐朽木材的 1% NaOH 抽出物含量都大幅度增加。其中，桦剥管菌腐朽后白桦木材的 1% NaOH 抽出物增加比例最高，木蹄层孔菌腐朽后白桦木材的 1%NaOH 抽出物增加比例最低。彩绒革盖菌、木蹄层孔菌和桦剥管菌腐朽后的白桦木材苯醇抽出物都远高于新鲜白桦木材。其中，彩绒革盖菌最高，说明彩绒革盖菌、木蹄层孔菌和桦剥管菌腐朽木材生成分解产物的速度要高于其消耗这些分解产物的速度，导致多余的分解产物在腐朽木材中积累。白囊耙齿菌和黄伞腐朽后的白桦木材苯醇抽出物都低于新鲜白桦木材，其中白囊耙齿菌最低。木蹄层孔菌腐朽白桦木材后的纤维素含量略高于新鲜白桦木材，其他 4 种木材腐朽菌腐朽后的白桦木材纤维素含量都低于新鲜白桦木材，其中桦剥管菌和彩绒革盖菌腐朽的白桦木材纤维素含量均较低，这与它们的腐朽特点相符。彩绒革盖菌和桦剥管菌腐朽后的白桦木材的木质素含量都高于新鲜白桦木材，其中桦剥管菌腐朽木材最高。白囊耙齿菌、黄伞和木蹄层孔菌腐朽后的白桦木材的木质素含量都低于新鲜白桦木材，其中黄伞腐朽白桦木材后的木质素含量最低。

由表 3-25 和表 3-26 数据可以看出，白囊耙齿菌、黄伞和木蹄层孔菌腐朽木材中的 1%NaOH 抽出物含量和木质素含量要显著或极显著高于新鲜木材；苯醇抽出物含量在腐朽木样和新鲜木材间差异显著或极显著（黄伞除外），说明这 3 种真菌分解木材大分子成分的速度低于其消耗这些分解产物的速度，在腐朽木材中没有积聚的分解产物，而且还将木材中原本溶于苯醇的物质消耗掉很多。彩绒革盖菌和桦剥管菌腐朽木材中的 1%NaOH 抽出物和苯醇抽出物含量也极显著高于新鲜木材，腐朽木材中的纤维素含量极显著低于新鲜木材；而木质素含量略高于新鲜木材，但差异没有达到显著水平。

表 3-26 腐朽白桦木材与新鲜白桦木材主要化学成分的 t 检验

化学成分	t 检验	白囊耙齿菌	黄伞	彩绒革盖菌	木蹄层孔菌	桦剥管菌
1% NaOH	t	17.809**	16.396**	26.358**	15.064**	12.089**
抽出物	均差	0.185	0.251	0.285	0.225	0.387
苯醇	t	2.098*	0.482	12.854**	14.530**	12.463**
抽出物	均差	0.007	0.002	0.048	0.039	0.048
纤维素	t	1.175	4.758**	16.961**	1.096	11.197**
	均差	0.013	0.036	0.067	0.014	0.196
木质素	t	2.788**	3.994**	1.083	2.164*	1.871
	均差	0.060	0.141	0.018	0.034	0.0369

3.9.3 腐朽后白桦木材主要化学成分含量与木材纤维素、木质素损失率的相关分析

由表 3-27 可见，腐朽木材纤维素含量与 1% NaOH 抽出物、苯醇抽出物和木质素含量呈明显的负相关，即腐朽木材的纤维素含量越高，其 1% NaOH 抽出物、苯醇抽出物和木质素含量越低；而木质素含量与 1% NaOH 抽出物、苯醇抽出物含量表现为一定的正相关，即腐朽木材的木质素含量越高，其 1% NaOH 抽出物、苯醇抽出物含量也越高；腐朽木材的纤维素损失率与纤维素含量呈负相关，与苯醇抽出物、木质素含量，以及木材重量损失率呈正相关。也就是说，腐朽木材的纤维素含量越高，其纤维素损失越低。而木材的重量损失率与木质素损失率则呈一定程度的正相关，即木材的木质素损失大，其重量损失也大。

表 3-27 木腐菌腐朽白桦木材后主要化学成分含量与其纤维素、木质素损失率的相关分析

木材特征	1% NaOH 抽出物	苯醇抽出物	纤维素	木质素	木材重量损失率	纤维素损失率
苯醇抽出物	0.218					
纤维素	−0.753	−0.637				
木质素	0.613	0.880	−0.879			
木材重量损失率	0.029	0.754	−0.211	0.480		
纤维素损失率	0.377	0.927	−0.683	0.834	0.854	
木质素损失率	−0.450	−0.033	0.529	−0.399	0.606	0.151

3.9.4 小结

本节比较了腐朽木材与新鲜木材经 5 种腐朽菌腐朽后主要化学成分上的差异，不同木材腐朽菌对木材中各主要成分的腐朽程度都不相同，说明木材腐朽菌对木材各成

分有偏好性。木蹄层孔菌腐朽白桦木材的能力最强，其次是桦剥管菌和黄伞，而白囊耙齿菌和彩绒革盖菌腐朽白桦木材的能力较弱。木蹄层孔菌腐朽后的白桦木材1%NaOH抽出物含量最低，苯醇抽出物含量中等，纤维素含量最高，木质素含量较低，而且其腐朽白桦木材的能力较强，比较适用于以白桦木材为原料的生物辅助制浆。

参考文献

[1] GB/T 13942 1—92. 木材天然耐腐性实验室试验方法.

[2] Hamrick J L, Godt M J W. Allozyme diversity in plant species. *In*: Brown A H D, Clegg M T, Kahler A L, Weit B S. Plant Population Genetics, Breeding, and Genetic Resources. Sunderland M A, USA: Sinauer Asseciate Inc., 1990: 43-63.

[3] Venalainen M, Harju A M, Saranpaa P, et al. The concentration of phenolics in brown-rot decay resistant and susceptible Scots pine heartwood.Wood Sci Technol, 2004, 38（2）: 109-118.

[4] Laitinen M L, Julkunen-Tiitto R, Matti R. Variation in phenolic compounds within a birch (*Betula pendula*) population. Journal of Chemical Ecology, 2000, 26（7）: 1609-1622.

[5] Hamrick J L, Godt M J W, Sherman-Broyles S L. Factors influencing levels of genetic diversity in woody plant species. New Forests, 1992, 6（1-4）: 95-124.

[6] 刘欣, 赵敏, 王秋玉. 5 种木材腐朽菌的生物学特性及对白桦木材腐朽能力的分析. 东北林业大学学报, 2008, 36（3）: 41-44.

4　木材腐朽菌的生物学及酶学特性

4.1　实 验 材 料

实验所使用的木材腐朽菌中，白囊耙齿菌、彩绒革盖菌、黄伞、火木层孔菌、裂蹄木层孔菌和松杉灵芝子实体采自黑龙江省尚志市东北林业大学帽儿山实验林场；木蹄层孔菌子实体分别取自帽儿山（张广才岭）、凉水（小兴安岭）、长白山和辽宁本溪4个地点；桦剥管菌子实体采自凉水、塔河（大兴安岭）、帽儿山和敦化（长白山）4个地点。

对采集的子实体采用组织分离法培养于马铃薯葡萄糖琼脂培养基（potato dextrose agar，PDA）上，待菌丝长至5mm左右时，切取菌丝体的最边缘部分作为接种物，重新接种于新的 PDA 平板上进行纯化培养以获得较纯的菌丝体。菌种在木屑培养基中4℃保存。其基本特征见表4-1。

表 4-1　木材腐朽菌基本特征表

菌种名称	分类地位	野外腐朽类型
桦剥管菌（*Piptoporus betulinus*）	非褶菌目多孔菌科剥管菌属	边材块状褐腐
木蹄层孔菌（*Fomes fomentarius*）	非褶菌目多孔菌科层孔菌属	杂斑状白腐
黄伞（*Pholiota adiposa*）	伞菌目球盖菇科鳞伞菌属	斑块状褐腐
白囊耙齿菌（*Irpex lacteus*）	非褶菌目多孔菌科耙齿菌属	边材白腐
彩绒革盖菌（*Coriolus versicolor*）	非褶菌目多孔菌科革盖菌属	海绵状白腐
裂蹄木层孔菌（*Phellinus linteus*）	非褶菌目刺革菌科木层孔菌属	心材白腐
火木层孔菌（*Phellinus igniarius*）	非褶菌目刺革菌科木层孔菌属	心材海绵状白腐
松杉灵芝（*Ganoderma tsugae*）	非褶菌目灵芝科灵芝属	海绵状白腐

4.2　实 验 方 法

4.2.1　木材腐朽菌菌株的鉴定、组织分离和保存

根据子实体的外部形态和内部特征鉴定出种类，菌种的拉丁文学名参考有关文献[1-3]。菌种种类确定后，按常规方法进行组织分离，接种于 PDA 试管斜面上，放入25℃恒温箱中培养，待菌丝长满试管斜面为止。经过纯化培养获得纯菌种，分别编号后放入4℃的冰箱内保存备用。

4.2.2 木屑麦麸培养基的配制

将 1% $CaSO_4 \cdot H_2O$ 和 1%蔗糖溶水后加入 78%白桦锯屑，20%麦麸，搅拌均匀，含水量约 60%，程度为手握悬且不滴。装入干净的试管中，一半体积为宜，顶端要平整，管口用纱布擦净，用试管塞塞好，121℃灭菌 2h。竖立置于 4℃冰箱中保存。

4.2.3 菌丝生长速度的测定

将木屑培养基装入试管，121℃灭菌 2h 后，接入纯菌丝，23℃培养，竖直立于培养箱中，每 48h 测量菌丝的长度，3 个重复。

平板培养是将 PDA 培养基灭菌后，在无菌条件下倒入 90mm 培养皿中，每个培养基约 20ml。将菌种点种在平板的中心部位，分别放入 23℃、28℃的培养箱中培养，每 12h 测量菌落的直径。每个菌种做 3 次重复。

4.2.4 菌丝体干重的测定

在 100 ml 广口三角瓶装入 40 ml 马铃薯-葡萄糖液体培养基，用灭过菌的 5mm 直径打孔器在长满纯菌丝的 PDA 平板培养基上取 2 个菌塞，接入三角瓶中。在 28℃、150r/min 振荡培养。每 48h 取出 1 瓶，滤纸（预先烘干至恒重）过滤，并用蒸馏水冲洗两次，(100±5)℃烘箱中烘至恒重。

菌丝体干重 W（g/L）按下式计算：

$$W = \frac{S - S_1}{0.4}$$

式中，S 为滤纸过滤后的绝干重；S_1 为滤纸过滤前的绝干重。

4.2.5 木质素降解相关酶活性检测

4.2.5.1 锰过氧化物酶和漆酶的定性鉴定

将 5 种木材腐朽菌接种于 PDA 固体培养基上，培养至菌丝长满平面的 2/3 左右，用等体积的 0.4 %过氧化氢和 0.1 %联苯胺（溶于 50%乙醇中）混合液，滴在菌落边缘，当有锰过氧化物酶存在时，滴定区显黄褐色[4]。

0.1mol/L 愈创木酚的乙醇溶液（0.25g 愈创木酚加入 95%浓度乙醇 15ml 中），将此溶液滴在菌落边缘，有漆酶存在时滴定区变浅红色，记载变色时间。

4.2.5.2 粗酶液的制备

在马铃薯-葡萄糖液体培养基中添加 1g 白桦木屑，无白桦木屑的液体培养基为对照样，分别检测第 3 天、第 6 天和第 9 天的酶活性。取含菌培养液 12 000r/min 离心 10min，去除菌丝和孢子的污染，取上清液为粗酶液。每个菌种做 3 个平行样。

4.2.5.3 木质素过氧化物酶（LiP）活性分析

此类酶活力由测定其氧化藜芦醇为藜芦醛［ε_{310}=9300L/（mol・cm)］的最初反应速度确定。于 25℃在石英比色池中依次加入 100μl 20mmol/L 藜芦醇（3, 4-dimethoxybenzyl alcohol）、3ml 50mmol/L 乙酸-乙酸钠缓冲溶液（pH = 2.6）、120μl 4 mmol/L H_2O_2 和 40μl 粗酶液，摇匀。以不含酶液的空白试剂为参比，迅速在 310nm 处绘制出吸光度 A 随时间 t 变化的曲线，酶促反应由加入 H_2O_2 后而启动。定义每分钟氧化 1μmol 藜芦醇所需的酶量为 1 个酶活单位（IU）[5]。

木质素过氧化物酶酶活力计算公式如下：

$$\text{木质素过氧化物酶活力（U / L）} = \frac{n \times \Delta A \times 10^6}{9300}$$

式中，n 为酶液稀释倍数；ΔA 为 1min 内反应液在 310nm 处吸光度值的变化值。

4.2.5.4 锰过氧化物酶（MnP）活性分析

3ml 反应液中，0.4mmol/L 的愈创木酚，0.2mmol/L 的 $MnSO_4$ 及 50mmol/L 的柠檬酸-柠檬酸钠缓冲体系（pH＝4.6），加入 0.1mmol/L H_2O_2 启动反应。30℃反应 5min。测定波长 465nm 处单位时间吸光度的增加。一个酶活单位定义为每分钟引起一个 0.01 单位变化所需要的酶液量（每分钟氧化 1μmol 的 Mn^{2+} 所需的酶量）。以不加 H_2O_2 的体系作为对照。愈创木酚的摩尔消光系数为 12 100L/(mol • cm)。

锰过氧化物酶酶活力计算公式如下:

$$\text{锰过氧化物酶活力（U / L）} = \frac{n \times \Delta A \times 10^6}{12100}$$

式中，n 为酶液稀释倍数；ΔA 为反应液在 1min 内于 465nm 处吸光度值的变化值。

4.2.5.5 漆酶（Lac）活性分析

将 ABTS [2, 2'-azino-bis（3-ethylbenzthiazoline-6-sulfonic acid），2 ,2′-连氮-二（3-乙基苯并噻唑-6-磺酸）]用 0.2mol/L HAc-NaAc 缓冲液（pH＝4.0）配制成 0.5mmol/L，避光，4℃保存。取 1.6ml ABTS 溶液，加入 1.6ml 适当稀释的酶液启动反应，并开始计时，测定 25℃ 420nm 处反应体系吸光值在前 5min 内的增加，定义室温下 1min 使 1μmol ABTS 转化所需的酶量为一个酶活单位（IU）。ABTS 的摩尔消光系数为 23 300L/（mol • cm）[6]。

漆酶酶活力计算公式如下：

$$\text{漆酶活力（U / L）} = \frac{n \times \Delta A \times 10^6}{23\,300}$$

式中，n 为酶液稀释倍数；ΔA 为反应液在 1min 内于 420nm 处吸光度值的变化值。

4.2.6 纤维素降解相关酶活性检测

4.2.6.1 产纤维素酶菌种的培养

分别以木屑和麦麸作为碳源配制产纤维酶固体培养基，在无菌操作条件下分别将木蹄层孔菌、裂蹄木层孔菌、火木层孔菌的纯菌种接入其中。每瓶加入 2 个直径为 0.5cm

的菌塞，放入28℃气候箱中培养，每隔4天选取长势较好的3瓶样品进行纤维素降解相关酶的测量。

4.2.6.2 粗酶液的制备

在无菌操作条件下，分别向不同产纤维酶固体培养基的培养物中加入5倍质量的蒸馏水，浸泡12h后用双层纱布进行过滤，滤液15 000r/min离心10min，4℃下操作，上清即为粗酶液，放置备用。

4.2.6.3 葡萄糖（G）标准曲线的制作

主要试剂的配制如下所述。

（1）浓度为1mg/ml的葡萄糖标准液：将葡萄糖在恒温干燥箱中干燥至恒重，准确称取100mg于100ml小烧杯中，用少量蒸馏水溶解后，移入100ml容量瓶中用蒸馏水定容至100ml，充分混匀。4℃冰箱中保存（可用12～15天）。

（2）3,5-二硝基水杨酸（DNS）试剂：准确称取DNS 6.3g置于500ml大烧杯中，用少量蒸馏水溶解后，加入2mol/L NaOH溶液262ml，再加到500ml含有185g酒石酸钾钠（$C_4H_4O_6KNa \cdot 4H_2O$，MW=282.22）的热水溶液中，再加5g结晶酚（C_6H_5OH，MW=94.11）和5g无水亚硫酸钠（Na_2SO_3，MW=126.04），搅拌溶解，冷却后移入1000ml容量瓶中用蒸馏水定容至1000ml，充分混匀。储于棕色瓶中，室温放置一周后使用。

操作方法和步骤：取8支洗净烘干的20ml具塞刻度试管，编号后按表4-2加入标准葡萄糖（G）溶液和蒸馏水，配制成一系列不同浓度的葡萄糖溶液。充分摇匀后，向各试管中加入1.5ml DNS溶液，摇匀后沸水浴5min，取出冷却后用蒸馏水定容至20ml，充分混匀。在540nm波长下，以1号试管溶液作为空白对照，调零点，测定其他各管溶液的光密度值并记录结果。以葡萄糖含量（mg）为横坐标，以对应的光密度值为纵坐标，绘制出葡萄糖标准曲线。

表4-2 不同浓度的葡萄糖溶液

	试管							
	1	2	3	4	5	6	7	8
葡萄糖标准液/ml	0	0.2	0.4	0.6	0.8	1.0	1.2	1.4
蒸馏水/ml	2.0	1.8	1.6	1.4	1.2	1.0	0.8	0.6
葡萄糖含量/mg	0	0.2	0.4	0.6	0.8	1.0	1.2	1.4

4.2.6.4 葡聚糖内切酶（EG）活性分析

以羧甲基纤维素钠（CMC）为底物测定EG的活性，反应体系为0.5ml的1%CMC溶液（溶于0.05mol/L的柠檬酸-柠檬酸钠缓冲液，pH 4.8）和一定量的粗酶液，空白对照为不含酶液的反应体系。将各组分混匀，反应条件为50℃恒温水浴30min，加入DNS

终止反应，沸水浴 5min，用紫外分光光度计（UV22401 PC，SHIMADZU）检测 540nm 处的吸光度值来测定产生的还原糖。一个酶活单位定义为每分钟产生 1μmol 葡萄糖所需的酶量。

4.2.6.5　葡聚糖外切酶（EC）活性分析

以微晶纤维素（Avicel）为底物测定 EC 的活性，反应体系为 0.5ml 的 2% Avicel，（溶于 0.05mol/L 的柠檬酸-柠檬酸钠缓冲液，pH4.8）和一定量的粗酶液，空白对照为不含酶液的反应体系。将各组分混匀，反应条件为 50℃恒温水浴 2h，加入 DNS 终止反应，沸水浴 5min，用紫外分光光度计（UV22401 PC，SHIMADZU）检测 540nm 处的吸光度值来测定产生的还原糖。一个酶活单位定义为每分钟产生 1μmol 葡萄糖所需的酶量。

4.3　木材腐朽菌的生长速度与生物量

4.3.1　3 种层孔白腐菌的生长特性

4.3.1.1　菌丝生长速度的变化

木蹄层孔菌、裂蹄木层孔菌、火木层孔菌在 28℃的培养箱中培养，每 12h 测量菌落直径，在 16 天中菌落直径的变化情况如图 4-1 所示。

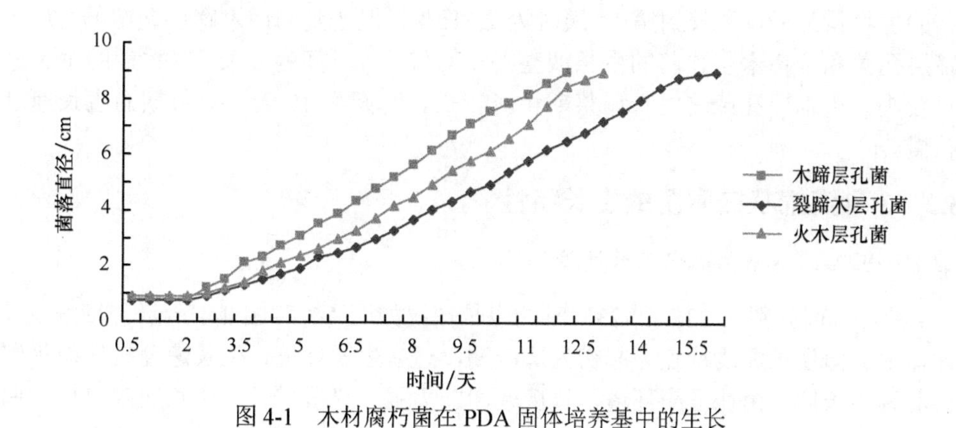

图 4-1　木材腐朽菌在 PDA 固体培养基中的生长

3 种木材腐朽菌菌丝的生长速度很均匀，木蹄层孔菌和火木层孔菌的生长速度较快，菌丝的平均生长速度分别是 7.5mm/d 和 6.9mm/d，菌落直径分别在第 12 天和第 13 天左右就可达到 9cm。裂蹄木层孔菌的生长速度较慢，菌丝的平均生长速度是 5.6mm/d，菌落直径在第 16 天才可达到 9cm，它们的生长速度之间差异不显著，并且均属于快速生长的类型。

4.3.1.2　液体培养基中菌丝干重的变化

将木蹄层孔菌、裂蹄木层孔菌、火木层孔菌接种到 PDA 液体培养基中，放入 28℃、150r/min 的振荡培养箱中培养，每隔 48h 测量其干重，在 14 天中菌丝干重的变化情况如图 4-2 所示。

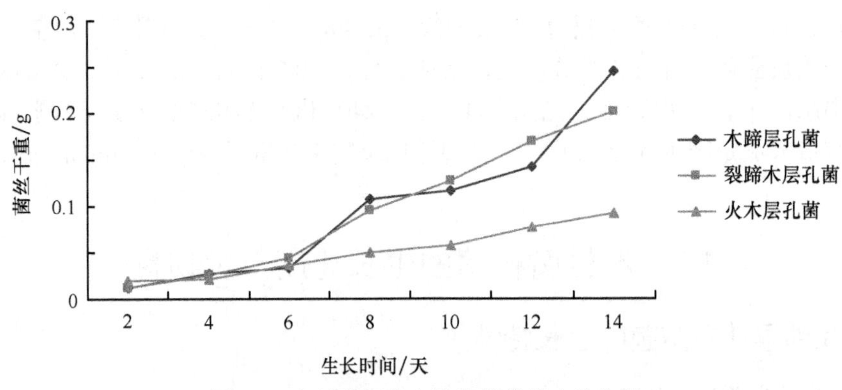

图 4-2　木材腐朽菌在液体培养基中的生长

木蹄层孔菌的生物量最高，生长到第 14 天时达到 6.14g/L，其次为裂蹄木层孔菌的生物量，生长到第 14 天时达到 5.02g/L，达到同期木蹄层孔菌的 81.76%，火木层孔菌的生物量最低，生长到第 14 天时为 2.31g/L，仅达到同期木蹄层孔菌的 37.62%。木蹄层孔菌和裂蹄木层孔菌的生长调整期相对较短，时间为 6 天，对数期的生长速度相对较快。火木层孔菌的生长调整期相对较长，时间为 10 天，对数期的生长速度相对较慢。

4.3.2　3 种海绵状白腐菌的生长特性

4.3.2.1　PDA 固体培养基中生长速度的比较

3 种白腐菌分别在 28℃和 23℃时的生长情况如图 4-3 和图 4-4 所示。每条生长曲线均体现真菌生长曲线特点。起初为适应期，适应生长环境，生长速度较低而平缓；紧接着为生长期，菌株适应环境，真菌代谢能力强，直线增长，生长速度较快，曲线较陡；之后为稳定期，由于培养基营养物质不足，生长速度减慢，曲线平缓上升；白腐菌的培养以长满整个平板为止，即直径达到 8.5cm。

如图 4-3 所示，28℃时 3 种海绵状白腐菌的生长速度为彩绒革盖菌＞火木层孔菌＞松杉灵芝。生长速度最快的是彩绒革盖菌，其菌落直径平均生长速度是 7.0mm/d，培养 12h 就可观察到白色绒毛状菌丝。第 2 天开始进入到生长期阶段，6 天即长满整个平板；其次是火木层孔菌，培养生长速度为 3.6mm/d，培养 24h 后见到菌丝出现，第 3 天进入到生长期，12 天长满整个平板；最慢的是松杉灵芝，生长速度为 2.6mm/d，培养 48h 后开始生长菌丝，第 5 天进入到生长期阶段，16 天长满整个平板。

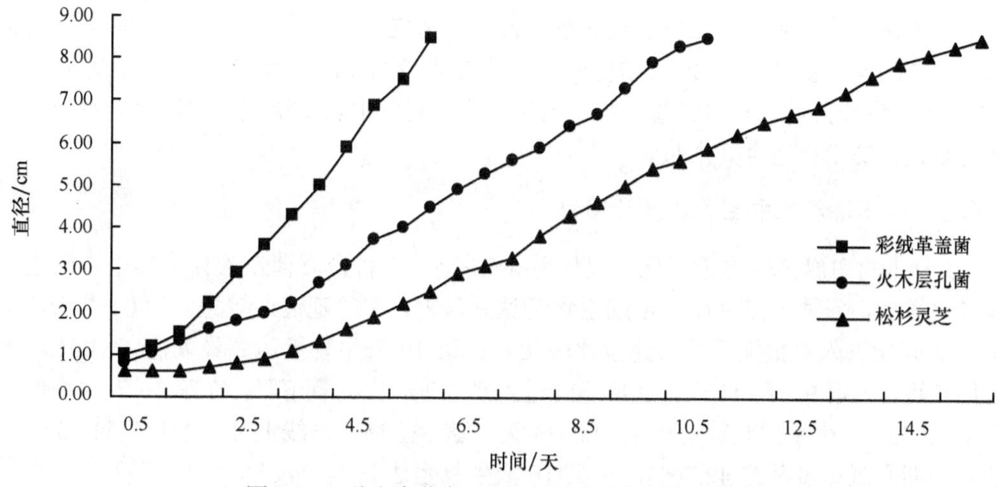

图 4-3　3 种白腐菌在 28℃时 PDA 培养基生长情况

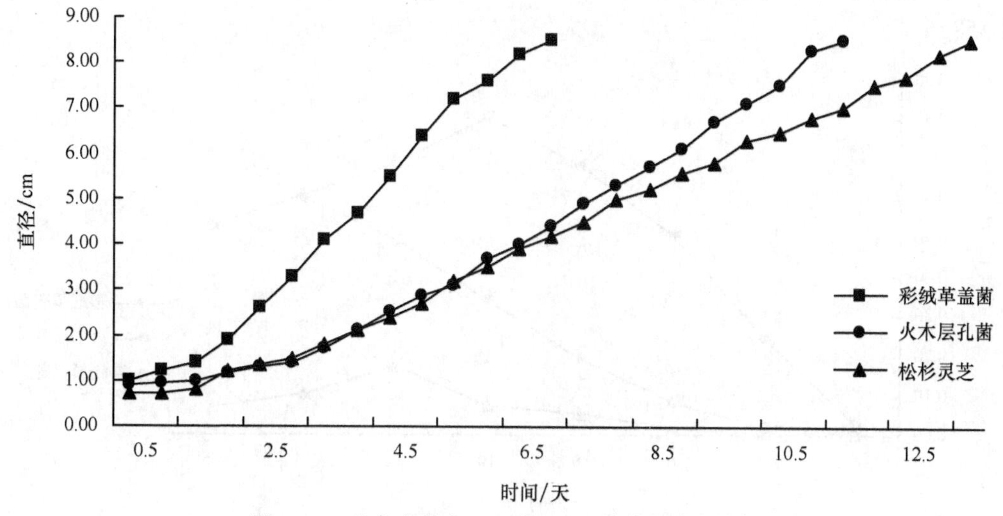

图 4-4　3 种白腐菌在 23℃时 PDA 培养基生长情况

如图 4-4 所示，23℃时，生长速度最快的是彩绒革盖菌，其菌落直径平均生长速度是 6.0mm/d，在第 2 天进入生长期阶段，由于营养的消减，第 5 天开始生长缓慢，7 天菌丝长满整个平板；其次是火木层孔菌，平均生长速度为 3.4mm/d，生长较为缓慢，第 4 天进入到生长期，11 天进入到稳定期，12 天菌丝长满整个平板；最慢的是松杉灵芝，生长速度为 3.2mm/d，13.5 天长满整个平板。

在不同温度下，比较 3 种白腐菌的生长情况可见（图 4-3 和图 4-4），彩绒革盖菌 28℃时，其菌落平均生长速度（直径变化）是 7.0mm/d，23℃培养时生长速度为 6.0mm/d，并且从第 5 天开始生长缓慢，说明彩绒革盖菌生长受温度变化影响，28℃为其生长最适温度；火木层孔菌 28℃时，生长速度为 3.6mm/d，23℃时为 3.4mm/d，菌丝长满平板都需要 12 天时间，这说明火木层孔菌在不同温度下生长速度差异不大，且温度差异对这种真菌影响不明显，比较生长速度，28℃为适宜生长温度；松杉灵芝是 3 种白腐菌中生长最慢的菌株，在 28℃培养时生长速度为 2.6mm/d，而培养温度在 23℃时为 3.2mm/d，生长天数也相对较短一些，这说明这种真菌生长受温度影响较大。对于松杉灵芝来说，23℃更适合其生长。

4.3.2.2 液体培养基中生长速度的比较

3 种木材白腐菌生物量变化情况如图 4-5 所示。3 种白腐菌在液体培养基中的生物量变化很大，彩绒革盖菌在稳定期生物量达到最大，它的延迟期较短，为 0～2 天，从第 2 天开始进入对数期，生长速度比较快，在第 10 天生物量达到最大值 16.1g/L，平台期较短，为第 9～第 11 天，之后迅速进入衰亡期，生物量下降，在第 16 天生物量下降到 12.5g/L；火木层孔菌延迟期为 0～4 天，随后生物量直线上升，生长到第 10 天时达到同期彩绒革盖菌的 42.36%，在第 16 天生物量达到 14.24g/L，对数期较长，16 天还未到达平台期；松杉灵芝的生物量最低，延迟期为 0～6 天，在第 10 天仅达到同期彩绒革盖菌的 9.27%，在第 12 天达到其生物量最大值 3.5g/L，在第 16 天又下降到 1.358g/L。

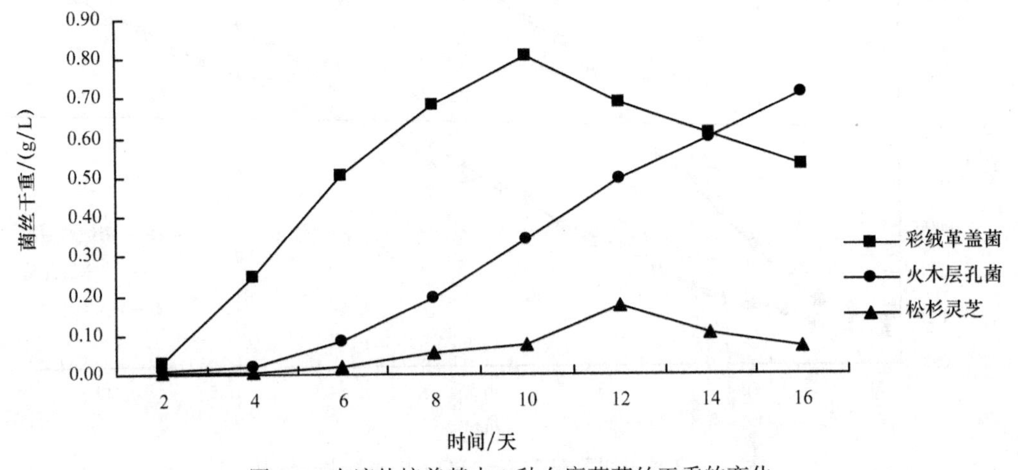

图 4-5 在液体培养基中 3 种白腐菌菌丝干重的变化

4.3.3 4 个地点木蹄层孔菌的生长特性

4.3.3.1 PDA 固体培养基中菌丝生长速度的比较

4 个地点的木蹄层孔菌在 23℃及 28℃的培养箱中培养，每天测量菌落直径，10 天中菌落直径的变化情况如图 4-6 所示。

在 PDA 固体培养基中接种培养木蹄层孔菌，从第 3 天开始形成白色圆形菌落，菌丝在培养基表面呈直线扩展，第 9～第 10 天菌丝表面开始出现褐色斑块。在不同温度下，4 个地点木蹄层孔菌生长速度见图 4-6～图 4-8。

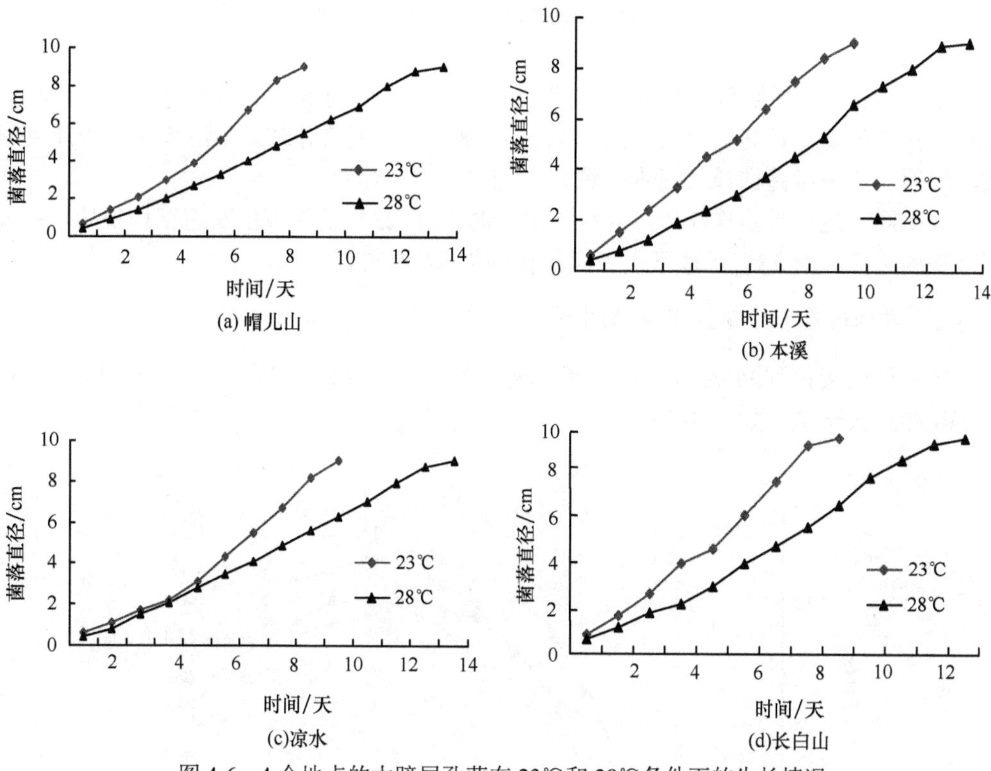

图 4-6　4 个地点的木蹄层孔菌在 23℃和 28℃条件下的生长情况

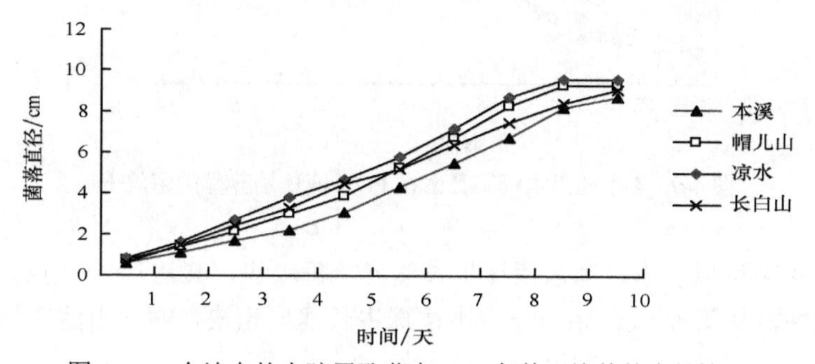

图 4-7　4 个地点的木蹄层孔菌在 23℃条件下培养的生长情况

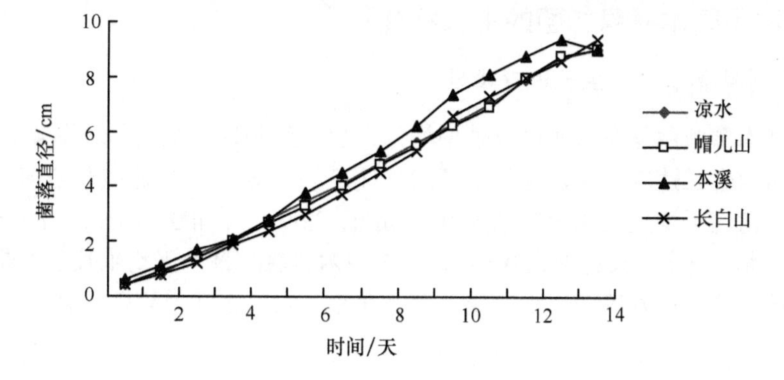

图 4-8　4 个地点的木蹄层孔菌在 28℃条件下培养的生长情况

可以看出，4 个地点菌株在同一温度下培养时，长速基本一致。23℃条件下培养时，凉水菌株生长速度较其他 3 个地点菌株快；28℃条件下培养时，本溪菌株生长速度较快，其他 3 个地点菌株长势基本一致。

对比同一地点的菌株在不同温度下培养时，在 23℃条件下生长速度均很快，9 天即可长满平板，而 28℃条件下覆盖满平板则需 14 天左右。

4.3.3.2　液体培养基中菌丝干重的测量

将两种菌接种到 PDA 液体培养基，放入 23℃、150r/min 的振荡培养箱中培养，每隔 24h 测量其干重，如图 4-9 所示。

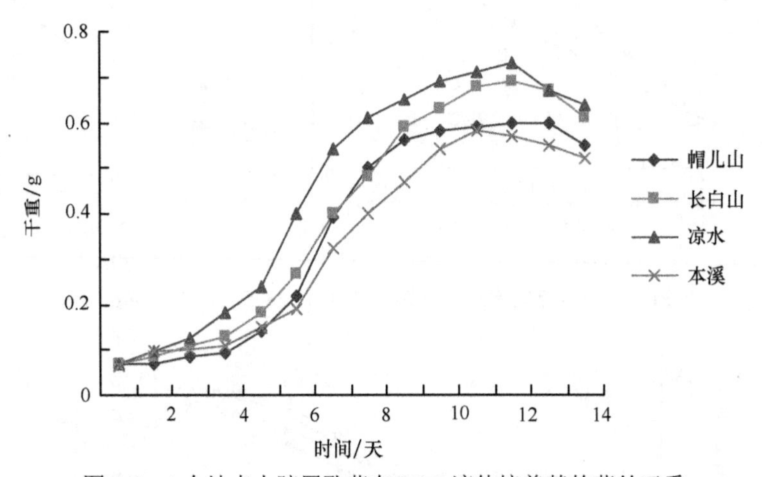

图 4-9　4 个地点木蹄层孔菌在 PDA 液体培养基的菌丝干重

从图 4-9 中可以看出，凉水菌株生长速度一直较快，其他 3 个地点菌株在开始 8 天具有一致性，从第 9 天开始，长白山菌株生长速度稍快，帽儿山菌株其次，本溪菌株生长最慢。

4.3.4　5 种不同木材腐朽菌的生长特性

4.3.4.1　木屑培养基中的生长速度比较

这 5 种木腐菌菌丝在木屑培养基中均为白色，生长速度很均匀（图 4-10）。其中，白囊耙齿菌的生长速度最快，菌丝平均生长速度为 0.85cm/d；彩绒革盖菌、桦剥管菌和木蹄层孔菌的平均生长速度分别为 0.72cm/d、0.69cm/d 和 0.63cm/d，生长速度中等。黄伞最慢，菌丝平均生长速度为 0.19cm/d。5 种木材腐朽菌的平均生长速度是白囊耙齿菌＞彩绒革盖菌＞桦剥管菌＞木蹄层孔菌＞黄伞，它们之间差异极显著（F=80.327**，表 4-3）。

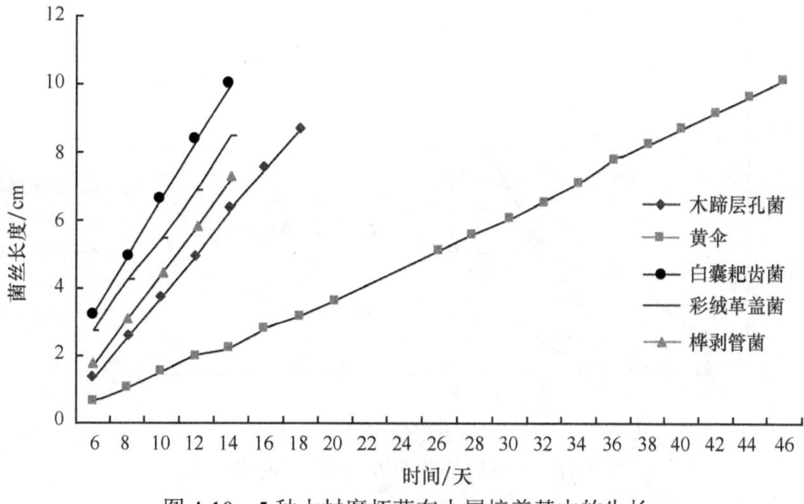

图 4-10 5 种木材腐朽菌在木屑培养基中的生长

表 4-3 5 种木材腐朽菌在木屑培养基中的生长速度方差分析

菌种	生长速度/（cm/d）	标准差	多重比较
白囊耙齿菌	0.850 0	0.016 67	a
黄伞	0.194 6	0.068 34	c
彩绒革盖菌	0.717 2	0.089 47	b
木蹄层孔菌	0.631 2	0.045 83	b
桦剥管菌	0.693 7	0.020 83	b
平方和=0.995	均方=0.249	F=80.327**	

注：表中同列相同字母表示无显著差异，不同字母表示有显著差异，下同

4.3.4.2 液体培养基中的生长速度比较

将 5 种木材腐朽菌接种到马铃薯-葡萄糖液体培养基中，在 28℃培养。如图 4-11 所示，5 种木腐菌生长平台期的生物量差别很大，桦剥管菌的生物量最高，生长第 12 天时达到 15.76g/L；同时，桦剥管菌在 14 天培养期中所能达到的最快生长速度也远高于其他 4 种木材腐朽菌。彩绒革盖菌、白囊耙齿菌和木蹄层孔菌属于生物量中等水平，生长第 12 天时达到同期桦剥管菌的 44.47%～54.95%；它们在 14 天培养期所能达到的最快生长速度也是中等水平。黄伞的生物量最低，它的生物量在第 12 天才达到同期桦剥管菌的 22.15%；在 14 天培养期中所能达到的最快生长速度也远低于其他 4 种木材腐朽菌。

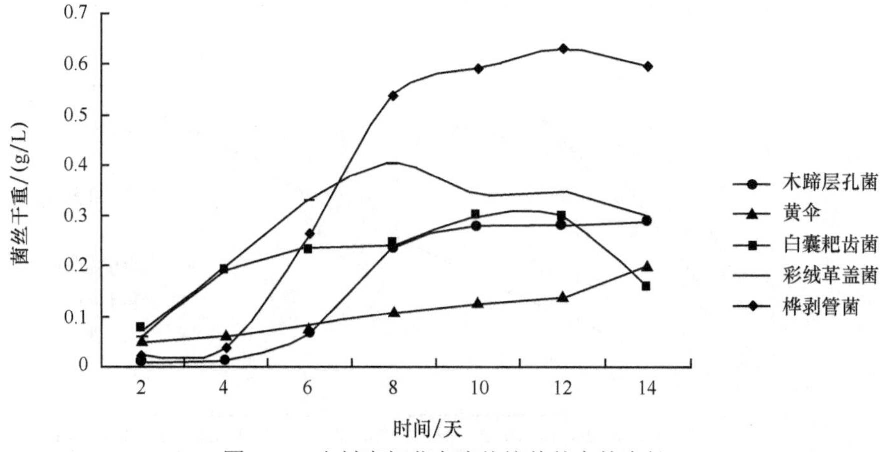

图 4-11　木材腐朽菌在液体培养基中的生长

彩绒革盖菌和白囊耙齿菌的生长延迟期最短，在对数期的生长速度比较快，分别为 1.76g/（L • d）和 1.45g/（L • d）。桦剥管菌和木蹄层孔菌的生长延迟期很长，为 6 天，对数期的生长速度最快，分别为 3.45g/（L • d）和 2.09g/（L • d）。黄伞在液体培养基中的生长速度与在木屑培养基中一样是最慢的。5 种木材腐朽菌在液体培养基中的对数期生长速度：桦剥管菌＞木蹄层孔菌＞彩绒革盖菌＞白囊耙齿菌＞黄伞。按 5 种木材腐朽菌在马铃薯-葡萄糖液体培养基中培养 14 天能达到的最高生物量进行比较，桦剥管菌＞彩绒革盖菌＞白囊耙齿菌＞木蹄层孔菌＞黄伞；它们按能达到的最快生长速度所需要的时间进行比较，白囊耙齿菌和彩绒革盖菌＞木蹄层孔菌和桦剥管菌＞黄伞（表 4-4）。

表 4-4　木材腐朽菌在液体培养基中的生物学特征

生物学特征	白囊耙齿菌	黄伞	彩绒革盖菌	木蹄层孔菌	桦剥管菌
最高生物量/（g/L）	7.48	5.07	10.08	7.22	15.76
最高生物量出现时间	第 10 天	第 14 天	第 8 天	第 14 天	第 12 天
最快生长速度/［g/（L • d）］	1.45	0.79	1.76	2.09	3.45
最快生长速度出现时间	第 2-4 天	第 12-14 天	第 2-4 天	第 6-8 天	第 6-8 天

4.3.4.3　不同温度下 PDA 培养基上的生长速度比较

将 5 种木材腐朽菌接种到 PDA 平板固体培养基上，分别放在 23℃和 28℃气候箱中静置培养 16 天。在 PDA 固体培养基中，5 种木材腐朽菌在第 2～第 3 天开始形成菌落，菌落均为圆形，在培养皿表面菌丝呈直线放射状向外扩展，生长出的菌丝为白色，只有木蹄层孔菌菌落夹杂少许褐色斑块。

在不同温度（23℃和 28℃）条件下，5 种木材腐朽菌的生长速度见图 4-12 和图 4-13。生长速度最快的是白囊耙齿菌，23℃条件下菌丝生长速度为 0.865mm/d，28℃条件下是 0.570mm/d。彩绒革盖菌的生长速度次之，在 23℃和 28℃下分别是 0.776mm/d 和 0.568mm/d。木蹄层孔菌的生长速度较慢，在 23℃和 28℃下分别是 0.543mm/d 和 0.340mm/d。白囊耙齿菌、彩绒革盖菌和木蹄层孔菌在不同温度下生长速度差异极显著或显著，*t*=4.054**、4.525**和 2.391*，说明这 3 种真菌对温度比较敏感，23℃比 28℃更适合它们生长。

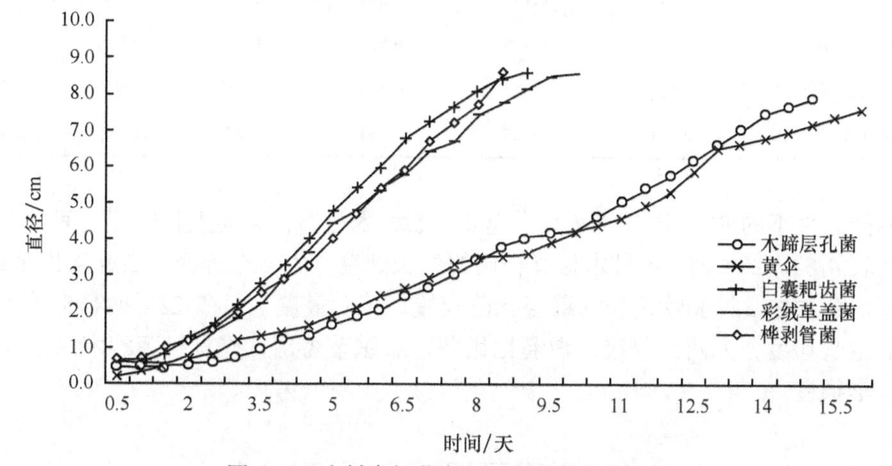

图 4-12 木材腐朽菌在 28℃ PDA 上的生长

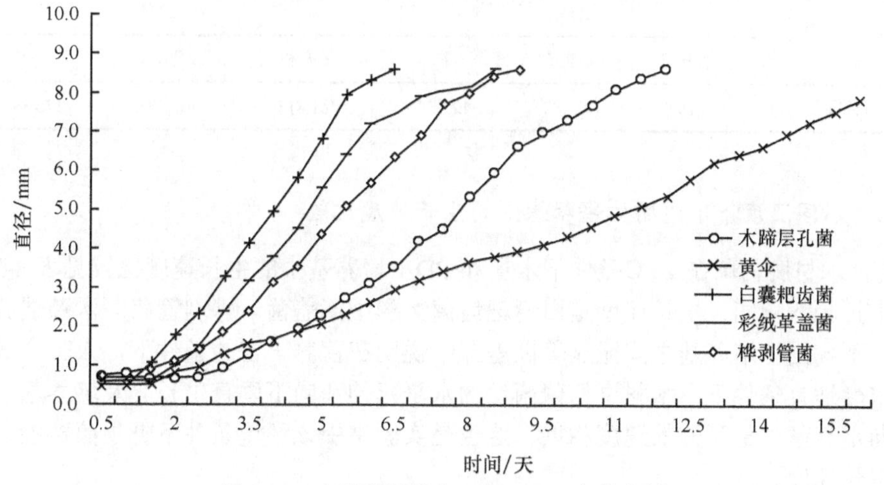

图 4-13 木材腐朽菌在 23℃ PDA 上的生长

桦剥管菌的生长速度较快，在 23℃和 28℃下平均生长速度是 0.653mm/d 和 0.564mm/d。生长速度最慢的是黄伞，在 23℃和 28℃下平均生长速度是 0.262mm/d 和 0.258mm/d。桦剥管菌和黄伞在不同温度下生长速度差异不显著，*t*=1.053 和 0.142，说明这两种真菌对温度不敏感，23～28℃都适合它们生长。此结果证明不同的真菌对温度的敏感程度不同。

根据表 4-5 可知，在 23℃和 28℃的 PDA 固体平板培养基上，5 种木材腐朽菌的生长趋势相同，生长速度是白囊耙齿菌＞彩绒革盖菌＞桦剥管菌＞木蹄层孔菌＞黄伞。

表 4-5 木材腐朽菌不同温度下生长速度的比较

菌种	23℃		28℃		t	均差
	平均值/（mm/d）	标准差	平均值/（mm/d）	标准差		
白囊耙齿菌	0.865	0.353	0.570	0.296	4.054**	0.581
黄伞	0.262	0.138	0.258	0.168	0.142	0.006
彩绒革盖菌	0.776	0.126	0.568	0.170	4.525**	0.019
木蹄层孔菌	0.543	0.316	0.340	0.218	2.391*	0.232
桦剥管菌	0.653	0.305	0.564	0.272	1.053	0.132

相同温度下的 PDA 固体平板培养基上，5 种木材腐朽菌的生长速度之间呈显著性差异（表 4-6）。23℃时，5 种木材腐朽菌的生长速度分为 4 个等级，白囊耙齿菌最快，彩绒革盖菌次之，桦剥管菌和木蹄层孔菌较慢，黄伞最慢。而在 28℃时，5 种木材腐朽菌的生长速度分为两个等级，白囊耙齿菌、彩绒革盖菌、桦剥管菌和木蹄层孔菌很快，黄伞很慢。

表 4-6 木材腐朽菌不同温度下生长速度的方差分析

生长速度	23℃			28℃		
	平方和	均方	F	平方和	均方	F
菌种间	3.153	0.788	42.977	281.813	70.453	176.894**

4.3.4.4 不同温度下不同固体培养基上的生长速度比较

5 种木材腐朽菌在 23℃条件下木屑和 PDA 培养基中的生长速度比较见表 4-7，它们的生长趋势相同，生长速度是白囊耙齿菌＞彩绒革盖菌＞桦剥管菌＞木蹄层孔菌＞黄伞，不同固体培养基之间无显著性差异。说明在营养丰富的条件下，人工合成的培养基浓度适宜条件下，木材腐朽菌菌丝的水平延伸和向下垂直生长，及培养基表面生长和向培养基内部延伸的速度相近。这也是实验室中该环境条件下野生菌株能达到的最快生长速度。

表 4-7 木材腐朽菌在不同培养基中生长速度的比较

菌种	木屑培养基		PDA 培养基		t	均差
	平均值/（mm/d）	标准差	平均值/（mm/d）	标准差		
白囊耙齿菌	0.850	0.017	0.865	0.175	0.139	0.013
黄伞	0.195	0.006	0.262	0.081	1.459	0.060
彩绒革盖菌	0.717	0.089	0.776	0.173	0.630	0.059
木蹄层孔菌	0.631	0.046	0.543	0.174	0.983	0.089
桦剥管菌	0.694	0.021	0.652	0.144	0.561	0.042

4.4 木材木质素降解相关酶活性变化

4.4.1 3 种层孔白腐菌木质素降解相关酶的活性

4.4.1.1 木质素过氧化物酶（LiP）的活性

在酶活的表达量上，木屑诱导对木蹄层孔菌 LiP 的表达有促进作用，见图 4-14，第 12 天、第 18 天的影响最为明显，其次为第 21 天影响较为明显，总体差异不显著，F=4.764 522（P>0.05）；对裂蹄木层孔菌 LiP 的表达影响不大；对火木层孔菌 LiP 的表达没有促进作用。在酶活的表达时间上，木屑诱导对木蹄层孔菌 LiP 的表达没有促进作用，对照组 3 天开始表达 LiP，木屑诱导组 9 天才开始表达；对裂蹄木层孔菌 LiP 的表达有促进作用，对照组 12 天开始表达 LiP，木屑诱导组 3 天就开始表达；对火木层孔菌 LiP 的表达没有促进作用，对照组 9 天开始表达 LiP，木屑诱导组 15 天才开始表达。3 种木材腐朽菌表达 LiP 的对照间差异不显著，F=2.178 093（P>0.05）；木屑诱导间差异也不显著 F=0.729 832（P>0.05）。

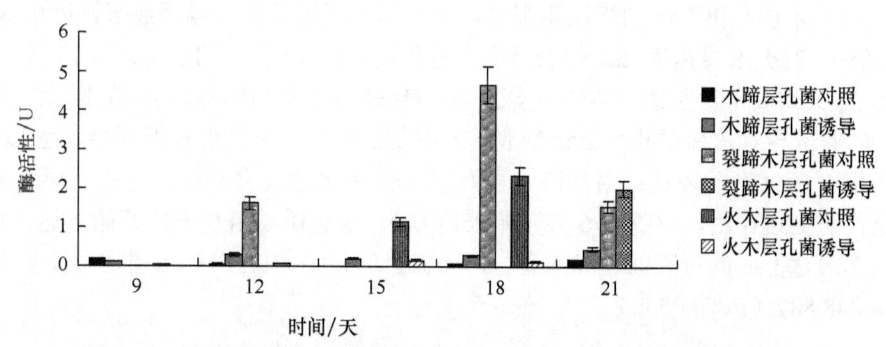

图 4-14 3 种木材腐朽菌木屑诱导下 LiP 活性（彩图请扫封底二维码）

4.4.1.2 锰过氧化物酶（MnP）的活性

在酶活的表达量上，木屑诱导对木蹄层孔菌 MnP 的表达有一定的促进作用，见图 4-15，第 12 天、第 18 天高于对照组，总体差异不显著，F=0.069 661（P>0.05）；对裂蹄木层孔菌 MnP 的表达有一定的促进作用，第 12 天、第 18 天高于对照组，总体差异不显著，F=1.597 541（P>0.05）；对火木层孔菌 MnP 的表达有促进作用，第 9 天、第 12 天、第 15 天、第 18 天、第 21 天均高于对照组，总体差异不显著，F=5.884 294（P>0.05）。在酶活的表达时间上，木屑诱导对木蹄层孔菌 MnP 的表达有促进作用，对照组 6 天开始表达 MnP，木屑诱导组 3 天就开始表达，并且不同生长天数之间 MnP 的表达差异极显著，F=9.024 855（P<0.01）；对裂蹄木层孔菌 MnP 的表达没有影响；对火木层孔菌 MnP 的表达没有促进作用，对照组 6 天开始表达 MnP，木屑诱导组 9 天才开始表达。3 种木材腐朽菌表达 MnP 的对照间差异显著，F=5.437 497（P<0.05）；

木屑诱导间差异也显著 F=5.406 187（P<0.05）。

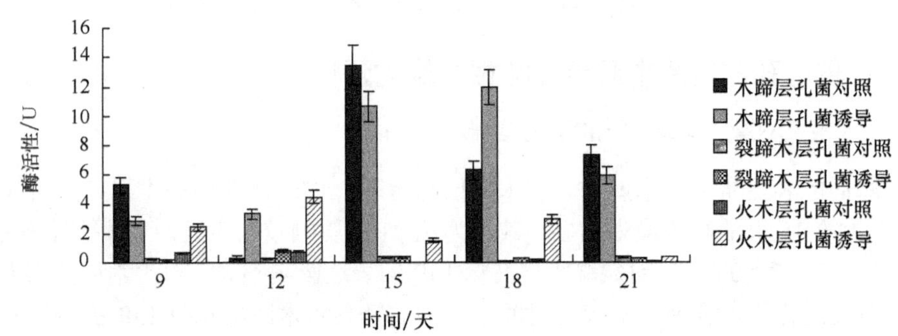

图 4-15 3 种木材腐朽菌木屑诱导下 MnP 活性（彩图请扫封底二维码）

4.4.1.3 漆酶（Lac）的活性

在酶活的表达量上，木屑诱导对木蹄层孔菌 Lac 的表达有一定的促进作用，见图 4-16，第 12 天、第 18 天、第 21 天高于对照组，总体差异不显著，F=0.222 666（P>0.05）；裂蹄木层孔菌 Lac 的表达量很低，诱导和对照组总体差异不显著，F=0.488 029（P>0.05）；对火木层孔菌 Lac 的表达有促进作用，第 9 天、第 12 天、第 15 天、第 18 天、第 21 天均高于对照组，总体差异显著，F=6.831 264（P<0.05）。在酶活的表达时间上，木屑诱导对木蹄层孔菌 Lac 的表达没有促进作用，对照组 6 天开始表达 Lac，木屑诱导组 9 天才开始表达；对裂蹄木层孔菌 Lac 的表达没有影响；对火木层孔菌 Lac 的表达没有促进作用，对照组 6 天开始表达 Lac，木屑诱导组 9 天才开始表达。3 种木材腐朽菌表达 Lac 的对照间差异显著，F=4.623 874（P<0.05）；木屑诱导间差异也显著 F=4.848 887（P<0.05）。

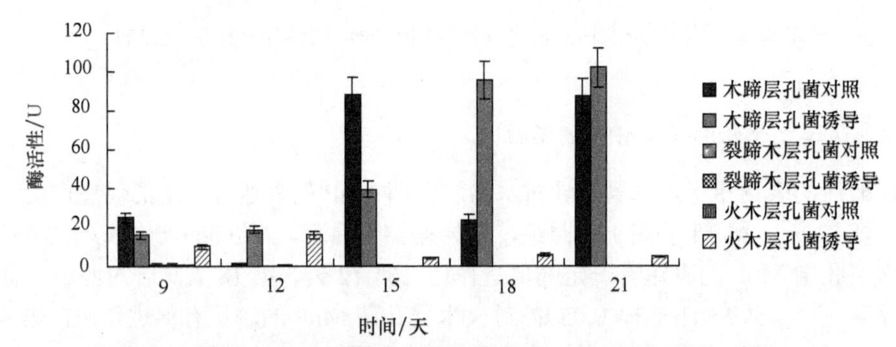

图 4-16 3 种木材腐朽菌木屑诱导下 Lac 活性（彩图请扫封底二维码）

4.4.2 3 种海绵状白腐菌木质素降解相关酶的活性

4.4.2.1 木质素过氧化物酶（LiP）的活性

检测 3 种白腐菌产生的木质素过氧化物酶（LiP）酶活如图 4-17 所示，3 种菌分别检测有无白桦木屑诱导下的酶活情况，有木屑诱导样品酶活均高于对照样（无木屑），彩绒革盖菌受木屑诱导处理间的差异极显著，F=34.859***（表 4-8），火木层孔菌和松杉灵芝受木屑诱导与对照样处理间的差异显著，分别为 F=10.173*和 F=11.314*。彩绒革盖菌在木屑诱导下，第 9 天达到最大值为 60.36IU；而火木层孔菌降解木材能力中等，有木屑诱导的样品第 9 天酶活达到 14.84IU；松杉灵芝分解木材能力最弱，木屑诱导下酶活在第 6 天达到最大，仅为 3.19IU。LiP 与木材分解有关，且关系显著，木屑诱导下 LiP 活性高，说明该酶对木质素降解能力强。彩绒革盖菌和火木层孔菌 LiP 活性受生长天数影响较大，酶活随培养时间的增加而增加，呈直线上升趋势。松杉灵芝的 LiP 活性受生长天数影响不大，酶活在第 6 天达到最大，酶活在第 9 天开始有下降的趋势。

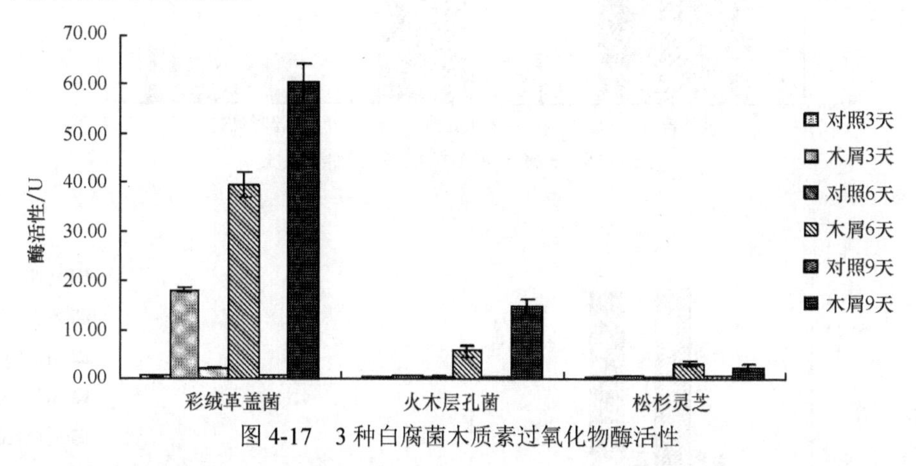

图 4-17 3 种白腐菌木质素过氧化物酶活性

4.4.2.2 锰过氧化物酶（MnP）的活性

如图 4-18 所示，对 3 种白腐菌锰过氧化物酶（MnP）酶活测定，其中彩绒革盖菌和火木层孔菌的木屑诱导活性均高于对照样，火木层孔菌与其他两种菌相比木屑诱导处理与对照间的差异最为显著，F=10.424*（表 4-8）。彩绒革盖菌的 MnP 活性最高，在第 6 天达到最大为 6.006IU；火木层孔菌次之，在第 6 天活性达到最大 5.041IU，随后在第 9 天 MnP 活性稍有下降；松杉灵芝的 MnP 活性较低，在第 9 天酶活达到 1.267IU。彩绒革盖菌和火木层孔菌的 MnP 活性，第 3 天较低，第 6 天和第 9 天均较高且持平；而松杉灵芝的 MnP 活性在整个培养期间基本持平，说明该菌种 MnP 基因早期表达，中晚期表达量很低或不表达。3 种白腐菌的 MnP 活性与生长天数有关，随着培养时间的增加而递增，之后持平。

4.4.2.3 漆酶（Lac）的活性

如图 4-19 所示，3 种白腐菌漆酶活性变化明显，木屑诱导样酶活均高于对照样。其中，彩绒革盖菌活性最高，在木屑诱导下，第 6 天达到最大 229.991IU，第 9 天的活性基本无变化，木屑诱导处理与对照间差异极显著（表 4-8），F=10.140**；火木层孔菌的 Lac 活性相对较低，在第 9 天达到最高 48.704IU；松杉灵芝基本没有 Lac 产生，在木屑诱导下第 9 天检测到 Lac 活性，达到 13.481IU。3 种白腐菌的 Lac 活性受木屑诱导显著提高，且随生长天数递增，酶活性与培养时间呈正相关。

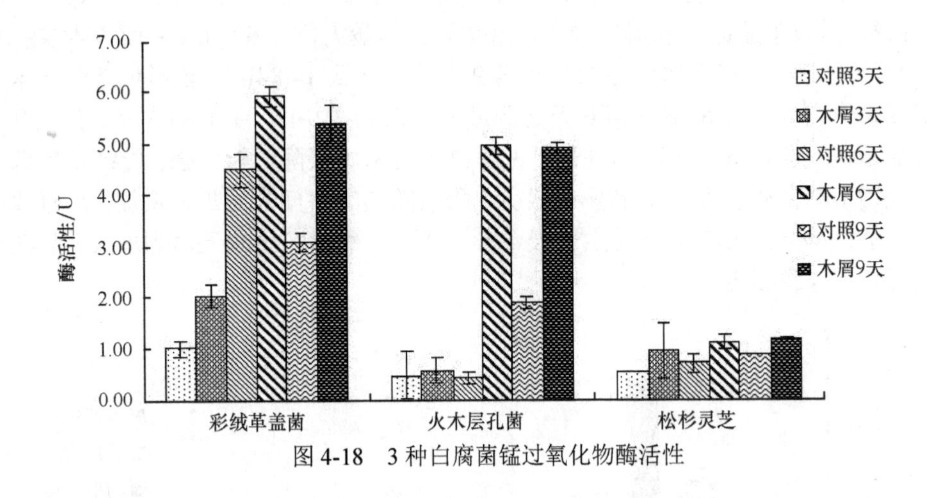

图 4-18　3 种白腐菌锰过氧化物酶活性

图 4-19　3 种白腐菌漆酶活性

表 4-8　3 种白腐菌漆酶、锰过氧化物酶、木质素过氧化物酶活性方差分析

物种间	漆酶 F=3.934*		锰过氧化物酶 F=7.782**		木质素过氧化物酶 F=14.408**	
	F 处理间	F 天数	F 处理间	F 天数	F 处理间	F 天数
彩绒革盖菌	10.140**	9.794**	1.5776	12.015*	34.859**	1.208
火木层孔菌	5.238*	10.148**	10.424*	4.171*	10.173*	3.25
松杉灵芝	5.168*	4.374*	3.213	0.578*	11.314*	1.663

4.4.3 4个地点木蹄层孔菌木质素降解相关酶的活性

4.4.3.1 木质素过氧化物酶（LiP）的活性

由木质素过氧化物酶活性比较图（图 4-20）可知，从培养时间上来看，各个地点的木蹄层孔菌中木质素过氧化物酶的活力，在 12 天内均逐渐增高，培养的时间不同时，木质素过氧化物酶活性差异极显著。从培养基类型来看，PDA 培养基中的酶活要高于完全培养基。在完全培养基中，培养 4 天和 8 天时各地木质素过氧化物酶活性无显著差异，培养 12 天以后，本溪菌株的木质素过氧化物酶活性较其他地点菌株的酶活性要稍高一些；在 PDA 培养基中，在 12 天内，各地菌株的酶活性基本一致，无显著差异。

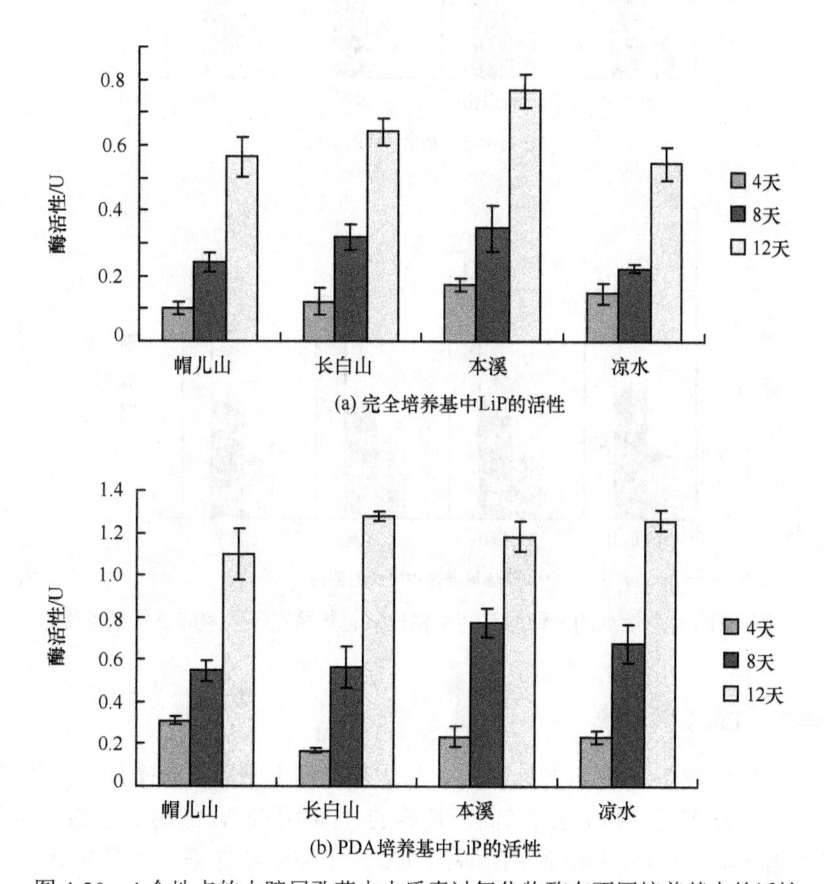

图 4-20 4个地点的木蹄层孔菌中木质素过氧化物酶在不同培养基中的活性

4.4.3.2 锰过氧化物酶（MnP）的活性

由锰过氧化物酶活性比较图（图 4-21）可知，从培养时间上来看，各个地点的木蹄层孔菌锰过氧化物酶的活性，在 12 天内均逐渐增高，培养的时间不同时，锰过氧化物酶活性均有显著差异。从培养基类型来看，PDA 培养基中的酶活性要高于完全培养基，差异极显著。在完全培养基中，培养 12 天内，各地锰过氧化物酶活性无显著差异，第 12 天时，凉水菌株的酶活性稍高；在 PDA 培养基中，4 个地点的酶活性基本一致，无显著差异。

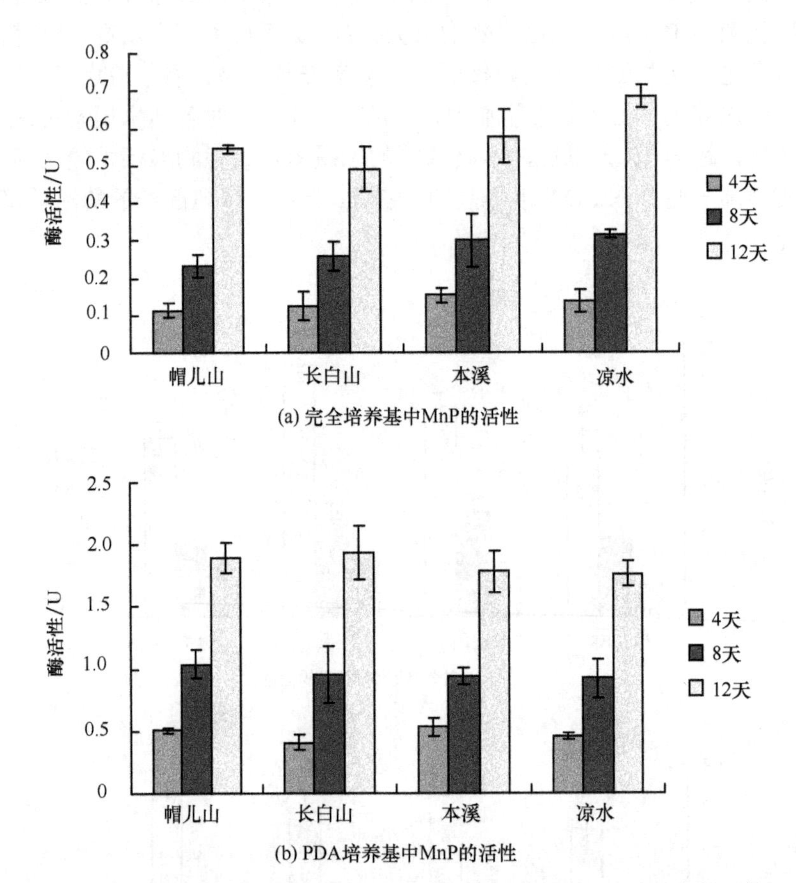

图 4-21 4 个地点的木蹄层孔菌中锰过氧化物酶在不同培养基中的活性

4.4.3.3 漆酶（Lac）的活性

由漆酶活性比较图（图 4-22）可知，从培养时间上来看，各个地点的木蹄层孔菌中漆酶的活性，在 12 天内均逐渐增高，培养的时间不同时，漆酶活性均有显著差异。从培养基类型来看，PDA 培养基中的酶活性要高于完全培养基，差异显著。在完全培养基中，培养 4 天时各地漆酶活性无显著差异，培养 8 天以后，本溪菌株的漆酶活性相对其他地点的酶活要高；在 PDA 培养基中，培养 8 天时漆酶活性无显著差异，在 12 天时，帽儿山菌株的漆酶活性相对其他地点的酶活性要高。

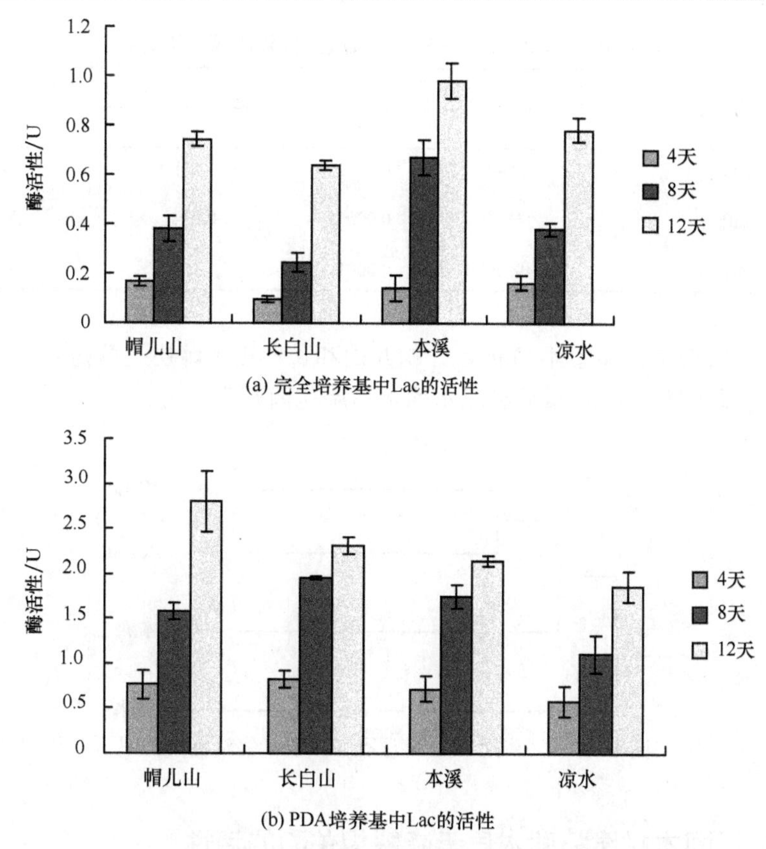

(a) 完全培养基中Lac的活性

(b) PDA培养基中Lac的活性

图 4-22　4 个地点的木蹄层孔菌中漆酶在不同培养基中的活性

4.4.3.4　各地区木蹄层孔菌木质素酶活性的聚类分析

从表 4-9 和表 4-10 两组双因素方差分析表可以看出，在完全培养基和 PDA 培养基中，因培养时间不同木蹄层孔菌菌中漆酶、木质素过氧化物酶、锰过氧化物酶 3 种木质素酶活性上存在极显著差异。但在不同地点间只有完全培养基中漆酶活性存在一定差异，而木质素过氧化物酶、锰过氧化物酶活性在不同地点间差异不显著。

表 4-9　完全培养基中木质素酶活性双因素方差分析

木质素酶	不同培养时间		生长地域间	
	F	P	F	P
Lac	52.13	0.001	4.66	0.052
LiP	43.44	0.0003	3.25	0.102
MnP	125.59	0.0001	3.21	0.105

表 4-10　PDA 培养基中木质素酶活性双因素方差分析

木质素酶	不同培养时间		生长地域间	
	F	*P*	*F*	*P*
Lac	43.44	0.0002	3.251	0.102
LiP	113.13	0.0001	0.534	0.675
MnP	493.69	0.0001	1.359	0.342

聚类分析所得结果如图 4-23 所示，帽儿山和长白山木蹄层孔菌归为一类，然后与本溪木蹄层孔菌归为一类，最后和凉水的木蹄层孔菌归为一类。

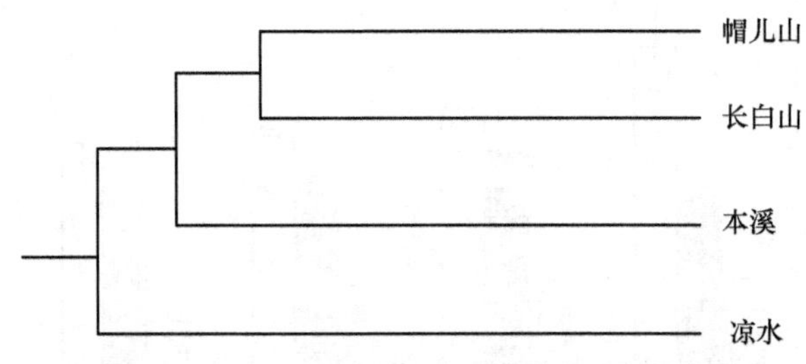

图 4-23　4 个地点的木蹄层孔菌木质素酶活性聚类图

4.4.4　5 种不同木材腐朽菌木质素降解相关酶的活性

4.4.4.1　锰过氧化物酶和漆酶的定性鉴定

对 5 种木材腐朽菌的锰过氧化物酶和漆酶进行定性检测，结果见表 4-11。

表 4-11　木材腐朽菌锰过氧化物酶和漆酶的定性检测

定性指标	白囊耙齿菌	黄伞	彩绒革盖菌	木蹄层孔菌	桦剥管菌
MnP 变色时间/min	70	10	180	120	—
MnP 滴定区颜色	浅黄	灰	浅黄	浅黄	—
Lac 变色时间/min	120	10	20	100	—
Lac 滴定区颜色	浅红	深粉	浅红	浅红	—

从表 4-11 中可以看出锰过氧化物酶活性：黄伞＞白囊耙齿菌＞木蹄层孔菌＞彩绒革盖菌；漆酶活性：黄伞＞彩绒革盖菌＞木蹄层孔菌＞白囊耙齿菌。但是黄伞的锰过氧化物酶和漆酶进行定性检测中颜色变化与其他 3 种白腐菌不同，也与该检测的预计颜色结果不符，因此黄伞的锰过氧化物酶和漆酶活性不能就此评价为比其他 3 种白腐菌活性强。

桦剥管菌未检测到锰过氧化物酶和漆酶的活性，这与其属于褐腐菌相符。

4.4.4.2 木质素过氧化物酶（LiP）的活性

将 5 种木材腐朽菌接种到完全培养基中，加入 1g 白桦木屑，检测 5 种木腐菌在白桦木屑的诱导下木质素过氧化物酶、锰过氧化物酶、漆酶活性，对照样不加白桦木屑。

检测 5 种木材腐朽菌木质素过氧化物酶的活性，检测结果列于表 4-12 和图 4-24，并对检测结果进行方差分析，因为黄伞和木蹄层孔菌的对照样未检测到木质素过氧化物酶活性，所以对这两种木材腐朽菌木屑诱导不同天数的木质素过氧化物酶进行 t 检验，列于表 4-13。

表 4-12 木材腐朽菌木质素过氧化物酶活性（U）检测

菌种	培养 3 天				培养 6 天			
	木屑诱导		对照		木屑诱导		对照	
	平均值	标准差	平均值	标准差	平均值	标准差	平均值	标准差
白囊耙齿菌	114.73	0.075	70.75	0.231	121.61	0.271	70.54	0.111
黄伞	47.31	0.294	—	—	32.15	0.140	—	—
彩绒革盖菌	60.75	0.261	39.14	0.062	42.15	0.083	36.99	0.319
木蹄层孔菌	46.77	0.048	—	—	57.96	0.311	—	—
桦剥管菌	—	—	—	—	—	—	—	—

表 4-13 木质素过氧化物酶活性方差分析和 t 检验

菌种	不同培养时间			不同处理		
	平方和	均方	F	平方和	均方	F
白囊耙齿菌	0.003	0.003	0.058	0.585	0.585	11.983**
彩绒革盖菌	0.195	0.195	4.234	0.71	0.71	1.538
桦剥管菌	—	—	—	—	—	—

菌种	t	均差
黄伞	0.092	0.012
木蹄层孔菌	2.638	0.428

白囊耙齿菌经木屑诱导后，木质素过氧化物酶活性均高于对照样，差异极显著，F=11.983**，而不同培养时间的木质素过氧化物酶活性无明显差异。

黄伞的对照样均未检测到木质素过氧化物酶的活性，木屑诱导培养中检测到木质素过氧化物酶活性，不同培养时间的酶活性无明显差异。

彩绒革盖菌的木屑诱导处理和不同培养时间的木质素过氧化物酶活性与对照样都无明显差异。

木蹄层孔菌的对照样均未检测到木质素过氧化物酶的活性，木屑诱导培养中检测到木质素过氧化物酶活性，不同培养时间的酶活性无明显差异。

桦剥管菌未检测到木质素过氧化物酶活性。

对白囊耙齿菌、黄伞、彩绒革盖菌、木蹄层孔菌的木屑诱导样的木质素过氧化物酶活性进行方差分析和多重比较，差异极显著，平方和是 1.610，均方是 0.039，F=13.817**。

根据多重比较，白囊耙齿菌木屑诱导培养的木质素过氧化物酶活性极显著高于彩绒革盖菌、黄伞、木蹄层孔菌。其他 3 种木材腐朽菌木屑诱导培养的木质素过氧化物酶活性无明显差异。

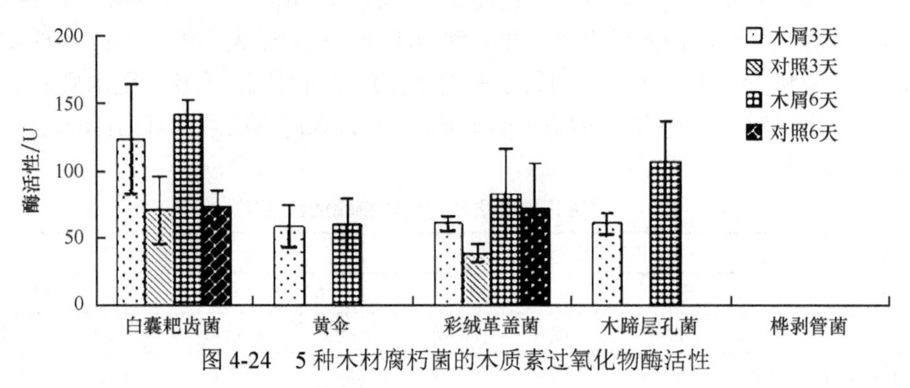

图 4-24　5 种木材腐朽菌的木质素过氧化物酶活性

4.4.4.3　锰过氧化物酶（MnP）的活性

检测 5 种木材腐朽菌锰过氧化物酶的活性，检测结果列于表 4-14，并对检测结果进行方差分析，因为黄伞和木蹄层孔菌的培养 3 天的对照样未检测到锰过氧化物酶活性，所以对这两种木材腐朽菌木屑诱导不同天数的锰过氧化物酶进行 t 检验（表 4-15）。

表 4-14　木材腐朽菌锰过氧化物酶活性（U）检测

菌种	培养 3 天				培养 6 天			
	木屑诱导		对照		木屑诱导		对照	
	平均值	标准差	平均值	标准差	平均值	标准差	平均值	标准差
白囊耙齿菌	100.9	51.6	40.0	20.3	161.2	8.5	124.3	97.2
黄伞	70.2	30.5	—	—	201.2	129.5	51.1	2.1
彩绒革盖菌	624.6	64.0	361.2	93.8	1283.1	185.9	867.7	86.0
木蹄层孔菌	43.1	4.3	—	—	142.8	60.1	129.2	61.4
桦剥管菌	—	—	—	—	—	—	—	—

表 4-15　锰过氧化物酶活性方差分析和 t 检验

菌种	不同培养时间			不同处理		
	平方和	均方	F	平方和	均方	F
白囊耙齿菌	0.663	0.663	5.514*	0.303	0.303	2.524
彩绒革盖菌	43.001	43.001	72.099**	14.599	14.599	24.478**
桦剥管菌	—	—	—	—	—	—

续表

菌种	不同培养时间		不同处理	
	t	均差	t	均差
黄伞	1.706	0.852	2.009	0.976
木蹄层孔菌	2.864*	0.648	0.259	0.088

白囊耙齿菌培养 6 天的锰过氧化物酶活性高于培养 3 天的，差异显著，F=5.514*，而木屑诱导培养的锰过氧化物酶活性与对照样无明显差异。

黄伞培养 3 天的对照样未检测到锰过氧化物酶的活性，对木屑诱导培养不同时间的锰过氧化物酶和培养 6 天的木屑诱导与对照样的锰过氧化物酶之间分别进行 t 检验，无显著性差异。

彩绒革盖菌的木屑诱导处理的锰过氧化物酶活性比对照样极显著增高，F=24.478**；培养 6 天的锰过氧化物酶活性比培养 3 天的酶活性极显著增高，F=72.009**。

木蹄层孔菌培养 3 天的对照样未检测到锰过氧化物酶的活性，木屑诱导培养 6 天的锰过氧化物酶比培养 3 天的显著增高，t=2.864*；培养 6 天的木屑诱导与对照样的锰过氧化物酶之间无显著性差异。桦剥管菌未检测到锰过氧化物酶活性。

对白囊耙齿菌、黄伞、彩绒革盖菌、木蹄层孔菌的木屑诱导样的锰过氧化物酶活性进行方差分析，差异极显著，平方和是 132.506，均方是 44.169，F=41.052**。

根据多重比较的结果彩绒革盖菌木屑诱导培养的锰过氧化物酶活性极显著高于白囊耙齿菌、黄伞、木蹄层孔菌。其他 3 种木材腐朽菌木屑诱导培养的锰过氧化物酶活性无明显差异。

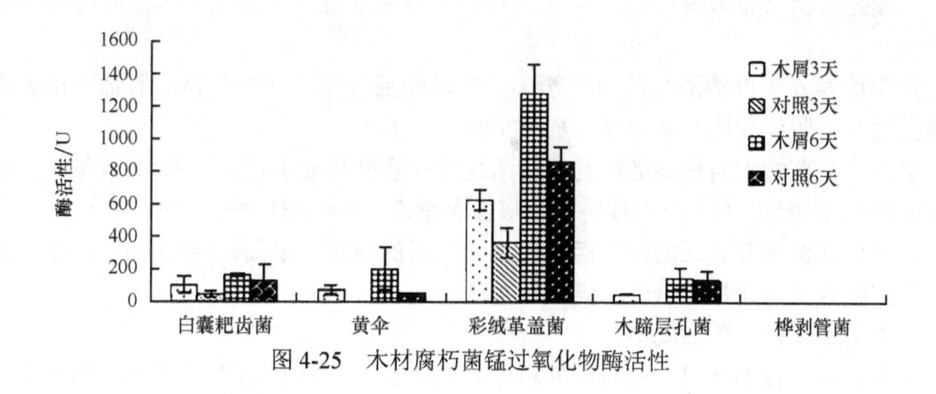

图 4-25　木材腐朽菌锰过氧化物酶活性

4.4.4.4　漆酶（Lac）的活性

检测 5 种木材腐朽菌漆酶的活性，检测结果列于表 4-16，并对检测结果进行方差分析（表 4-17）。

表 4-16　木材腐朽菌漆酶活性（U）检测

菌种	培养 3 天				培养 6 天			
	木屑诱导		对照		木屑诱导		对照	
	平均值	标准差	平均值	标准差	平均值	标准差	平均值	标准差
白囊耙齿菌	—	—	—	—	31.2	15.9	—	—
黄伞	1 221.9	787.3	197.6	54.8	4 078.1	2 466.7	521.5	60.1
彩绒革盖菌	10 364.9	2 180.8	5 485.0	1 823.0	45 879.9	416.1	15 952.8	10 488.3
木蹄层孔菌	356.9	40.7	62.5	33.2	873.8	364.9	667.0	294.0
桦剥管菌	—	—	—	—	—	—	—	—

表 4-17　漆酶活性方差分析

菌种	不同培养时间			不同处理		
	平方和	均方	*F*	平方和	均方	*F*
白囊耙齿菌	—	—	—	—	—	—
黄伞	4 117.7	4 117.7	3.744	8 544.4	8 544.4	7.769*
彩绒革盖菌	860 362.1	860 362.1	20.191**	492 846.4	492 846.4	11.566**
木蹄层孔菌	512.0	512.0	32.563**	102.2	102.2	6.501*
桦剥管菌	—	—	—	—	—	—

白囊耙齿菌只有木屑诱导培养 6 天检测到漆酶活性，且远低于其他木材腐朽菌漆酶活性。

黄伞培养 6 天的漆酶活性与培养 3 天的漆酶活性无显著性差异；木屑诱导培养的漆酶活性与对照样相比显著增高，F=7.769*。

彩绒革盖菌的木屑诱导处理的漆酶活性比对照样极显著增高，F=11.566**；培养 6 天的漆酶活性比培养 3 天的漆酶活性极显著增高，F=20.191**。

木蹄层孔菌培养 6 天的漆酶活性比培养 3 天的显著性增高，F=32.563*；木屑诱导培养漆酶活性比对照样显著性增高，F=6.501*。

桦剥管菌未检测到漆酶活性。

根据多重比较的结果，木屑诱导培养 6 天的漆酶活性分为 3 个等级，彩绒革盖菌木屑诱导培养 6 天的漆酶活性最高，黄伞木屑诱导培养 6 天的漆酶活性中等，白囊耙齿菌和木蹄层孔菌木屑诱导培养 6 天的漆酶活性最弱（图 4-26）。3 个等级之间差异极显著。

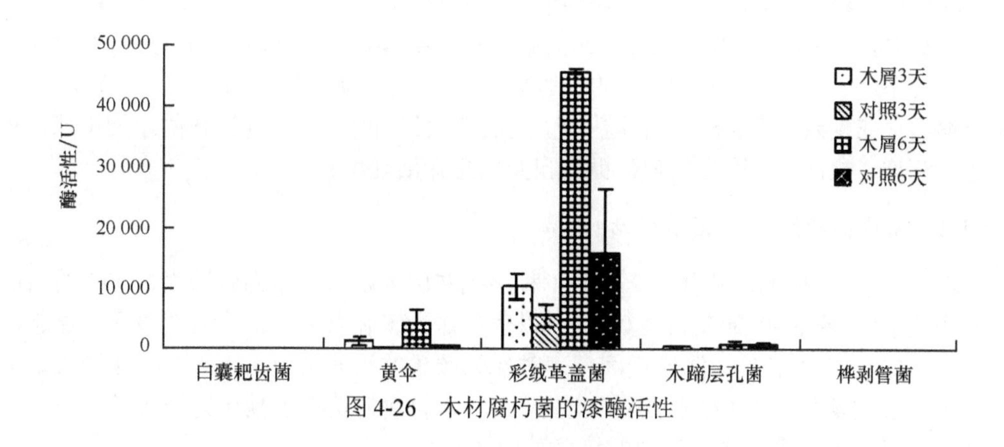

图 4-26 木材腐朽菌的漆酶活性

4.5 木材纤维素降解相关酶活性变化

4.5.1 3 种层孔白腐菌纤维素降解相关酶的活性

4.5.1.1 葡聚糖内切酶（EG）的活性

图 4-27 结果表明：总体上来看，3 种层孔白腐菌以木屑作为碳源表达 EG 的活性差异不显著，F=0.089 19（P>0.05）；以麦麸作为碳源表达 EG 的活性差异极显著，F=7.327 51（P<0.01）。测量期间，麦麸作为碳源的培养基中 EG 活性变化较大，木屑作为碳源的培养基中 EG 活性变化较小，3 种木材腐朽菌在麦麸作为碳源的培养基中的长势远远好于在木屑作为碳源的培养基中的长势。

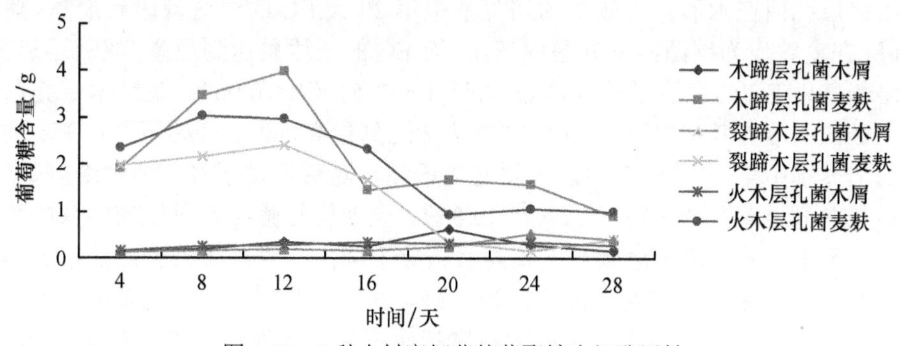

图 4-27 3 种木材腐朽菌的葡聚糖内切酶活性

木蹄层孔菌在木屑作为碳源的培养基中第 20 天 EG 的表达量达到最高，随后开始下降；在麦麸作为碳源的培养基中第 12 天 EG 的表达量达到最高，随后迅速下降，两种培养基中 EG 的表达量差异极显著，F=18.3773（P<0.01）。裂蹄木层孔菌在木屑作为碳源的培养基中第 24 天 EG 的表达量达到最高，随后开始下降；在麦麸作为碳源的培养基中第 12 天 EG 的表达量达到最高，随后迅速下降，两种培养基中 EG 的表达量差异显

著，F=6.517 983（P＜0.05）。火木层孔菌在木屑作为碳源的培养基中第 24 天 EG 的表达量达到最高，随后开始下降；在麦麸作为碳源的培养基中第 8 天 EG 的表达量达到最高，随后迅速下降，两种培养基中 EG 的表达量差异极显著，F=21.159 01（P＜0.01）。3 种木材腐朽菌在麦麸作为碳源的培养基中 EG 活性达到高峰期后迅速变化的原因可能是长势过于旺盛，酶促反应产生的葡萄糖为自身的生命活动所消耗。

4.5.1.2　葡聚糖外切酶（EC）的活性

图 4-28 结果表明：总体上来看，3 种层孔白腐菌以木屑作为碳源表达 EC 的活性差异不显著，F=0.499 907（P＞0.05）；以麦麸作为碳源表达 EC 的活性差异极显著，F=7.099 624（P＜0.01）。测量期间，麦麸作为碳源的培养基中 EC 活性变化较大，木屑作为碳源的培养基中 EC 活性变化较小；3 种木材腐朽菌在麦麸作为碳源的培养基中的长势远远好于在木屑作为碳源的培养基中的长势。

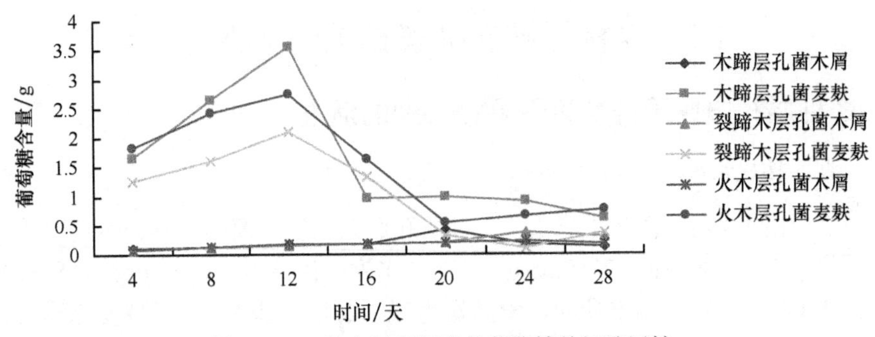

图 4-28　3 种木材腐朽菌的葡聚糖外切酶活性

木蹄层孔菌在木屑作为碳源的培养基中第 20 天 EC 的表达量达到最高，随后开始下降；在麦麸作为碳源的培养基中第 12 天 EC 的表达量达到最高，随后迅速下降，两种培养基中 EC 的表达量差异显著，F=11.667 51（P＜0.05）。裂蹄木层孔菌在木屑作为碳源的培养基中第 24 天 EC 的表达量达到最高，随后开始下降；在麦麸作为碳源的培养基中第 12 天 EC 的表达量达到最高，随后迅速下降，两种培养基中 EC 的表达量差异显著，F=6.837 127（P＜0.05）。火木层孔菌在木屑作为碳源的培养基中第 24 天 EC 的表达量达到最高，随后开始下降；在麦麸作为碳源的培养基中第 12 天 EC 的表达量达到最高，随后迅速下降，两种培养基中 EC 的表达量差异极显著，F=15.301 22（P＜0.01）。3 种木材腐朽菌在麦麸作为碳源的培养基中 EC 活性达到高峰期后迅速变化的原因可能是长势过于旺盛，酶促反应产生的葡萄糖为自身的生命活动所消耗。

4.5.2　3 种海绵状白腐菌纤维素降解相关酶的活性

4.5.2.1　内切β-葡聚糖酶活性

如图 4-29 所示，3 种海绵状白腐菌内切β-葡聚糖酶活性变化在玉米秸秆作为碳源所产的酶活性普遍都高于木屑碳源样品。彩绒革盖菌在 3 种白腐菌中产酶能力最低，第 3 天和第 6 天呈递增趋势增长，第 6 天达到最大 152.968IU，并且玉米秸秆碳源样品都高于同期的木屑碳源样品，在第 9 天活性降低，玉米秸秆样本下降更明显，降至 113.784IU；火木层孔菌产酶能力较强，在第 3 天，两种碳源样品增长几乎持平，第 6 天增长迅速，其中玉米秸秆样品达到最大为 177.401IU，第 9 天活性降低，该菌生长后期玉米秸秆碳源的酶产量略高于木屑碳源；松杉灵芝在有玉米秸秆作为碳源的情况下，明显比木屑作为碳源的产酶能力强，在第 6 天达到最高 175.632IU，但第 9 天酶活性有小幅下降。3 种白腐菌酶活性在第 6 天都达到最大，随后都有下降的趋势。

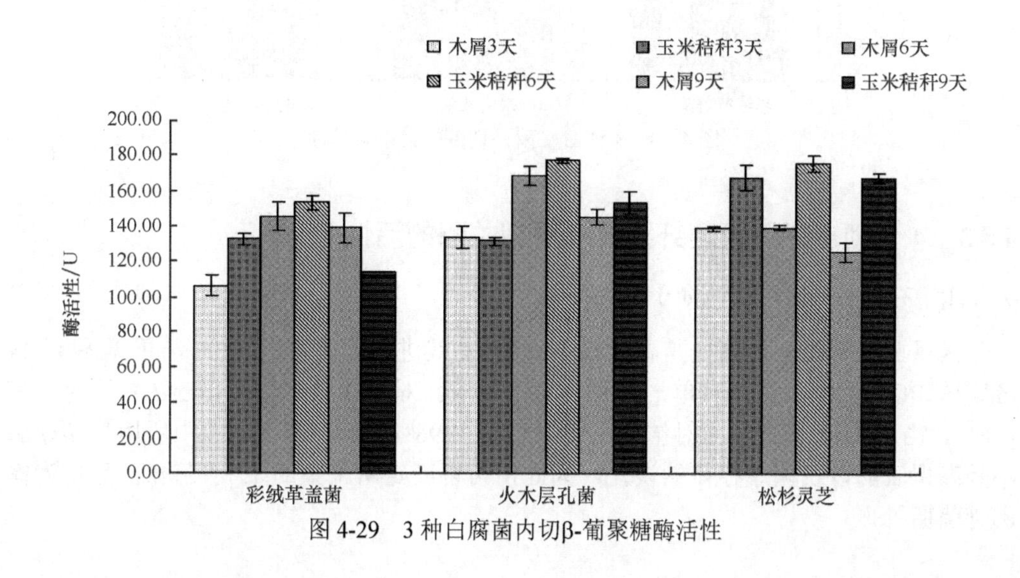

图 4-29 3 种白腐菌内切β-葡聚糖酶活性

4.5.2.2 外切β-葡聚糖酶活性

如图 4-30 所示，3 种白腐菌外切β-葡聚糖酶活性变化在玉米秸秆作为碳源的酶活产量普遍都高于木屑碳源样品。3 种白腐菌在木屑碳源培养基中，第 3 天和第 6 天所产酶活持平，第 9 天开始下降，而在玉米秸秆碳源培养基中，菌株随着培养天数的增加而降低，彩绒革盖菌降幅最为明显，第 3 天活性表达最高 829.842IU；火木层孔菌降幅居中，第 3 天活性最高为 820.541IU；松杉灵芝降幅最小，第 3 天的活性高达 829.743IU。

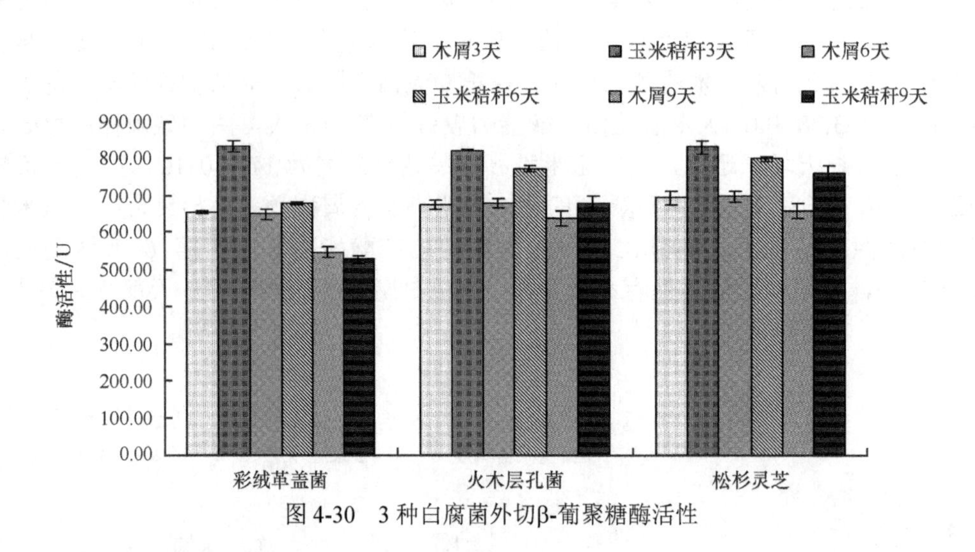

图 4-30　3 种白腐菌外切β-葡聚糖酶活性

4.5.3　4 个地点桦剥管菌纤维素降解相关酶的活性

4.5.3.1　不同地点间菌株的分子鉴定结果

为了验证采集到的菌株是否为桦剥管菌，对其进行分子鉴定。PCR 结果见图 4-31，各菌株 PCR 扩增结果条带单一，符合测序要求。对测序结果进行 BLAST 比对（表 4-18）。由表 4-18 可知，比对结果的相似性均在 98%以上，由于实验中所用的 *Taq* 酶不是高保真酶以及测序存在的误差，因此，可以断定所采集的 15 个菌株样品均为桦剥管菌菌株。

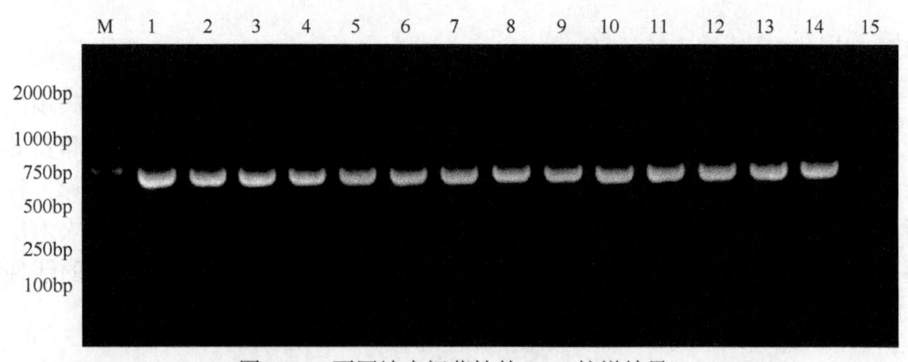

图 4-31　不同地点间菌株的 PCR 扩增结果

M.DNA 分子质量标准；1～15 号泳道依次对应小 2-1、小 2-2、小 2-3、小 5、小 6、大 3、大 4、大 5、长 1、长 2、帽 4、帽 5-1、帽 5-2、帽 6-4、帽 7 菌株（下同）

表 4-18 不同地点间菌株的 PCR 产物测序 BLAST 比对结果

样品编号	测序长度	比对相似性（去掉上下游引物后）	样品编号	测序长度	比对相似性（去掉上下游引物后）
1	689	100%	9	693	100%
2	703	100%	10	711	100%
3	675	100%	11	719	99.68%
4	687	100%	12	678	99.84%
5	672	100%	13	681	98.56%
6	674	99.84%	14	680	99.84%
7	689	99.84%	15	721	98.23%
8	680	100%			

4.5.3.2 木聚糖酶活性变化

木聚糖酶（xylanase）作为一类降解木聚糖的酶系总称，可降解自然界中的木聚糖类半纤维素等物质，其主要商业来源是丝状真菌。目前研究和应用得最多的是细菌和真菌来源的木聚糖酶，其可作为动物饲料的添加剂，可用于面包、食品、饮料、纺织品等生产，纤维素制浆的漂白，以及乙醇和木聚醇的生产，由此可见木聚糖酶的重要性。

4 个不同地点的桦剥管菌的木聚糖酶活性变化见图 4-32。由图可知，木聚糖酶随着培养天数的增加，活性不断增强，各天数之间的酶活值达到极显著差异（F=568.67**＞F_{crit}=2.67）（表 4-19），表明桦剥管菌在生长过程中不间断地产生并分泌木聚糖酶，各菌株在第 21 天的酶活是第 12 天的 10 倍以上；而不同采集地点之间的菌种酶活差异不明显（F=1.38＜F_{crit}=1.47），在第 21 天各地菌株的最高酶活和最低酶活仅相差约 0.2U。在第 15 天之前，小兴安岭菌株的木聚糖酶活性最高，之后增长较为平缓，而长白山和帽儿山的菌株酶活性增长迅速，在第 21 天达到最大值。

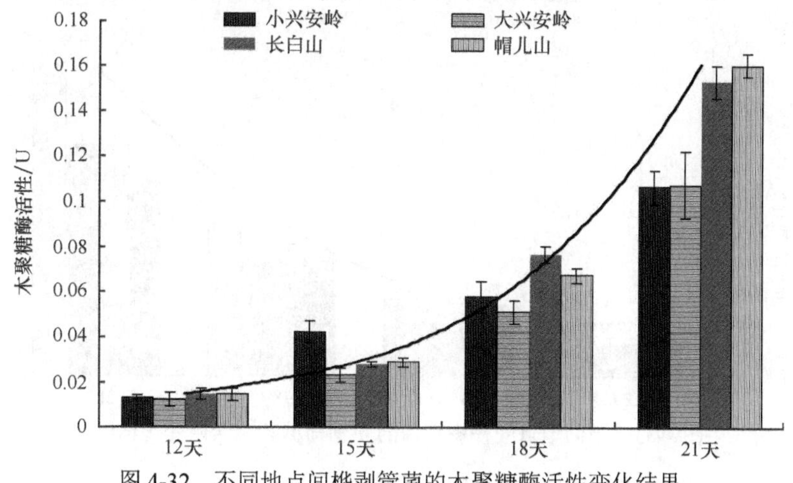

图 4-32 不同地点间桦剥管菌的木聚糖酶活性变化结果

表 4-19 桦剥管菌 3 种半纤维素酶活性方差分析结果

方差分析	木聚糖酶		α-葡萄糖苷酶		甘露聚糖酶	
	菌株	处理天数	菌株	处理天数	菌株	天数处理
F值	1.38	568.67	3.74	679.98	63.714	1520.20
P值	0.08	<0.01	<0.01	<0.01	<0.01	<0.01
F临界值（F_{crit}）	1.47	2.67	1.47	2.67	1.47	2.67

4.5.3.3 α-葡萄糖苷酶活性变化

葡萄糖苷酶不但能够降解纤维二糖和纤维低聚糖形成葡萄糖，而且能显示出外切纤维素酶的能力，如降解低聚糖产生相应的半乳糖、甘露糖和木糖。尽管所有的褐腐菌都能产生葡萄糖苷酶，但是到目前为止，只有 *Poris vailantii* 和 *Gloeophyllum trabeum* 所产生的葡萄糖苷酶被纯化出来；而 *G. trabeum* 所产生的酶是β-葡萄糖苷酶，能有效地降解葡萄糖和纤维低聚糖，但不能分解羧甲基纤维素和结晶纤维素。

本实验中，4 个不同地点的桦剥管菌的 α-葡萄糖苷酶活性变化见图 4-33。由图可知，α-葡萄糖苷酶活性随着培养天数的增加，酶活性增强，各天数之间的酶活性达到极显著差异（F=679.98**＞F_{crit}=2.67）（表 4-19），说明 α-葡萄糖苷酶活性与培养时间呈正相关性；不同采集地点之间酶活性差异也达到极显著差异（F=3.74**＞F_{crit}=1.47），说明各地点间的菌株差异明显，且来自帽儿山地区的菌株酶活性一直高于其他地区的菌株。α-葡萄糖苷酶活性变化范围为 0.28～2.86U，且这是本实验所测的几个酶活性中活性最高的一种酶。

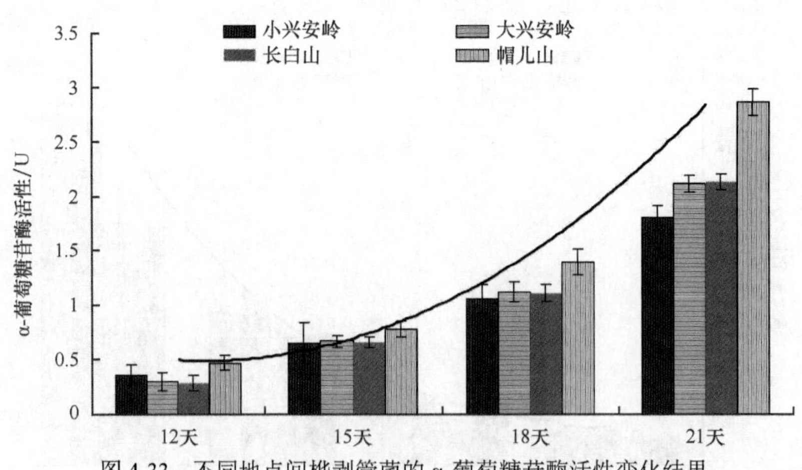

图 4-33 不同地点间桦剥管菌的 α-葡萄糖苷酶活性变化结果

4.5.3.4 甘露聚糖酶活性变化

在生物技术水平上，微生物所分泌的甘露聚糖酶是非常重要的，由于它们能结合并水解植物组织的复杂多糖以形成简单分子，如甘露-低聚糖和甘露糖。甘露聚糖酶的作用机制在纸浆行业已经被很好地建立了，近来它们被用于食物和饲料技术、咖啡提取和石油开采以及洗涤剂等行业中。甘露聚糖酶主要由微生物产生，但是植物和动物产甘露聚糖酶也有报道。真菌的甘露聚糖酶是一种常见的胞外酶，可以在一个广泛的 pH 和温度下发挥作用，但是酸性和中性甘露聚糖酶在报道中更为常见。

4 个不同地点的桦剥管菌的甘露聚糖酶活性变化见图 4-34。由图可知，甘露聚糖酶活性随着培养天数的增加，活性在缓慢地增加，从第 12 天测量酶活到第 21 天，酶活数值平稳上升，变化范围为 0.06～0.26U；来自大兴安岭地区的菌株酶活性始终最低，而帽儿山地区的菌株酶活性最大；方差分析结果表明，各菌株和天数之间的甘露聚糖酶活性值均达到极显著差异（F=63.713 54**＞F_{crit}=1.47，F=1520.20**＞F_{crit}=2.67）（表 4-19），这为筛选高活性半纤维素酶菌株提供了便利。

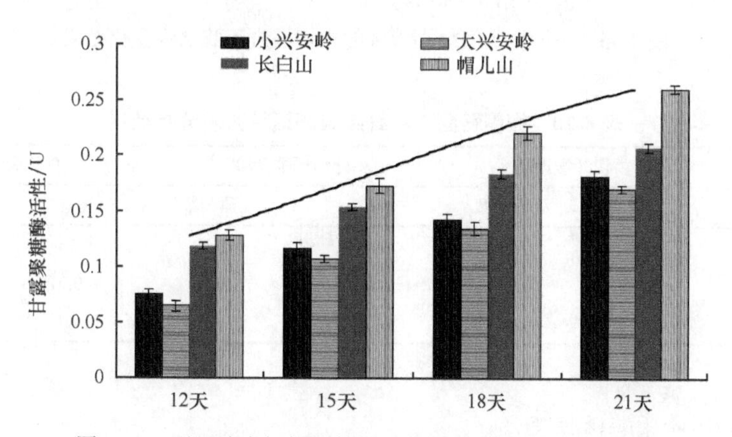

图 4-34 不同地点间桦剥管菌的甘露聚糖酶活性变化情况

4.5.3.5 内切纤维素酶活性变化

纤维素酶是只有在纤维素或诱导物存在时，真菌才会产生的一类诱导酶。由诱导物、葡萄糖或者分解代谢物阻遏等诱导纤维素酶的大量分泌。少量纤维素酶水解纤维素形成可溶的寡糖或当纤维素在菌丝体周围则形成诱导物，一旦诱导物进入细胞，引起纤维素基因介导的激活蛋白和激活元件的大规模转录，之后纤维素被降解形成大量的葡萄糖，反过来引起降解物阻遏。因此，研究某一特定真菌菌丝体是否产生纤维素酶是研究其机制的首要步骤。

4 个不同地点的桦剥管菌的内切纤维素酶活性变化见图 4-35。由图可知，桦剥管菌的内切纤维素酶活性随着培养天数的波动变化相对半纤维素酶活性变化平缓，内切纤维素酶活性变化范围仅为 0.05～0.09U，这可能是由于桦剥管菌分泌的内切纤维素酶降解木屑底物形成葡萄糖，分解代谢物阻遏了相关酶的分泌。方差分析结果显示各菌株和天数之间的内切纤维素酶活性值均达到极显著差异（F=4.22**＞F_{crit}=1.47，F=437.51**＞F_{crit}=2.67）（表 4-20），说明培养天数对内切纤维素酶的影响显著，且不同菌株之间的酶活值与地域有关。

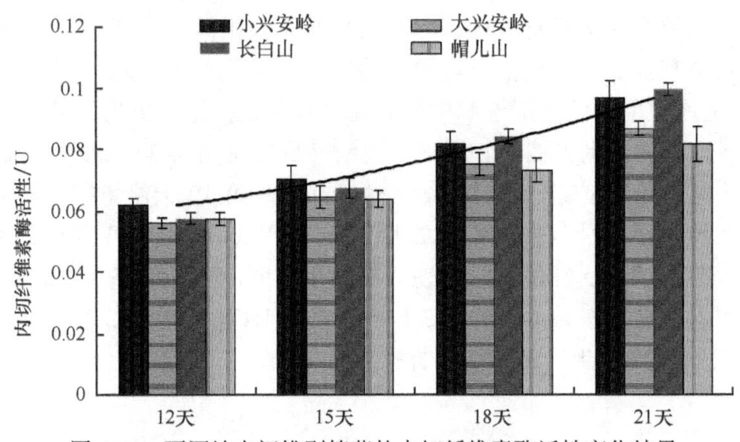

图 4-35　不同地点间桦剥管菌的内切纤维素酶活性变化结果

表 4-20　桦剥管菌 3 种纤维素酶活性方差分析结果

方差分析	内切纤维素酶		外切纤维素酶		β-葡聚糖苷酶	
	菌株	处理天数	菌株	处理天数	菌株	处理天数
F 值	4.22	437.51	10.18	318.09	9.35	1371.69
P 值	＜0.01	＜0.01	＜0.01	＜0.01	＜0.01	＜0.01
F 临界值（F_{crit}）	1.47	2.67	1.47	2.67	1.47	2.67

4.5.3.6　外切纤维素酶活性变化

纤维素的生物转化形成可溶性糖和葡萄糖是由一类被称为纤维素酶类的酶催化完成的。在过去的几十年里，不同纤维素酶的产生、测定方法、酶结构以及催化机制等基础研究很广泛，然而，仍需要更多更深入地研究酶系与底物的相互作用等问题。Suto 和 Tomita [7]预测了纤维素的重复单元——纤维二糖是里氏木霉纤维素酶的诱导物。然而，在黄绿青霉菌中，纤维素酶的产生需要高浓度的纤维二糖（1%）或添加表面活性剂（吐温 80）[8]。

4 个不同地点的桦剥管菌的外切纤维素酶活性变化见图 4-36。由图可知，桦剥管菌的外切纤维素酶活性随着培养天数的增加，酶活先上升后降低，在第 18 天达到最大值，为 0.12 U。这可能是由于桦剥管菌不断分泌外切纤维素酶，分泌的酶催化底物中的纤维二糖形成单糖，单糖反过来对酶形成了一种阻碍作用。方差分析结果表明外切纤维素酶活性值在各菌株和各天数间均达到极显著差异（F=10.18**＞F_{crit}=1.47，F=318.09**＞F_{crit}=2.67）（表 4-20）。

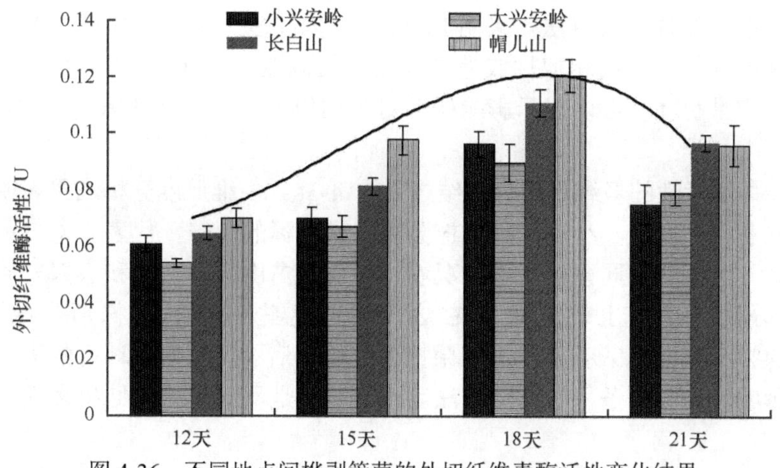

图 4-36 不同地点间桦剥管菌的外切纤维素酶活性变化结果

4.5.3.7 β-葡聚糖苷酶活性变化

β-葡聚糖苷酶是真菌中的一个关键酶，其在转化纤维寡糖形成纤维素酶诱导物中起作用。在饲料中可用于降低非淀粉多糖及抗营养因子的含量，改善畜禽对营养物质的吸收。在制糖工业中用于降低由变质甘蔗导致葡聚糖含量提高的甘蔗汁的黏度[9]，具有很强的实用性。

4 个不同地点的桦剥管菌的 β-葡聚糖苷酶活性变化见图 4-37。由图可知，桦剥管菌的 β-葡聚糖苷酶活性随着培养天数的增加，酶活先上升后趋于平稳，在第 21 天达到最大值，为 0.10 U。方差分析结果表明不同培养天数之间的酶活性存在极显著差异（F=1371.69**＞F_{crit}=2.67）（表 4-20）。对于不同菌株的酶活性来说，来自长白山的菌株该酶活性始终最高，小兴安岭和大兴安岭的菌株酶活性比较相近且最低。总体上，方差分析结果显示不同菌株之间的酶活性的差异达到极显著（F=9.35**＞F_{crit}=1.47）（表 4-20）。

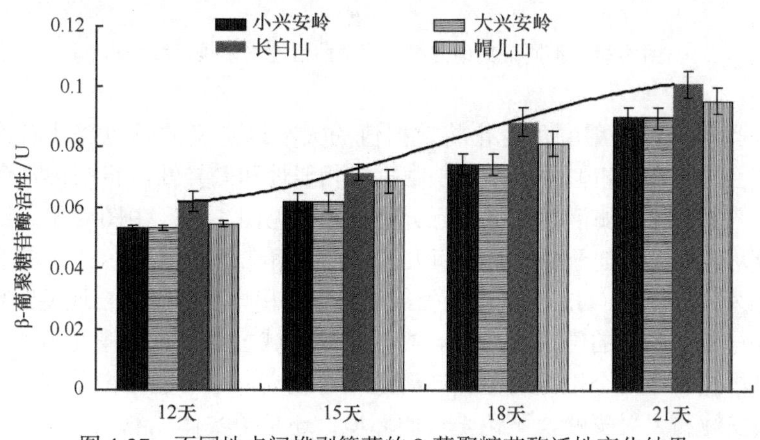

图 4-37 不同地点间桦剥管菌的 β-葡聚糖苷酶活性变化结果

4.5.3.8 桦剥管菌木材降解相关酶活性间的相关分析

多维尺度分析（multi-dimensional scaling，MDS）是分析研究对象的相似性或差异性的一种多元统计分析方法。采用 MDS 可以创建多维空间感知图，图中的点（对象）的距离反映了它们的相似性或差异性（不相似性）。一般在两维空间，最多三维空间，比较容易解释，可以揭示影响研究对象相似性或差异性的未知变量-因子-潜在维度。

桦剥管菌酶活性的多维尺度分析结果见图 4-38。多维尺度分析结果表明长白山、帽儿山菌株和大兴安岭、小兴安岭菌株分布在横坐标的两端，代表了采集地点的两端（从地域水平上）。从不同菌株产酶情况看，采自长白山、帽儿山和大兴安岭、小兴安岭的菌株分别位于图上的左边和右边，表明这些地点的菌株所产酶活性类似（stress=0.14%，RSQ=0.999）。当然，菌株产生的酶活不仅受培养环境的影响，也受其他因子的影响，如测定条件、测定方法等，这可能是不同酶活性结果之间差异较大的原因。

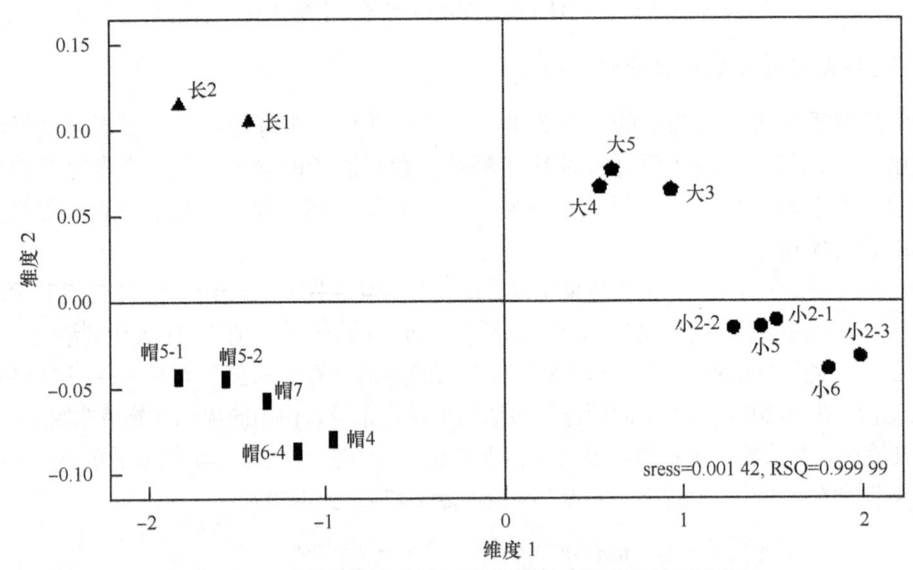

图 4-38 不同采集地的桦剥管菌酶活性的多维尺度分析

热图聚类分析可以用颜色变化将数据值的大小以定义的颜色深浅直观地表示出来，通过颜色的梯度及相似程度来反映数据的相似性和差异性。将来自 4 个地方的 15 个菌株根据产生的 6 种酶活性高低进行分类，结果见图 4-39。由图可知，15 个菌株被明显地分成两大类：来自于小兴安岭和大兴安岭的菌株聚成一类（G1），来自长白山和帽儿山的菌株聚成一类（G2）。从该聚类结果可以看出，基本上符合地理距离相近相似的原则，这与多维尺度的结果相一致。高浓度的区域主要分布在帽儿山和长白山所采集的菌种中，说明这两个地方的菌株产酶量相对较高，这可能是由于帽儿山和长白山相对于小兴安岭和大兴安岭，不论是气候环境，还是子实体成熟期上都相对较后者要好和长，这就为菌株的变异提供了较好的条件。同时，大兴安岭等地由于一年中夏季和秋季时间相对较短，菌株生长期较短，这也给菌株间的杂交带来一定的阻碍。热图聚类结果表明，不同采集地点的真菌在产酶能力水平上是有差异的，这为后续实验进

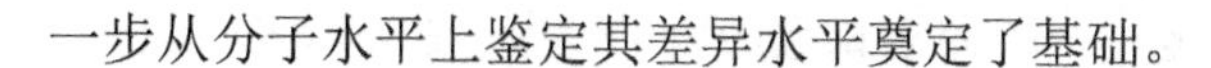
一步从分子水平上鉴定其差异水平奠定了基础。

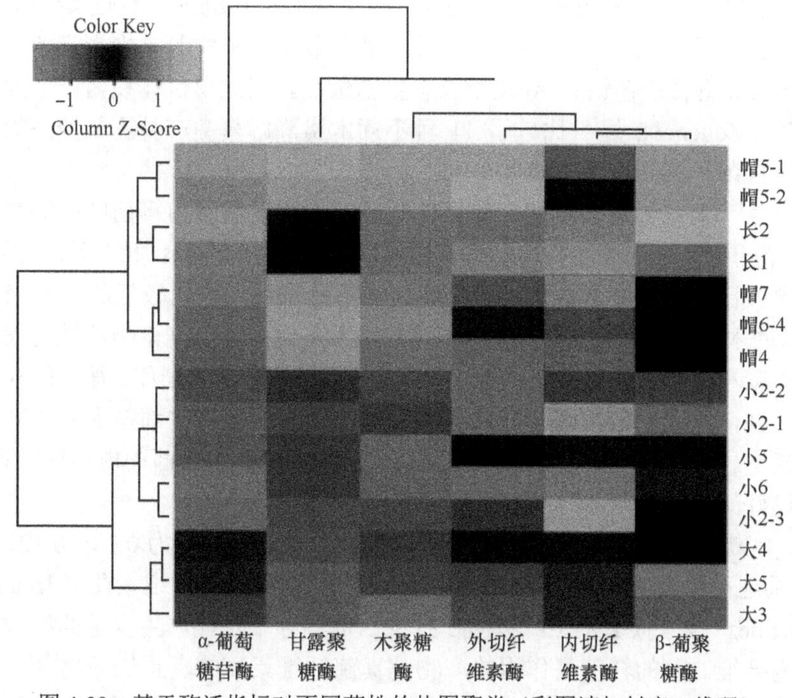

图 4-39 基于酶活指标对不同菌株的热图聚类（彩图请扫封底二维码）

每一列代表一个酶活，每行代表每个菌株。热图显示的是每个菌株在不同酶活下的酶活值，每个酶活的相对丰度值是通过颜色深浅（顶部）表示

4.5.3.9 讨论及小结

目前，关于白腐菌和褐腐菌产生和分泌纤维素酶和半纤维素酶的研究已见报道。然而，两类真菌降解纤维素的方式明显不同，褐腐菌只产生 β-内切葡聚糖酶而没有 β-外切葡聚糖酶。因此，培养褐腐菌的粗酶液不能降解结晶纤维素。本实验中，帽儿山采集的桦剥管菌的木聚糖酶活性在第 21 天检测时，酶活最大，为 0.16U，这与 Elisashvili 等[10]的研究结果相一致，他们在对褐腐菌的木聚糖酶活性的研究中，发现培养基中加入 10 种不同的底物碳源时，酶活值有显著的变化（0.1～2.9U），表明不同底物能极大地刺激相应酶的产生与分泌。在真菌生长初期，木聚糖酶活值非常低，可能是由于培养基中葡萄糖碳源物质的存在，它们会首先利用现有的碳源用于生长，当碳源物质消耗殆尽时，相关酶才开始合成和分泌，以用于水解木屑中的纤维素形成糖类物质用于提供能源。

Vendula 和 Petr [11]对桦剥管菌的葡萄糖苷酶活性进行了测定，研究中加入了 11 种不同的底物，结果发现酶活性值有显著的变化（0.11～21 100U），且葡萄糖苷酶活性是所测的酶活性最高的酶类，表明桦剥管菌对不同底物的降解机制和所分泌的酶量存在显著的差异。此外，研究也证实，葡萄糖苷酶并没有显示出偏好于某一特定的底物，这就使得这种酶在整个纤维素酶系中是一个较为常见且独特的酶[12]。Elwyn 和 Yuko[13]证实甘露聚糖酶是一种诱导酶，当底物为甘露聚糖时，该酶的产量较其他酶高出 10～100 倍。这与本实验差异较大，可能是由于在实验初期，本实验中桦剥管菌菌丝接种量较少（3 个 1cm 直径的菌饼），导致菌丝总生物量少，因此单位体积内产生的酶活数值偏小。同时，Zouchová 等[14]比较了 11 种不同木腐降解真菌产甘露聚糖酶的能力，结果表明不同真菌产酶能力呈现显著变化。

在曾青兰[15]对纤维素酶真菌产酶条件的研究中，发现镰刀霉菌的产酶最适的条件为 1%麦秆粉和 1%可溶性淀粉，并且得出在培养液中内切葡聚糖酶活性可达 1.29U，这相比于国外已报道的经诱变选育的高酶活性菌株来说，是比较低的。訾晓雪等[16]对 3 种白腐菌的木质纤维素酶活性进行了分析，结果发现内切纤维素酶活性的表达量与菌种的生长速度和生物量没有直接关系。因此，若通过诱变或基因工程手段提高其内切纤维素酶活性，可在一定程度上发挥其潜在的作用力，而这些都是需要建立在对天然菌株的研究上。因此，本实验研究比较了不同采集地的桦剥管菌的内切纤维素酶变化，以期为其较好的开发利用奠定基础。

此外，本实验中的桦剥管菌产外切纤维素酶活性最大值仅为 0.08～0.12U，相比之下，黄孢原毛平革菌在纤维二糖的诱导下，产生了较多的纤维素酶（1mg）[17]，而 Gareia-Martinez 等[18]报道了热纤梭菌在纤维二糖诱导下仅能产生少量的纤维素酶。有研究者认为纤维二糖的转糖基作用的产物是真菌纤维素酶的真正诱导物[17]。然而，目前对于纤维素酶的活性并没有统一的测定方法，因此对各种真菌所产生的酶活性无法进行准确比对，这将是今后研究酶的作用机制的基础。

张洪斌等[19]从土壤中分离到一株真菌，并对其产的葡聚糖苷酶进行分离纯化及性质分析，结果表明该菌株是高产葡聚糖苷酶菌株，在最适条件下酶活性高达 75U；此外，Abdel-Naby 等[20]对青霉菌的产葡聚糖苷酶能力进行了初探，其在优化的培养基中测得葡聚糖苷酶活性高达 41.8U。因此，测定的酶活性数值都远高于本实验，其中的原因可能就在于本实验没有优化最适的培养和测定条件，而是根据前人的研究方法直接测定酶活性，导致结果偏低。吕世翔[21]研究了 3 种木腐菌的木质纤维素酶，并对酶活性测定体系进行了优化。以上这些研究不仅对培养条件进行了优化，对酶活性测定条件也进行了改良，结果也发现不同木腐菌的木质素降解相关酶的表达受各种因素的影响情况各不相同。

真菌具有降解木质纤维素材料的能力是由于它们高效的酶系统。本实验测定了不同菌株中的 6 种酶活性，包括木聚糖酶、α-葡萄糖苷酶、甘露聚糖酶、内切纤维素酶、外切纤维素酶和 β-葡聚糖苷酶。结果表明木聚糖酶和 α-葡萄糖苷酶活性随着培养天数的增加，活性不断增强，表明桦剥管菌在生长过程中不间断地产生并分泌相关酶，且不同采集地点之间酶活性差异程度不一；而甘露聚糖酶活性随着培养天数的增加，活性显著地增加，从第 12 天测量酶活性到第 21 天，酶活性数据平稳上升；内切纤维素酶活性随着培养天数的波动，活性较为平稳，而外切纤维素酶活性随着培养天数的增加，酶活性先上升后降低；β-葡聚糖苷酶活性随着培养天数的增加，酶活性先上升后趋于平稳，方差分析结果均表明不同菌株和天数之间酶活性差异显著。多维尺度分析和热图分析结果将来自 4 个采集地的 15 个菌株分成了两大类，且分类结果基本上符合地理距离相近相似的原则，这一聚类结果表明，不同采集地点的真菌在产酶能力水平上是有差异的，这为后续实验进一步从分子水平上鉴定其差异水平奠定了基础。

参考文献

[1] 邵力平. 真菌分类学. 北京: 中国林业出版社, 1984: 23-98.

[2] 潘学仁. 小兴安岭大型经济真菌志. 哈尔滨: 东北林业大学出版社, 1995: 13-87.

[3] 裘维蕃. 菌物学大全. 北京: 科学出版社, 1998: 32-120.

[4] 潘学仁, 池玉杰, 吴庆禹. 药用多孔菌新记录种——桦癌褐孔菌培养特性研究初报. 中国食用菌, 1998, 17（4）: 23-24.

[5] 李翠珍, 文湘华. 白腐真菌 F_2 的生长及产木质素降解酶特性的研究. 环境科学学报, 2005, 25（2）: 226-231.

[6] 付时雨, 周攀登. 真菌漆酶及其催化对苯基苯酚聚合条件的研究. 化学通报, 2005, 68（3）: 225-228.

[7] Suto M, Tomita F. Induction and catabolite repression mechanisms of cellulase in fungi. Journal of Bioscience & Bioengineering, 2001, 92（4）: 305-311.

[8] Reese E T, Maguire A. Increase in cellulase yields by addition of surfactants to cellobiose cultures of *Trichoderma viride*. Developments in Industrial Microbiology, 1971, 12: 212-224.

[9] 孟广荣, 杨树林, 曾亮亮, 等. 内切 β-葡聚糖苷酶的分离纯化及酶学性质. 食品与生物技术学报, 2006, 25（2）: 24-27.

[10] Elisashvili V, Kachlishvili E, Khardziani T. Physiological regulation of edible and medicinal higher basidiomycetes lignocellulolytic enzyme activity. International Journal of Medicinal Mushrooms, 2002, 4（2）: 159-166.

[11] Vendula V, Petr B. Degradation of cellulose and hemicelluloses by the brown rot fungus *Piptoporus betulinus*-production of extracellular enzymes and characterization of the major cellulases. Microbiology, 2006, 152（4）: 3613-3622.

[12] Cai Y J, Buswell J A, Chang S T. β-glucosidase components of the cellulolytic system of the edible straw mushroom, *Volvariella volvacea*. Enzyme Microbial Technology, 1998, 22（2）: 122-129.

[13] Elwyn T R, Yuko S. β-mannanases of fungi. Canadian Journal of Microbiology, 2011, 11（2）: 167-183.

[14] Zouchová Z, Kocourek J, Musílek V. alpha-Mannosidase and mannanase of some wood-rotting fungi. Folia Microbiologica, 1977, 22（1）: 61-65.

[15] 曾青兰. 产碱性纤维素酶真菌产酶条件的研究. 华中师范大学学报（自然科学版）, 2009, 43（4）: 645-647.

[16] 訾晓雪, 曹宇, 闫绍鹏, 等. 3 种白腐菌木质纤维素酶活性及酶相关基因的 TRAP 标记遗传多态性. 林业科学, 2015, 51（6）: 111-118.

[17] Ryu D D Y, Mandels M. Cellulases: Biosynthesis and applications. Enzyme & Microbial Technology, 1980, 2（80）: 91-102.

[18] Gareia-Martinez D V, Shinmyo A, Madia A. Studies on cellulase production by *Clostridium thermocellum*. European Journal of Applied Microbiology Biotechnology, 1980, 9（3）: 189-197.

[19] 张洪斌, 吴定涛, 黄丽君, 等. 一株产右旋糖酐酶青霉的分离及酶的纯化和性质. 微生物学报, 2011, 51（4）: 495-503.

[20] Abdel-Naby M A, Ismail A M S, Abdel-Fattah A M. Preparation and some properties of immobilized *Penicillium funiculosum* 258 dextranase. Process Biochemistry, 1999, 34（4）: 391–398.

[21] 吕世翔. 三种木腐菌木材降解相关酶以及相关基因TRAP标记的变异. 东北林业大学硕士学位论文, 2010.

5 几种木材腐朽菌种内和种间分子标记遗传变异

5.1 同一地点不同菌种 TRAP 分子标记遗传变异

5.1.1 3 种海绵状木材白腐菌 TRAP 分子标记遗传变异

5.1.1.1 实验材料

本实验所使用的 3 种木材白腐菌——彩绒革盖菌（*Coriolus versicolor*）、火木层孔菌（*Phellinus igniarius*）和松杉灵芝（*Ganoderma tsugae*），为 2007 年 9 月从黑龙江省尚志市东北林业大学帽儿山实验林场采集的真菌子实体。利用组织分离法分离出纯菌丝，在木屑培养基中 4℃保存。其基本特征见表 5-1。

表 5-1 3 种木材腐朽菌的基本特性

名称	属	野外腐朽类型	寄主
彩绒革盖菌	非褶菌目多孔菌科革盖菌属	海绵状白腐	杨、桦等
火木层孔菌	非褶菌目多孔菌科木层孔菌属	心材海绵状白腐	柳、桦、杨等
松杉灵芝	非褶菌目灵芝科灵芝属	海绵状白腐	云杉、红杉等

5.1.1.2 实验方法

1. 菌种分离与纯化

将实验所需各种器具放入超净工作台中，紫外线灭菌 20～30min 后关闭紫外灯，开启照明及通风。在无菌条件下，用镊子夹取含 75%的酒精棉擦拭木材腐朽菌子实体表面，用解剖刀切取菌种较深部位（其中彩绒革盖菌应切去菌管部分），分离出菌种子实体里有生命力的菌块（约 1cm），放入木屑麦麸培养基上。

接种后的培养基立于 28℃人工气候培养箱中避光培养。待菌丝长满整个试管后，选择管内无杂菌污染的菌种转接。在无菌条件下，挑取菌丝（菌块）转接到木屑麦麸培养基上，继续置于 28℃人工气候培养箱中培养，直至菌丝长满试管即可，此时的菌种为纯菌种，放入 4℃冰箱中保存。

2. 3 种木材白腐菌的培养

用镊子夹取少量上述已分离纯化好的 3 种木材白腐菌菌丝（约 $1cm^2$）放在已灭过菌的 PDA 培养基的中心位置，然后封好封口膜，标明日期及菌种名称，将其放在 28℃人工气候培养箱中培养，菌种长满整个培养平板为止。每个菌种设 3 个重复。

3. 利用改良的 CTAB 法提取 3 种木材腐朽菌的总 DNA

（1）将 650μl CTAB 和 15μl 巯基乙醇加入到 2ml 离心管中。

（2）把已刮好的菌丝放到预冷的研钵中，然后加入液氮快速研磨至粉末状（研磨过程中液氮要随磨随加）。用小称量匙取足量的菌丝粉装入上一步的离心管中，振荡摇匀后 65℃水浴 25min，其间轻轻摇晃 3～4 次。

（3）将离心管取出后加入 350μl 饱和酚和 350μl 氯仿-异戊醇（24∶1），轻轻摇匀，12 000r/min 离心 10min。

（4）离心后取上清液加至新的 1.5ml 离心管中，随后加入 700μl 氯仿-异戊醇（24∶1），轻轻摇匀，12 000r/min 离心 10min。

（5）离心后再取上清液加至新的 1.5ml 离心管中，加入 700μl 异丙醇后沉淀 5min，12 000r/min 离心 10min。

（6）离心后倒掉上清，用 70%乙醇洗涤沉淀 2 次。

（7）洗涤后将离心管放入通风橱中，待乙醇挥发完全后加入 20μl 灭菌的去离子水溶解，测定浓度后保存于–20℃冰箱中。

4. DNA 浓度测定

在 199μl 的去离子水中加入 1μl DNA 样品，利用紫外分光光度计分别测定波长为 230nm、260nm 以及 280nm 的吸光度值，利用 OD_{260}/OD_{230}、OD_{260}/OD_{280} 的值来检测 DNA 样品的纯度与浓度。DNA 浓度运算公式为 DNA 浓度（ng/μl）=50×OD_{260} 吸光值×稀释溶液倍数（50 为经验值）。DNA 纯度的评判标准为 OD_{260}/OD_{280}=1.6～1.9 时，说明 DNA 纯度比较高；比值若小于 1.6 表明 DNA 样品中残留了较多的蛋白质；比值若大于 1.9 表明样品中含有较多的 RNA；OD_{260}/OD_{230} 值通常应大于 2.0，如果比值过小则说明 DNA 样品中有盐、酚等物质的残留。

5. 引物设计

本实验选择与白腐菌腐朽木材相关的木质纤维素降解相关酶为靶标酶基因序列，设计用于 TRAP 标记的固定引物，其中包括木质素过氧化物酶（lignin peroxidases，LiP）、锰过氧化物酶（manganese peroxidase，MnP）、漆酶（laccase，Lac）、纤维素二糖水解酶Ⅰ（cellobiohydrolaseⅠ，CBHⅠ）、纤维素二糖水解酶Ⅱ（cellobiohydrolase Ⅱ，CBHⅡ）、纤维二糖脱氢酶（cellobiosedehydrogenase，CDH）、内切葡萄糖苷酶（endoglucase，EG）以及 β-葡萄糖苷酶（β-glucosidase，β）。实验中共设计 64 对引物，通过预实验筛选 TRAP 扩增后产生多态性较好条带的引物用于实验。固定和随机引物信息见表 5-2。

表 5-2　TRAP 引物信息

引物类型	靶标酶名称/序号	序列（5′—3′）
固定引物	lignin peroxidases（LiP1）	CCCGAGCCCTTCCGTA
	lignin peroxidases（LiP2）	CCCCGAGCCCTTCC
	manganese peroxidase（MnP1）	ATGGCGTCGTGGAAGGTG
	manganese peroxidase（MnP2）	GGTGAGGCGGAGGGAC

续表

引物类型	靶标酶名称/序号	序列（5′—3′）
固定引物	Laccase （Lac1）	ACAACTACAACAACCCGTCTG
	Laccase （Lac2）	GTCTGGAAGCGGATTGTG
	cellobiohydrolase Ⅰ（CBH Ⅰ 1）	ATCTGCGACAAGGACGG
	cellobiohydrolase Ⅰ（CBH Ⅰ 2）	GGGTGACGACGGTAACTT
	cellobiohydrolase Ⅱ（CBH Ⅱ 1）	AGTCAACGGTCGGGGA
	cellobiohydrolase Ⅱ（CBH Ⅱ 2）	GAACTGGGTCTGCTACCG
	cellobiosedehydrogenase（CDH1）	TCAACGACAACCCC GAC
	cellobiosedehydrogenase（CDH2）	GTCGGGGTTGTCGTTGA
	endoglucase（EG1）	ACGAGCCGCACGACAT
	endoglucase（EG2）	TCGTGCGGCTCGTTCAT
	glucosidase（1）	GTGGAAGGTGCTGCGGTA
	glucosidase（2）	CAGGGAGGCGGAGTGG
随机引物	em2	GACTGCGTACGAATTTGC
	em3	GACTGCGTACGAATTGAC
	me1	TGAGTCCAAACCGGATA
	me2	TGAGTCCAAACCGGAGC

6. PCR 扩增基因片段

最佳反应体系：根据吕世翔[1]利用 TRAP 标记在木腐菌上的研究，参考其 TRAP 扩增反应体系，从而确定出本实验的最优反应体系。在 20μl 反应体系中，ddH_2O11.2μl、10×buffer 2μl、Mg^{2+}（25mmol/L）2.0μl、dNTP（10mmol/L）0.6μl、固定引物（10μmol/L）1.5μl、随机引物（10μmol/L）1.5μl、模板 DNA 100ng、*Taq* DNA 聚合酶 0.2μl。

反应程序：

（1）94℃ 5min
（2）94℃ 1min
（3）35℃ 1min
（4）72℃ 1min
（2）～（4）循环 5 次
（5）94℃ 1min
（6）56℃ 1min
（7）72℃ 1.5min
（5）～（7）循环 35 次
（8）72℃ 7min
（9）4℃保存

5.1.1.3 DNA 提取以及浓度测定

图 5-1 为 3 种木腐菌的 DNA 提取后的电泳结果。从图 5-1 上可以看出 DNA 条带清晰，无 RNA 污染。浓度测定 OD_{260}/OD_{280} 的值在 1.6～1.9，DNA 纯度较高。计算后浓度范围在 600～1000ng，OD_{260}/OD_{230} 的值也都大于 2.0，无盐、酚等残留物质。综上所述，提取的 DNA 纯度较高，为实验的继续提供了保证。

图 5-1　3 种白腐菌基因组 DNA 检测

1. 彩绒革盖菌；2. 火木层孔菌；3. 松杉灵芝

5.1.1.4 TRAP 引物筛选

经预实验扩增筛选，从 64 对引物中确定了扩增后条带较好的 20 对引物，如表 5-3 所示。

表 5-3　3 种白腐菌筛选引物

引物种类	引物序号
LiP 编码基因的引物	LiP2-me2
MnP 编码基因的引物	MnP1-me1、MnP2-em3
Lac 编码基因的引物	Lac1-em2、Lac1-em3、Lac2-em3
CBH 编码基因的引物	CBH Ⅰ 1-em2
CDH 编码基因的引物	CDH1-em2、CDH1-em3、CDH2-em3、CDH2-me1
EG 编码基因的引物	EG1-em3、EG1-em2、EG1-me1、EG2-me2
β-葡萄糖苷酶编码基因的引物	β1-em2、β1-em3、β1-me2、β2-em2、β2-me1

5.1.1.5 TRAP 标记结果与分析

所谓多态性位点是指在该位点上扩增出来的DNA片段出现的频率小于0.99的位点。而多态位点比率是衡量物种遗传变异水平高低的重要指标，其多态位点比率（PPB）=多态位点数与位点总数比值×100%[2]。

1. LiP 编码基因引物的 TRAP-PCR 结果

如图 5-2 所示，引物 LiP2-me2 对 3 种白腐菌 DNA 扩增后共产生 15 条条带（彩绒革盖菌 6 条，火木层孔菌 2 条，松杉灵芝 7 条），其中多态性条带有 7 条，物种间多态位点比率为 46.67%，3 种白腐菌间的 LiP 基因的遗传差异较低。

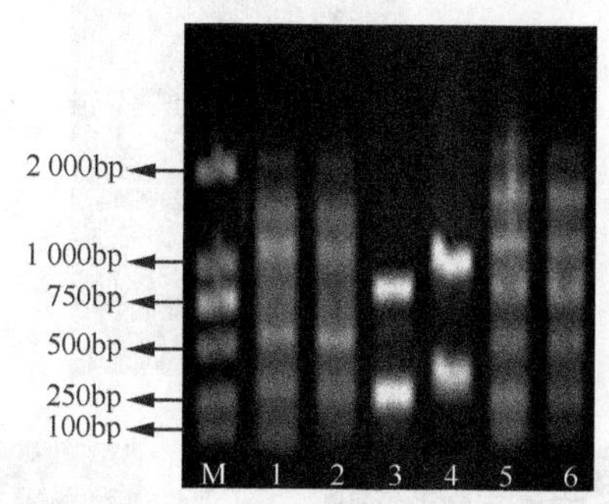

图 5-2 引物 LiP2-me2 对 3 种白腐菌 DNA 扩增后电泳图

M 为 Marker；1～2 为彩绒革盖菌；3～4 为火木层孔菌；5～6 为松杉灵芝

2. MnP 编码基因引物的 TRAP-PCR 结果

如图 5-3 所示，采用标记 MnP 编码基因的 2 对引物对 3 种白腐菌基因组 DNA 扩增后共产生 20 条条带，其中多态性条带为 14 条（彩绒革盖菌 3 条，火木层孔菌 6 条，松杉灵芝 5 条），多态位点比率为 70%。MnP1-me1 与 MnP2-em3 的引物间多态性分别为 78.57%和 62.5%，说明 3 种白腐菌间的 MnP 基因的遗传差异较高。彩绒革盖菌和火木层孔菌产生的条带数较少，但片段长度都在 500bp 以上，最大片段达到了 2000bp。

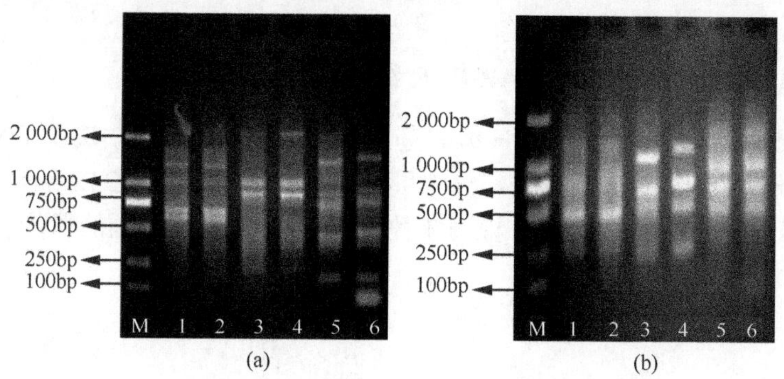

图 5-3 MnP 编码基因引物对 3 种白腐菌 DNA 扩增后电泳图

（a）引物 MnP1-me1；（b）引物 MnP2-em3

M 为 Marker；1～2 为彩绒革盖菌；3～4 为火木层孔菌；5～6 为松杉灵芝

3. Lac 编码基因引物的 TRAP-PCR 结果

如图 5-4 所示，3 对 Lac 编码基因的引物对白腐菌 DNA 基因组扩增后图谱显示，共产生 72 条条带，其中多态性条带为 37 条（彩绒革盖菌 11 条，火木层孔菌 13 条，松杉灵芝 13 条），物种间多态位点比率为 51.39%。Lac1-em2、Lac1-em3 与 Lac2-em3 的引物间多态性分别为 35.48%、59.09%和 68.42%。尽管引物 Lac1-em2 对这 3 种白腐菌 Lac 基因的多态性较低，但其余 2 对引物比率较高，综合来看，Lac 基因遗传差异较大。

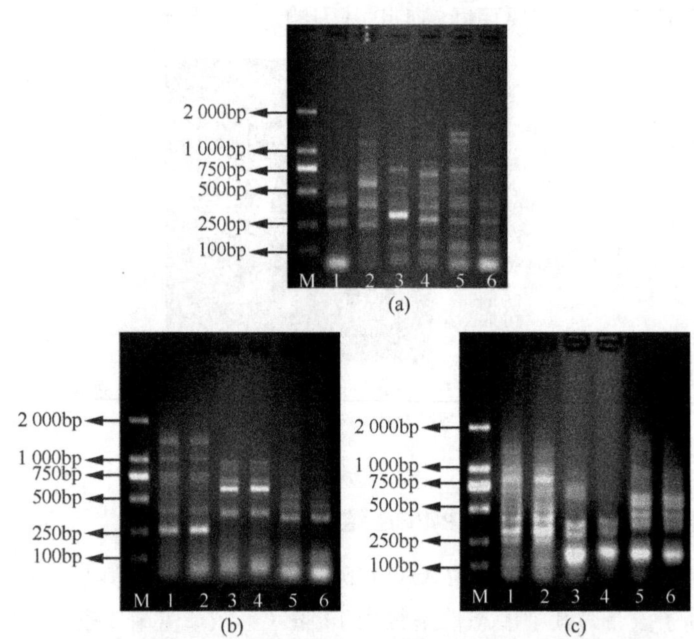

图 5-4　Lac 编码基因引物对 3 种白腐菌 DNA 扩增后电泳图

（a）引物 Lac1-em2；（b）引物 Lac1-em3；（c）引物 Lac2-em3

M 为 Marker；1～2 为彩绒革盖菌；3～4 为火木层孔菌；5～6 为松杉灵芝

4. CBH 编码基因引物的 TRAP-PCR 结果

如图 5-5 所示，采用标记 CBH 编码基因的 1 对引物对 3 种白腐菌 DNA 扩增后共产生 31 条条带（彩绒革盖菌 7 条，火木层孔菌 12 条，松杉灵芝 12 条），其中多态性条带为 19 条，多态性为 61.29%，说明 3 种白腐菌间的 CBH 基因的遗传差异较高且遗传变异的能力较强。

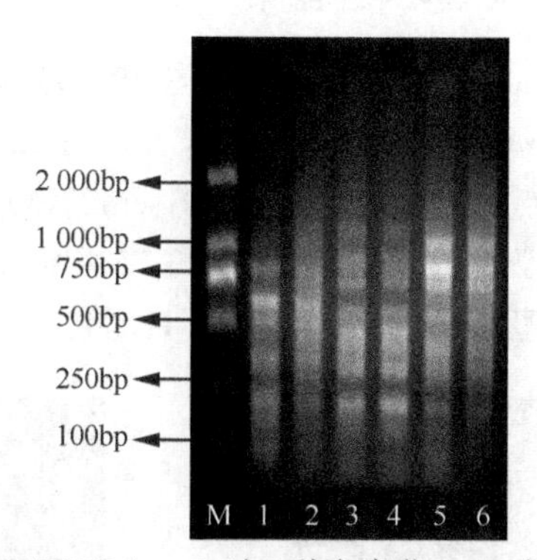

图 5-5 引物 CBH Ⅰ 1-em2 对 3 种白腐菌 DNA 扩增后电泳图

M 为 Marker；1～2 为彩绒革盖菌；3～4 为火木层孔菌；5～6 为松杉灵芝

5. CDH 编码基因引物的 TRAP-PCR 结果

如图 5-6 所示，标记 CDH 编码基因有 4 对引物。采用这些引物对 3 种白腐菌 DNA 扩增后共产生 49 条条带（彩绒革盖菌 11 条，火木层孔菌 18 条，松杉灵芝 20 条），其中多态性条带为 33 条，多态位点比率为 67.35%。CDH1-em2、CDH1-em3、CDH2-em3 和 CDH2-me1 的引物间多态性分别为 75%、69.23%、58.33%和 66.67%。由于彩绒革盖菌、火木层孔菌和松杉灵芝这 3 种白腐菌 CDH 基因的多态性较高，由此说明 CDH 基因的遗传差异较高且遗传变异的能力较强。4 对引物扩增后产生的条带数较少，但片段长度一般都在 500bp 以上，松杉灵芝最大达到了 2000bp。

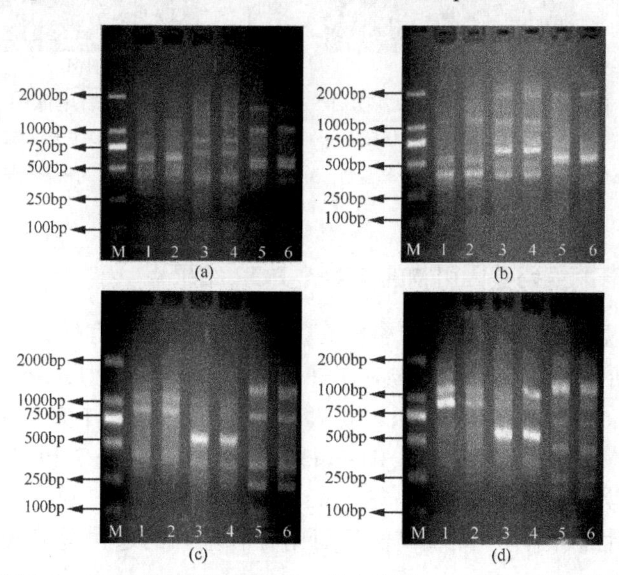

图 5-6 CDH 编码基因引物对 3 种白腐菌 DNA 扩增后电泳图

（a）引物 CDH1-em2；（b）引物 CDH1-em3；（c）引物 CDH2-em3；（d）引物 CDH2-me1

M 为 Marker；1～2 为彩绒革盖菌；3～4 为火木层孔菌；5～6 为松杉灵芝

6. EG 编码基因引物的 TRAP-PCR 结果

如图 5-7 所示，标记 EG 编码基因的有 4 对引物。这些引物对 3 种白腐菌 DNA 扩增后共产生 66 条条带（彩绒革盖菌 24 条，火木层孔菌 22 条，松杉灵芝 20 条），其中多态性条带为36条，多态位点比率为54.55%。EG1-em2、EG1-em3、EG1-me1 和 EG2-me2 的引物间多态位点比率分别为 50%、66.67%、43.75%和 75%，3 种白腐菌 EG 基因的多态性较高，由此说明 EG 基因的遗传差异较高且遗传变异的能力较强。

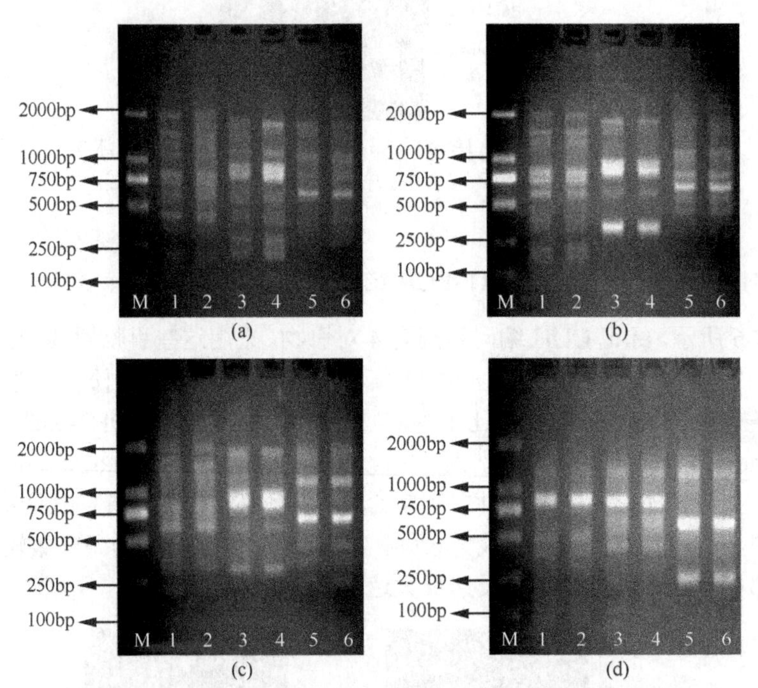

图 5-7 EG 编码基因引物对 3 种白腐菌 DNA 扩增后电泳图

（a）引物 EG1-em2；（b）引物 EG1-em3；（c）引物 EG1-me1；（d）引物 EG2-me2

M 为 Marker；1～2 为彩绒革盖菌；3～4 为火木层孔菌；5～6 为松杉灵芝

7. β-葡萄糖苷酶编码基因引物的 TRAP-PCR 结果

标记β-葡萄糖苷酶编码基因的引物有 5 对，这也是所有标记编码基因中最多的引物。如图 5-8 所示，采用 5 对引物对 3 种白腐菌 DNA 扩增后共产生 98 条条带（彩绒革盖菌 32 条，火木层孔菌 30 条，松杉灵芝 36 条），其中多态性条带为 71 条，多态位点比率为 72.45%。β1-em2、β1-em3、β1-me2、β2-em2 和β2-me1 的引物间多态位点比率分别为 70%、59.09%、68.42%、86.36%和 80%，这 3 种白腐菌β-葡萄糖苷酶基因的多态性较高，由此说明β-葡萄糖苷酶基因的遗传差异较高且遗传变异的能力较强。

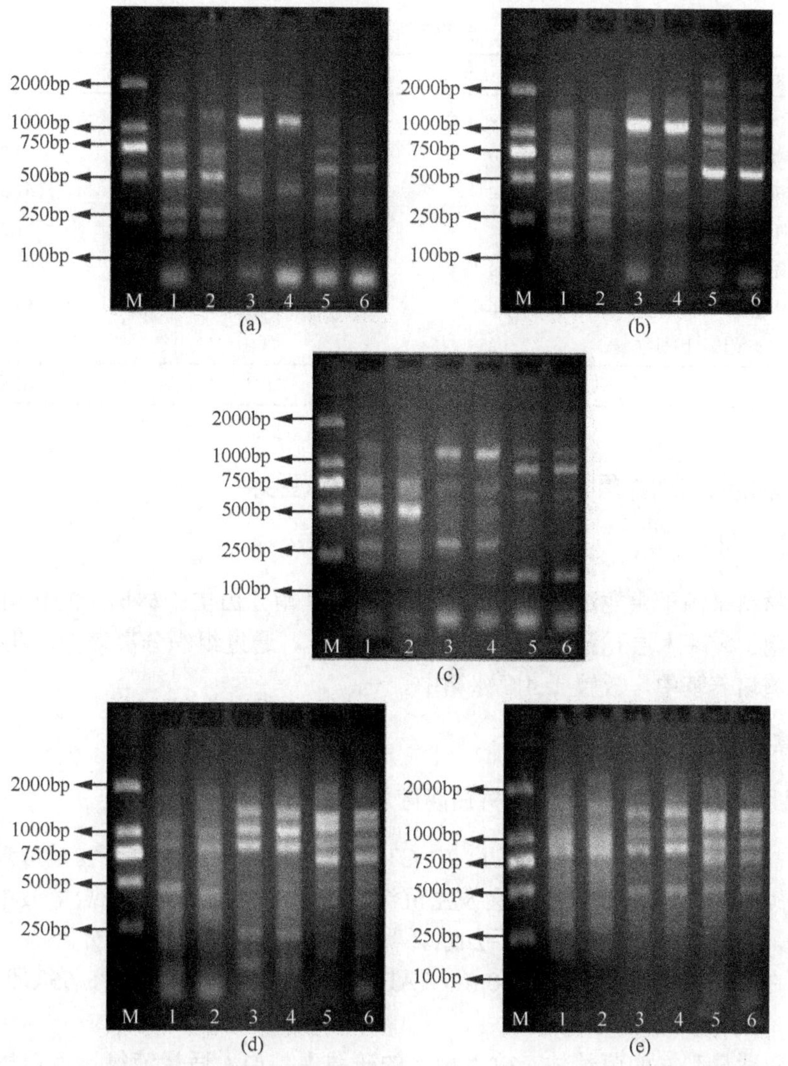

图 5-8 β-葡萄糖苷酶编码基因引物对 3 种白腐菌 DNA 扩增后电泳图

（a）引物β1-em2；（b）引物β1-em3；（c）引物β1-me2；（d）引物β2-em2；（e）引物β2-me1

M 为 Marker；1～2 为彩绒革盖菌；3～4 为火木层孔菌；5～6 为松杉灵芝

5.1.1.6 小结

利用 TRAP 标记研究 3 种白腐菌木质纤维素降解相关酶基因的遗传变异情况，对提取的 3 种白腐菌的基因组 DNA 电泳结果显示，条带唯一。浓度测定显示 DNA 纯度较高，无 RNA、蛋白质的污染以及盐、酚的残留。通过预实验筛选，共确定 20 对引物，采用 20 对引物对 3 种白腐菌基因组 DNA 进行 TRAP-PCR 扩增，电泳显示共产生 351 条条带，其中多态性条带 217 条，多态位点比率为 61.82%（表 5-4），说明 3 种白腐菌间的遗传差异较大且易引起遗传变异。

表 5-4 引物扩增的多态位点比率

标记基因引物	总位点数	多态位点数	多态位点比率%
LiP 编码基因的引物	15	7	46.67
MnP 编码基因的引物	20	14	70.00
Lac 编码基因的引物	72	37	51.39
CBH 编码基因的引物	31	19	61.29
CDH 编码基因的引物	49	33	67.35
EG 编码基因的引物	66	36	54.55
β-葡萄糖苷酶编码基因引物	98	71	72.45
总计	351	217	61.82

5.1.2 3 种层孔白腐菌 TRAP 分子标记遗传变异

5.1.2.1 实验材料

实验材料来源于黑龙江省尚志市东北林业大学帽儿山实验林场。2010 年 9 月采集木蹄层孔菌、裂蹄木层孔菌、火木层孔菌的子实体，通过组织分离培养，获得纯菌丝，保存于木屑培养基中，放置于 4℃冰箱中。

5.1.2.2 实验方法

1. 采用 CTAB 法提取 3 种木材白腐菌总 DNA

在高盐溶液（>0.7mol/L NaCl）中 CTAB 与 DNA 形成的复合物是可溶的，在低盐溶液（<0.3mol/L NaCl）中则会发生沉淀。由于多糖类物质在低盐溶液中可以充分溶解出来，所以加入 CTAB 水浴后加水稀释，能够有效去除糖类成分。

（1）在 2ml 离心管中加入 650μl CTAB 和 15μl 巯基乙醇，放在 65℃恒温水浴中预热。

（2）取适量刮好的菌丝体，放入预冷的研钵中，加入适量液氮迅速研磨，重复操作直至将样品研磨成粉末状。然后将其装入步骤（1）的离心管中，混匀，65℃保温 25min，其间摇匀 2～3 次。

（3）向离心管中加入 1300μl 已灭菌的去离子水，65℃保温 5min。12 000r/min 离心 10min，弃去上清。

（4）加入 700μl CTAB，混匀后加入 350μl 饱和酚和 350μl 氯仿-异戊醇（24∶1），轻轻混匀，12 000r/min 离心 10min，将上清液移至新的 1.5ml 离心管中。

（5）加入 700μl 氯仿-异戊醇（24∶1），轻轻混匀，12 000r/min 离心 10min，小心吸取上清液，移至新的 1.5ml 离心管中。

（6）加入 700μl 异丙醇，混匀，室温沉淀 5min，12 000r/min 离心 10min，弃上清液。

（7）用 70%乙醇洗涤沉淀 2 次，去除 DNA 表面的盐或试剂小分子物质，置于 37℃气干。

（8）待乙醇完全挥发后，加入 30μl 灭菌的去离子水，使 DNA 充分溶解，–20℃

保存。

（9）用0.7%琼脂糖凝胶电泳检测，以电压90V电泳约20min。UPS凝胶成像系统照相。

2. 引物设计

固定引物是通过所选定的cDNA、靶标基因或者EST序列进行设计得到的，数量为16条。随机引物是根据内含子或外显子的特点进行设计得到的，为富含GC或AT核心区的任意序列，数量为4条。

固定引物所选的靶标基因中，木质素降解相关酶包括木质素过氧化物酶（lignin peroxidases，LiP）、锰过氧化物酶（manganese peroxidase，MnP）、漆酶（laccase，Lac）。纤维素降解相关酶包括纤维素二糖水解酶Ⅰ（cellobiohydrolaseⅠ，CBHⅠ）、纤维素二糖水解酶Ⅱ（cellobiohydrolaseⅡ，CBHⅡ）、葡聚糖内切酶（endoglucase，EG）、β-葡萄糖苷酶（β-glucosidase）、纤维二糖脱氢酶（cellobiosedehydrogenase，CDH）。16条固定引物和4条随机引物可进行64种匹配，经过实验筛选后，选择其中多态性较好的引物对用于TRAP扩增，引物序列信息如表5-5所示。

表5-5　TRAP引物信息表

引物类型	靶标酶名称/代号	序列（5′—3′）
固定引物	Lignin peroxidases（LiP1）	CCCGAGCCCTTCCGTA
	Lignin peroxidases（LiP2）	CCCCGAGCCCTTCC
	Manganese peroxidase（MnP1）	ATGGCGTCGTGGAAGGTG
	Manganese peroxidase（MnP2）	GGTGAGGCGGAGGGAC
	Laccase（Lac1）	ACAACTACAACAACCCGTCTG
	Laccase（Lac2）	GTCTGGAAGCGGATTGTG
	cellobiohydrolaseⅠ（CBHⅠ1）	ATCTGCGACAAGGACGG
	cellobiohydrolaseⅠ（CBHⅠ2）	GGGTGACGACGGTAACTT
	cellobiohydrolaseⅡ（CBHⅡ1）	AGTCAACGGTCGGGGA
	cellobiohydrolaseⅡ（CBHⅡ2）	GAACTGGGTCTGCTACCG
	Cellobiosedehydrogenase（CDH）	TCAACGACAACCCCGAC
	Cellobiosedehydrogenase（CDH）	GTCGGGGTTGTCGTTGA
	Endoglucase（EG）	ACGAGCCGCACGACAT
	Endoglucase（EG）	TCGTACGGCTCGTTCAT
	β-glucosidase（β1）	GTGGAAGGTGCTGCGGTA
	β-glucosidase（β2）	CAGGGAGGCGGAGTGG
随机引物	em2	GACTGCGTACGAATTTGC
	em3	GACTGCGTACGAATTGAC
	me1	TGAGTCCAAACCGGATA
	me2	TGAGTCCAAACCGGAGC

3. PCR 扩增基因片段

最佳反应体系：在 20μl 反应体系中，DNA 模板 100ng、固定引物（10μmol/L）2.0μl、随机引物（10μmol/L）2.0μl、dNTP（2mmol/L）2.0μl、$MgCl_2$（25mmol/L）2.0μl、1×Buffer（含 K^+，不含 Mg^{2+}）2.0μl、*Taq* 酶 0.15μl、去离子水 7.85μl。

加反应体系的注意事项有：①所有操作必须放在冰盒上进行，保持低温态以避免酶失活或药品分解；②dNTP、*Taq* 酶和引物应分装使用，*Taq* 酶、dNTP 用时从–20℃低温冰箱中取出，用后立即放回，防止变性失活；③所有的药品及去离子水应计算所需总体积后，再加入离心管中充分混匀，然后分装于各个 PCR 管中，最后加入模板及引物；④由于 *Taq* 酶极易失活，所以要最后加入。

反应程序：

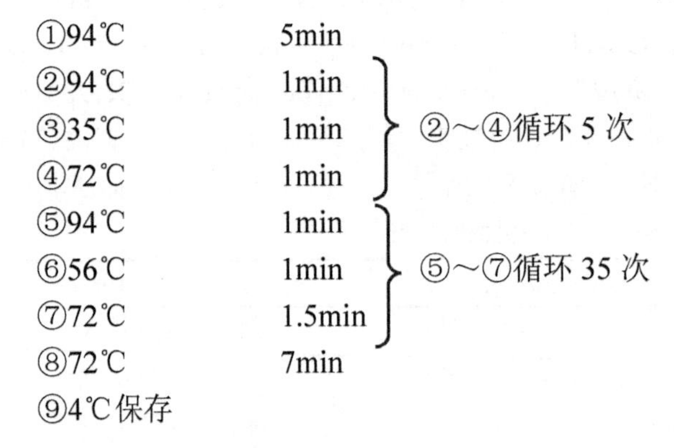
①94℃　5min
②94℃　1min
③35℃　1min
④72℃　1min
②～④循环 5 次
⑤94℃　1min
⑥56℃　1min
⑦72℃　1.5min
⑤～⑦循环 35 次
⑧72℃　7min
⑨4℃保存

5.1.2.3　DNA 提取以及浓度测定

检测所提取的 3 种木材腐朽菌的 DNA 样品，取 1μl 的样品，加无菌去离子水稀释至 200μl，用紫外分光光度计测定波长为 260nm、280nm 和 230nm 处的吸光度值，计算 OD_{260}/OD_{280}、OD_{260}/OD_{230} 值，根据比值来检测样品的浓度和质量。如果 OD_{260}/OD_{280} 为 1.6～1.9，说明样品纯度比较高；如果 $OD_{260}/OD_{280}<1.6$ 说明样品有较多的蛋白质残留；如果 $OD_{260}/OD_{280}>1.9$，说明样品中有 RNA 污染物。OD_{260}/OD_{230} 值通常大于 2.0，如果比值太小说明样品中残留有氨基酸、盐、核苷酸或酚等物质。DNA 浓度（ng/μl）=50×OD_{260}×溶液稀释倍数（其中 50 为经验值）。

3 种木材腐朽菌的 DNA 样品中，选取比值较好的用于 TRAP 扩增。经测定，提取的 DNA 浓度范围在 80～400ng/μl。

5.1.2.4　TRAP 引物筛选

通过对扩增产物的检测，共筛选出 29 对条带图谱较好的引物。其中有 4 对标记 CBHⅠ编码基因的引物，分别是 CBHⅠ2-em2、CBHⅠ2-em3、CBHⅠ2-me1、CBHⅠ2-me2；6 对标记 CBHⅡ编码基因的引物，分别是 CBHⅡ1-me1、CBHⅡ1-me2、CBHⅡ2-em2、CBHⅡ2-em3、CBHⅡ2-me1、CBHⅡ2-me2；3 对标记 CDH 编码基因的引物，分别是 CDHⅠ- em2、CDHⅠ-me1、CDHⅠ-me2；1 对标记 EG 编码基因的引物，它是

EG2-me2；6 对标记 Lac 编码基因的引物，分别是 Lac1-em2、Lac1-em3、Lac1-me1、Lac1-me2、Lac2-em2、Lac2-me2；8 对标记 LiP 编码基因的引物，分别是 LiP1-em2、LiP1-em3、LiP1-me1、LiP1-me2、LiP2-em2、LiP2-em3、LiP2-me1、LiP2-me2；1 对标记 MnP 编码基因的引物，它是 MnP2-em2。

5.1.2.5 TRAP-PCR 检测结果及分析

多态性（polymorphism）是描述遗传变异的一种计量，是指群体内多态性基因座的比例（率）。公式为 $P=k/n\times100\%$，式中，P 为多态位点比率；k 为多态位点数；n 为测定的位点总数。

1. CBHⅠ编码基因引物的 TRAP-PCR 检测结果

图 5-9 中所用引物对分别为（a）CBHⅠ2-em2，（b）CBHⅠ2-em3，（c）CBHⅠ2-me1，（d）CBHⅠ2-me2。采用 TRAP 标记技术，用 4 对多态性较好的 CBHⅠ编码基因引物扩增 3 种木材腐朽菌。电泳检测结果显示，总条带数为 58 条，其中多态性条带数为 40 条，4 对引物产生条带的多态位点比率分别为 62.5%、68.42%、76.92%、70%（表 5-6）。3 种木材腐朽菌的多态位点比率分别为火木层孔菌 68.42%，裂蹄木层孔菌 71.43%，木蹄层孔菌 66.67%（表 5-7）。CBHⅠ编码基因总体的多态位点比率为 68.97%，多态性较高，表明 3 种木材腐朽菌 CBHⅠ基因的遗传差异较高。从图 5-9（a）、5-9（b）中能看出，火木层孔菌和木蹄层孔菌的电泳条带有一定的相似性，表明它们表达 CBHⅠ的基因存在一定的相似性。

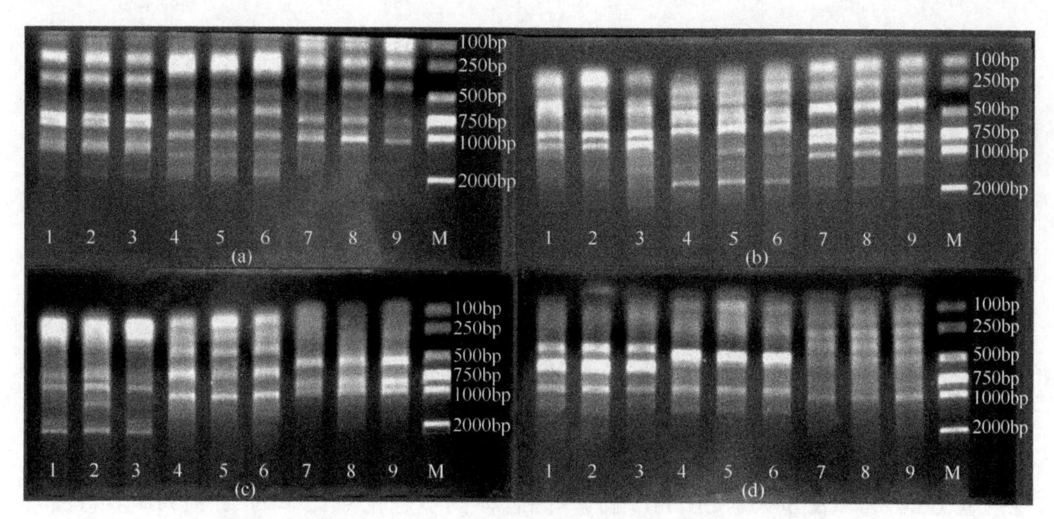

图 5-9 引物 CBHⅠ对 3 种木材腐朽菌 DNA 模板的扩增结果

1、2、3 为火木层孔菌，4、5、6 为裂蹄木层孔菌，7、8、9 为木蹄层孔菌，M 为 Marker

表 5-6 CBHⅠ编码基因引物 TRAP 标记产物多态分析

引物	菌种	条带总数	多态条带数	多态位点比率
CBHⅠ2-em2	火木层孔菌	6	4	62.5%
	裂蹄木层孔菌	5	3	
	木蹄层孔菌	5	3	
CBHⅠ2-em3	火木层孔菌	5	3	68.42%
	裂蹄木层孔菌	7	5	
	木蹄层孔菌	7	5	
CBHⅠ2-me1	火木层孔菌	5	4	76.92%
	裂蹄木层孔菌	5	4	
	木蹄层孔菌	3	2	
CBHⅠ2-me2	火木层孔菌	3	2	70%
	裂蹄木层孔菌	4	3	
	木蹄层孔菌	3	2	

表 5-7 3 种木材腐朽菌 CBHⅠ编码基因 TRAP 标记产物多态分析

菌种	条带总数	多态条带数	多态位点比率
火木层孔菌	19	13	68.42%
裂蹄木层孔菌	21	15	71.43%
木蹄层孔菌	18	12	66.67%

2. CBHⅡ编码基因引物的 TRAP-PCR 检测结果

图 5-10 中所用引物对分别为（a）CBHⅡ1-me1，（b）CBHⅡ1-me2，（c）CBHⅡ2-em2，（d）CBHⅡ2-em3，（e）CBHⅡ2-me1，（f）CBHⅡ2-me2。采用 TRAP 标记技术，用 6 对多态性较好的 CBHⅡ编码基因引物扩增 3 种木材腐朽菌。电泳检测结果显示，总条带数为 65 条，其中多态性条带数为 47 条。6 对引物产生条带的多态位点比率分别为 66.67%、78.57%、78.57%、72.73%、66.67%、62.5%（表 5-8）。3 种木材腐朽菌的多态位点比率分别为火木层孔菌 73.91%，裂蹄木层孔菌 75%，木蹄层孔菌 66.67%（表 5-9）。CBHⅡ编码基因总体的多态位点比率为 72.31%，多态性较高，表明 3 种木材腐朽菌 CBHⅡ基因的遗传差异较高。从图 5-10（f）中能看出，火木层孔菌和木蹄层孔菌的电泳条带有一定的相似性，表明它们表达 CBHⅡ的基因存在一定的相似性。

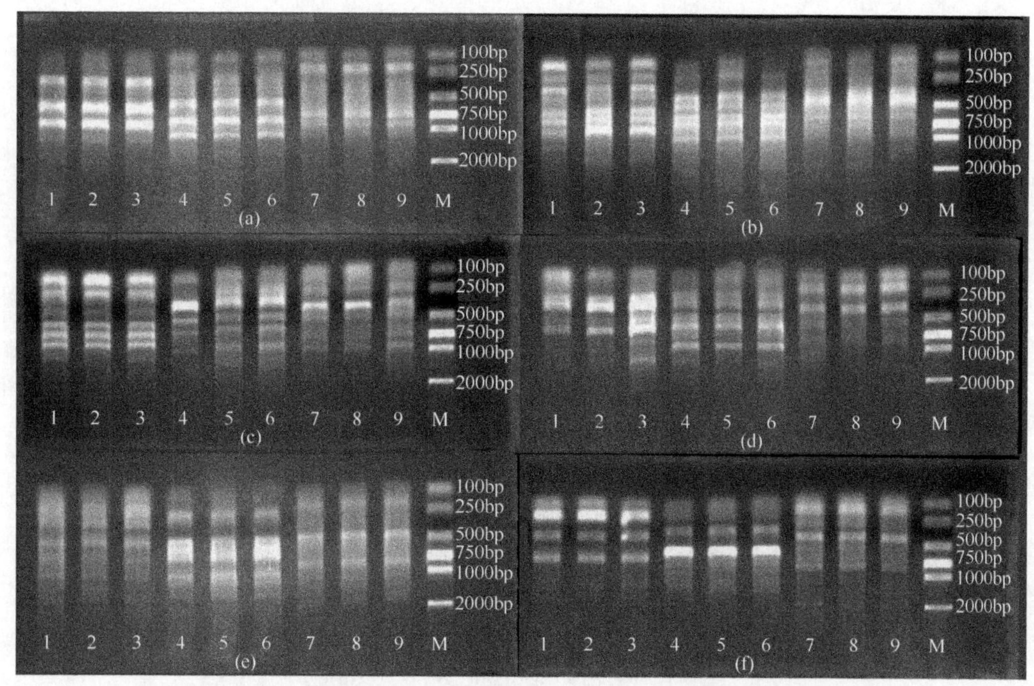

图 5-10 引物 CBHⅡ对 3 种木材腐朽菌 DNA 模板的扩增结果

1、2、3 为火木层孔菌，4、5、6 为裂蹄木层孔菌，7、8、9 为木蹄层孔菌，M 为 Marker

表 5-8 CBHⅡ编码基因引物 TRAP 标记产物多态分析

引物	菌种	条带总数	多态条带数	多态位点比率
CBHⅡ1-me1	火木层孔菌	3	2	66.67%
	裂蹄木层孔菌	3	2	
	木蹄层孔菌	3	2	
CBHⅡ1-me2	火木层孔菌	6	5	78.57%
	裂蹄木层孔菌	5	4	
	木蹄层孔菌	3	2	
CBHⅡ2-em2	火木层孔菌	6	5	78.57%
	裂蹄木层孔菌	4	3	
	木蹄层孔菌	4	3	
CBHⅡ2-em3	火木层孔菌	4	3	72.73%
	裂蹄木层孔菌	5	4	
	木蹄层孔菌	2	1	
CBHⅡ2-me1	火木层孔菌	1	0	66.67%
	裂蹄木层孔菌	5	4	
	木蹄层孔菌	3	2	
CBHⅡ2-me2	火木层孔菌	3	2	62.5%
	裂蹄木层孔菌	2	1	
	木蹄层孔菌	3	2	

表 5-9　3 种木材腐朽菌 CBH Ⅱ 编码基因 TRAP 标记产物多态分析

菌种	条带总数	多态条带数	多态位点比率
火木层孔菌	23	17	73.91%
裂蹄木层孔菌	24	18	75%
木蹄层孔菌	18	12	66.67%

3. CDH 编码基因引物的 TRAP-PCR 检测结果

图 5-11 中所用引物对分别为（a）CDH Ⅰ-em2，（b）CDH Ⅰ-me1，（c）CDH Ⅰ-me2。采用 TRAP 标记技术，用 3 对多态性较好的 CDH 编码基因引物扩增 3 种木材腐朽菌。电泳检测结果表明，总条带数为 40 条，其中多态性条带数为 25 条。3 对引物产生条带的多态位点比率分别为 53.85%、75%、60%（表 5-10）。3 种木材腐朽菌的多态位点比率分别为火木层孔菌 54.55%，裂蹄木层孔菌 70.59%，木蹄层孔菌 58.33%（表 5-11）。CDH 编码基因总体的多态位点比率为 62.5%，多态性较高，表明 3 种木材腐朽菌 CDH 基因的遗传差异较大。

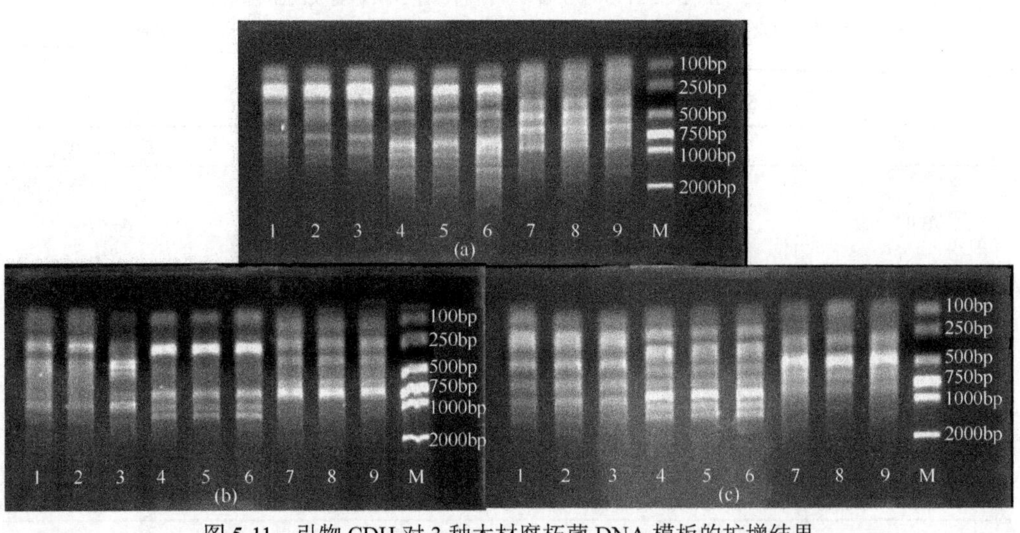

图 5-11　引物 CDH 对 3 种木材腐朽菌 DNA 模板的扩增结果

1、2、3 为火木层孔菌，4、5、6 为裂蹄木层孔菌，7、8、9 为木蹄层孔菌，M 为 Marker

表 5-10　CDH 编码基因引物 TRAP 标记产物多态分析

引物	菌种	条带总数	多态条带数	多态位点比率
CDH Ⅰ - em2	火木层孔菌	4	2	53.85%
	裂蹄木层孔菌	5	3	
	木蹄层孔菌	4	2	

续表

引物	菌种	条带总数	多态条带数	多态位点比率
CDH Ⅰ-me1	火木层孔菌	3	2	75%
	裂蹄木层孔菌	5	4	
	木蹄层孔菌	4	3	
CDH Ⅰ-me2	火木层孔菌	4	2	60%
	裂蹄木层孔菌	7	5	
	木蹄层孔菌	4	2	

表 5-11 3 种木材腐朽菌 CDH 编码基因 TRAP 标记产物多态分析

菌种	条带总数	多态条带数	多态位点比率
火木层孔菌	11	6	54.55%
裂蹄木层孔菌	17	12	70.59%
木蹄层孔菌	12	7	58.33%

4. EG 编码基因引物的 TRAP-PCR 检测结果

图 5-12 中所用引物对为 EG2-me2。采用 TRAP 标记技术，用 1 对多态性较好的 EG 编码基因引物扩增 3 种木材腐朽菌。电泳检测结果显示，总条带数为 11 条，其中多态性条带数为 8 条（表 5-12）。3 种木材腐朽菌的多态位点比率分别为火木层孔菌 66.67%，裂蹄木层孔菌 66.67%，木蹄层孔菌 80%（表 5-13）。EG 编码基因总体的多态位点比率为 72.73%，多态性较高，表明 3 种木材腐朽菌 EG 基因的遗传差异较大。

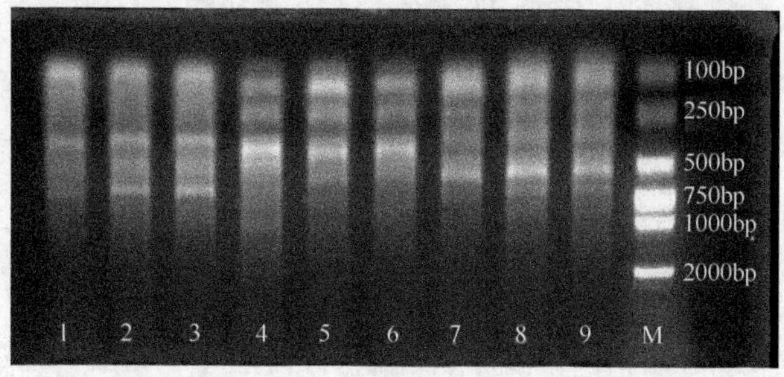

图 5-12 引物 EG2-me2 对 3 种木材腐朽菌 DNA 模板的扩增结果

1、2、3 为火木层孔菌，4、5、6 为裂蹄木层孔菌，7、8、9 为木蹄层孔菌，M 为 Marker

表 5-12 EG 编码基因引物 TRAP 标记产物多态分析

引物	菌种	条带总数	多态条带数	多态位点比率
EG2-me2	火木层孔菌	3	2	72.73%
	裂蹄木层孔菌	3	2	
	木蹄层孔菌	5	4	

表 5-13　3 种木材腐朽菌 EG 编码基因 TRAP 标记产物多态分析

菌种	条带总数	多态条带数	多态位点比率
火木层孔菌	3	2	66.67%
裂蹄木层孔菌	3	2	66.67%
木蹄层孔菌	5	4	80%

5. Lac 编码基因引物的 TRAP-PCR 检测结果

图 5-13 中所用引物对分别为（a）Lac1-em2，（b）Lac1-em3，（c）Lac1-me1，（d）Lac1-me2，（e）Lac2-em2，（f）Lac2-me2。采用 TRAP 标记技术，用 6 对多态性较好的 Lac 编码基因引物扩增 3 种木材腐朽菌。电泳检测结果显示，总条带数为 80 条，其中多态性条带数为 62 条（表 5-14）。6 对引物产生条带的多态位点比率分别为 78.57%、83.33%、81.25%、70%、76.92%、66.67%。3 种木材腐朽菌的多态位点比率分别为火木层孔菌 79.31%，裂蹄木层孔菌 79.31%，木蹄层孔菌 72.73%（表 5-15）。Lac 编码基因总体的多态位点比率为 77.5%，多态性较高，表明 3 种木材腐朽菌 Lac 基因的遗传差异较高。从图 5-13（c）中能看出，火木层孔菌和木蹄层孔菌的电泳条带有一定的相似性，表明它们表达 Lac 的基因存在一定的相似性。

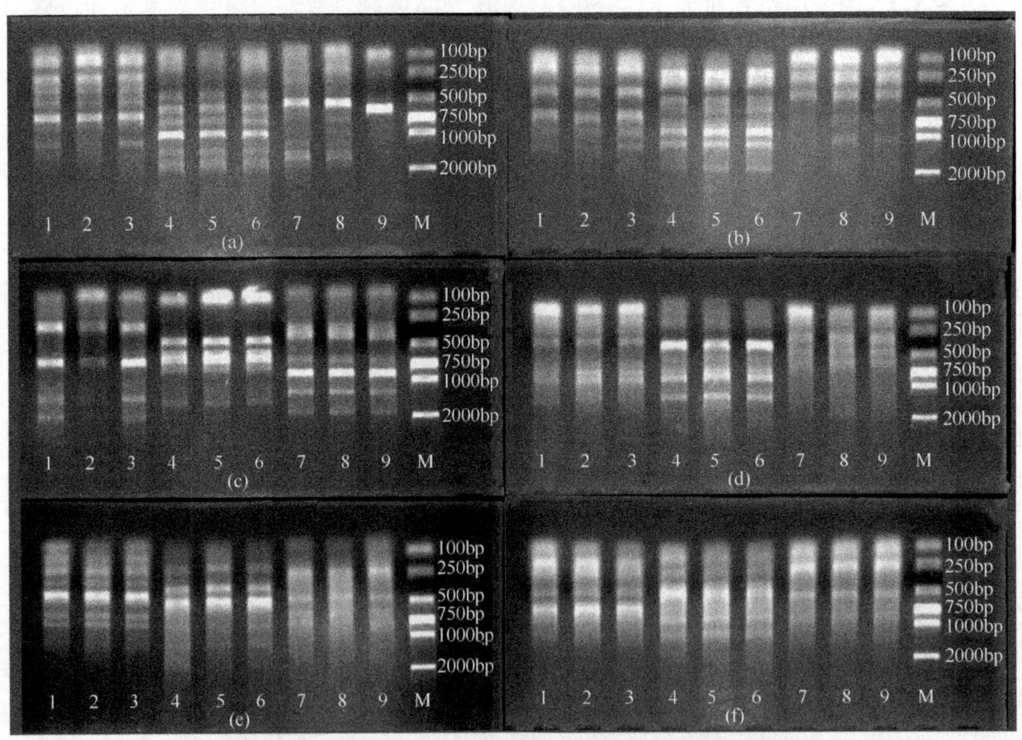

图 5-13　引物 Lac 对 3 种木材腐朽菌 DNA 模板的扩增结果

1、2、3 为火木层孔菌，4、5、6 为裂蹄木层孔菌，7、8、9 为木蹄层孔菌，M 为 Marker

表 5-14　Lac 编码基因引物 TRAP 标记产物多态分析

引物	菌种	条带总数	多态条带数	多态位点比率
Lac1-em2	火木层孔菌	6	5	78.57%
	裂蹄木层孔菌	6	5	
	木蹄层孔菌	2	1	
Lac1-em3	火木层孔菌	5	4	83.33%
	裂蹄木层孔菌	7	6	
	木蹄层孔菌	6	5	
Lac1-me1	火木层孔菌	5	4	81.25%
	裂蹄木层孔菌	5	4	
	木蹄层孔菌	6	5	
Lac1-me2	火木层孔菌	4	3	70%
	裂蹄木层孔菌	3	2	
	木蹄层孔菌	3	2	
Lac2-em2	火木层孔菌	6	5	76.92%
	裂蹄木层孔菌	5	4	
	木蹄层孔菌	2	1	
Lac2-me2	火木层孔菌	3	2	66.67%
	裂蹄木层孔菌	3	2	
	木蹄层孔菌	3	2	

表 5-15　3 种木材腐朽菌 Lac 编码基因 TRAP 标记产物多态分析

菌种	条带总数	多态条带数	多态位点比率
火木层孔菌	29	23	79.31%
裂蹄木层孔菌	29	23	79.31%
木蹄层孔菌	22	16	72.73%

6. LiP 编码基因引物的 TRAP-PCR 检测结果

图 5-14 中所用引物对分别为（a）LiP1-em2，（b）LiP1-em3，（c）LiP1-me1，（d）LiP1-me2，（e）LiP2-em2，（f）LiP2-em3，（g）LiP2-me1，（h）LiP2-me2。采用 TRAP 标记技术，用 8 对多态性较好的 LiP 编码基因引物扩增 3 种木材腐朽菌。电泳检测结果显示，总条带数为 94 条，其中多态性条带数为 67 条（表 5-16）。8 对引物产生条带的多态位点比率分别为 72.73%、40%、72.73%、62.5%、50%、81.25%、100%、81.25%。3 种木材腐朽菌的多态位点比率分别为火木层孔菌 64%，裂蹄木层孔菌 73.53%，木蹄层孔菌 74.29%（表 5-17）。LiP 编码基因总体的多态位点比率为 71.28%，多态性较高，表明 3 种木材腐朽菌 LiP 基因的遗传差异较高。

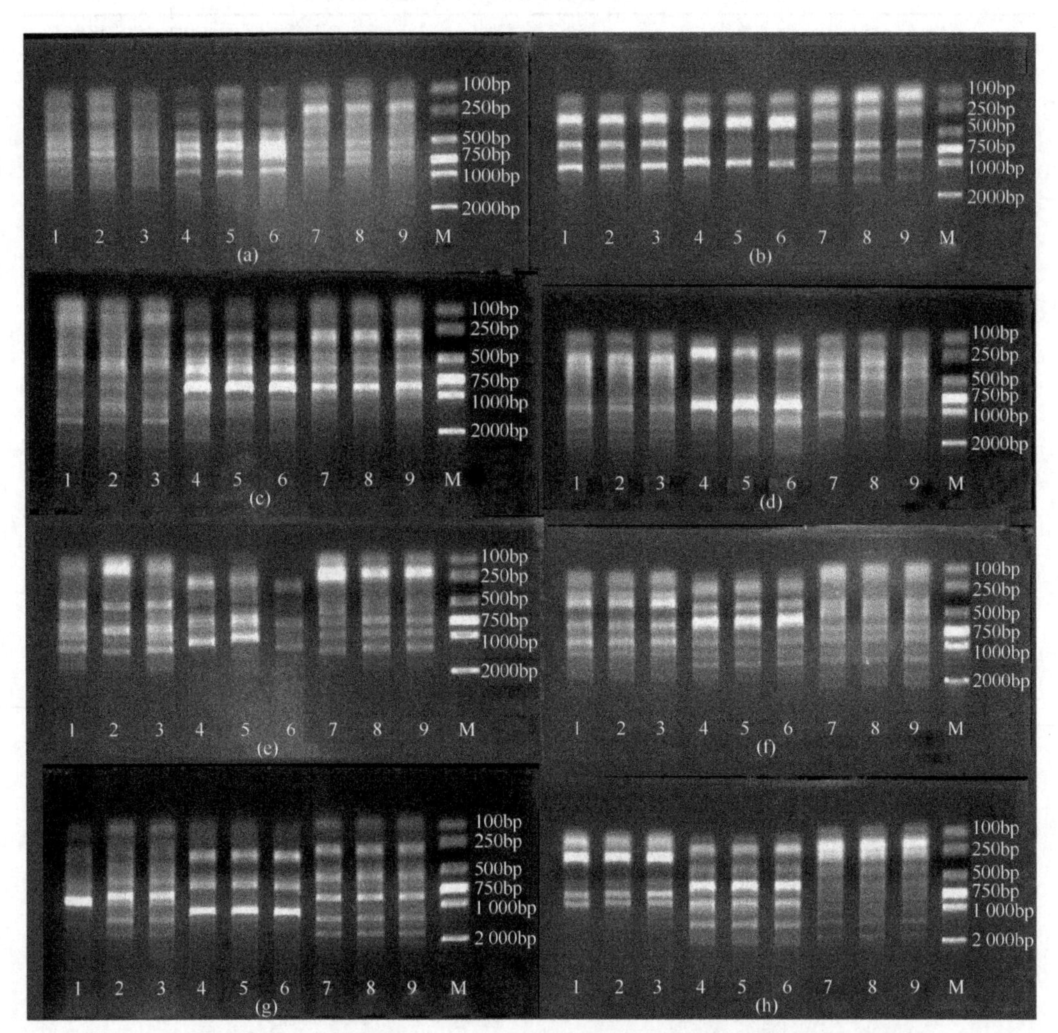

图 5-14　引物 LiP 对 3 种木材腐朽菌 DNA 模板的扩增结果

1、2、3 为火木层孔菌，4、5、6 为裂蹄木层孔菌，7、8、9 为木蹄层孔菌，M 为 Marker

表 5-16　LiP 编码基因引物 TRAP 标记产物多态分析

引物	菌种	条带总数	多态条带数	多态位点比率
LiP1-em2	火木层孔菌	1	0	72.73%
	裂蹄木层孔菌	6	5	
	木蹄层孔菌	4	3	
LiP1-em3	火木层孔菌	3	1	40%
	裂蹄木层孔菌	2	0	
	木蹄层孔菌	5	3	

续表

引物	菌种	条带总数	多态条带数	多态位点比率
LiP1-me1	火木层孔菌	3	2	72.73%
	裂蹄木层孔菌	4	3	
	木蹄层孔菌	4	3	
LiP1-me2	火木层孔菌	2	1	62.5%
	裂蹄木层孔菌	3	2	
	木蹄层孔菌	3	2	
LiP2-em2	火木层孔菌	4	2	50%
	裂蹄木层孔菌	4	2	
	木蹄层孔菌	4	2	
LiP2-em3	火木层孔菌	5	4	81.25%
	裂蹄木层孔菌	6	5	
	木蹄层孔菌	5	4	
LiP2-me1	火木层孔菌	2	2	100%
	裂蹄木层孔菌	3	3	
	木蹄层孔菌	5	5	
LiP2-me2	火木层孔菌	5	4	81.25%
	裂蹄木层孔菌	6	5	
	木蹄层孔菌	5	4	

表 5-17　3 种木材腐朽菌 LiP 编码基因 TRAP 标记产物多态分析

菌种	条带总数	多态条带数	多态位点比率
火木层孔菌	25	16	64%
裂蹄木层孔菌	34	25	73.53%
木蹄层孔菌	35	26	74.29%

7. MnP 编码基因引物的 TRAP-PCR 检测结果

图 5-15 中所用引物对为 MnP2-em2。采用 TRAP 标记技术，用 1 对多态性较好的 MnP 编码基因引物扩增 3 种木材腐朽菌。电泳检测结果显示，总条带数为 9 条，其中多态性条带数 6 条，见表 5-18。3 种木材腐朽菌的多态位点比率分别为火木层孔菌 66.67%，裂蹄木层孔菌 66.67%，木蹄层孔菌 66.67%，见表 5-19。MnP 编码基因总体的多态位点比率为 66.67%，多态性较高，表明 3 种木材腐朽菌 MnP 基因的遗传差异较大。

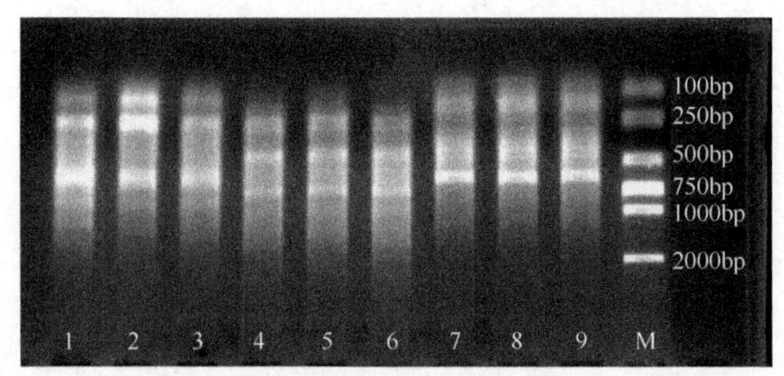

图 5-15 引物 MnP2-em2 对 3 种木材腐朽菌 DNA 模板的扩增结果

1、2、3 为火木层孔菌，4、5、6 为裂蹄木层孔菌，7、8、9 为木蹄层孔菌，M 为 Marker

表 5-18 MnP 编码基因引物 TRAP 标记产物多态分析

引物	菌种	条带总数	多态条带数	多态位点比率
MnP2-em2	火木层孔菌	3	2	66.67%
	裂蹄木层孔菌	3	2	
	木蹄层孔菌	3	2	

表 5-19 3 种木材腐朽菌 MnP 编码基因 TRAP 标记产物多态分析

菌种	条带总数	多态条带数	多态位点比率
火木层孔菌	3	2	66.67%
裂蹄木层孔菌	3	2	66.67%
木蹄层孔菌	3	2	66.67%

5.1.2.6 小结

实验采用 TRAP-PCR 标记技术检测 3 种木材腐朽菌的基因组 DNA 的遗传多样性。使用筛选出的 29 对条带清晰度较好的引物组合，扩增产物经电泳检测结果为，总条带数为 357 条，其中多态性条带数为 255 条，多态性条带的比率为 71.43%，平均每对引物扩增出的条带数为 12.31 条。多态位点比率最高值为 100%，最低值为 40%，条带的大小范围在 100～2000bp。

在检测扩增产物所得的电泳图谱中，火木层孔菌和木蹄层孔菌部分条带有一定的相似性，表明它们表达相关酶基因的相似性较大，说明其亲缘关系较近。

5.2 不同地点木蹄层孔菌 SRAP 分子标记遗传变异

5.2.1 实验材料

实验材料取自帽儿山、凉水、长白山、本溪 4 个地点。每个地点取 5 个样本的木蹄层孔菌子实体，分离培养得到纯菌丝，经筛选后用于 SRAP 的分子标记。

5.2.2　实验方法

5.2.2.1　木蹄层孔菌 DNA 的提取

（1）在 1.5ml 离心管中加入 700μl CTAB 抽提液和 20μl 巯基乙醇于 65℃预热；

（2）取适量木蹄层孔菌菌丝体，放入消毒过的研钵中，加入适量液氮迅速研磨，重复操作直至将样品研磨成白色粉末；

（3）取适量粉末移入事先 65℃预热的 CTAB 抽提液中，混匀，65℃恒温 30min，期间定时温和摇匀；

（4）加入 700μl 氯仿∶异戊醇（24∶1）轻轻摇匀，10 000r/min 离心 10min，小心吸取上层液体，再重复该操作 2 次；

（5）加入 700μl 异丙醇，混匀，室温沉淀 10min，10 000r/min 离心 10min，弃上清；

（6）70%乙醇洗涤沉淀 2 次，去除 DNA 表面的盐或试剂小分子物质，37℃气干；

（7）加入 50μl 灭菌的去离子水，使 DNA 充分溶解；

（8）0.7%琼脂糖凝胶电泳检测，以电压 90V 电泳约 20min。UPS 凝胶成像系统照相。

5.2.2.2　木蹄层孔菌 SRAP-PCR 反应体系的优化及引物组合的筛选

1. 单一因素变量优化 SRAP-PCR 反应体系

实验选取引物、Mg^{2+}、dNTP 3 个因素作为变量[3]，每个因素取 3 个变化水平。其他因素含量依次为 DNA：1.5μl，Buffer：2.5μl，*Taq* 酶：0.25μl，ddH_2O 体系总计 25μl（表 5-20）。实验所用的引物组合为 1～12（表 5-21），所用的 DNA 模板来自本溪。

表 5-20　单一因素变量表

体系	编号	引物（4μmol/L）	Mg^{2+}（25mmol/L）	dNTP（2.0mmol/L）
一	1	1.0μl	2.0μl	2.0μl
	2	1.5μl	2.0μl	2.0μl
	3	2.0μl	2.0μl	2.0μl
二	4	2.0μl	1.6μl	2.0μl
	5	2.0μl	1.8μl	2.0μl
	6	2.0μl	2.0μl	2.0μl
三	7	2.0μl	2.0μl	1.6μl
	8	2.0μl	2.0μl	1.8μl
	9	2.0μl	2.0μl	2.0μl

表 5-21 引物序列

	正向引物序列		反向引物序列		反向引物序列
1	TGAGTCCAAACCGGATA	9	5'-GACTGCGTACGAATTAAT-3'	17	5'-GACTGCGTACGAATTACG-3'
2	TGAGTCCAAACCGGAGC	10	5'-GACTGCGTACGAATTTGC-3'	18	5'-GACTGCGTACGAATTTAG-3
3	TGAGTCCAAACCGGAAT	11	5'-GACTGCGTACGAATTGAC-3'	19	5'-GACTGCGTACGAATTGTC-3'
4	TGAGTCCAAACCGGACC	12	5'-GACTGCGTACGAATTTGA-3'	20	5'-GACTGCGTACGAATTGGT-3'
5	TGAGTCCAAACCGGAAG	13	5'-GACTGCGTACGAATTAAC-3'	21	5'-GACTGCGTACGAATTCAG-3'
6	TGAGTCCAAACCGGTAG	14	5'-GACTGCGTACGAATTGCA-3'	22	5'-GACTGCGTACGAATTCTG-3'
7	TGAGTCCAAACCGGTTG	15	5'-GACTGCGTACGAATTATG-3'	23	5'-GACTGCGTACGAATTCGG-3'
8	TGAGTCCAAACCGGTCA	16	5'-GACTGCGTACGAATTAGC-3'	24	5'-GACTGCGTACGAATTCCA-3'

2. 设计优化 SRAP-PCR 反应体系

实验所采用的正交设计表为 L_9（3^3），即三因素三水平的正交设计表[4]。设计表如表 5-22 所示。

表 5-22 交设计表

编号	Mg^{2+}（25mmol/L）	dNTP（2.0mmol/L）	引物（4μmol/L）
1	1.6μl	1.6μl	1.0μl
2	1.6μl	1.8μl	1.5μl
3	1.6μl	2.0μl	2.0μl
4	1.8μl	1.6μl	1.5μl
5	1.8μl	1.8μl	2.0μl
6	1.8μl	2.0μl	1.0μl
7	2.0μl	1.6μl	2.0μl
8	2.0μl	1.8μl	1.0μl
9	2.0μl	2.0μl	1.5μl

实验所用的引物组合为 4～24（表 5-21），模板来自本溪地点，对于每一组重复一次。

3. 引物筛选方法

SRAP 引物是经文献检索得到，通过查找文献[5]，用于 SRAP-PCR 的正向引物序列为 8 个，反向引物序列为 16 个，组成 128 对引物组合，实验采用同一模板，筛选合适的引物对组合用于扩增木蹄层孔菌 SRAP-PCR 体系，选取条带丰富、多态性好的引物组合用于该反应体系。引物序列如表 5-21 所示。

5.2.2.3 分子标记 PCR 的反应程序

SRAP-PCR 反应体系扩增程序为 94℃预变性 5min。然后，先按 94℃变性 1min，35℃退火 1min，72℃延伸 1min，扩增 5 个循环。再将退火温度升至 50℃，扩增 35 个循环，最后 72℃延伸 10min。取 SRAP-PCR 扩增产物 6μl，进行 1.5%琼脂糖凝胶电泳。140V 恒压，20min，通过紫外凝胶成像系统观察并照相。

5.2.2.4 数据处理与统计分析方法

SRAP 分子标记是显性标记，不同样本同一引物扩增产物中电泳迁移率一致的条带被认为是共有带。电泳图谱中的每一条带（DNA 片段）均为一个分子标记，并代表一个引物结合位点。根据各分子标记的迁移率及其条带的有无统计得到所有位点的二元数据：有带（显性）记为 1，无带（隐性）记为 0，强带和弱带赋值均为 1，形成 SRAP 表型数据矩阵，并将 SRAP 标记视为表征性状。采用 POPGENE32 软件计算多态位点比率（PPB）、Shannon 信息多样性指数、有效等位基因数（ne）、Nei 遗传分化指数，遗传距离（*D*）和遗传一致度（*I*），应用 SPSS 软件构建各地区间木蹄层孔菌的遗传关系聚类图。

5.2.2.5 常用遗传参数

1. 多态位点比率

$$P=\frac{\text{多态位点数}}{\text{检测到的位点总数}}$$

2. Shannon 表形多样性指数

$$H=-\sum p_i\log_2 p_i$$

式中，p_i为 SRAP 表形频率，即某一扩增带出现的频率。

3. Nei 遗传分化指数

$$H=\sum_{i=1}^{n}(1-\sum_{j=1}^{m_i}q_{ij}^2)/n$$

式中，q_{ij}为第 i 个位点上第 j 个等位基因的频率；m_i为第 i 个位点上的等位基因数；n 为检测到的位点总数。

5.2.3 DNA 提取结果

图 5-16 为来自长白山、凉水、本溪、帽儿山 4 个地点的木蹄层孔菌的 DNA 提取图，图中的 DNA 经 RNA 酶处理过，从图中可以清晰地看出图中 RNA 条带较暗。

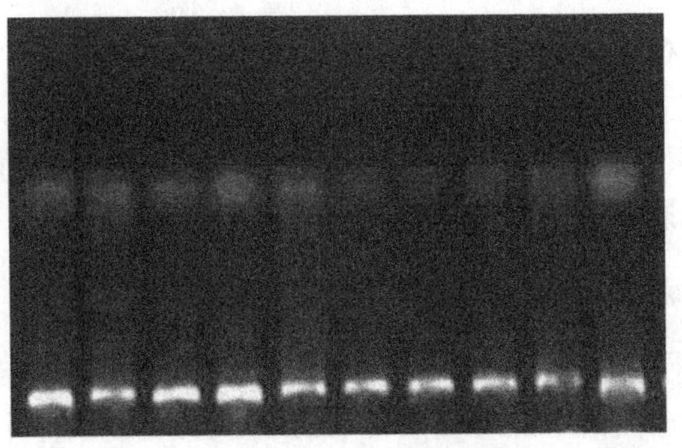

图 5-16　DNA 提取图

5.2.4　SRAP-PCR 反应体系的优化

5.2.4.1　单一因素变量优化反应体系

从体系一中可以看出随着引物浓度的增加条带逐渐清晰，编号 3 的浓度较适宜。从体系二中可以看出随着 Mg^{2+}浓度的增加，背景开始清晰，且出现多态性条带。在体系三中，7 的背景较模糊，且条带较少。8 和 9 背景都较清晰，条带也较清晰，说明此时条件较适合。从整体上看，各因素所选择的浓度范围都较合适，说明可以根据单一因素变量表中的实验数据用于后续正交实验的设计（图 5-17）。

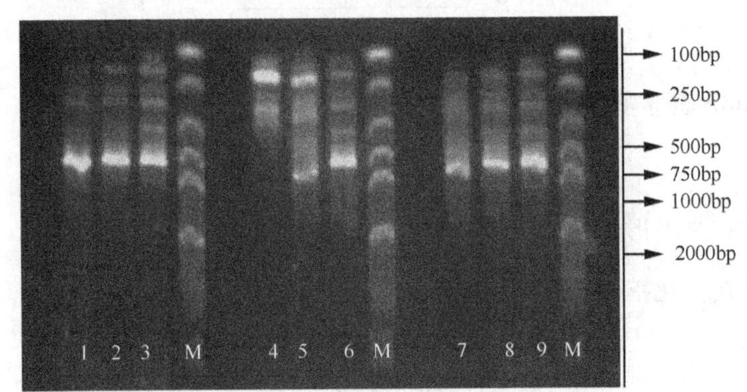

图 5-17　单一因素变量电泳图

泳道 1～3 为引物浓度梯度变化；4～6 为 Mg^{2+}浓度梯度变化；7～9 为 dNTP 浓度梯度变化

5.2.4.2　正交设计优化反应体系

图 5-18 为正交设计优化反应体系的电泳图，图中所列编号和正交设计表中的一致。M 代表 Marker，电泳图中上下编号相同者，为体系的一个重复。

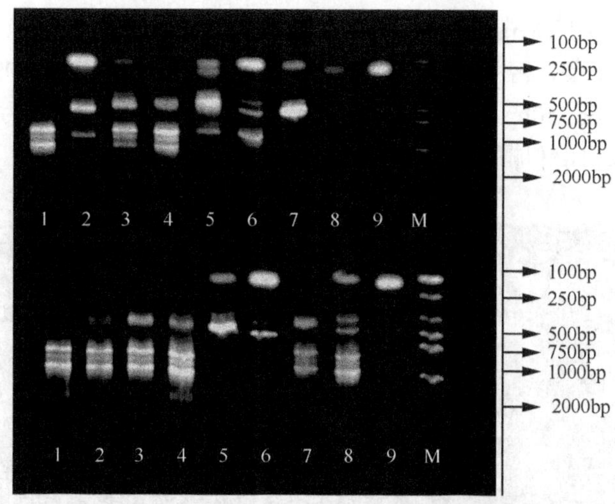

图 5-18 正交设计优化反应体系电泳图

从条带的清晰度、杂带的多少、背景的清晰度，以及重复性等几方面确立最佳反应体系为编号 3 的组合。即最佳反应体系：Mg^{2+}（25mmol/L）1.6μl，dNTP（2.0mmol/L）2.0μl，引物（4μmol/L）2.0μl，DNA 1.5μl，buffer（含 K^+）2.5μl，*Taq*（5U/μl）0.25μl，ddH_2O 13.15μl，体系总计 25μl。从图 5-18 中可以看到有的体系重复性不好，可能体系本身重复性不好，或者由于人为因素的原因。由于每个体系因素的含量都不同，所以不能进行混样，这样会给实验造成误差。因此在进行体系优化时，需要进行多次实验来验证所得到的结果是否为反应的最佳体系。

5.2.5 木蹄层孔菌 SRAP 分子标记的分析

5.2.5.1 木蹄层孔菌地点间 SRAP 标记电泳结果

在图 5-19 中，由引物 me2-em15 扩增 4 个产地的 20 个样本共得到 106 条扩增条带，其中多态性条带 15 条，占 14.2%。长白山 1、2 号样本在 1000bp、750bp 处无电泳条带。本溪菌株 12、13、14 号样本在 120bp、300bp、500bp 和 1000bp 处无特征性条带。

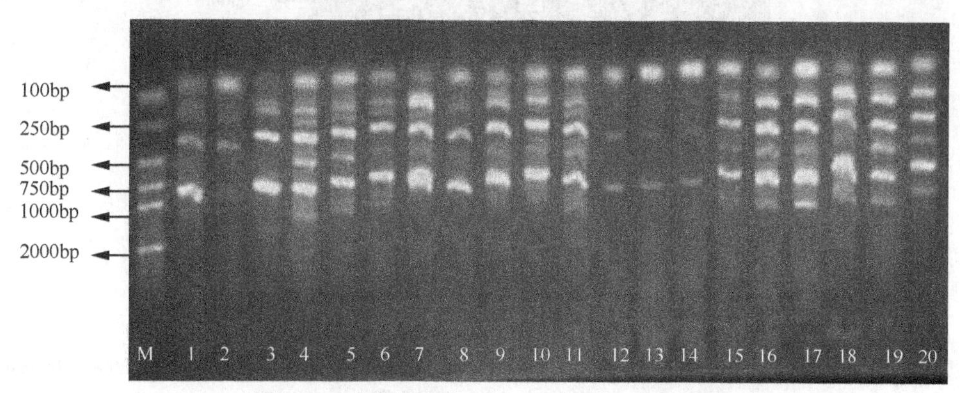

图 5-19 引物组合 me2-em15 分子标记电泳图

泳道 1～5 为长白山地点的木蹄层孔菌；6～10 为凉水地点的木蹄层孔菌；11～15 为本溪地点的木蹄层孔菌；16～20 为帽儿山地点的木蹄层孔菌

在图 5-20 中，由引物 me8-em24 扩增 4 个产地的 20 个样本共得到 110 条扩增条带，其中多态性条带 23 条，占 20.9%。帽儿山地点的木蹄层孔菌在 1500bp 处有一条特征带，凉水地点菌株在 750bp、500bp 和 400bp 处缺少特征性条带。在引物 me8-em24 扩增出的结果中，长白山和帽儿山地点菌株条带较丰富。

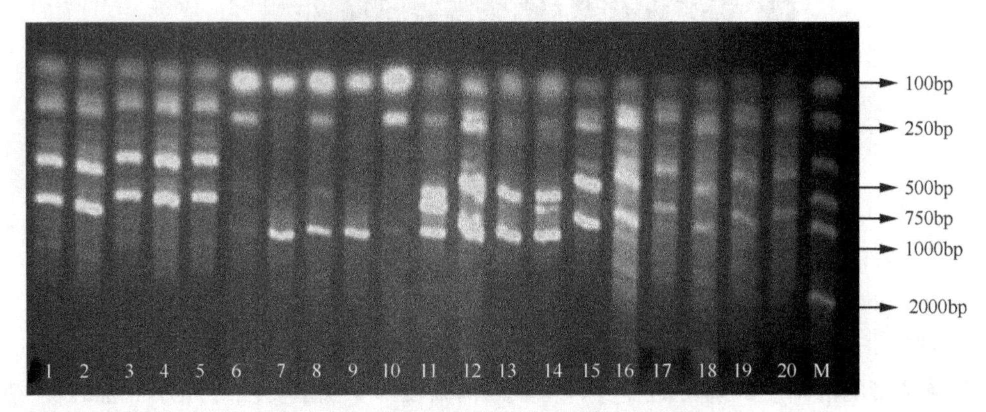

图 5-20 引物组合 me8-em24 分子标记电泳图

泳道 1～5 为长白山地点的木蹄层孔菌；6～10 为凉水地点的木蹄层孔菌；11～15 为本溪地点的木蹄层孔菌；16～20 为帽儿山地点的木蹄层孔菌

在图 5-21 中，由引物 me5-em20 扩增 4 个产地的 20 个样本共得到 117 条扩增条带，其中多态性条带 22 条，占 18.8%。长白山 1 号样本在 1000bp 和 750bp 处无电泳条带。在引物 me8-em24 扩增出的结果中，各地点菌株条带均较丰富。

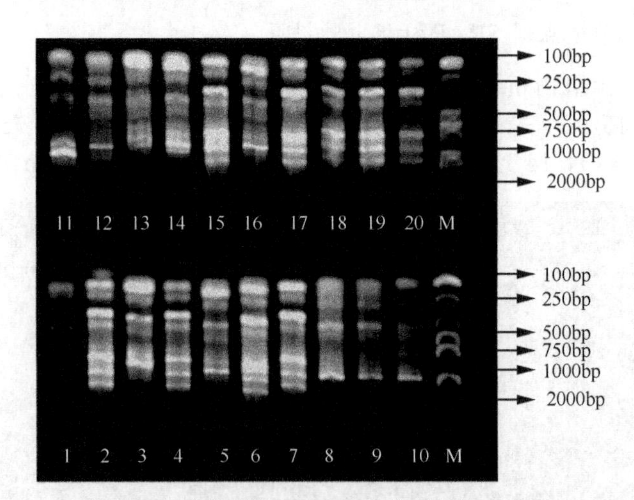

图 5-21 引物组合 me5-em20 分子标记电泳图

泳道 1～5 为长白山地点的木蹄层孔菌；6～10 为凉水地点的木蹄层孔菌；11～15 为本溪地点的木蹄层孔菌；16～20 为帽儿山地点的木蹄层孔菌

在图 5-22 中，由引物 me3-em23 扩增 4 个产地的 20 个样本共得到 64 条扩增条带，其中多态性条带 7 条，占 10.94%。长白山地点的木蹄层孔菌在 750bp 和 300bp 处无电泳条带。本溪 13、14 号样本在 1700bp 和 250bp 处无电泳条带。帽儿山 19 号样本在 750bp 处无电泳条带。

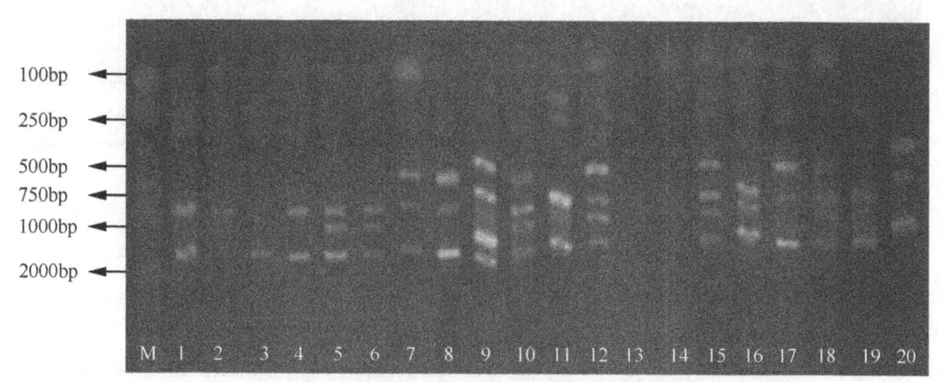

图 5-22　引物组合 me3-em23 分子标记电泳图

泳道 1～5 为长白山地点的木蹄层孔菌；6～10 为凉水地点的木蹄层孔菌；11～15 为本溪地点的木蹄层孔菌；16～20 为帽儿山地点的木蹄层孔菌

在图 5-23 中，由引物 me2-em20 扩增 4 个产地的 20 个样本共得到 81 条扩增条带，其中多态性条带 14 条，占 17.3%。帽儿山地点的木蹄层孔菌在 1000bp 处有 1 条特征性条带。

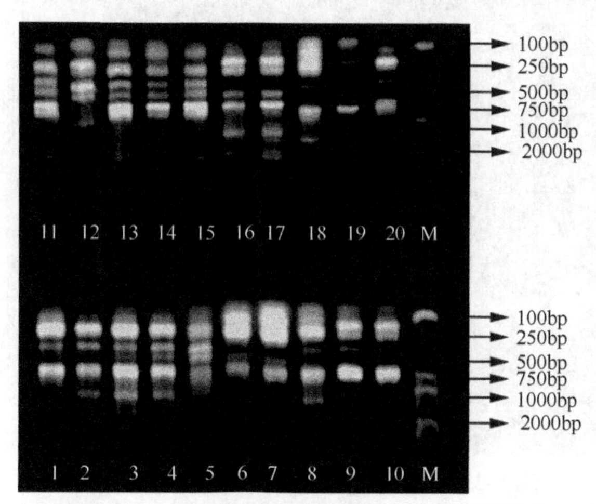

图 5-23　引物组合 me2-em20 分子标记电泳图

泳道 1～5 为长白山地点的木蹄层孔菌；6～10 为凉水地点的木蹄层孔菌；11～15 为本溪地点的木蹄层孔菌；16～20 为帽儿山地点的木蹄层孔菌

在图 5-24 中，由引物 me2-em17 扩增 4 个产地的 20 个样本共得到 70 条扩增条带，其中多态性条带 13 条，占 18.6%。长白山地点的木蹄层孔菌在 750bp 处无电泳条带。凉水 9 号样本在 1000bp 和 250bp 处无电泳带。

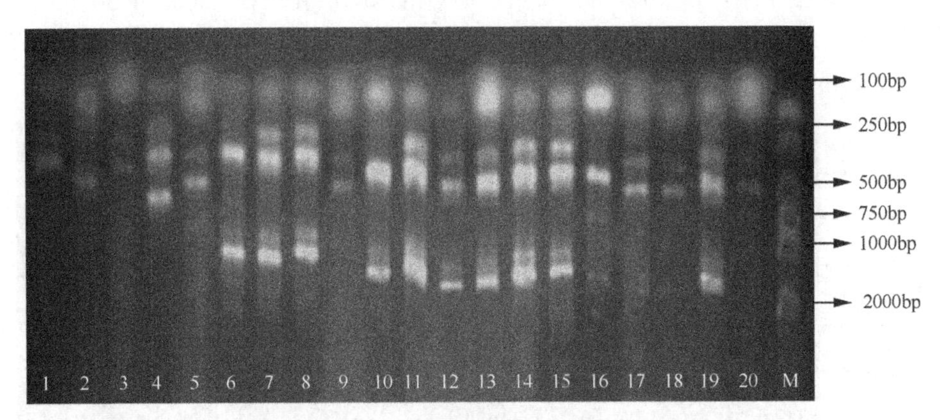

图 5-24 引物组合 me2-em17 分子标记电泳图

泳道 1～5 为长白山地点的木蹄层孔菌；6～10 为凉水地点的木蹄层孔菌；11～15 为本溪地点的木蹄层孔菌；16～20 为帽儿山地点的木蹄层孔菌

在图 5-25 中，由引物 me2-em19 扩增 4 个产地的 20 个样本共得到 94 条扩增条带，其中多态性条带 18 条，占 19.1%。长白山地点的木蹄层孔菌在 150bp 处无电泳条带，凉水 7、8 号样本在 750bp、200bp、100bp 处均无电泳带。

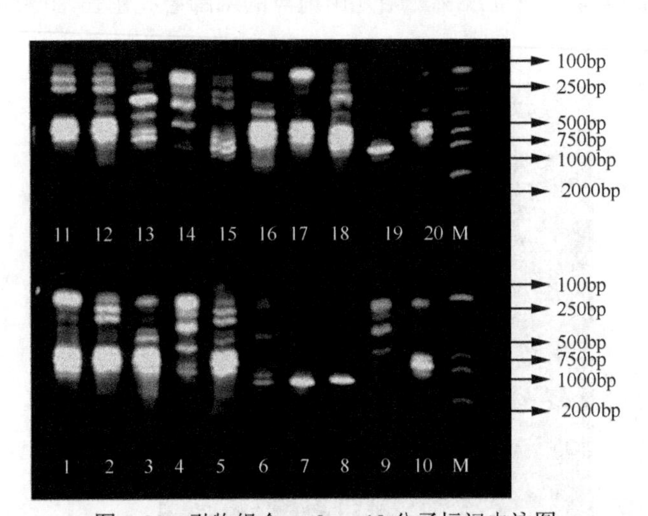

图 5-25 引物组合 me2-em19 分子标记电泳图

泳道 1～5 为长白山地点的木蹄层孔菌；6～10 为凉水地点的木蹄层孔菌；11～15 为本溪地点的木蹄层孔菌；16～20 为帽儿山地点的木蹄层孔菌

在图 5-26 中，由引物 me3-em21 扩增 4 个产地的 20 个样本共得到 67 条扩增条带，其中多态性条带 15 条，占 22.4%。帽儿山样本在 1500bp 和 1000bp 处无电泳条带。在引物 me3-em21 扩增出的结果中，凉水地点菌株条带相对丰富。

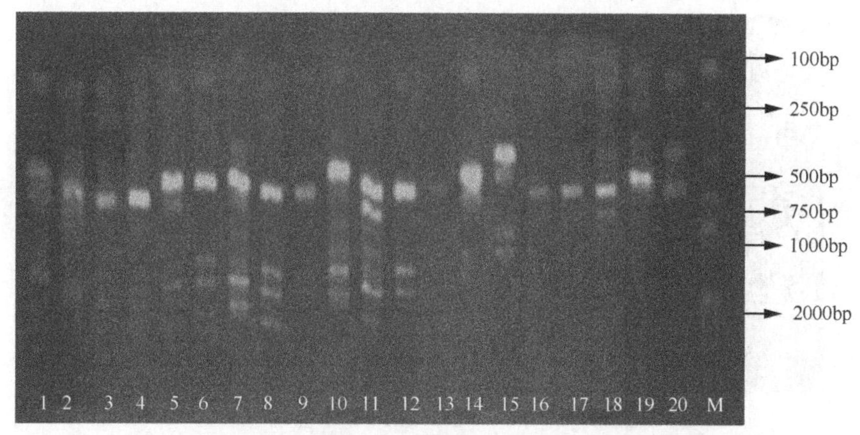

图 5-26 引物组合 me3-em21 分子标记电泳图

泳道 1～5 为长白山地点的木蹄层孔菌；6～10 为凉水地点的木蹄层孔菌；11～15 为本溪地点的木蹄层孔菌；16～20 为帽儿山地点的木蹄层孔菌

在图 5-27 中，由引物 me1-em10 扩增 4 个产地的 20 个样本共得到 85 条扩增条带，其中多态性条带 12 条，占 14.1%。凉水地点菌株在 1800bp 和 300bp 处有 2 条特征性条带。可以看出在引物 me1-em10 扩增出的结果中，长白山和凉水地点菌株条带相对丰富。

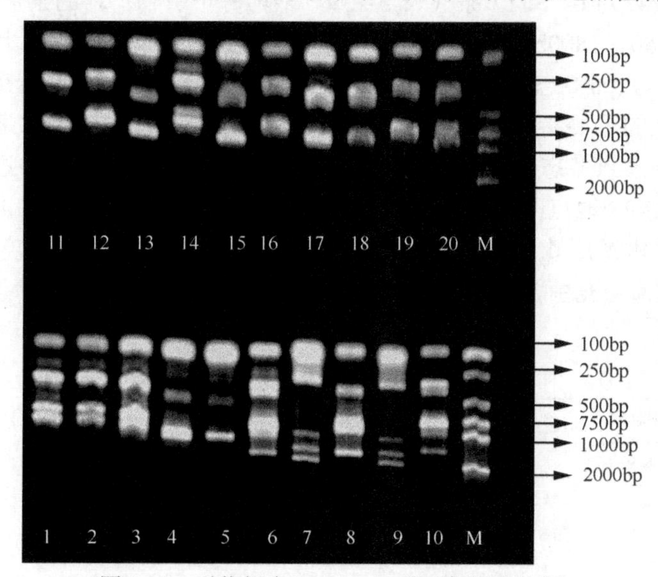

图 5-27 引物组合 me1-em10 分子标记电泳图

泳道 1～5 为长白山地点的木蹄层孔菌；6～10 为凉水地点的木蹄层孔菌；11～15 为本溪地点的木蹄层孔菌；16～20 为帽儿山地点的木蹄层孔菌

在图 5-28 中，由引物 me4-em14 扩增 4 个产地的 20 个样本共得到 112 条扩增条带，其中多态性条带 24 条，占 21.4%。长白山地点的木蹄层孔菌在 1500bp 处无电泳条带，凉水地点菌株在 1200bp 和 300bp 处有 3 条特征性条带，本溪地点样本在 400bp 和 450bp 处有 2 条特征带，帽儿山样本在 500bp 处无电泳条带。可以看出在引物 me4-em14 扩增出的结果中，凉水和本溪地点菌株条带较丰富。

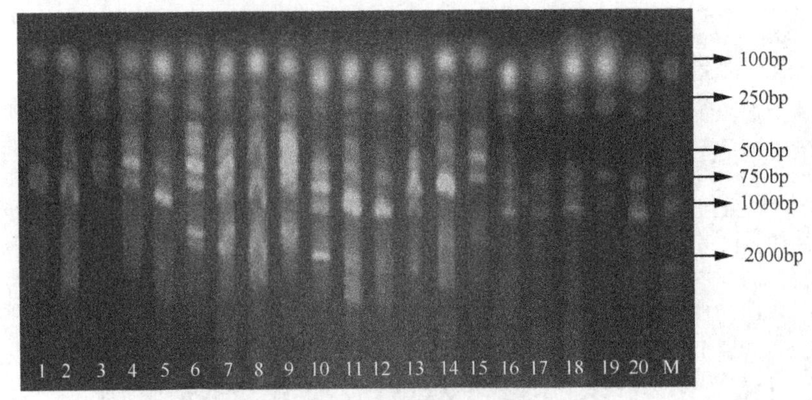

图 5-28 引物组合 me4-em14 分子标记电泳图

泳道 1～5 为长白山地点的木蹄层孔菌；6～10 为凉水地点的木蹄层孔菌；11～15 为本溪地点的木蹄层孔菌；16～20 为帽儿山地点的木蹄层孔菌

5.2.5.2 木蹄层孔菌地点间 SRAP 标记遗传多样性分析

对凉水、本溪、长白山、帽儿山 4 个地点的 20 个木蹄层孔菌样本进行了 SRAP-PCR 分析。用筛选的 10 对 SRAP 引物对共扩增出 906 条条带，其中 163 条具多态性，每个引物扩增的条带数为 64～117 条（表 5-23），平均每个引物扩增的条带数为 90.6 条，扩增的条带在 150～1800bp。所谓多态位点是指在该位点上扩增 DNA 片段出现的频率小于 0.99 的位点，而多态位点比率是衡量物种遗传变异水平高低的一个重要指标，是度量遗传多样性的重要参数。一个地点多态位点比率高说明这个地点适应环境能力较强；反之，一个地点多态位点比率低，适应环境的能力弱，在长期的进化过程中有被淘汰的可能性。4 个地点间的木蹄层孔菌多态位点比率在 8.34%～17.14%（表 5-24），表明不同地点的木蹄层孔菌间具有较高的多态位点比率，地点间存在较大的遗传变异。4 个地点内的木蹄层孔菌多态位点比率在 5.49%～8.25%。

表 5-23 10 个引物扩增的多态位点

引物对序号	多态位点数	总位点数
1-10	12	85
2-15	15	106
2-17	13	70
2-19	18	94
2-20	14	81
3-21	15	67
3-23	7	64
4-14	24	112
5-20	22	117
8-24	23	110
总计	163	906

表 5-24　4 个地点木蹄层孔菌遗传变异比较

地点	地点内多态位点	地点内多态位点比率	地点间多态位点	地点间多态位点比率
本溪	17	8.25%	37	17.14 %
帽儿山	16	7.84%	31	15.21 %
凉水	14	5.83%	24	10.35 %
长白山	13	5.49%	19	8.34 %

由于国内外对木蹄层孔菌及木蹄层孔菌的近缘种分子标记遗传多样性研究较少，所以要对木蹄层孔菌遗传多样性高低进行评价缺少一定的可比性。一个物种或群体的遗传多态性大小是其生存（适应）和发展（进化）的前提。

5.2.5.3　木蹄层孔菌的遗传变异与遗传分化

根据 SRAP 扩增情况，本研究分别采用 Nei 指数和 Shannon 指数两种表型多样性指数来估计各个地点的遗传多样性水平高低。其中，Shannon 指数（I）为 0.2037～0.2856；其中，本溪的多样性指数最高，为 0.2856；长白山多样性指数最低，为 0.2037；地点间的 Shannon（I）平均值为 0.2438。用 Shannon 指数（I）估计 4 个地点的遗传多样性水平为本溪＞帽儿山＞凉水＞长白山。

Nei 指数（h）为 0.1538～0.2178，其中本溪的多样性指数最高，为 0.2178；长白山多样性指数最低，为 0.1538，平均 Nei 指数（h）为 0.1849。从 Shannon 遗传多样性指数和多态位点比率看，本溪都较高。

有效等位基因数 Ne，是衡量地点遗传多样性的一个重要参数，它的高低在一定程度上反映地点的多样性。4 个地点所有位点有效等位基因数 Ne 的平均数为 1.1222，观察的等位基因数 Na 的平均数为 1.130，反映不同地点间具有丰富的遗传多样性（表 5-25）。

表 5-25　4 个地点木蹄层孔菌遗传变异比较

地点	等位基因数 Na	有效等位基因数 Ne	Shannon 指数（I）	Nei 指数（h）
本溪	1.1423	1.1358	0.2856	0.2178
帽儿山	1.1367	1.1302	0.2471	0.1936
凉水	1.1226	1.1174	0.2389	0.1747
长白山	1.1169	1.1054	0.2037	0.1538

5.2.5.4　木蹄层孔菌不同地点间遗传一致度和遗传距离

遗传一致度常用来判断群体之间的亲缘关系。当遗传一致度为 0 时，表明两个群体完全不一样，无亲缘关系；当遗传一致度为 1 时，表明两个群体完全一样。由表 5-26 可知，不同木蹄层孔菌地点间的遗传一致度为 0.5342～0.7376，其平均值为 0.6144，这表明各地点之间的亲缘关系较近，但不完全一样，存在着一定的遗传变异。其中，帽儿山和本溪菌种间的遗传一致度较大，而本溪和凉水菌种间的遗传一致度较小。由遗传距离可知，本溪和帽儿山菌种间的遗传距离较小，本溪和凉水菌种间的遗传距离较大，这说明遗传距离较小时，相应的遗传一致度较大；反之，遗传距离较大时，相应的遗传一致度较小。

表 5-26　4 个地区木蹄层孔菌种群间遗传距离（下三角）和遗传一致度分析（上三角）

地点	帽儿山	凉水	长白山	本溪
帽儿山	—	0.6216	0.6836	0.7376
凉水	0.4281	—	0.5379	0.5342
长白山	0.3135	0.4623	—	0.5716
本溪	0.2628	0.4654	0.3787	—

利用 SRAP 标记数据计算品种间的遗传相似系数矩阵，将 PopGen32 软件根据 Nei's 生成的遗传距离数据代入 SPSS 软件中，构建群体遗传关系聚类图（图 5-29）。利用 SRAP 标记揭示的遗传相似系数对 4 个地区木蹄层孔菌进行聚类分析，根据得到的遗传距离的大小得到聚类关系图。聚类分析结果为，来自帽儿山和本溪的木蹄层孔菌聚为一类，然后和来自长白山的木蹄层孔菌聚为一类，而来自凉水的木蹄层孔菌与其他地区木蹄层孔菌差异较大。

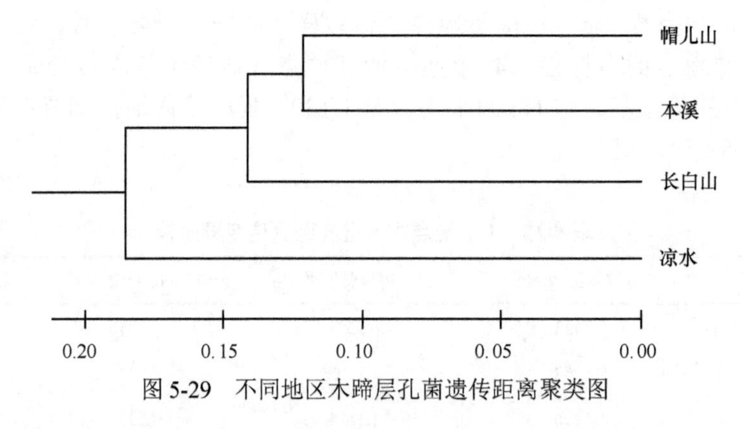

图 5-29　不同地区木蹄层孔菌遗传距离聚类图

5.2.6　讨论

（1）DNA 浓度和纯度对 PCR 结果都会有一定影响：DNA 浓度过低，可能导致扩增结果不稳定及扩增条带模糊；浓度过高，则可能使引物或 dNTPs 过早耗尽，底物过量扩增，过早进入线性阶段，出现扩增结果不稳定的假象。所以我们在进行实验时需选取合适浓度的 DNA 作为反应的模板。

（2）在进行单一因素实验时发现，当 Mg^{2+}为 2.0μl，dNTP 为 2.0μl，引物为 2.0μl

时实验结果都较好。但是通过正交实验发现若以上 3 个因素都选择 2.0μl，却不是反应的最佳体系，说明各因素有交互作用，所以优化体系选择正交的方法是很有必要的。

（3）实验经筛选，每个地点只选择了 5 个样本，可能会由于个体的差异，给实验结果带来偏差。所以要想使实验结果更准确，需要扩大样本数量，并且可以结合其他分子标记方法，如 RAPD 分子标记等进行鉴定，或者可以采用形态学方法进行辅助。

（4）实验中所用的是 1.5%的琼脂糖凝胶电泳进行 PCR 产物的检测。由于在此浓度下可以发现差异条带，且条带较为丰富，所以没有选用聚丙烯酰胺凝胶电泳进行产物的检测。

（5）由于分子实验受环境的影响较大，因此为了提高实验结果的可重复性，①引物应尽量采用同一批次的，即一次购买的引物应该足够完成本次实验；②使用不同型号的 PCR 仪会对实验结果产生影响，所以最好使用同一台 PCR 仪进行实验；③在进行 PCR 加样时，地点要远离 PCR 仪，因为 PCR 仪附近可能会存在其他的 DNA，使实验体系受到污染，影响结果的准确性。

（6）实验所用到的 DNA 质量对实验结果的影响很大，为防止 DNA 降解，DNA 一定要在-20℃冷冻保存。

（7）在 PCR 的过程中，应尽量使用矿物油对反应物进行封存，使离心管中的样品在整个 PCR 的过程中不至于蒸发过多。在点样的过程中，尽量少吸取石蜡，防止造成电泳液的污染，降低电泳液的使用量，同时离心管应尽量吸干净，防止样品的损失。

5.2.7 小结

采用 SRAP 分子标记法研究长白山、凉水、本溪、帽儿山 4 个地点木蹄层孔菌的遗传多样性，并用 POPGENE32 软件分析得到 SRAP 表型数据矩阵。每对引物扩增的总条带在 64～117 条，片段大小为 150～1800bp，平均每对引物可以产生 90.6 个条带，16.8 个多态性条带。

通过计算多态位点比率，衡量各地点木蹄层孔菌遗传变异水平，发现 4 个地点间的木蹄层孔菌多态位点比率在 8.34%～17.14%。其中本溪的多态位点比率最高为 17.14%，长白山的多态位点比率最低为 8.34%。4 个地点的多态位点比率由大到小的顺序为本溪、帽儿山、凉水、长白山。4 个地点间的平均多态位点比率为 12.74%，而地点内的多态位点比率为 6.85%。由此可见，木蹄层孔菌的遗传变异主要存在于地点间，相比之下，地点内的多态位点比率相对要小得多，而且其变化幅度也较小。

通过 Nei 指数和 Shannon 指数两种表型多样性指数所估算的各地点木蹄层孔菌的遗传变异结果是基本一致的，都表明长白山多样性指数最低，本溪的多样性指数最高。从聚类分析图中可知：来自帽儿山和本溪的木蹄层孔菌聚为一类，然后和来自长白山的木蹄层孔菌聚为一类，而来自凉水的木蹄层孔菌与其他地区木蹄层孔菌差异较大。

5.3 不同地点桦剥管菌的 TRAP 和 SRAP 分子标记遗传变异

5.3.1 材料与方法

5.3.1.1 实验材料

实验材料取自大兴安岭、小兴安岭、帽儿山、长白山四个地点，每个地点分别采集 3、5、5、2 个菌株，共 15 个子实体。分别取子实体分离培养得到纯菌种。对已经纯化培养获得的菌种进行扩大繁殖，以得到足够多量的菌丝体，用于遗传多样性的分析。

5.3.1.2 实验方法

1. 真菌 DNA 的提取

为了获得高纯度的真菌 DNA，本实验采取 4 种常见的 DNA 提取方法并对结果进行对比分析，以找到桦剥管菌最佳的 DNA 提取方法。其中，提取方法包括：传统的 CTAB 法、改良的 CTAB 法、植物基因组 DNA 试剂盒法、真菌基因组 DNA 试剂盒法。

1）传统的 CTAB 法

传统的 CTAB 法提取基因组 DNA 的方法参见 Jr 和 Via[6]。

2）改良的 CTAB 法

在 CTAB 法基础上，主要在 2% CTAB 提取液中加入 2%的 PVP、β-巯基乙醇，及对异丙醇进行–20℃预冷，具体方法参见王桂娥等[7]论文。

3）真菌基因组 DNA 试剂盒法

真菌基因组 DNA 试剂盒法提取 DNA 具体步骤见康为世纪生物科技有限公司的说明书。

4）植物基因组 DNA 试剂盒法

植物基因组 DNA 试剂盒法提取 DNA 具体步骤见 OMEGA 的 E.Z.N.A Plant DNA Kit 的说明书。

2. DNA 的检测

琼脂糖凝胶电泳检测：取 5μl DNA 样品与 1μl 6×loading buffer 混匀后，于 1.0%琼脂糖凝胶电泳检测，并用凝胶成像系统观察、拍照，以大致确定是否成功提取到 DNA。

紫外可见分光光度计检测：取 1μl DNA 样品用灭菌的双蒸水（dd H_2O）稀释 200 倍，于紫外可见分光光度计（岛津 UV-1800）上测其 260nm、280nm、230nm 处吸光值，以及 OD_{260}/OD_{280} 值，以确定提取到的 DNA 纯度及浓度。

DNA 浓度运算公式为 DNA 浓度（ng/μl）=50×OD_{260} 吸光值×稀释溶液倍数/样本重量。DNA 纯度的评判标准为 OD_{260}/OD_{280}=1.6～1.9 时说明 DNA 纯度比较高，比值若小于 1.6 表明 DNA 样品中残留了较多的蛋白质，比值若大于 1.9 表明样品中含有较多的 RNA；OD_{260}/OD_{230} 值通常应大于 2.0，如果比值过小则说明 DNA 样品中有盐、酚等物质的残留。

3. 引物设计

本实验共设计 2 组引物，分别用于 TRAP 以及 SRAP 两种分子标记技术。由于两种分子标记技术的原理有些差别，因此分别对引物进行合成。

TRAP 分子标记：实验选用与桦剥管菌腐朽木材相关的纤维素和半纤维降解相关酶为靶标酶基因序列，设计用于 TRAP 标记的固定引物。其中包括外切纤维素酶Ⅰ（T1、T2）、外切纤维素酶Ⅱ（T3、T4）、纤维二糖脱氢酶（T5、T6）、内切纤维素酶（T7、T8）、β-葡萄糖苷酶（T9、T10）、木聚糖酶（T11、T12）、甘露聚糖酶（T13、T14）及半乳糖苷酶（T15、T16），以及 6 条随机引物。因此，该实验中共设计 96 对引物，通过预实验筛选 TRAP 扩增后产生多态性较好条带的引物用于实验。固定和随机引物信息见表 5-27。

表 5-27　两种分子标记技术的引物信息

分子标记种类	引物名称	引物序列（5′—3′）
TRAP	T1	ATCTGCGACAAGGACGG
	T2	GGGTGACGACGGTAACTT
	T3	AGTCAACGGTCGGGGA
	T4	GAACTGGGTCTGCTACCG
	T5	TCAACGACAACCCCGAC
	T6	GTCGGGGTTGTCGTTGA
	T7	ACGAGCCGCACGACAT
	T8	TCGTGCGGCTCGTTCAT
	T9	GTGGAAGGTGCTGCGGTA
	T10	CAGGGAGGCGGAGTGG
	T11	CTACAACCTGCCTCCCT
	T12	CTACAACCTGCCTCCCT
	T13	CGAGCCATAACGCCAGAA
	T14	CCTGCGAGGAATCAACT
	T15	GTCGCCCGCCATCTTCT
	T16	CCCAACCATCTCGTCTCCA
SRAP	em1	GACTGCGTACGAATTAAT
	em2	GACTGCGTACGAATTTGC
	em3	GACTGCGTACGAATTGAC
	me1	TGAGTCCAAACCGGTAT
	me2	TGAGTCCAAACCGGAGC
	me3	TGAGTCCAAACCGGAAT
	me1	TGAGTCCAAACCGGATA
	me2	TGAGTCCAAACCGGAGC
	me3	TGAGTCCAAACCGGAAT

续表

分子标记种类	引物名称	引物序列（5′—3′）
SRAP	me4	TGAGTCCAAACCGGACC
	me5	TGAGTCCAAACCGGAAG
	me6	TGAGTCCAAACCGGTAA
	me7	TGAGTCCAAACCGGTCC
	me8	TGAGTCCAAACCGGTGC
	em1	GACTGCGTACGAATTAAT
	em2	GACTGCGTACGAATTTGC
	em3	GACTGCGTACGAATTGAC
	em4	GACTGCGTACGAATTTGA
	em5	GACTGCGTACGAATTAAC
	em6	GACTGCGTACGAATTGCA
	em7	GACTGCGTACGAATTCAA
	em8	GACTGCGTACGAATTCTG
	em9	GACTGCGTACGAATTCGA
	em10	GACTGCGTACGAATTCAG
	em11	GACTGCGTACGAATTCCA

SRAP分子标记：通过独特的双引物设计对基因的可读框的特定区域进行扩增。上游引物对外显子区域进行特异扩增，下游引物对内含子区域、启动子区域进行特异扩增。因不同个体以及物种的内含子、启动子与间隔区长度不同而产生多态性。本实验的引物信息见表5-27。

4. 真菌基因池DNA的构建

将提取的15个桦剥管菌DNA样品等量混合成基因池，保证混合基因池中DNA的终浓度为10ng/μl。

5. PCR反应体系的优化

以吕世翔[1]、曹宇[8]、王玉英等[9]对白腐菌遗传多样性分析中所采用的PCR反应体系的研究结果为基准反应，对其反应体系先进行单因素优化，之后进一步进行均匀设计，以找到适合于褐腐菌（桦剥管菌）的最优反应体系。

（1）基准反应体系：10×buffer 2.0μl、primer各1.0μl、dNTP（10mmol/L）1μl、*Taq* polymerase（5U/μl）0.2μl、DNA（10ng/μl）1.0μl、Mg^{2+}（25mmol/L）2μl、ddH_2O 11.2μl，总计20μl。

（2）TRAP-PCR反应程序：

① 94℃　5min

② 94℃　1min

③ 35℃　1min　②～④ 循环5次

④ 72℃ 1min
⑤ 94℃ 1min
⑥ 56℃ 1min
⑦ 72℃ 1.5min
（⑤～⑦ 循环 35 次）
⑧ 72℃ 7min
⑨ 4℃ 保存

（3）PCR 反应体系的单因素优化。

dNTP 浓度的优化：设定 20 个梯度的 dNTP 浓度，加入量分别为 0.1μl、0.2μl、0.3μl、0.4μl、0.5μl、0.6μl、0.7μl、0.8μl、0.9μl、1.0μl、1.1μl、1.2μl、1.3μl、1.4μl、1.5μl、1.6μl、1.7μl、1.8μl、1.9μl、2.0μl，以确定单因素条件下 dNTP 的最适浓度。

Mg^{2+}浓度的优化：在 dNTP 浓度优化的基础上，设定 21 个梯度的 Mg^{2+}浓度，加入量分别为 1.0μl、1.1μl、1.2μl、1.3μl、1.4μl、1.5μl、1.6μl、1.7μl、1.8μl、1.9μl、2.0μl、2.1μl、2.2μl、2.3μl、2.4μl、2.5μl、2.6μl、2.7μl、2.8μl、2.9μl、3.0μl，以确定单因素条件下 Mg^{2+}的最适浓度。

DNA 模板浓度的优化：在 Mg^{2+}浓度优化的基础上，设定 20 个梯度的 DNA 浓度，加入量分别为 0.1μl、0.2μl、0.3μl、0.4μl、0.5μl、0.6μl、0.7μl、0.8μl、0.9μl、1.0μl、1.1μl、1.2μl、1.3μl、1.4μl、1.5μl、1.6μl、1.7μl、1.8μl、1.9μl、2.0μl，以确定单因素条件下 DNA 的最适浓度。

引物浓度的优化：在 DNA 浓度优化的基础上，设定 20 个梯度的引物浓度，加入量分别为 0.1μl、0.2μl、0.3μl、0.4μl、0.5μl、0.6μl、0.7μl、0.8μl、0.9μl、1.0μl、1.1μl、1.2μl、1.3μl、1.4μl、1.5μl、1.6μl、1.7μl、1.8μl、1.9μl、2.0μl，以确定单因素条件下引物的最适浓度。

Taq polymerase 浓度的优化：在引物浓度优化的基础上，设定 20 个梯度的 *Taq* polymerase 浓度，加入量分别为 0.02μl、0. 04μl、0.06μl、0.08μl、0.1μl、0.12μl、0.14μl、0.16μl、0.18μl、0.2μl、0.22μl、0.24μl、0.26μl、0.28μl、0.3μl、0.32μl、0.34μl、0.36μl、0.38μl、0.4μl，以确定单因素条件下 *Taq* polymerase 的最适浓度。

（4）PCR 反应体系的均匀设计优化体系。

在对 PCR 反应体系中各因子的单因素优化的基础上，确定各个单因素的最适浓度，并进行均匀设计分析最佳的反应体系，均匀设计表见表 5-28。根据均匀设计表中的加入量进行 PCR，并用 Gel-Pro 软件分析各泳道中特异性条带的积分光密度值（integrating optical density，IOD），以确定最终 PCR 反应体系的最佳体系。

表 5-28　PCR 反应体系均匀设计表　（单位：μl）

处理号	DNA 浓度（10ng/μl）	Mg^{2+}（25mmol/L）	dNTPs（10mmol/L）	*Taq* polymerase（5U/μl）	引物（10pmol）
1	0.6	1.6	1.2	0.15	0.8
2	0.6	1.8	1.4	0.6	1.2
3	0.6	2	1	0.1	1.4

续表

处理号	DNA 浓度（10ng/μl）	Mg^{2+}（25mmol/L）	dNTPs（10mmol/L）	*Taq* polymerase（5U/μl）	引物（10pmol）
4	0.6	2.2	1.6	0.2	1
5	0.6	2.4	0.8	0.5	1.6
6	0.8	1.6	1.4	0.2	1.6
7	0.8	1.8	0.8	0.1	1
8	0.8	2	1.2	0.5	1.2
9	0.8	2.2	1	0.6	0.8
10	0.8	2.4	1.6	0.15	1.4
11	1	1.6	1	0.5	1
12	1	1.8	1.2	0.2	1.4
13	1	2	1.6	0.6	1.6
14	1	2.2	0.8	0.15	1.2
15	1	2.4	1.4	0.1	0.8
16	1.2	1.6	0.8	0.6	1.4
17	1.2	1.8	1.6	0.5	0.8
18	1.2	2	1.4	0.15	1
19	1.2	2.2	1.2	0.1	1.6
20	1.2	2.4	1	0.2	1.2

6. 引物的筛选

根据单因素和均匀设计分析得出的 PCR 反应最佳体系，对本实验的两种分子标记的引物进行初步筛选，以确定最终用于遗传多样性分析的引物。以能扩增出条带数多、重复性好、稳定性高为宜。PCR 结果预先通过 2%琼脂糖凝胶电泳检测。

7. TRAP 和 SRAP 扩增

TRAP 和 SRAP 的扩增程序见本小节中 TRAP-PCR 反应体系。

8. 结果统计与数据分析

根据 PCR 所得的凝胶电泳图谱，将 15 个真菌样品按照相同迁移位置上有清晰条带的记为“1”，没有条带的记为“0”，建立由“0”、“1”组成的原始矩阵。为了评估桦剥管菌的遗传多样性，利用 POPGENE version 1.31 软件分析了以下几个遗传多样性参数[10]：各引物条带数；多态性条带数；多态性条带比率；平均多态性条带数；条带数大小范围。

观测等位基因数（Na）：用于表明一个种群中基因的多样性或基因库的丰富程度；

有效等位基因数（Ne）：反映群体遗传变异大小的一个指标，其数值越接近所检测到的等位基因的绝对数，表明等位基因在亲体中的分布越均匀；

Nei's 遗传多样性指数（H）：通过计算单倍型多样性指数计算群体间的核苷酸序列歧化距离；

Shannon 指数（I）：用来估算群落多样性的高低；

利用 NTSYS-pc 软件运用非加权组平均法（unweighted pair group method with arithmetic mean，UPGMA）和主坐标分析系统聚类：用以表示地点内个体间的相似归类的一种客观数量标准；

遗传一致度：用来判断种群之间的亲缘关系；

基因流（Nm）：是一个种群到另一个种群的基因转移，可发生在同种或不同种的生物种群之间；

Nei's 遗传分化（Gst）：是指母代的特征遗传到子代时出现的不同于母本的表现[11]。

群体结构：运用 Structure 2.3.4 对桦剥管菌的群体结构进行分析，显示群体结构，将不同的个体分配到不同的群体中，发现迁移或混合进群体的个体[12, 13]。

热图（Heatmap）：将一些原本不易理解或表达的数据，如密度、频率、温度等，改用区域和颜色这种更容易被人理解的方式来直观地呈现。热图实际上是三维可视化的俯瞰效果[14]。

5.3.1.3 DNA 的提取结果

采用传统和改良的 CTAB 法、植物基因组 DNA 试剂盒法、真菌基因组 DNA 试剂盒法 4 种方法提取桦剥管菌菌丝体 DNA，同时通过琼脂糖凝胶电泳和紫外分光光度计检测并分析提取的 DNA 纯度和浓度，检测结果见图 5-30 和表 5-29。

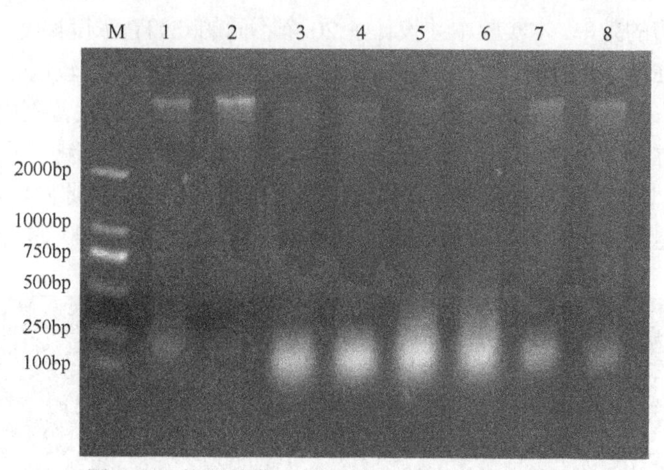

图 5-30 桦剥管菌 4 种不同 DNA 提取方法结果

M: DL 2000 Marker；1 和 2：改良的 CTAB 法；3 和 4：传统的 CTAB 法；5 和 6：真菌基因组提取试剂盒法；7 和 8：植物基因组 DNA 试剂盒法

表 5-29　不同提取方法提取的桦剥管菌 DNA 的纯度与浓度

基因组 DNA 提取方法	OD_{260}	OD_{280}	OD_{260}/OD_{280}	浓度 /（ng/μl）
改良的 CTAB 法	0.136	0.072	1.89	1360
传统的 CTAB 法	0.074	0.051	1.45	740
真菌基因组 DNA 试剂盒法	0.066	0.041	1.61	660
植物基因组 DNA 试剂盒法	0.116	0.071	1.63	1160

利用琼脂糖凝胶电泳检测提取的 DNA 结果见图 5-30，由于实验过程中并未加入 RNA 酶，能明显看到部分 RNA。实验结果发现改良的 CTAB 法和植物基因组提取试剂盒提取的 DNA 亮度最高，说明该方法所提取的真菌 DNA 浓度较高。

为了更为准确地确定最佳的提取方法，对 4 种方法提取到的 DNA 进行纯度和浓度的检测。从表 5-29 可以看出：采用传统的 CTAB 方法提取 DNA 的 OD_{260}/OD_{280} 值为 1.45，比值低，说明其 DNA 纯度不够，且存在一些杂质；而改良法的 OD_{260}/OD_{280} 值为 1.89 左右，说明提取的 DNA 纯度较高，酚类及蛋白质等杂质去除得比较完全。从浓度来看，传统方法 DNA 和真菌基因组 DNA 试剂盒法获得率较低，改良 CTAB 法和植物基因组 DNA 试剂盒法较高。同时，鉴于实验操作方法等原因，后续实验采用植物基因组 DNA 试剂盒法提取桦剥管菌 DNA。

5.3.1.4　PCR 反应体系的优化结果

1. dNTP 浓度的优化结果

在 PCR 的反应过程中，如果 dNTP 的量不够时扩增的产物量（浓度）会减少，而如果 dNTP 的浓度过高时，可能会导致碱基的错掺率，以及可能会与聚合酶同时竞争 Mg^{2+}，从而影响聚合酶的效率。本实验中共设计了 20 个不同的 dNTP 浓度梯度（1～20mmol/L），不同浓度下 PCR 结果见图 5-31。由图 5-31 可知，当 dNTP 的浓度较低时，条带模糊，呈弥散状；随着浓度逐渐升高时，条带变得清晰可见，并在某一浓度范围内（泳道 10、11、12），条带最为清晰、整体；但是超过这一范围后，扩增条带数明显减少至没有，说明 PCR 反应中并不是 dNTP 浓度越高越好。同时，鉴于实验药品的节约原则，后续实验选择以效果最好、用量最少的为宜，故后续实验选择 10mmol/L（泳道 10）进行 PCR 扩增。

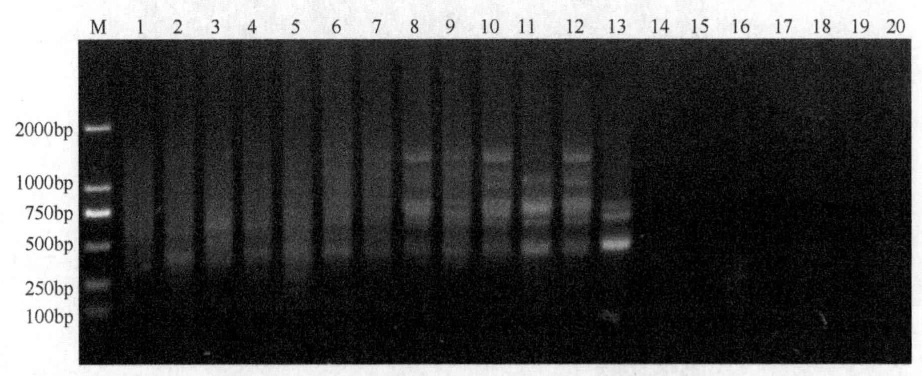

图 5-31　不同 dNTP 浓度对 PCR 反应结果的影响

2. Mg^{2+}浓度的优化结果

在 PCR 反应体系的离子强度中，Mg^{2+}浓度会影响反应体系的特异性以及扩增效率。如果 Mg^{2+}的浓度过高会导致非特异性扩增产物的增加，但是 Mg^{2+}的浓度如果过低也将会使扩增产物量减少。同时 Mg^{2+}也是聚合酶的激活剂，如果 Mg^{2+}的量较少，聚合酶的作用效率会降低。此外，dNTP 也可以竞争 Mg^{2+}，所以 Mg^{2+}的总量也与 dNTP 的用量有关系。所以在反应体系中 Mg^{2+}的有效把握对于 PCR 反应也很重要。

不同 Mg^{2+}浓度下 PCR 结果见图 5-32。在低浓度时（泳道 1～10），扩增结果没有条带；随着浓度的不断增加（泳道 11～15），条带数增多，清晰可见；但超过一定限度时，扩增又受到限制。因此，在本实验中选择了 Mg^{2+}浓度为 35mmol/L 作为 PCR 的反应浓度，此时所获得的扩增产物较为理想。

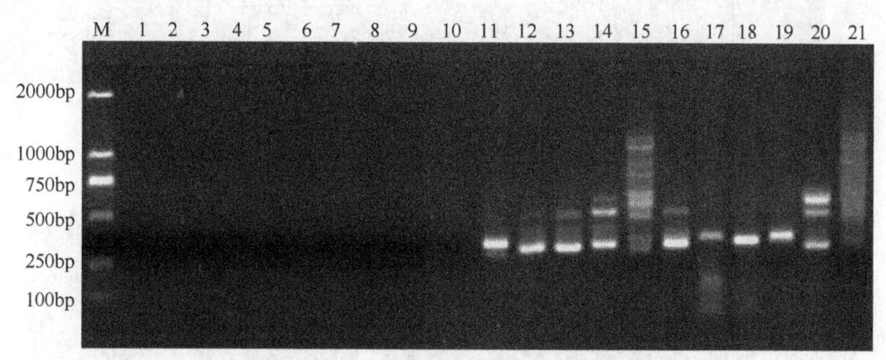

图 5-32 不同 Mg^{2+}浓度对 PCR 反应结果的影响

3. DNA 模板浓度的优化结果

研究表明，模板 DNA 的浓度和质量对 PCR 扩增的影响显著。用较高浓度、较完整长度及不含或少含蛋白质成分的 DNA 作为模板，并使用更敏感的方法检测 PCR 产物，可避免假阴性反应并提高 PCR 技术的敏感性和特异性[15]。本实验中，共设计 20 个模板梯度，不同 DNA 浓度对 PCR 扩增结果见图 5-33。当模板浓度较高或较低时，扩增得到的条带数较少；当模板浓度处于 2～10ng/μl 时，条带数逐渐清晰，拖尾消失；当浓度超过 10ng/μl 时，又有少许拖尾现象，因此，后续实验选择 DNA 模板浓度为 10ng/μl。

4. 引物浓度的优化结果

通常在 PCR 的反应初始时，需要将双链的 DNA 解离为单链，然后引物与单链 DNA 结合，在聚合酶的催化下以引物为复制起点进行 DNA 链的延伸；如果引物浓度过低，会导致与模板的结合率降低，扩增结果将会受到影响；如果引物浓度过高，会导致错配及非特异性的扩增，同时增加了引物形成二聚体的可能。不同引物浓度下 PCR 结果见图 5-34。由图 5-34 可知，从泳道 1～10，条带逐渐增加，清晰；从泳道 11～20，条带又逐渐减少且变得模糊。相比于泳道 10，泳道 11 能明显看到条带拖尾，条带数由于浓度高而混合不便于统计分析，因此，反应体系中引物的加入以 1.0μl 为宜，能得到较多的条带数，而且清晰便于统计。

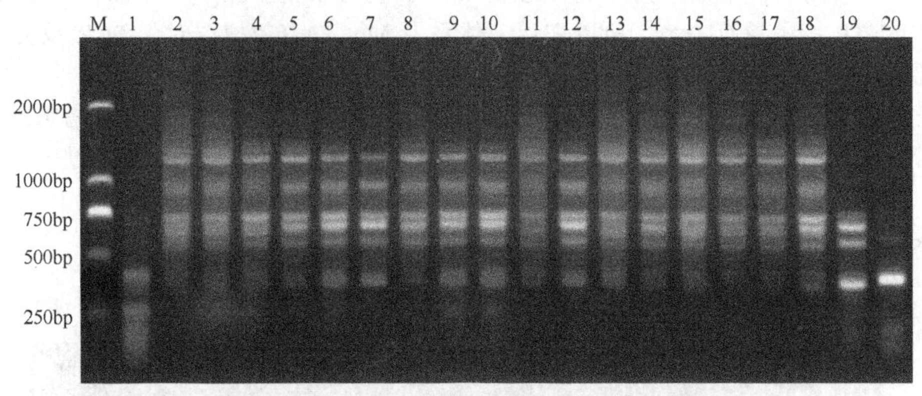

图 5-33　不同 DNA 浓度对 PCR 反应结果的影响

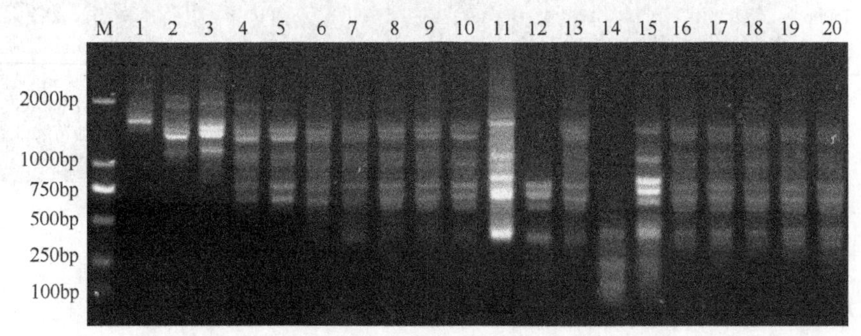

图 5-34　不同引物浓度对 PCR 反应结果的影响

5. *Taq* polymerase 浓度的优化结果

Taq polymerase 是 Mg^{2+}依赖酶，其发挥聚合作用时需要 Mg^{2+}的参与。同时，由于引物、模板 DNA 的解链和退火温度都受二价阳离子的影响，所以扩增产物率取决于 Mg^{2+}的浓度。张翠等[16]的研究表明，在 Mg^{2+}浓度一定时，PCR 扩增产物趋于一致，这与本实验结果一致。从图 5-35 上可以看出，使用 20 个不同浓度的 *Taq* polymerase，PCR 扩增产物条带数基本上一致，变化不大。因此，为了节约酶量，后续实验的 *Taq* polymerase 加入量为 0.5μl。

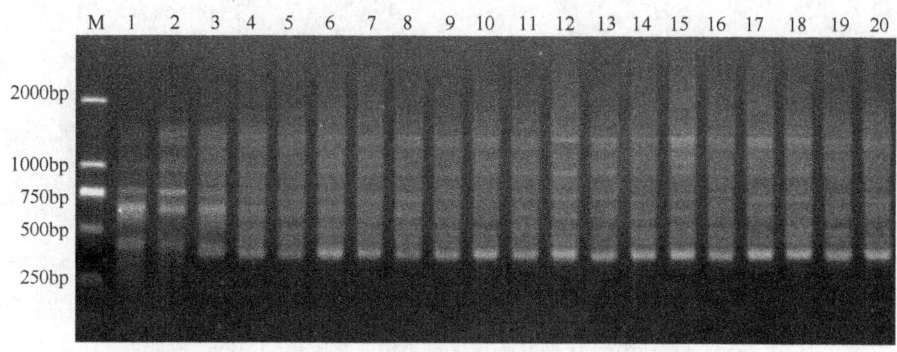

图 5-35 不同 *Taq* polymerase 浓度对 PCR 反应结果的影响

6. 均匀设计优化 PCR 反应体系结果

大量研究证实，均匀设计实验是一种较好的实验条件优化方法。与单因素实验和正交设计相比，均匀设计能从全面实验点中挑选出部分代表性的实验点，而这些实验点能准确地反映出体系的主要特征，从而大大减少实验次数[17, 18]。本实验用均匀设计直观分析法扩增结果的电泳图见图 5-36。用软件 Gel-Pro 对各泳道的条带数进行统计，并计算其总 IOD 值，结果见图 5-37 和表 5-30。由表 5-30 可知，条带最多的分别为 16 条（16、2 泳道）、15 条（1、6 泳道）、14 条（4、11、12、13、17、18 泳道）；泳道 17、1、16 中条带最多的总 IOD 分别是 2 589 943.5、2 350 985.4、2 347 941.4。综合以上结果，确定最佳的 PCR 反应体系为第 17 号反应管中的体系，即 10×buffer 2.0μl、primer（10pmol）各 1.0μl、dNTP（10mmol/L）1.0μl、Taq polymerase（5U/μl）0.5μl、DNA（10ng/μl）1.0μl、Mg^{2+}（25mmol/L）1.4μl、ddH_2O 12.1μl，总计 20μl。

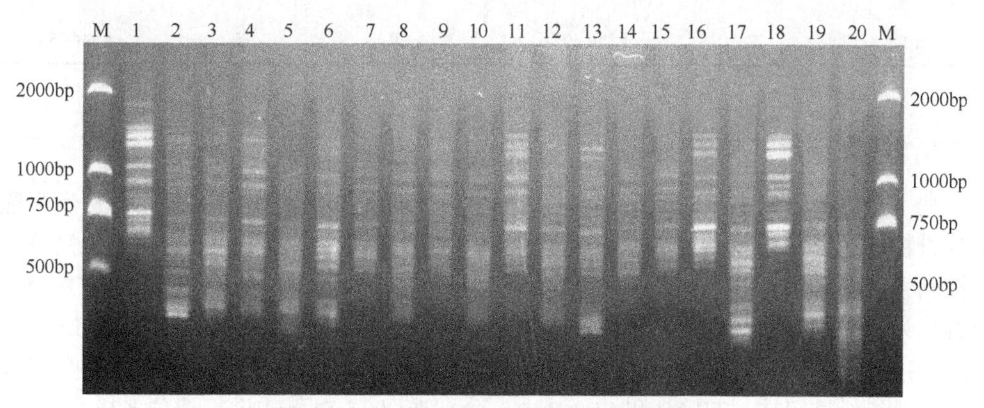

图 5-36 均匀设计优化 PCR 反应体系结果

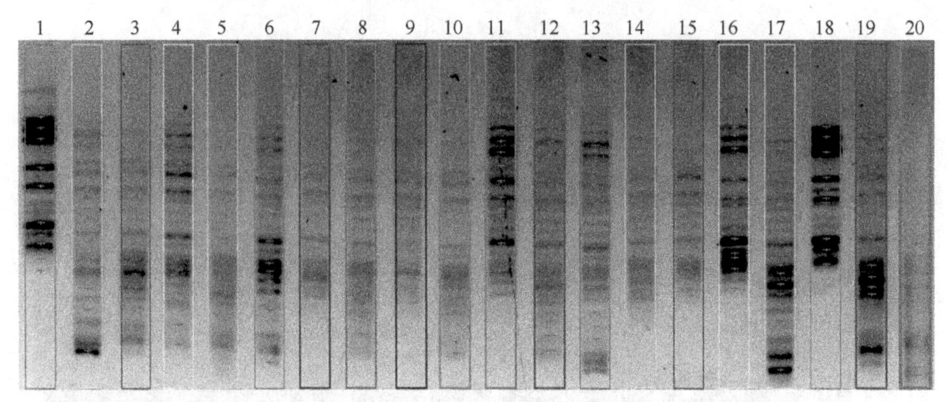

图 5-37 Gel-Pro 软件划分各泳道及条带（彩图请扫封底二维码）

表 5-30 Gel-Pro 软件分析各泳道中条带的总积分光密度值（IOD）

泳道序列	条带数	IOD	泳道序列	条带数	IOD
1	15	2 350 985.4	11	14	2 035 359.8
2	16	2 069 653.5	12	14	1 346 190.5
3	11	24 775 144.7	13	14	5 746 865
4	14	3 938 946.5	14	12	173 5754
5	10	1 075 945.2	15	12	1 523 189.7
6	15	4 059 760.5	16	16	2 347 941.4
7	10	1 258 608.9	17	14	2 589 943.5
8	13	1 510 681	18	14	2 025 138.2
9	13	1 639 595.8	19	11	2 705 986.9
10	12	4 180 597.6	20	5	1 344 580

7. 引物的筛选结果

利用上述步骤中最优的反应体系，对两种分子标记的所有引物组合进行初步筛选，部分引物扩增结果见图 5-38。由图 5-38 可知，在 TRAP 引物筛选中，由于上游引物是以桦剥管菌的纤维素和半纤维素降解酶相关基因设计的引物，属于特异性引物，而下游引物为随机引物。因此在 PCR 扩增时，每对引物扩增的结果条带数相对较少。在 SRAP 引物筛选中，由于该标记技术使用的引物属于随机引物，所以扩增出的条数较多。因此，最终经过筛选，TRAP 和 SRAP 中，分别选取 15 对引物进行遗传多样性分析，具体的引物序列见表 5-31。

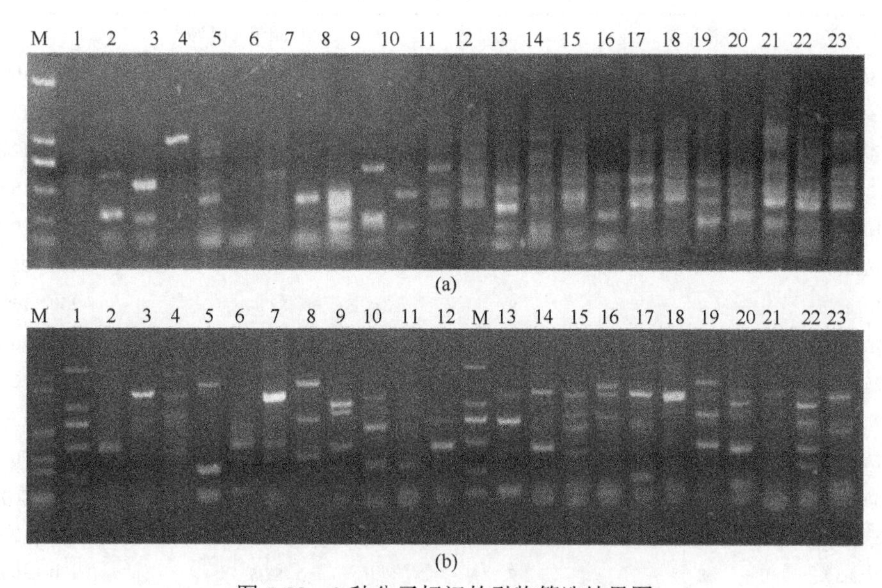

图 5-38　2 种分子标记的引物筛选结果图

M，DNA Marker；1-23，样品编号

（a）TRAP 部分引物筛选结果；（b）SRAP 部分引物筛选结果

表 5-31　桦剥管菌筛选引物组合

分子标记种类	引物组合				
TRAP	T13/em3	T13/me1	T14/em1	T14/me2	T1/me7
	T1/em1	T1/me3	T2/em1	T2/em2	T7/em1
	T7/me2	T8/me1	T3/me1	T4/me3	T9/me3
SRAP	me1/me2	me1/me3	me1/me4	me2/me2	me2/me11
	me4/me10	me5/me7	me5/me11	me6/me4	me6/me9
	me7/me2	me7/me10	me7/me6	me2/me7	me5/me2

5.3.1.5　桦剥管菌的遗传多样性分析结果

1. 基于 TRAP 的遗传多样性分析

从 96 对 TRAP 引物组合中，最终选择了 15 对扩增产物条带多、重复性好、稳定性高的引物，并对 15 个菌株材料进行遗传多样性分析，结果共扩增出 148 条清晰的条带，其中 131 条为多态性条带，即多态性条带比例为 88.51%（表 5-32），平均每对引物产生 8.73 条多态性条带，说明 TRAP 技术在 15 个样品中的多态性水平较高。此外，不同引物扩增的条带数不同，扩增条带数最多的引物组合为 T1/me7，共扩增出 12 个条带数，且全为多态性条带；扩增条带数最少的引物组合共扩增出 6 条多态性条带。

表 5-32 TRAP 引物扩增的条带数统计

引物组合	总条带数	多态性条带数	多态性条带比例/%	条带大小范围/bp
T13/em3	7	6	85.71	200～1000
T13/me1	10	8	80	100～1200
T14/em1	9	8	88.89	140～1200
T14/me2	10	9	90	100～1500
T1/me7	12	12	100	100～2000
T1/em1	11	11	100	100～2500
T1/me3	9	8	88.89	150～1500
T2/em1	12	10	83.33	100～2000
T2/em2	10	9	90	100～2000
T7/em1	9	8	88.89	100～1200
T7/me2	11	9	81.81	100～2000
T8/me1	10	10	100	200～2000
T3/me1	10	10	100	100～1200
T4/me3	8	7	87.5	100～1000
T9/me3	10	6	60	100～1200
总数	148	131	—	100～2500
平均值	9.87	8.73	88.51	—

不同地点间，桦剥管菌的遗传多样性指数值在帽儿山地区最高，在长白山地区最低（表 5-33）。15 对引物在 4 个地点间扩增出的多态位点为 35～79，多态位点比率 23.65%～54.38%，等位基因观察值（Na）为 1.2365～1.5338，有效等位基因平均数（Ne）为 1.1672～1.3707，Nei's 遗传多样性指数为 0.0980～0.2091，Shannon 多样性指数为 0.1430～0.3065。根据 POPGENE 软件分析结果显示（表 5-34），群体总基因多样性（Ht）为 0.3232，群体内基因多样性（Hs）为 0.1504，群体间遗传分化系数（Gst）为 0.5345，说明由于地理区域的影响，53.45%的遗传分化是发生在群体间，而 46.55%发生于群体内；各群体间基因流（Nm）小于 1（0.4354），表明基因迁移由于样品广泛分布于各地点而受到了限制，导致遗传变异比较小。

表 5-33 不同桦剥管菌地点间遗传多样性指数比较

地点	样本大小	等位基因观察值（Na）	有效等位基因平均数（Ne）	Nei's 遗传多样性指数（h）	Shannon 多样性指数（I）	多态位点（PB）	多态位点比率（PPB）
小兴安岭	5	1.3242±0.4697	1.2194±0.3584	0.1243±0.1923	0.1829±0.2760	48	32.43%
大兴安岭	3	1.3986±0.4913	1.3126±0.4154	0.1704±0.2172	0.2453±0.3083	59	39.86%
长白山	2	1.2365±0.4264	1.1672±0.3015	0.0980±0.1766	0.1430±0.2578	35	23.65%
帽儿山	5	1.5338±0.5006	1.3707±0.4019	0.2091±0.2126	0.3065±0.3024	79	54.38%
总体	15	1.8851±0.3199	1.5448±0.3429	0.3163±0.1677	0.4715±0.2249	131	88.51%

表 5-34　桦剥管菌的 Nei's 遗传多样性指数

菌种	样本大小	群体总基因多样性（Ht）	群体内基因多样性（Hs）	群体间遗传分化系数（Gst）	群体间基因流（Nm）
桦剥管菌	15	0.3232±0.0286	0.1504±0.0109	0.5345	0.4354

不同桦剥管菌地点间的遗传距离和遗传相似系数见表 5-35。由表 5-35 可知，帽儿山与大兴安岭、小兴安岭与长白山的遗传距离和遗传一致度系数分别最近（0.1746，0.8398）和最远（0.6398，0.5274）。这和地理距离相一致，表明地理距离对种群存在一定的影响。此外，基于 TRAP 标记结果，对桦剥管菌种群内和种群间的分子变异情况分析和比较。分子变异分析结果见表 5-36，表明 60.29%的总变异率存在于种群内，而种群间仅为 39.71%。因此，桦剥管菌的遗传分化主要发生在种群内，这与群体间遗传分化系数（Gst）结果相一致。

表 5-35　不同桦剥管菌地点间的遗传距离（下三角）和遗传一致度（上三角）

地点	小兴安岭	大兴安岭	长白山	帽儿山
小兴安岭	***	0.7909	0.5274	0.7197
大兴安岭	0.2346	***	0.6843	0.8398
长白山	0.6398	0.3794	***	0.8305
帽儿山	0.3289	0.1746	0.1857	***

表 5-36　基于 TRAP 数据的种群内和种群间的分子变异分析

变异来源	自由度	平方和	均方	总变异率/%	*P* 值
种群间	3	171.0333	57.011	39.71%	<0.001
种群内	11	186.0333	16.912	60.29%	<0.001
总和	14	357.0666	73.923		

系统发育树作为一种极其强大的工具被用于分析和解释物种间和物种内群体与个体的亲缘关系，并已成功地用于指导物种保护和生物多样性研究，以及检测各种植物和其野生品种的亲缘关系。它是一种图解分支的“树”，揭示了基于相似性或它们不同的物理和/或遗传特征下，一个物种或多个物种之间的进化关系。相比于一些具有不同结构或序列的生物，在遗传学上相似的物种，其形态学或 DNA 序列可能具有更亲密的相关性。系统树连接在一起就意味着它们可能从共同的祖先进化而来，每个分支点代表了两个物种的分化，而姐妹分类群代表一组分享一个共同的祖先。

基于遗传相似性系数的非加权组平均法的系统聚类可用于评估不同种群之间的遗传亲缘关系。利用 NTSYS 2.1 软件对 15 个桦剥管菌菌株进行系统聚类分析，结果见图 5-39。由聚类图 5-39 可知，遗传相似性系数为 0.56～0.91，平均相似性系数为 0.685。在相似系数为 0.64 的共同节点下，15 个菌株被明显地分成了两大组（组 I 和组 II），组Ⅰ包括小兴安岭的全部菌株，以及帽儿山和大兴安岭的部分菌株，说明小兴安岭、大兴安岭的菌株的遗传关系较近；组Ⅱ包括长白山的全部菌株，及帽儿山和大兴安岭的部分菌株。总体而言，基本上符合以样品采集地的聚类形式，表明在同一地域的菌株的遗传背景较为相似，很好地体现了桦剥管菌菌株间遗传特性与地理分布间的关系，即组Ⅰ主要来自松嫩平原地区，该地区具有较低的降水量，而组Ⅱ主要来自辽东半岛，具有相对较高的降水量和高海拔山脉。

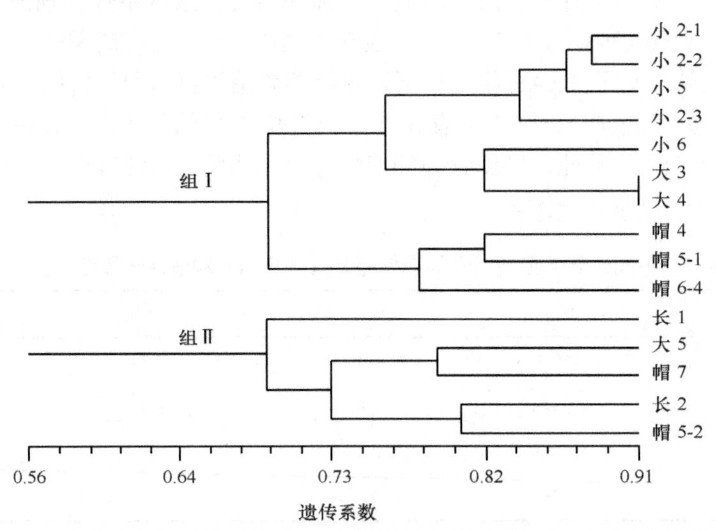

图 5-39　基于 TRAP 的遗传相似性系数对 15 个桦剥管菌菌株进行非加权组平均法的系统聚类图

主坐标分析（PCoA）方法是将不同样本的多元向量转换为互不相关的主元向量，在降维后的主元向量空间中根据点的位置可以直观地反映不同样本的遗传关系，可用于解释材料的遗传多样性[10]。本实验中，通过主坐标分析来进一步研究桦剥管菌遗传多样性之间的关系，经过方差分解步骤，15 个菌株的主坐标分析三维结果见图 5-40。依据图 5-40 可知：所有 15 个菌株的主坐标分析结果可以分成两大类（图中每个椭圆代表一组），这与非加权组平均法系统聚类结果基本保持一致。研究表明，聚类分析对于物种的分类是简单而且非常有效的[19, 20]。本实验中的非加权组平均法和主坐标分析法的系统聚类结果都明显地显示出菌株的聚类与地理起源有关（图 5-39 和图 5-40）。这些结果反映了桦剥管菌的地理分布格局，如一组主要来自于中国的最北方（小兴安岭和大兴安岭），另一组则主要包括帽儿山和长白山。此外，桦剥管菌这种广泛的分布格局和独特的生长环境模式（仅生长于桦木属）导致了地点之间的低的基因间交流，进而导致了在种群之间的基因流的限制以及近亲繁殖，最终引起遗传漂变。

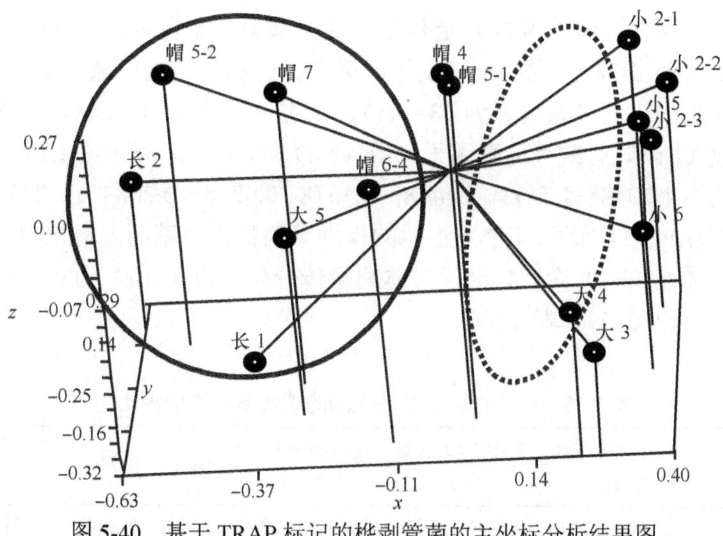

图 5-40　基于 TRAP 标记的桦剥管菌的主坐标分析结果图

2. 基于 SRAP 的遗传多样性分析

从 88 对 SRAP 引物组合中，选择了 15 对扩增产物条带重复性好、稳定性高的引物。对 15 个菌株材料进行 SRAP 遗传多样性分析，结果共扩增出 210 条清晰的条带，其中 200 条为多态性条带，多态性条带比例高达 95.24%（表 5-37），平均每对引物产生 13.33 条多态性条带，说明 SRAP 技术在 15 个样品中的多态性水平较 TRAP 高。此外，不同引物扩增的条带数不同，扩增条带数从 10～20 条不等，且基本为多态性条带。

表 5-37　SRAP 引物扩增的条带数统计

引物组合	总条带数	多态性条带数	多态性条带比率/%	条带大小范围/bp
me2/em11	17	16	94.12	100～1800
me5/em7	15	15	100	150～1800
me7/em10	10	7	70	100～1500
me4/em10	13	13	100	150～1500
me6/em4	12	12	100	200～1800
me6/em9	12	12	100	200～2000
me7/em6	20	18	90	100～1800
me5/em2	11	11	100	300～1500
me5/em11	14	14	100	150～1500
me7/em2	12	10	83.33	100～1300
me1/em2	14	13	92.86	50～1000
me1/em3	17	17	100	100～1700
me2/em2	17	17	100	150～1800
me2/em7	11	10	90.91	250～1500
me1/em4	15	15	100	200～1700
总数	210	200	—	100～2000
平均值	14	13.33	95.24	—

不同地点间桦剥管菌的 SRAP 遗传多样性指数值也是在帽儿山地区中最高，在长白山地区最低（表 5-38），说明小兴安岭的菌株拥有相对较高的遗传变异。15 对引物在 4 个地点间扩增出的多态位点为 43～117，多态位点比率为 20.48%～55.71%。观察的等位基因数（Na）、有效等位基因平均数（Ne）、Nei's 遗传多样性指数、Shannon 多样性指数分别为 1.2048～1.5571、1.1448～1.3578、0.0848～0.2083、0.1238～0.3092（表 5-38）。基于 SRAP 分子标记，4 个采集地的桦剥管菌群体总基因多样性（Ht）为 0.2790，群体内基因多样性（Hs）为 0.1566，群体间遗传分化系数（Gst）为 0.4386，各群体间基因流（Nm）为 0.6399（表 5-39）。

表 5-38　不同桦剥管菌地点间的遗传多样性指数比较

地点间	样本大小	观察的等位基因数（Na）	有效等位基因数（Ne）	Nei's 遗传多样性指数（h）	Shannon 指数（I）	多态位点（PB）	多态位点比率（PPB）
小兴安岭	5	1.5286±0.5004	1.3434±0.3912	0.1965±0.2065	0.2911±0.2942	111	52.86%
大兴安岭	3	1.3429±0.4758	1.2418±0.3691	0.1368±0.1977	0.2004±0.2845	72	34.29%
长白山	2	1.2048±0.4045	1.1448±0.2860	0.0848±0.1675	0.1238±0.2446	43	20.48%
帽儿山	5	1.5571±0.4979	1.3578±0.3759	0.2083±0.2029	0.3092±0.2914	117	55.71%
总体	15	1.9524±0.2135	1.4774±0.3315	0.2882±0.1589	0.4426±0.2049	200	95.24%

表 5-39　桦剥管菌的 Nei's 遗传多样性指数

菌种	样本大小	Ht	Hs	Gst	Nm
桦剥管菌	15	0.2790±0.0260	0.1566±0.0086	0.4386	0.6399

基于 SRAP 分子标记，不同桦剥管菌地点间的遗传距离和遗传一致度系数见表 5-40。由表 5-40 可知，小兴安岭与大兴安岭、小兴安岭与长白山的遗传距离和遗传相似系数分别最近（0.1431，0.8392）和最远（0.2938，0.7454），这与 TRAP 结果及地理分布基本一致。此外，基于 SRAP 分子标记，对桦剥管菌种群内和种群间的分子变异情况分析（表 5-41），结果表明 69.02%的变异率来源于种群内，而种群间的变异率仅为 30.98%，这意味着桦剥管菌的遗传分化主要发生在种群内，地理距离阻碍了种群间的基因交流，这与 TRAP 分析的结果及 SRAP 的群体间遗传分化系数（Gst）结果相一致。

表 5-40　不同桦剥管菌地点间的遗传距离（下三角）和遗传一致度（上三角）

地点	小兴安岭	大兴安岭	长白山	帽儿山
小兴安岭	—	0.8392	0.7454	0.7899
大兴安岭	0.1431	—	0.7991	0.8202
长白山	0.2938	0.2242	—	0.8250
帽儿山	0.2359	0.1982	0.1924	—

表 5-41 基于 SRAP 数据的种群内和种群间的分子变异分析

变异来源	自由度	平方和	均方	总变异率/%	*P* 值
种群间	3	216.2333	72.078	30.98%	<0.001
种群内	11	303.1000	27.555	69.02%	<0.001
总和	14	519.3333	99.633		

基于SRAP分子标记的遗传相似性系数的非加权组平均法系统聚类结果见图5-41。在此分子标记检测中，遗传相似性系数为0.60～0.82，表明聚类结果很好地体现了桦剥管菌种质资源之间的遗传关系。在相似系数为 0.624 的共同节点下，15 个菌株被分成两大组（组Ⅰ和组Ⅱ），说明桦剥管菌之间具有丰富的遗传多样性。组Ⅰ包括小兴安岭和大兴安岭的全部菌株，组Ⅱ组包括长白山和帽儿山的全部菌株，明显地显示出地理的远近关系。同时，主坐标分析进一步明确了 4 个采集地的桦剥管菌遗传亲缘关系（图 5-42）。由图 5-42 可知：15 个菌株的主坐标分析结果也分成两大类，这与系统聚类结果相一致。

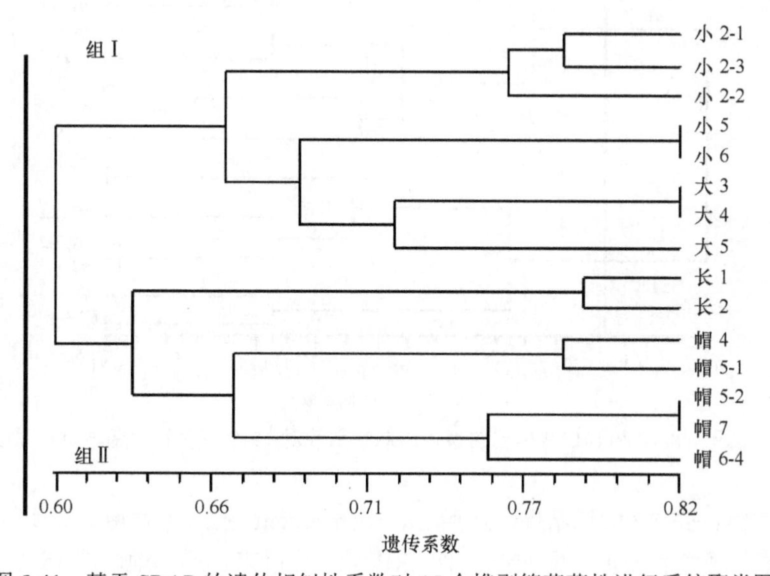

图 5-41 基于 SRAP 的遗传相似性系数对 15 个桦剥管菌菌株进行系统聚类图

5.3.1.6 基于 TRAP 和 SRAP 两种分子标记的遗传多样性综合分析

基于 TRAP 和 SRAP 两种分子标记的遗传相似性系数的系统聚类图和主坐标分析结果见图 5-43 和图 5-44，两个分析结果均将 15 个菌株分成两大组。一组（虚线椭圆）包括小兴安岭和大兴安岭的全部菌株，另一组（实线椭圆）包括长白山和帽儿山的全部菌株，对比之前的 TRAP 和 SRAP 分析结果发现，利用 TRAP/SRAP 数据构建的遗传相关聚类图也能够反映桦剥管菌菌株的地理来源关系。

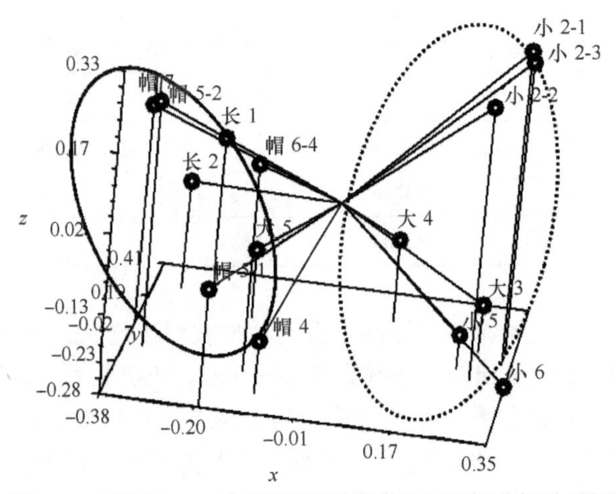

图 5-42　基于 SRAP 标记的桦剥管菌的主坐标分析结果图

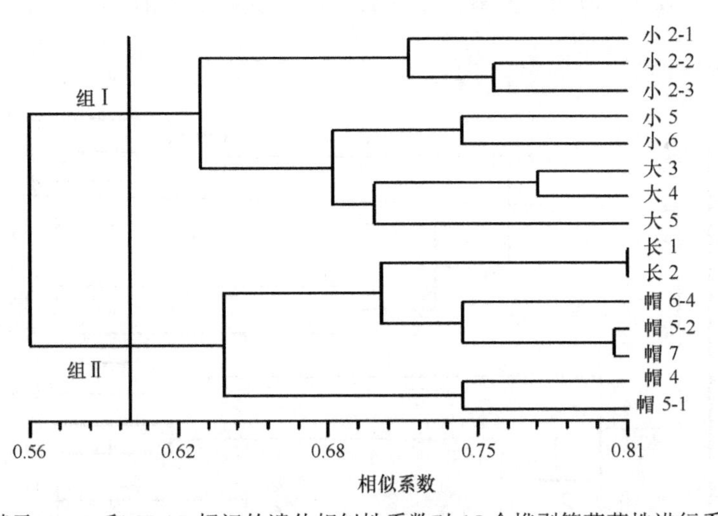

图 5-43　基于 TRAP 和 SRAP 标记的遗传相似性系数对 15 个桦剥管菌菌株进行系统聚类图

基于 TRAP/SRAP 标记结果，运用 Bayesian Structure 2.3.4 对每个群体数（*K*）值取对数后观察其峰值和随机交配的群体数（RPPs），分析来自不同地区的 15 个桦剥管菌菌株的群体结构。分析结果表明该 *K* 值最可能为 4（RPP1～RPP4）（图 5-45）。RPP1 包括 4 个菌株（帽 5-1、帽 5-2、帽 6-4、帽 7），均来自于帽儿山地区，且群体成员概率（qI）均大于 80%；RPP2 包括 2 个菌株（大 4、大 5），均来自于大兴安岭地区，且 qI 大于 80%；RPP3 包括 5 个菌株（小 2-1、小 2-2、小 2-3、小 5、小 6），均来自于小兴安岭地区，其中 5 个菌株的 qI 大于 80%；RPP3 包括 4 个菌株（大 5、长 1、长 2、帽 4），其中 2 个来自于长白山地区，另外 2 个菌株分别来自于帽儿山和大兴安岭地区， qI 均大于 80%。说明 15 个桦剥管菌菌株之间存在遗传差异性与多样性。从图 5-45 结果可以看出，图中地点间点分布较为分散，说明各群体之间的差异明显，具有丰富的遗传多样性。

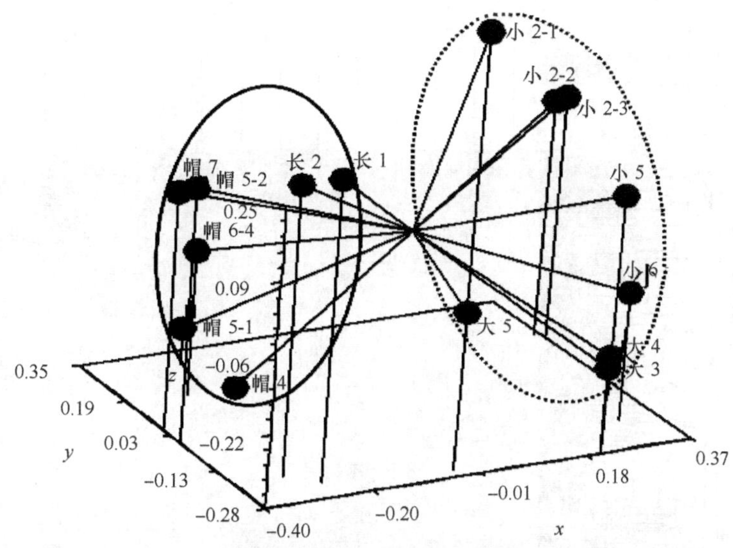

图 5-44 基于 TRAP 和 SRAP 标记的桦剥管菌的主坐标分析结果图

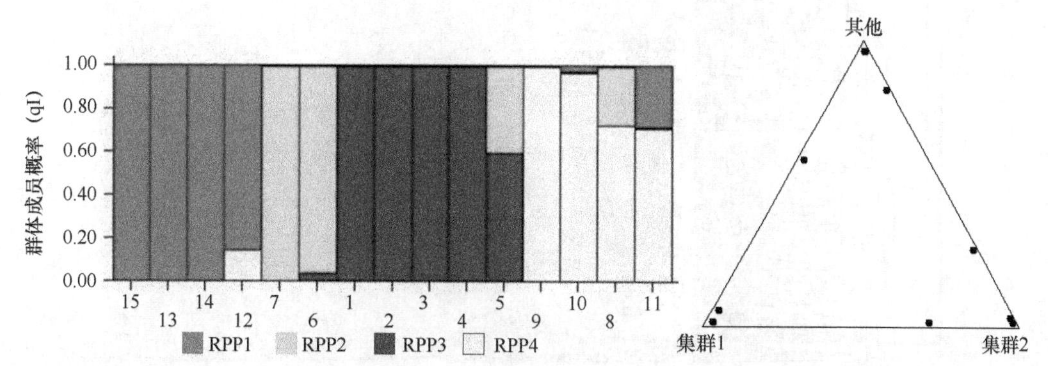

图 5-45 基于 TRAP 和 SRAP 标记的桦剥管菌的群体结构分析结果图（彩图请扫封底二维码）

每个柱子表示一个菌株，并根据群体结构赋予不同的颜色。1. 小 2-1；2. 小 2-2；3. 小 2-3；4. 小 5；5. 小 6；6. 大 3；7. 大 4；8. 大 5；9. 长 1；10. 长 2；11. 帽 4；12. 帽 5-1；13. 帽 5-2；14. 帽 6-4；15. 帽 7；RPP. 随机交配的群体数

为了更好地鉴定不同桦剥管菌菌株之间的遗传亲缘关系，本实验利用 R 语言的热图对菌株进行系统聚类。基于 TRAP/SRAP 分子标记，各个引物扩增的各个条带的积分光密度（IOD）对不同菌株的热图聚类结果见图 5-46。由图 5-46 可知，来自小兴安岭和大兴安岭的桦剥管菌菌株明显地聚成一类，来自长白山和帽儿山的菌株聚成一类，最后这两大类通过降低相似性而聚在一起。颜色的深浅代表条带 IOD 值的高低，相对较深的颜色主要集中在小兴安岭和大兴安岭菌株中，且颜色分布均匀，说明这两种分子标记均匀分布于桦剥管菌的基因组中极易可视化。而在长白山和帽儿山的菌株中深色主要集中在热图的上部和下部，中部以黄色（IOD 峰值低）为主，说明某些引物不适合该地区的菌株鉴定。由图 5-43～图 5-46 可知：15 个桦剥管菌菌株的系统聚类、主坐标分析、群体结构结果与热图聚类结果相一致，且与地理来源相关。

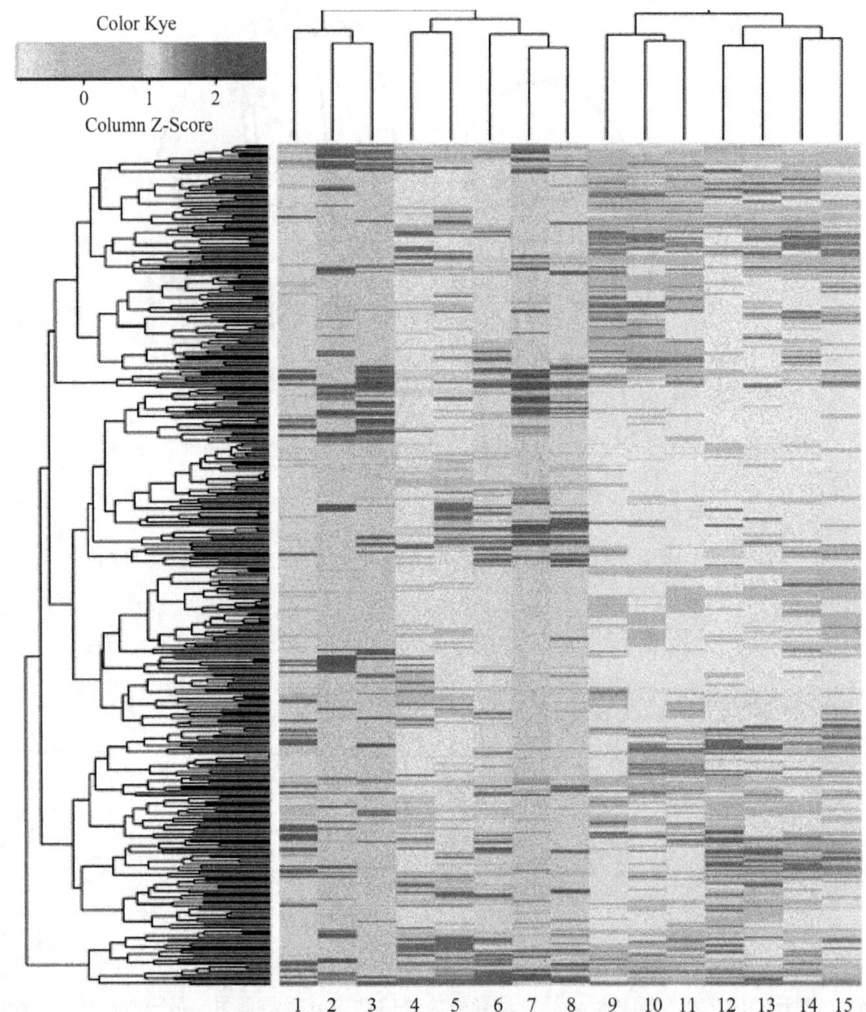

图 5-46 基于 TRAP/SRAP 各个引物所扩增的条带的积分光密度（IOD）（彩图请扫封底二维码）对不同桦剥管菌菌株的热图聚类。每行代表每对引物扩增条带的 IOD，每列代表每个菌株。热图显示的是每个菌株在每对引物扩增下的条带 IOD。1. 小 2-1；2. 小 2-3；3. 小 2-2；4. 小 5；5. 大 4；6. 大 3；7. 大 5；8. 小 6；9. 长 1；10. 长 2；11. 帽 5-1；12. 帽 6-4；13. 帽 5-2；14. 帽 7；15. 帽 4

5.3.2 讨论

5.3.2.1 桦剥管菌 DNA 的提取

随着现代分子生物学的发展，以 AFLP、RAPD 和 ISSR 为主的分子标记技术，以及全基因组测序技术被广泛应用于生物的遗传多样性、遗传转化和生物资源的保护等研究中。高分子质量和高纯度的基因组 DNA 的提取是分子技术的先决条件。现如今，有很多研究报道了从生物材料上提取基因组 DNA 的方法。传统的提取 DNA 的方法包括利用酶（溶菌酶和蛋白酶 K）、CTAB、SDS 法等，有机溶剂提取法，细胞裂解法。在这些方法中，硫氰酸胍被认为是最好的提取方法，这是由于它能更好地溶解组织细胞及对核酸酶的灭活作用。然而，组织内大量的黏性多糖、多酚和其他各种次生代谢产物，如生物碱、黄酮、萜烯和单宁酸，经常阻碍DNA分离提取过程和后续DNA酶切扩增以及克隆反应。

目前，关于如何从真菌基因组中提取到高质量的DNA仍然是主要的研究目标。本实验结果表明，由于真菌包含大量次生代谢产物[21]，因此对于以真菌菌丝体为材料的提取实验中，改良的CTAB法和植物基因组DNA试剂盒法是相对快速和便宜的方法。此外，本实验进一步证实，植物基因组DNA试剂盒法对于从菌丝体中提取的DNA质量和数量都是适合于PCR扩增和DNA分子标记分析。从植物和真菌基因组中提取高分子质量的DNA的主要问题都是DNA的降解，这是由于内切酶和DNA共沉淀时污染物（多酚和多糖）的含量高引起的。当细胞在裂解过程中，液泡会释放多酚类物质和高度黏性多糖，导致DNA的降解以及显著地降低DNA的产量；同时，液泡释放的多酚类物质通过细胞氧化酶被氧化，又与核酸进行不可逆的相互作用引起DNA的褐变。此外，抑制剂化合物，如残留的多酚、多糖和其他次生代谢产物，能抑制酶促反应，如限制性内切核酸酶的酶切作用或*Taq* DNA聚合酶的扩增。因此，尽管在多酚和多糖含量高的植物中已经建立了几种成功提取DNA的方法，但是没有一种能普遍使用于所有的生物。因为不同生物体内的多糖、多酚和次生代谢产物的定量和定性水平上的差异很大，这将大大影响着核酸的提取和纯化过程。因此，研究人员经常根据不同生物修改提取过程或者结合两种或者更多的提取方法以获得所需的高质量DNA。

一个好的DNA提取方法应该是简单、快速和高效的，以得到高质量的DNA用于分子水平的研究。Križman等[22]认为，在众多的因素中，在保持提取过程的有效性方面，大量的提取植物材料是一个关键的作用，即多练。在目前的研究中，我们的目标是寻找一种改良的DNA提取方法，能有效地提取高质量的真菌DNA。在本实验中比较了4种提取方法，包括传统的CTAB法、改良的CTAB法、植物基因组DNA试剂盒法、真菌基因组DNA试剂盒法。结果表明，改良的CTAB法和植物基因组DNA试剂盒法是一种相对快速和廉价的方法，这是用于提取含有大量次生代谢产物的真菌基因组DNA的较好的方法。目前，商业化DNA提取试剂盒被广泛地应用，由于它们的一步法原理和所需的时间相对较短（1～2h），这些试剂盒也被证明对于从常见的植物（水稻、大麦和拟南芥）中提取DNA是很有效的。我们也首次尝试使用2种商业试剂盒从真菌菌丝体中提取DNA：植物提取试剂盒和真菌提取试剂盒，它们都是专门用于从富含次生代谢产物的植物或真菌组织中提取DNA的试剂盒。但在我们的实验中，真菌提取试剂盒并不能从桦剥管菌菌丝体中提取高质量和高浓度的DNA，这可能是由于DNA形成了黏性、胶状复合物和次生代谢产物，使得它们在离心过程中得不到很好的分离。

Wang等[23]提出在DNA提取过程中，没有一个试剂盒能够提取到沙漠植物红砂叶片的DNA，因此他们尝试着通过改进CTAB法提取叶片的DNA。但采用改进的CTAB法基于传统的CTAB法，传统的CTAB法一直夹杂有RNA。为了去除RNA污染，他们进行了额外的纯化步骤，这不仅减少了DNA产量，同时也增加了DNA提取所需的时间。从富含次生代谢产物的组织中提取高质量DNA用于分子标记分析是进行分子标记的第一道关卡。研究表明改良的CTAB法能有效地消除大部分的干扰物质，包括多酚、多糖和蛋白质，同时也能产生透明的水溶性的DNA晶体而没有RNA污染[24, 25]。

这种方法的主要步骤是材料中加入了交联聚乙烯基吡咯烷酮（PVPP）研磨，增加了高盐提取缓冲液，添加了乙酸钠提取缓冲液，经 RNA 酶处理之后在 1mol/L 氯化钠中溶解了粗颗粒，纯化了核酸的提取，同时在沉淀过程中使用了预冷的乙醇和乙酸钠，所有的这些步骤的修改都能有效地除去 DNA 提取过程中夹杂的次生代谢产物。PVPP 被直接喷洒在冰冻的植物叶片组织上，然后在液氮中研磨，这能避免释放的多酚类物质氧化形成奎宁，这是由于奎宁结合核酸阻碍了高质量 DNA 的提取。

另外，增加提取缓冲液的体积可以完全分解细胞壁，使组织释放更多的核苷酸以增加 DNA 产率。Križman 等[22]提出每体积提取缓冲液中植物组织数量影响 DNA 的质量和产量。由于提取缓冲液负责从细胞器中溶解细胞膜和释放 DNA，单位体积内植物组织的量越小，溶解过程也就越充分。植物组织量和提取缓冲液之间的正确平衡能减少 DNA 共沉淀时污染物的量，这是由于沉淀的饱和浓度不太可能达到或超过。此外，在提取过程中加入的乙酸钠会结合氯仿-异戊醇溶液，这能显著地减少多糖与 DNA 的共沉淀，以及能除去大部分的蛋白质、多糖、多酚和其他杂质。提取到的粗核酸用 1mol/L 氯化钠溶解而不是用 TE 溶解，确保了进一步减少黏性物质的黏度[26, 27]。此外，DNA 样品中加入 RNA 酶能完全清除 RNA 污染。在 RNA 酶处理之后，DNA 需要经过酚氯仿-异戊醇溶液的抽提，这是由于 DNA 样品中混有小分子蛋白质及 RNA 酶缓冲液中的盐和终止液。在 RNA 酶处理之后需要使用酸酚以除去残留的蛋白质和剩余的盐分。最后，有必要用乙酸（pH5.2）和无水乙醇沉淀 DNA，这能完全移除剩余的多糖以增加 DNA 产量[28]。

DNA 提取成功与否的判断标准取决于 DNA 的质量和数量。DNA 的质量是由凝胶电泳、分光光度法和限制酶消化法及 PCR 扩增来评估的。而 DNA 提取的平均产量在我们改良的 CTAB 法和植物基因组 DNA 试剂盒法中为 1160～1360ng，远比传统的 CTAB 法和真菌基因组 DNA 试剂盒法的高，以上两种方法提取的 DNA 都有较高的纯度。DNA 吸收紫外线的最大波长为 260nm，而蛋白质和其他污染物包括碳水化合物、酚和芳香族化合物分别为 280nm 和 230nm。因此，OD_{260}/OD_{280} 和 OD_{260}/OD_{230} 值通常被用来指示 DNA 样本的纯度。一般来说，OD_{260}/OD_{280} 的值在 1.8～2.0，表示 DNA 纯度高，OD_{260}/OD_{280} 低于 1.8 表示蛋白质污染，OD_{260}/OD_{280} 高于 2.0 表示 RNA 或 DNA 片段化。我们的实验结果表明 DNA 没有被蛋白质、多糖和多酚污染。相比之下，传统的 CTAB 法所得到的 DNA 纯度低，OD_{260}/OD_{280} 仅为 1.45，同时产量上也低于其他各方法。以上结果表明，改良的 CTAB 法和植物基因组 DNA 试剂盒法均能有效地去除大部分干扰的分子（多酚、多糖、蛋白质和盐）。对于下游实验，DNA 提取的适合度进一步通过 TRAP-PCR/SRAP-PCR 分子标记得到了验证。

5.3.2.2 PCR 反应体系的优化

TRAP/SRAP 是一种基于 PCR 扩增的新型分子标记技术，PCR 反应中的各个组分既可以单独影响实验结果，同时各因素间也存在互作关系，协同影响扩增结果。因此，建立最优 PCR 反应体系对于开展分子标记分析至关重要。近年来，关于 TRAP 或 SRAP 的 PCR 反应体系优化的报道逐渐增多。罗纯等[29]利用单因素筛选法对杧果 TRAP 标记反应体系进行了优化。刘巍等[30]对美国红枫 SRAP 反应体系进行了优化，实验采取 L_{16}（4^5）正交设计，对影响 PCR 扩增反应的 5 个主要因素进行优化，反应体系的优化为 SRAP 技术在美国红枫分子辅助育种实践中提供了技术基础。高昱等[31]对 SRAP-PCR 体系中的 5 因素 4 水平的正交实验与单因素实验进行了优化。孙荣喜等[32]、赵英等[33]、侯娜等[34]都对不同物种的 SRAP-PCR 体系进行了单因素和正交设计，以建立最优的反应体系，用于遗传多样性、品种鉴定等方面的研究。在本实验中，我们首先采用单因素法对 PCR 各影响因子进行分析，然后确定出每个影响因子的最佳浓度，然后采取均匀设计，对各个因素进一步优化，最终确定出最优体系为 10×buffer 2.0μl、primer（10pmol）各 1.0μl、dNTP（10mmol/L）1.0μl、*Taq* polymerase（5U/μl）0.5μl、DNA（10ng/μl）1.0μl、Mg^{2+}（25mmol/L）1.4μl、ddH_2O 12.1μl，总计 20μl。

由于不同实验材料以及实验条件，优化的体系存在很大的差异。然而，在 TRAP-PCR 反应体系中讨论较多的为引物配比设置，而 SRAP 则不存在引物浓度配比的问题。TRAP-PCR 反应体系中的引物配比设置与普通的 PCR 引物有一定的区别，已经报道的研究中引物比例存在较大的差异，如 Liu 等[35]和 Yue 等[36]采用的随机引物与固定引物比为 3∶100，Hu 和 Vick[37]采用 1∶30，Hu 等[38]采用 1∶10，肖扬[39]采用 1∶4。他们认为随机引物浓度少于固定引物，这在一定程度上保证了大多数扩增产物与固定引物间的相关性。而 Alwala 等[40]和朱志凯等[41]则采用 1∶1 进行 TRAP 标记，这与本研究的比例结果相一致，推测这可能是与引物本身特异性以及本实验对 TRAP-PCR 扩增程度的不同有关。国内外对 TRAP 的研究往往采用变性或非变性聚丙烯酰胺凝胶电泳和荧光标记放射自显影的方法检测，而本实验仅用琼脂糖凝胶电泳检测，但是也能明显地检测到各菌株之间的遗传多样性，所以对 TRAP-PCR 反应的随机引物和特异性引物浓度比例做了适当的提高。

虽然 TRAP 分子标记是根据 EST 序列设计特异性上游引物，致使 PCR 扩增时具有一定的靶向性，但并非所有扩增的条带均与目的片段相关。在本实验中，TRAP-PCR 扩增的前 5 个循环中采用 35℃的非严谨退火温度，在这 5 个循环中允许引物与目的片段间的一些错配，便于引物与靶 DNA 结合，而后 35 个循环中采用 56℃的严谨退火温度，保证扩增产物的特异性。肖扬[39]的研究指出，虽然 TRAP 扩增的大部分产物都与目的基因序列无关，但与其他编码基因相关，这些不同的基因序列分布于整个基因组当中。因此，TRAP 标记与其他标记一样，其扩增结果可以反映出不同菌株整个基因组间的差异。

5.3.2.3 真菌遗传多样性研究

利用形态标记、同工酶标记、细胞学标记、分子标记等技术来研究植物的遗传多样性，可以为生物遗传背景的了解提供必要的理论基础和数据。然而形态学标记容易受到外界环境条件的影响，因此不够稳定。同样地同工酶标记也由于受到外界环境条件的影响而较不稳定，同时细胞学标记还受到组织种类不同的限制[42, 43]，因此需要更稳定和更准确的技术应用于生物的遗传多样性研究中。基于以上的分析，每种研究方法都具有一定的缺陷和不足。目前，已经发展的较为成熟的分子标记技术则克服了以上各种方法的弊端，可以有效地对生物的遗传背景进行有效的分析和应用[44]。

尽管一个物种的所有成员都具有某一个共同的特征，然而各个成员之间却有着显著的不同，这些不同有些可能是由于环境的作用，但是一大部分是可以遗传的。在一个物种的连续性上，遗传多样性是非常重要的，由于它在生物和非生物环境的条件下推动了生物必要的适应性，并使遗传成分发生改变以应对环境的变化。在研究一个物种的生存中，了解遗传多样性水平的知识是必要的，这包括多态位点数量的确定、等位基因的数量、遗传变异的结构和空间分布。当一个群体处于哈迪-温伯格平衡时，群体的遗传多样性是稳定的、被保护的，这也就意味着群体中等位基因频率在基因型中处于一定比例中。然而，这并不是一个或两个条件就能维持的，如基因变异或者基因流导致遗传变异、选择性交配等将主要影响基因型比例，对隐性的定向选择将消除等位基因使得群体在一个特定位点的单一型。作为一个平衡法则，平衡选择以支持杂合子将保留遗传多样性，而近亲繁殖和遗传漂变则会导致基因多样性的丧失。

利用分子标记技术对真菌的种质资源和遗传多样性进行有效的研究，可以获得有效的信息和数据，从而对其进行有效的保护、开发以及利用。王华等[45]运用 RAPD 分子标记技术对羊肚菌、马鞍菌、黄伞、香菇和平菇 5 种真菌的子实体和菌丝体进行了遗传多样性研究，旨在从分子水平上区别不同的食用菌，并研究其遗传差异。结果表明在 DNA 水平上，5 种真菌的基因组 DNA 存在显著的多态性，同时实验也证实这几种真菌子实体和菌丝体中的遗传差异一致，而不同种类食用菌的遗传物质存在明显差异，这将为食用菌的菌株鉴定提供有利信息。訾晓雪等[46]运用 TRAP 标记技术研究了 3 种白腐菌（云芝栓孔菌、火木层孔菌和松杉灵芝）的遗传多样性，结果显示 3 种白腐菌间的遗传多样性较高，且即使分子标记是基于纤维素相关基因的标记，但是结果并没有显示出酶活性的大小与酶基因间的多样性之间的对应关系。王玉英等[9]也采用木质纤维素相关酶基因的 TRAP 技术对 3 种木腐菌（木蹄层孔菌、彩绒革盖菌和桦剥管菌）进行了遗传变异研究，验证了 TRAP 分子标记在木腐菌的遗传研究中的可靠性以及证实了不同木腐菌的遗传多样性差异显著，较高的多态性表明了 TRAP 在真菌上的通用性。

傅常娥[47]比较了来自中国、芬兰、俄罗斯、日本和朝鲜等不同国家及地区的 20 个桦褐孔菌的遗传多样性。在 SRAP 和 RSAP 分子标记中，条带多态率分别为 94.5%和 90.8%，说明两种标记技术均适用于该真菌的遗传多样性分析。遗传距离表明不同菌株间的遗传差异变化较大。聚类分析结果将 20 个菌株划分为 6 个地点间，显示出菌株间的遗传差异与地理分布有较强的相关性。以上结果为桦褐孔菌资源的科学保护与利用提供了参考。

松茸作为一种外生菌根真菌，具有重要的经济效益。Ma 等[48]首次将 SRAP 标记技术运用到这种真菌上，分析其遗传多样性及其遗传关系。12 对引物在来自中国东北 13 个地区的 129 个菌株中检测到了丰富的遗传多样性。东宁县的菌株多态性最高，而珲春最低。基于 UPGMA 聚类，所有菌株被分成三大类，分类结果表明遗传距离和地理距离之间显示出显著的正相关，而遗传距离与采集地海拔之间没有明显的相关性，这与本实验结果相一致。在本实验中，我们首次利用 TRAP 和 SRAP 标记技术对来自不同采集地的桦剥管菌的遗传多样性和遗传关系进行了分析，结果表明菌株间的遗传多样性丰富，且聚类结果与地理距离相一致，即地理距离上相近的在遗传关系上较为相似。聚类结果与地理来源存在正相关的原因可能是进化过程中受到自然界选择淘汰，自然选择的结果使得个体中所发生的不定向变异造成群体遗传结构的定向变异，这样经过长时间的进化演变，同一地区同一物种的大部分基因型就可能趋于相似[49]。因此在我们制定相关保护政策时需要考虑对不同地区的桦剥管菌菌株进行分别收集和保存，这也为桦剥管菌提供了更为有效的遗传信息，为制定更为有效的保护政策奠定了基础。

分析桦剥管菌种质资源的遗传多样性和遗传变异是对其进行有效保护和利用的重要环节。在本实验中，利用 TRAP 和 SRAP 两种分子标记对桦剥管菌进行遗传分析，各种遗传参数结果表明桦剥管菌具有较高的遗传多样性。Ferriol 等[50]报道 SRAP 技术可提供更多的信息量，且其与形态变异和突变表型间的相关性高于 AFLP 技术。在本实验中，SRAP 标记下的多态性条带数为 200，多态性条带比率为 95.24%，高于 TRAP 标记下的多态性条带数 131，多态性条带比率 88.51%，说明 SRAP 技术比 TRAP 能获得更多的遗传信息。此外，TRAP 技术是基于 SRAP 技术的一种新型分子标记方法，随机引物可采用 SRAP 通用引物，因此扩增结果具有极高的多态性。研究者认为 TRAP 和 SRAP 的丰富多态性可能由以下因素造成：研究中所采用的菌株遗传背景丰富，TRAP 和 SRAP 标记的丰富多态性是其遗传背景的真实反映。TRAP 和 SRAP 标记技术采用双引物扩增，PCR 产物可能由固定引物和随机引物组合扩增而来，或者由固定引物或随机引物单独扩增而来[50]。

植物的遗传结构受多种因素的影响。研究者指出植物的繁殖系统及方式、基因流和种子扩散机制以及自然选择等因素对植物的遗传结构具有显著的影响。自交物种种群间的遗传变异高于种群内的遗传变异，而异交物种则相反[51]。研究表明，异交繁殖的植物遗传变异主要存在于居群内，而自交植物，居群之间的遗传变异明显减小[52]。而在本实验中，两种分子标记下均显示桦剥管菌种群间的遗传变异高于种群内，这也证明了褐腐菌的繁殖主要是以自交为主的特点。此外，高水平的遗传分化也可能是由遗传漂变和基因流导致[53]。Wright [54]指出，当 Nm 值小于 1 时，遗传漂变可以导致种群间明显的遗传分化。在本实验中，基于 TRAP 和 SRAP 标记的 Nm 为 0.4354 和 0.6399（均小于 1），表明桦剥管菌基因迁移由于广泛分布的地点间而受到了限制。在真菌中，分生孢子的扩散和传播是影响基因流的主要形式，而风力在此过程中起着重要的作用。如果风的驱动减弱，孢子的传播距离就会受到限制，从而影响不同群体间的基因交流。加上桦剥管菌主要寄生于枯立木或枯倒木上，而这些植株相对较少且分布零散，导致菌株种群自我更新缓慢，限制了种群个体数量的扩大。因此，低的基因流、分生孢子的扩散和传播受阻以及有限的种群规模都是导致桦剥管种群间产生遗传分化的原因。

5.3.2.4 真菌种质资源的研究

生物的遗传资源对于农业的可持续发展和粮食安全是至关重要的。到目前为止，联合国粮食及农业组织评估出人类已经使用了 10 000 多种食物资源。然而，仅大约 120

个栽培品种就提供了大约 90%的粮食需求和 4 个作物（玉米、小麦、水稻和马铃薯）提供了大约 60%的世界人口的日粮能量，而这些作物中不计其数的各种栽培品种是数千年来由耕种者培育生产出来的，它们形成了农业生物多样性中的一个重要部分。然而，仅在过去的 100 年里就有超过 75%的品种已经消失了。

一些人担心，企业经济利益可能妨碍生物生存方式的保护，影响到生物多样性的丰富度。保护生物种质资源最好的方法是提高它们的利用率。然而，现在这些种质资源不仅没有得到充分利用，而且没有得到很好的保存。目前，全球行动计划支持以提高就地和迁地的植物保护措施的相关活动。关于迁地保护，在世界上数以百万计的品种已经被储存在数以千计的种质资源收集库中以用于保存和利用。种质资源的就地保护：只有意识到野生近缘种作物的重要性和价值，就地保护这些资源的意识才会提高。现在，关于保护和利用作物野生近缘种的全球战略措施已经起草，一些关于就地保护物种的方法也已经开始实施了。在过去的几年里，保护区的数量和覆盖范围正在逐步扩大，这也间接引起了对作物野生近缘品种更多的保护。

目前，已经开展了评估和检测生物遗传资源对于农业和粮食生产系统的重要性研究。许多国家报道了在野外较大的生物数量及其分布的遗传多样性，以及在多样性方面各个品种系统的重要价值。现在研究者更多考虑的是在多个国家和地区增加生物遗传多样性以降低生产系统中的风险，尤其是在气候变化、害虫和疾病等方面。此外，增加田间管理措施，以及新的法律机制已经在一些国家中实行，这都为确保生物的遗传多样化奠定了基础，但这仍然需要更多的有效政策和条例以管理植物遗传资源。

目前，关于真菌的种质资源的研究仅限于某几种真菌中，在桦剥管菌上很少见。赵慧敏和杨宏宇[55]对丛枝菌根（AM）真菌的种质资源进行了论述，他们表示 AM 真菌种质资源丰富，生态适应性强，宿主范围十分广泛，但其在不同生态系统中的分布有着明显的差异；同时菌种鉴定的难度限制了 AM 真菌的进一步研究。因此，为了改善这种真菌的分类情况，国际上已经建立了两个最大的菌藏中心和菌种数据库（国际丛枝菌根真菌保藏中心和欧洲菌藏中心），收集世界上的 AM 真菌资源，用于菌种保藏、繁殖和交流。我国幅员辽阔，自然条件相当优越，真菌资源极为丰富，因此，需要投入更多的人力和物力以丰富真菌的菌种数据库。因此，本实验对东北不同地区的桦剥管菌进行了采集，目的是掌握这一地区的桦剥管菌种质资源并探明它们的遗传多样性，这将为桦剥管菌在该地区的真菌多样性保护和开发奠定理论基础。

5.3.3 小结

一个好的 DNA 提取方法应该是简单、快速和高效的，以得到高质量的 DNA 用于分子水平的研究。在本实验中比较了 4 种提取方法，包括真菌基因组 DNA 试剂盒法、传统的 CTAB 法、植物基因组 DNA 试剂盒法、改良的 CTAB 法。结果表明，改良后的 CTAB 和植物基因组 DNA 试剂盒法是一种相对快速和廉价的方法，这是用于提取含有大量次生代谢产物的真菌基因组 DNA 的最好方法。此外，进一步实验证明，改良后的 CTAB 法提取的桦剥管菌 DNA 产量在质量和数量上都适合 PCR 扩增和 DNA 分子分析。

建立最优 PCR 反应体系对于开展分子标记分析至关重要。在本实验中，我们首先采用单因素法对 PCR 各个影响因子进行分析，然后确定出每个影响因子的最佳浓度，然后采取均匀设计，对各个因素进一步优化，最终确定出最优体系为 10×buffer 2.0μl、primer（10pmol）各 1.0μl、dNTP（10mmol/L）1.0μl、*Taq* polymerase（5U/μl）0.5μl、DNA（10ng/μl）1.0μl、Mg^{2+}（25mmol/L）1.4μl、ddH_2O 12.1μl，总计 20μl。

本实验首次利用 TRAP 和 SRAP 标记技术对来自不同采集地的桦剥管菌的遗传多样性和遗传关系进行了分析。结果表明各地点间菌株拥有丰富的遗传多样性，且变异率主要来源于种群内，这意味着桦剥管菌的遗传分化主要发生在种群内，这和群体间遗传分化系数结果相一致。系统聚类结果和主坐标分析进一步明确了 4 个采集地的桦剥管菌遗传亲缘关系，即小兴安岭和大兴安岭的全部菌株聚为一组，长白山和帽儿山的全部菌株聚为一组，即地理距离上相近的个体和群体在遗传关系上较为相似。同时，利用 TRAP/SRAP 数据构建的遗传相关聚类图也能够反映桦剥管菌菌株的地理来源关系。热图结果表明15个桦剥管菌菌株的遗传关系与系统聚类结果和主坐标分析相一致。

参 考 文 献

[1] 吕世翔. 三种木腐菌木材降解相关酶以及相关基因 TRAP 标记的变异. 东北林业大学硕士学位论文, 2010.

[2] 曹宇, 徐晔, 王秋玉. 木蹄层孔菌不同居群间生长特性、木质素降解酶与 SRAP 标记遗传多样性. 生态学报, 2012, 32（22）: 7061-7071.

[3] 李翠珍, 文湘华. 白腐真菌 F_2 的生长及产木质素降解酶特性的研究. 环境科学学报, 2005, 25（2）: 226-231.

[4] Chalmers K J, Waugh R, Prent J L, et al. Detection of genetic variation between and within populations of *Gliricidia sepium* and *G.maculata* using RAPD markers. Herdity, 1992, （69）: 465-472.

[5] Li G, Quiros C F. Sequence-related amplified polymorphism （SRAP）, a new marker system based on a simple PCR reaction: Its application to mapping and gene tagging in *Brassica*. Theoretical and Applied Genetics, 2001, 103（103）: 455-461.

[6] Jr S C, Via L E. A rapid CTAB DNA isolation technique useful for RAPD fingerprinting and other PCR applications. Biotechniques, 1993, 14（5）: 748-750.

[7] 王桂娥, 晁群芳, 梁建芳, 等. 改良 CTAB 法提取新疆一枝蒿干叶基因组 DNA. 中国实验方剂学杂志, 2015, （12）: 19-22.

[8] 曹宇. 海绵状白腐菌木质纤维素酶活性及其基因的遗传变异研究. 东北林业大学硕士学位论文, 2013.

[9] 王玉英, 吕世翔, 王秋玉. 3 种木腐菌木质纤维素相关酶基因的 TRAP 标记体系优化与遗传变异初探. 林业科技, 2012, 37（2）: 17-20.

[10] 王成, 李增智. 分子数据的遗传多样性分析方法. 安徽农业大学学报, 2002, 29（1）: 90-94.

[11] Sax D F, Gaines S D. Species diversity: From global decreases to local increases. Trends in Ecology & Evolution, 2003, 49（11）: 561-566.

[12] Evanno G, Regnaut S, Goudet J. Detecting the number of clusters of individuals using the software STRUCTURE: A simulation study. Molecular Ecology, 2005, 14（8）: 2611-2620.

[13] Pinheiro L R, Rabbani A R C, Silva A V C D, et al. Genetic diversity and population structure in the Brazilian *Cattleya labiata*（Orchidaceae）using RAPD and ISSR markers. Plant Systematics and Evolution, 2012, 298（10）: 1815-1825.

[14] Schreiter S, Ding G C, Grosch R, et al. Soil type dependent effects of a potential biocontrol inoculant on indigenous bacterial communities in the rhizosphere of field-grown lettuce. FEMS Microbiology Ecology, 2014, 90（3）:718-730.

[15] 唐恩洁. PCR影响因素初探(二)模板DNA质量对PCR结果的影响. 川北医学院学报, 1997,（2）: 1-4.

[16] 张翠, 刘亚民, 张忠玲, 等. *Taq* DNA聚合酶及镁离子浓度对PCR扩增产率的影响. 国际检验医学杂志, 2003, 24（4）: 236-236.

[17] 方开泰. 均匀设计及其应用（III）. 数理统计与管理, 1994,（3）: 52-55.

[18] 王兵, 王晓春. 均匀设计直观分析法优化PCR条件. 检验医学, 2007, 22（5）: 620-622.

[19] 吕志南, 吕艳燕. 模糊聚类分析在研究生物进化系统分类中的应用. 农业工程学报, 1997, 278-281.

[20] 马俊才, 赵玉峰. 聚类分析在微生物数值分类上的应用. 微生物学通报, 1986,（5）: 225-228.

[21] 梁宗琦. 真菌次生代谢产物多样性及其潜在应用价值. 生物多样性, 1999, 7（2）: 145-150.

[22] Křižman M, Akše J, Baričevič D, et al. Robust CTAB-activated charcoal protocol for plant DNA extraction. Acta Agriculturae Slovenica, 2006, 87（2）: 427-433.

[23] Wang X, Xiao H, Chen G, et al. Isolation of high-quality RNA from a desert plant rich in secondary metabolites. Molecular Biotechnology, 2011, 48（2）: 165-172.

[24] Heinz R A, Platt H W. Improved DNA extraction method for *Verticillium* detection and quantification in large-scale studies using PCR-based techniques. Canadian Journal of Plant Pathology, 2000, 22（2）: 117-121.

[25] Yang D Y, Eng B, Waye J S, et al. Improved DNA extraction from ancient bones using silica-based spin columns. American Journal of Physical Anthropology, 1998, 105（4）: 539-543.

[26] Ghosh A, Mandoli A, Kumar D K, et al. DNA binding and cleavage properties of a newly synthesised Ru（II）-polypyridyl complex. Dalton Trans, 2009, 42（42）: 9312-9321.

[27] Yuan J, Li M, Lin S. An improved DNA extraction method for efficient and quantitative recovery of phytoplankton diversity in natural assemblages. PLoS ONE, 2015, 10（7）: e0133060.

[28] Park K T, Allen A J, Davis W C. Development of a novel DNA extraction method for identification and quantification of *Mycobacterium avium* subsp. *paratuberculosis* from tissue samples by real-time PCR. Journal of Microbiological Methods, 2014, 99（4）: 58-65.

[29] 罗纯, 武红霞, 姚全胜, 等. 杧果TRAP标记反应体系的优化与引物筛选. 中国南方果树, 2015, 44（4）: 5-10.

[30] 刘巍, 陈罡, 颜廷武, 等. 美国红枫 SRAP 反应体系优化. 北方园艺, 2015,（2）: 79-83.
[31] 高昱, 易刚强, 刘平安, 等. 湘产百合核心种质库的 SRAP 体系的建立. 湖南中医药大学学报, 2014, 34（12）: 13-18.
[32] 孙荣喜, 宗亦臣, 郑勇奇. 国槐 SRAP-PCR 反应体系优化及引物筛选. 广西林业科学, 2014, 4（43）: 343-350.
[33] 赵英, 付海天, 周俊岸, 等. 正交设计优化芒果 SRAP-PCR 反应体系及引物筛选. 江苏农业科学, 2014,（12）: 41-43.
[34] 侯娜, 毛红, 王港, 等. 杉木 SRAP-PCR 反应体系优化与建立. 西部林业科学, 2014, （6）: 85-90.
[35] Liu Z H, Anderson J A, Hu J, et al. A wheat intervarietal genetic linkage map based on microsatellite and target region amplified polymorphism markers and its utility for detecting quantitative trait loci. Theoretical & Applied Genetics, 2005, 111（4）: 782-794.
[36] Yue B, Vick B A, Cai X, et al. Genetic mapping for the Rf1（fertility restoration）gene in sunflower（*Helianthus annuus* L.）by SSR and TRAP markers. Plant Breeding, 2010, 129（1）: 24-28.
[37] Hu J, Vick B A. Target region amplification polymorphism: A novel marker technique for plant genotyping. Plant Molecular Biology Reporter, 2003, 21（3）: 289-294.
[38] Hu J, Mou B, Vick B A. Genetic diversity of 38 spinach（*Spinacia oleracea* L.）germplasm accessions and 10 commercial hybrids assessed by TRAP markers. Genetic Resources & Crop Evolution, 2007, 54（8）: 1667-1674.
[39] 肖扬. 几种新型分子标记技术在中国香菇种质资源遗传多样性研究中的应用. 华中农业大学博士学位论文, 2009.
[40] Alwala S, Suman A, Arr J, et al. Target region amplification polymorphism（TRAP）for assessing genetic diversity in sugarcane germplasm collection. Crop Science, 2006, 46（1）: 448-455.
[41] 朱志凯, 方良俊, 招倩婷, 等. 水稻 TRAP-PCR 反应体系优化与 P-糖蛋白基因片段的分析. 分子植物育种, 2008, 6（1）: 65-70.
[42] 俞志华. 分子标记及其在植物遗传育种中的应用. 生物学通报, 1999, （10）: 10-12.
[43] 马富英, 罗信昌. 分子标记在食用蕈菌遗传育种中的应用. 菌物系统, 2002, 21（1）: 147-151.
[44] 李珊珊, 孙春玉, 蒋世翠, 等. SSR 分子标记及其在植物遗传育种中的应用. 吉林蔬菜, 2014,（5）: 33-38.
[45] 王华, 李渊, 郭尚, 等. 5 种食用菌遗传多样性的 RAPD 分子标记. 山西农业科学, 2015, （5）: 516-517.
[46] 訾晓雪, 曹宇, 闫绍鹏, 等. 3 种白腐菌木质纤维素酶活性及酶相关基因的 TRAP 标记遗传多态性. 林业科学, 2015, 51（6）: 111-118.
[47] 傅常娥. 桦褐孔菌菌株遗传多样性的 SRAP 和 RSAP 分析. 延边大学硕士学位论文, 2014.
[48] Ma D, Yang G, Mu L, et al. Application of SRAP in the genetic diversity of *Tricholoma matsutake* in northeastern China. African Journal of Biotechnology, 2010, 9（38）: 6244-6250.
[49] 曾兵, 张新全, 范彦, 等. 鸭茅种质资源遗传多样性的 ISSR 研究. 遗传, 2006, 9（9）: 1093-1100.
[50] Ferriol M, PicóF B, Nuez F. Genetic diversity of a germplasm collection of *Cucurbita pepo* using SRAP and AFLP marker. Theoretical and Applied Genetics, 2003, 107（2）: 271-282.

[51] 鄢家俊, 白史且, 张新全, 等. 青藏高原东南缘老芒麦自然居群遗传多样性的SRAP和SSR分析. 草业学报, 2010, 19（4）: 122-134.

[52] Tero N A J, Siikamaki P, Jakalaniemi A, et al. Genetic structure and gene flow in a metapopulation of an endangered plant species, *Silene tatarica*. Molecular Ecology, 2003, 12（8）: 2073-2085.

[53] Ellstrand N C, Elam D R. Population genetics consequences of small population size: Implications for plant conservation. Annual Review of Ecology and Systematics,1993,24: 217-242.

[54] Wright S. The genetical structure of populations. Annuals of Eugenics,1951,15（4）: 323-354.

[55] 赵慧敏, 杨宏宇. AM 真菌种质资源研究进展. 河南农业科学, 2007,（9）: 10-13.

6　白桦木材木质纤维素降解的分子机制

6.1　材料和方法

6.1.1　实验木材及菌种

实验木材：2006 年从帽儿山林场采集白桦木材，–20℃冰箱中冷冻保藏。

实验菌种：桦剥管菌、木蹄层孔菌、白囊耙齿菌和彩绒革盖菌为 2005 年从帽儿山林场采集的子实体。经分离培养，获得其纯菌种，4℃冰箱中保存。

6.1.2　培养基的配制

1. PDA 培养基

去皮马铃薯 200g，切成 1cm^3 左右小块，用纱布包好放入锅中煮沸 30min。将马铃薯块取出，加入琼脂 20g、葡萄糖 20g，用蒸馏水定容至 1000ml。

（1）斜面：在其未凝固前将其倒入试管中，每一个斜面倒入培养基约 10ml。压力 0.1MPa、温度 121℃灭菌 20min。取出后放在斜面上凝固。

（2）平板：灭菌后，将其倒入直径 90mm 培养皿，每一个平板倒入培养基约 20ml。

2. 马铃薯-葡萄糖液体培养基

去皮马铃薯 200g，切成 1cm^3 左右小块，用纱布包好放入沸水中煮 30min。将马铃薯块取出，在锅中加入葡萄糖 20g，用蒸馏水定容至 1000ml。压力 0.1MPa、温度 121℃灭菌 20min，倒入 100ml 三角瓶中，每瓶倒入 40ml。

3. 锯屑麦麸培养基

白桦木屑 78%，麦麸 20%，$CaSO_4 \cdot H_2O$ 1%，蔗糖 1%，水溶后混合均匀，含水量 60%，用手捏悬而不滴即可。装入试管的一半体积，顶端压平，管口要干净，121℃灭菌 2h。放入 4℃的冰箱内保存。

4. 河沙锯屑培养基

参照中华人民共和国国家标准木材天然耐久性试验方法（GB/T 13942.1—92），在 100ml 广口三角瓶内加入：洗净的河沙（20～40 目）30g，白桦木屑（除去可见的较大杂质）3g，玉米粉 1.7g，红糖 0.2g，拌匀平整，20ml 马铃薯-蔗糖培养基（每 1000ml 蒸馏水中 200g 马铃薯，20g 蔗糖）。瓶口塞好棉塞，包好防水纸，在蒸汽高压灭菌器中（压力 0.1MPa、温度 121℃）灭菌 1h 后取出，置于无菌接种室或超净工作台中，冷却后接种。

6.1.3 白桦木材的腐朽实验

生长锥木样切成直径 5mm、长度 5mm 的试样，共 300 个样品，每个样品 3 次重复。放入（100±5）℃烘箱中烘干至恒重，称重。用纱布包好，121℃高压灭菌 1h，在蒸汽灭菌锅的常压条件下保持 30min，使试样含水率达到 40%～60%。

木材天然耐久性试验方法参照中华人民共和国国家标准（GB/T13942.1—92）。

在河沙锯屑培养基平板中分别接入 4 种真菌的菌丝，置于温度（28±2）℃，空气相对湿度 75%～85%的气候箱中培养，待菌丝长满培养基表面，放入试样受菌侵染。4 种真菌分别继续培养，直至菌丝完全侵染木样（彩绒革盖菌和木蹄层孔菌侵染培养 45 天左右，白囊耙齿菌和桦剥管菌侵染培养 95 天左右）。腐朽处理后取出试样，除掉菌丝和杂质，烘干，称重，用于木材化学性质的测定[1,2]。

测定指标包括 1%氢氧化钠抽出物（GB/T2677.5—1993），苯醇抽出物（GB/T2677.6—1994），木质素包括酸不溶木质素和酸溶木质素。酸不溶木质素（GB/T2677.8—1994）采用 72%硫酸法检测，酸溶木质素（GB/T10337—1989）[3]、纤维素按刘一星的方法检测[4]。以新鲜木样作为对照。

6.1.4 腐朽前后白桦试样的红外光谱检测

向 PDA 平板培养基中分别接入桦剥管菌、木蹄层孔菌、白囊耙齿菌和彩绒革盖菌 4 种真菌的菌丝后，置于温度（28±2）℃、空气相对湿度 75%～85%的气候箱中培养。待菌丝长满培养皿时，放入试样受菌侵染。

无菌条件下，将木材试样接入已经长满菌丝的培养基中（每个平皿 5 块），封口膜封好。置于温度（28±2）℃、空气相对湿度 75%～85%条件下受菌侵染[5]。

取出经 4 种腐朽菌腐蚀 120 天的白桦试样，轻轻刮去表面菌丝和杂质，置于（100±5）℃的烘箱中烘至恒重。

用刀片轻轻刮取少许表层木粉和表层腐朽变色的部分，干燥条件下，分别放入玛瑙研钵内，加入适量已去除结晶水的 KBr 晶体，红外灯下混匀后反复研磨至淀粉状。取少许磨细的样品于压片机上压成透明薄片，并将薄片送至 Nicolet 公司，用 Impact-410 型 FTIR 光谱仪进行红外光谱测定。

6.1.5 腐朽木材重量、纤维素和木质素损失率的计算方法

计算每块试样腐朽后重量损失率，以百分数表示。计算公式如下:

$$\text{试样重量损失率 (\%)} = \frac{w_1 - w_2}{w_1} \times 100$$

式中，w_1 为试样试验前的绝干重；w_2 为试样试验后的绝干重。

腐朽木材中纤维素损失率 X（%）按下式计算：

$$X(\%) = \frac{[Y - (1 - W) \times F]}{Y} \times 100$$

式中，W为腐朽木材的重量损失率；F为腐朽木材中的纤维素含量；Y为新鲜木材中的纤维素含量。

腐朽木材中木质素损失率的计算方法同上。

数据处理与分析：采用 SPSS 软件对测得数据进行统计分析。

6.2　结果与分析

6.2.1　白桦木材生物降解后重量损失率的差异

用 4 种木材腐朽菌对 300 株白桦木材进行木材腐朽处理，对木腐菌降解白桦木材后的重量损失率进行统计分析。4 种木材腐朽菌的生物降解时间不同，腐朽程度高的木材降解时间短，总降解时间为 50～105 天。如果忽略时间上的差异，由白桦木材经木腐菌生物降解后重量损失率的特征可见，彩绒革盖菌对白桦木材的生物降解能力最强，且株间变异最小；其次是木蹄层孔菌，株间变异小；然后是桦剥管菌，它的株间变异较小；而白囊耙齿菌的生物降解能力最弱，但其株间变异最大。

4 种木腐菌木材重量损失率间的相关性分析见表 6-1，白囊耙齿菌与桦剥管菌对木材的降解率达到极显著负相关，也就是说易受白囊耙齿菌侵染的白桦个体不易受桦剥管菌的侵染。

表 6-1　白桦木材经不同木腐菌腐朽后重量损失率的相关性

相关系数	桦剥管菌	木蹄层孔菌	白囊耙齿菌
木蹄层孔菌	0.103		
白囊耙齿菌	−0.224**	−0.004	
彩绒革盖菌	−0.011	−0.077	0.052

白囊耙齿菌、彩绒革盖菌和木蹄层孔菌这 3 种白腐菌对木材的降解率之间有正相关也有负相关，两种褐腐菌对木材的降解率为正相关，但不显著，暗示白腐菌和褐腐菌这两类腐朽菌中分别有多种木材降解途径，关系复杂。

6.2.2　白桦木材生物降解后主要化学成分变化

对白桦腐朽木样与新鲜木样主要化学成分进行比较，其结果见表 6-2。

表 6-2 腐朽木样与新鲜木样主要化学成分比较

不同菌种腐朽的木材		1% NaOH 抽出物		苯醇抽出物		纤维素		木质素	
		平均值	标准差	平均值	标准差	平均值	标准差	平均值	标准差
新鲜木材	对照	13.16%	0.024	2.97%	0.006	49.58%	0.021	26.67%	0.034
腐朽木材	白囊耙齿菌处理	45.3%	0.016	2.4%	0.009	48.76%	0.028	21.58%	0.020
	彩绒革盖菌处理	42.0%	0.010	8.0%	0.014	36.47%	0.018	29.09%	0.004
	木蹄层孔菌处理	36.3%	0.004	6.8%	0.004	50.89%	0.041	23.32%	0.021
	桦剥管菌处理	52.29%	0.131	7.64%	0.013	30.43%	0.075	29.92%	0.036

与对照木样相比，腐朽木样的 1% NaOH 抽出物含量都大大增加，其中桦剥管菌腐朽木样的 1% NaOH 抽出物增加的比例最高，木蹄层孔菌腐朽木样的 1% NaOH 抽出物增加的比例最低。

彩绒革盖菌、木蹄层孔菌和桦剥管菌腐朽后木样的苯醇抽出物高于对照木样 2 倍左右，其中彩绒革盖菌腐朽木样的苯醇抽出物含量最高。说明彩绒革盖菌、木蹄层孔菌和桦剥管菌分解木样所生成的分解产物的速度要高于其消耗这些分解产物的速度，导致多余的分解产物在腐朽木样中积累。白囊耙齿菌腐朽木样的苯醇抽出物含量最低，且略低于对照木样。

木蹄层孔菌腐朽木样的纤维素含量略高于对照木样，其他 3 种腐朽菌腐朽木样的纤维素含量都低于对照木样，其中桦剥管菌腐朽木样的纤维素含量最低。

彩绒革盖菌和桦剥管菌腐朽木样的木质素含量都高于对照木样。其中，桦剥管菌腐朽木样的木质素含量最高，白囊耙齿菌和木蹄层孔菌腐朽木样的木质素含量都低于对照木样。

6.2.3 白桦木材腐朽的红外光谱分析

对不同木材腐朽菌腐朽后的腐朽材薄片试样经 FTIR 光谱仪测定后，得到了红外光谱图，见图 6-1～图 6-5。图中显示了木材原粉和经 4 种腐朽菌腐朽 120 天后的木材薄片试样木粉的红外光谱图。未腐朽木材原粉样品红外光谱的特征峰及归属（KBr）见表 6-3 和表 6-4。木材样品受腐朽菌降解后各化学组分官能团的变化情况可以通过红外光谱图中谱峰位置和吸收峰的相对吸收强度变化来表示[6-8]。

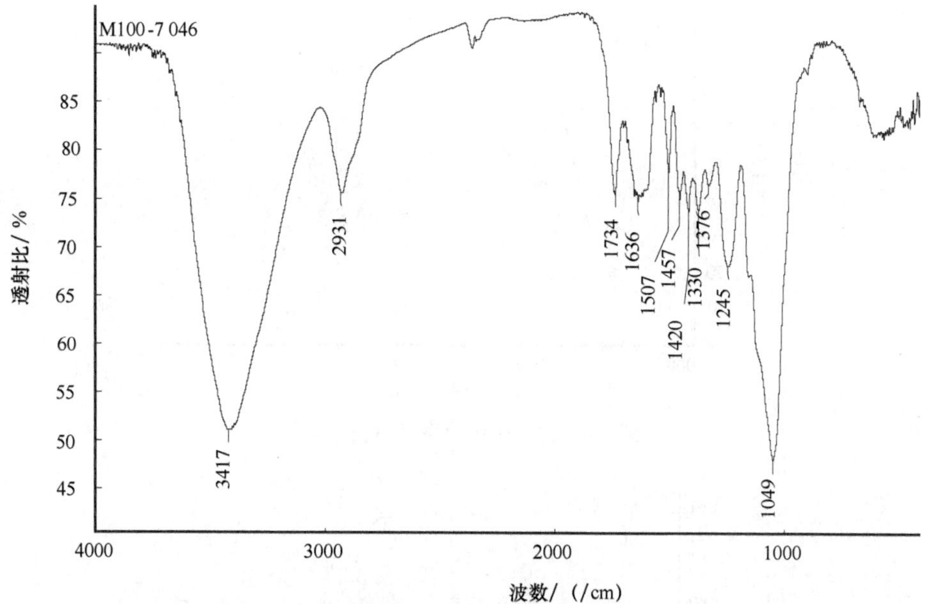

图 6-1　白桦木材原粉

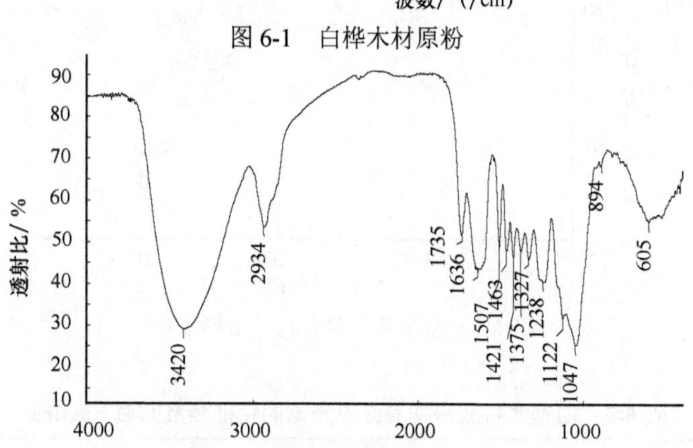

图 6-2　桦剥管菌腐蚀后白桦木粉

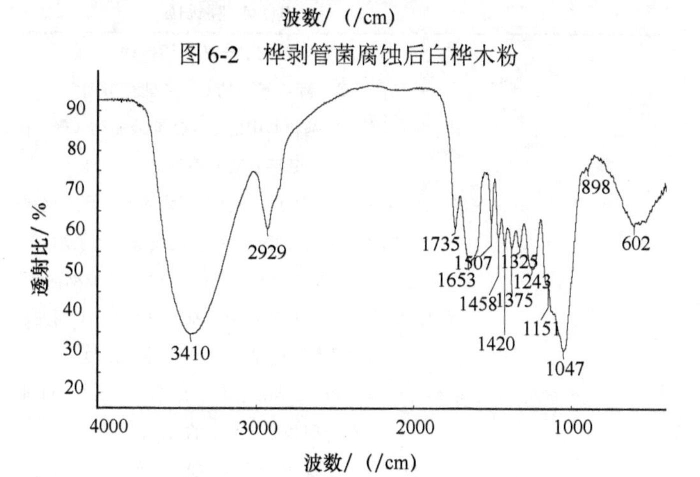

图 6-3　木蹄层孔菌腐蚀后白桦木粉

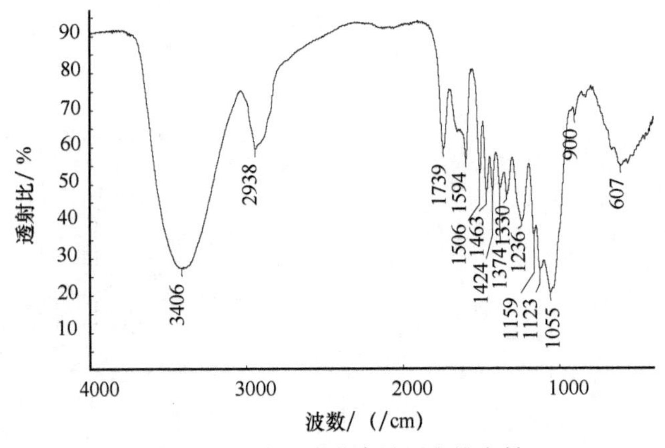

图 6-4　白囊耙齿菌腐蚀后白桦木粉

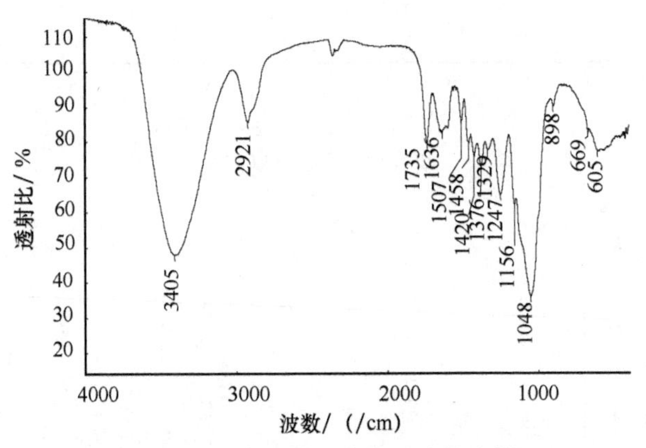

图 6-5　彩绒革盖菌腐朽后白桦木粉

表 6-3　白桦木材原粉样品红外光谱的特征峰及归属（KBr）

波数（/cm）	基团特征峰归属
3417	羟基中的 O—H 伸缩振动
2931	甲基、亚甲基中的 C—H 伸缩振动
1734	非共轭的酮、羰基和脂中的 C=O 伸缩振动（聚木糖）
1507	苯环骨架伸缩振动
1457	甲基 C—H 变形（在—CH 和—CH_2 中不对称）、木质素与聚木糖中的—CH_2 形变振动
1420	苯环骨架结合 C—H 在平面变形伸缩振动
1376	脂肪族在甲基中和酚—OH 上的 C—H 伸缩振动
1330	愈创木基和紫丁香基的缩合，紫丁香基、CH_2 弯曲振动
1245	木质素酚醚键 C—O—C 伸缩振动
1161	吡喃糖环上的 C—O—C 伸缩振动、脂基团中的 C=O 伸缩振动
1049	在仲醇和脂肪醚中的 C—O 变形
898	纤维素 β 链特征、苯环平面之外的 C—H 振动
669	OH 面外弯曲振动

表 6-4 腐朽菌腐朽后红外光谱的特征峰变化

	特征峰/（/cm）												
白桦原粉	3417	2931	1734	1507	1457	1420	1376	1330	1245	1161	1049	898	669
桦剥管菌	3420	2934	1735	1507	1463	1421	1375	1327	1238	1122	1047	894	605
木蹄层孔菌	3410	2929	1735	1507	1458	1420	1375	1325	1243	1151	1047	898	602
白囊耙齿菌	3406	2938	1739	1506	1463	1424	1374	1330	1236	1159	1055	900	607
彩绒革盖菌	3405	2921	1735	1507	1458	1420	1376	1329	1247	1155	1048	898	605

6.2.4 4 种腐朽菌对白桦木质素官能团的降解

由木质素的化学结构可知，木材中木质素的羰基主要存在于结构单元的侧链上。其中一部分为醛基，醛基多数位于结构单元的 γ-碳原子上；另一部分为酮基，位于侧链的 β-碳原子上。

由图 6-6 和表 6-4 可以看出，与木粉原样相比，木材样品经木蹄层孔菌、白囊耙齿菌、彩绒革盖菌腐蚀 120 天后，表征木质素侧链上的羟基中的 O—H 伸缩振动的吸收峰（3417/cm）发生了明显的变化，吸收峰分别减少到 3410/cm、3406/cm 与 3405/cm，说明木质素侧链上的羟基已经受到分解并减少。桦剥管菌吸收峰略微增强（3420/cm），说明木质素侧链上羟基并未受到分解。

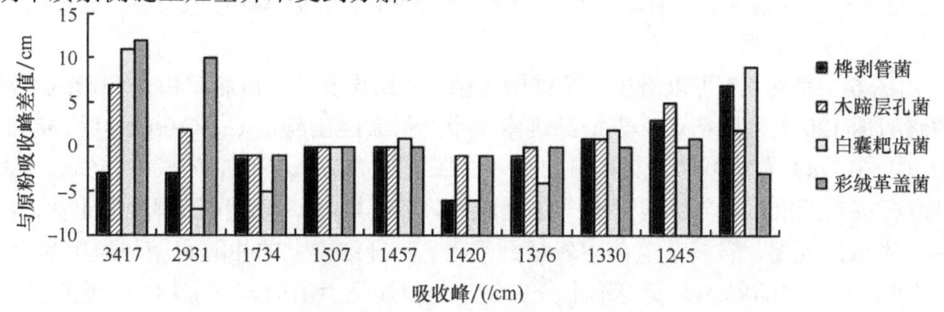

图 6-6 4 种菌腐朽白桦木粉后木质素官能团吸收峰的变化

彩绒革盖菌腐蚀后，木样中表征甲基、亚甲基中的 C—H 伸缩振动的吸收峰（2931/cm）发生了变化，减小到 2921/cm，说明甲基、亚甲基中的 C—H 键发生了断裂。

木材样品经桦剥管菌、白囊耙齿菌 120 天的腐朽，表征木质素中的 CH_2 形变振动的吸收峰（1457/cm）增强，CH_2 存在于木质素苯环间的侧链上，说明木质素侧链并未因断裂而发生降解。

以上的分析结果表明，木材样品经过 3 种白腐菌（木蹄层孔菌、白囊耙齿菌、彩绒革盖菌）120 天的腐朽，木质素都在一定程度上被降解。虽然苯环骨架变化不明显，但木质素苯环间的羰基、CH_2 结构、酚醚键等侧链已被部分降解。而经褐腐菌（桦剥管菌）腐蚀后，木质素并没有发生降解，这与白腐菌和褐腐菌的腐朽性质相符合。

从各吸收峰相对吸收强度的变化大小来看，木蹄层孔菌、彩绒革盖菌对木质素降解的程度大于白囊耙齿菌对木质素降解的程度。这与前面测定的腐朽菌腐蚀能力的化学分析结果相同（白桦木材生物降解后重量损失的比率依次为白囊耙齿菌 0.3497%、木蹄层孔菌 0.6255%、彩绒革盖菌 0.7047%）。

木材样品经过桦剥管菌、白囊耙齿菌 120 天的腐朽，表征木质素酚醚键 C—O—C 伸缩振动的特征吸收峰（1245/cm）减弱，木质素酚已发生变化。桦剥管菌属于褐腐菌，不会降解木质素，本次实验中木质素酚发生了一定的变化，这与褐腐菌腐蚀特性相悖，有待进一步研究。

6.2.5 4 种腐朽菌对白桦纤维素官能团的降解

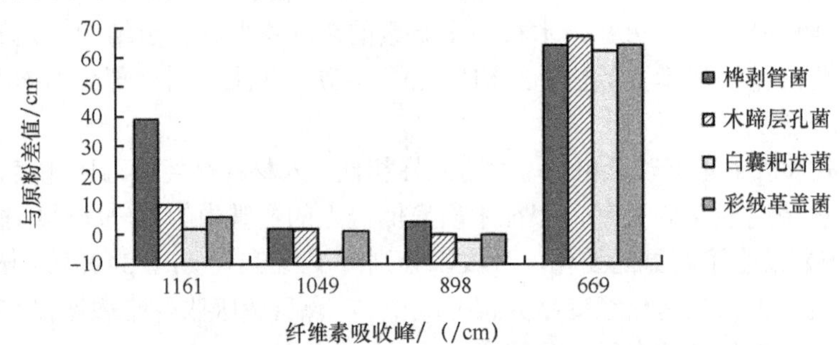

图 6-7 4 种菌腐蚀白桦木粉后纤维素官能团吸收峰的变化

由图 6-7 和表 6-4 可以看出，经桦剥管菌、木蹄层孔菌、白囊耙齿菌和彩绒革盖菌 4 种腐朽菌 120 天的腐朽后，表征纤维素、半纤维素上的醚键 C—O—C 伸缩振动的吸收峰（1161/cm）有所减小，分别减小到 1122/cm、1151/cm、1159/cm、1155/cm，表明 4 种腐朽菌对纤维素、半纤维素有一定程度的降解，其中桦剥管菌降解程度最大。桦剥管菌、木蹄层孔菌、彩绒革盖菌中表征纤维素、半纤维素上的仲醇和脂肪醚中的 C—O 变形的吸收峰（1049/cm）变得不十分尖锐，而白囊耙齿菌的该峰值增加，说明其对纤维素上的仲醇和脂肪醚的降解不明显。

4 种腐朽菌腐蚀后，白桦木样表征纤维素、半纤维素 OH 面外弯曲振动的吸收峰（669/cm）都有极明显的减小，分别减小到 605/cm、602/cm、607/cm 和 605/cm，表明纤维素、半纤维素成分被降解。

6.3 结论与讨论

用 4 种木材腐朽菌对 300 株白桦木材进行木材腐朽处理，彩绒革盖菌菌对白桦木材的生物降解能力最强，且株间变异较小；其次是木蹄层孔菌和桦剥管菌，其株间变异较小；白囊耙齿菌的生物降解能力较弱，腐朽木样重量损失率最小，株间变异最大。

4 种木材腐朽菌的生长速度不同，对白桦木材的生物降解能力也不同，但菌种生长速度与木材分解能力并不呈正相关。以白桦为宿主的腐朽菌，不论是白腐菌还是褐腐菌，对白桦木材的降解能力均较高，如木蹄层孔菌和桦剥管菌。

本研究比较了新鲜木材和经4种腐朽菌腐朽后的腐朽木材的主要化学成分的差异，不同木材腐朽菌对木材中各主要成分的腐朽程度都不相同，说明木材腐朽菌对木材各成分有偏好性[9]。木蹄层孔菌腐朽后的白桦木材 1%NaOH 抽出物含量最低，苯醇抽出物含量中等，纤维素含量最高，木质素含量较低，而且其腐朽白桦木材的能力较强，比较适用于以白桦木材为原料的生物辅助制浆。该结果也被 Mohareb 等的研究所证实[10, 11]。当然，也可以对其进行人工诱变和选择，提高木质素的降解能力，降低分解纤维素的能力，将其改造成处理造纸业原料的工程菌。

红外吸收光谱可以用来分析木材结构基团，可以获得木材受到某种影响后官能团变化的化学分子结构信息，从而揭示反应和作用机制，因此这种先进的研究手段促进了木材结构的研究进展[12-15]。本研究可见：经 3 种白腐菌 120 天腐朽处理后的木材薄片试样红外光谱吸收峰的位置及相对吸收强度与对照木样存在着不同程度的差异，这表明与对照相比，其部分木质素官能团在一定程度上被降解。虽然苯环骨架变化不明显，但木质素苯环间的羰基、CH_2 结构、酚醚键等侧链已被部分降解，也就是说白腐菌对木质素的降解有较强的偏好，如在吸收峰 3417/cm 处。从各吸收峰相对吸收强度的变化大小来看，木蹄层孔菌和白囊耙齿菌对木质素的降解程度大于彩绒革盖菌。研究发现作为褐腐菌的桦剥管菌对部分木质素官能团也存在一定程度的降解能力，如在吸收峰 1245/cm 和 1330/cm 处（图 6-6）；4 种腐朽菌处理木样的表征纤维素、半纤维素的震动吸收峰 669/cm 出现明显变化，说明纤维素、半纤维素官能团都有明显降解。与 3 种白腐菌相比，褐腐菌桦剥管菌在纤维素官能团 1161/cm 和 898/cm 的吸收峰区域与对照木样相比明显下降，由此可见，褐腐菌对纤维素、半纤维素的降解具有更强的偏好性。

一般来说，能够分解木质素导致木材呈白色腐朽的腐朽菌称为白腐菌[16-19]。白腐菌既能产生分解纤维素的酶系统，又能产生分解木质素的酶系统，对纤维素、半纤维素都能分解，但对木质素的分解能力更强。能够分解纤维素和半纤维素导致木材呈褐色腐朽的腐朽菌称为褐腐菌，褐腐菌只能降解纤维素和半纤维素，木质素不能被分解[20,21]。本研究表明不论是白腐菌还是褐腐菌，对纤维素和木质素官能团的作用都不是绝对的，特别是褐腐菌，褐腐菌不仅对木材纤维素官能团具有降解能力，见 669/cm 和 1161/cm 吸收峰（图 6-7），也对木质素官能团具有一定的分解能力，其腐朽白桦木材的木质素损失率为 50.89%，远远高于白囊耙齿菌和彩绒革盖菌，其原因还有待于进一步探讨。

参 考 文 献

[1] 池玉杰. 东北林区 64 种木材腐朽菌木材分解能力的研究. 林业科学, 2001, 37（5）: 107-112.

[2] 池玉杰. 木材腐朽与木材腐朽菌. 北京: 科学出版社, 2003: 21-130.

[3] Shi S, He F. The Analysis and Test of Pulping and Papermaking. Beijing: Light Industry Press, 2003.

[4] 刘一星. 中国东北地区木材性质与用途手册. 北京: 化学工业出版社, 2004: 85-88.

[5] Li G-Y, Huang L-H, Hse C-Y, et al. Chemical compositions, infrared spectroscopy, and X-ray diffractometry study on brown-rotted woods. Carbohydrate Polymers, 2011, 85（3）: 560-564.

[6] 刘贵生, 李坚, 陆文达. 马尾松木材红外光谱的研究. 北京木材工业, 1986, （2）: 18-23.

[7] 秦特夫. 杉木和“三北”一号杨磨木木质素化学官能团特征的研究. 林业科学, 1999, 35（3）: 69-75.

[8] 池玉杰. 6 种白腐菌腐朽后的山杨木材和木质素官能团变化的红外光谱分析. 林业科学, 2005, 41（2）: 136-140.

[9] Mansouri S, Khiari R, Bendouissa N, et al. Chemical composition and pulp characterization of *Tunisian vine* stems. Industrial Crops and Products, 2012, 36（1）: 22-27.

[10] Mohareb A, Sirmah P, Pétrissans M, et al. Effect of heat treatment intensity on wood chemical composition and decay durability of Pinus patula. European Journal of Wood and Wood Products, 2012,70（4）: 519-524.

[11] Popescu C-M, Popescu M-C, Vasile C. Structural changes in biodegraded lime wood. Carbohydrate Polymers, 2010,79（2）: 362-372.

[12] Rana R, Langenfeld-Heyser R, Finkeldey R, et al. FTIR spectroscopy, chemical and histochemical characterisation of wood and lignin of five tropical timber wood species of the family of Dipterocarpaceae. Wood Science and Technology, 2010, 44（2）: 225-242.

[13] Shi J, Xing D, Lia J. FTIR studies of the changes in wood chemistry from wood forming tissue under inclined treatment. Energy Procedia, 2012, 16: 758-762.

[14] Li J. Wood Science. Beijing: China Higher Education Press, 2002.

[15] Pandey K K, Pitman A J. FTIR studies of the changes in wood chemistry following decay by brown-rot and white-rot fungi. International Biodeterioration & Biodegradation,2003, 52(3): 151-160.

[16] 魏玉莲, 戴玉成. 木材腐朽菌在森林生态系统中的功能. 应用生态学报, 2004, 15（10）: 245-248.

[17] Cohen R, Persky L, Hadar Y. Biotechnological applications and potential of wood-degrading mushrooms of the genus Pleurotus. Applied Micro-biology and Biotechnology, 2002, 58(5): 582-594.

[18] Eriksson K-E L, Blanchette R A, Ander P. Microbial and Enzymatic Degradation of Wood and Wood Components. Berlin:Springer Verlag, 1990.

[19] Blanchette R A, Biggs A R. Defense Mechanisms of Woody Plants against Fungi. Berlin/Heidelberg: Springer Verlag,1992.

[20] Deacon J. Fungal Biology. London:Wiley-Blackwell, 2009.

[21] Stamets P. Mycelium Running: How Mushrooms Can Help Save the World. Berkeley:Ten Speed Press, 2005.

7　白桦木屑诱导下木材腐朽菌降解相关基因差异表达

7.1　材料与方法

7.1.1　实验材料

2005 年 9 月，在黑龙江省尚志市东北林业大学帽儿山实验林场，从活立木和倒木上采集白囊耙齿菌和桦剥管菌子实体，组织分离得到纯菌丝，在 PDA 和木屑培养基[1]中 4℃保存。

2006 年 10 月在黑龙江省尚志市东北林业大学帽儿山实验林场选取白桦木材，白桦木材气干后，弦切成 3cm×1cm×2mm 的木片，−20℃保存。

7.1.2　实验方法

1. 培养基配方

PDA 培养基（1L）：称取去皮马铃薯 200g，加适量水煮沸 20min，用纱布过滤得滤液，加入葡萄糖 20g，琼脂粉 20g，加水定容至 1000ml，混匀，121℃灭菌 20min[1]。

马铃薯-蔗糖培养基：200g/L 马铃薯，20g/L 蔗糖，按 PDA 培养基的配制方法进行配制。

木屑培养基：白桦木屑 82%，麸皮 15%，葡萄糖 1%，$CaSO_4 \cdot 2H_2O$ 加入 2%，加水混匀，以手握紧至水悬而不滴为宜。装入试管，121℃灭菌 120min。

河沙木屑培养基：向 100ml 广口三角瓶内加入洗净的河沙 30g，白桦木屑 3g，玉米粉 1.7g，红糖 0.2g，20ml 马铃薯-蔗糖培养基。121℃灭菌 60min[2]。

完全培养基：KH_2PO_4 2.0g/L，$MgSO_4 \cdot 7H_2O$ 0.5g/L，酒石酸铵 0.2g/L，微量元素液 70ml/L，pH 自然。其中，微量元素液的成分为 NaCl 1.0g/L，$CoCl_2 \cdot 6H_2O$ 0.18g/L，$Na_2MoO_4 \cdot 2H_2O$ 0.01g/L，$ZnSO_4 \cdot 7H_2O$ 0.1g/L，$CaCl_2$ 0.1g/L，$CuSO_4 \cdot 5H_2O$ 0.01g/L，$FeSO_4 \cdot 7H_2O$ 0.1g/L，$AlK(SO_4)_2 \cdot 12H_2O$ 0.01g/L，HBO_3 0.01g/L，NTA 1.5g/L。121℃灭菌 20min[3]。

2. 主要实验溶剂配方

20×SSC 溶液：3mol/L NaCl，1.3mol/L 柠檬酸钠，用 1mol/L HCl 调至 pH 7.0，高压灭菌。

washing Ⅰ：配制 1000ml：100ml 20×SSC 溶液，1g SDS（粉末状，配制时在通风橱中进行，并戴口罩），加水定容至 1000ml（终浓度 2×SSC，0.1%SDS）。

washing Ⅱ：配制 1000ml：5ml 20×SSC 溶液，1g SDS（粉末状，配制时戴口罩，在通风橱中进行），加水定容至 1000ml（终浓度 0.1×SSC，0.1%SDS）。

5×buffer Ⅰ：配制 1000ml：顺丁烯二酸 58.05g，NaCl 43.88g，加水定容至 1000ml，用 HCl 调至 pH 7.5，高温灭菌。

bufferⅡ：10%blocking：blocking 25g，1×bufferⅠ 250ml。

bufferⅢ：配制 500ml：Tris 6.057g，NaCl 2.922g，加水定容至 500ml，用 HCl 调至 pH 9.5。

buffer 1：1×bufferⅠ 100ml+300μl Tween20（终浓度 0.3%）。

buffer2：1×bufferⅠ:10×bufferⅡ（10%blocking）=9∶1。

buffer3（每管 5ml）：buffer2+Antidige（使用前 15 000r/min，4℃，1min；10 000r/min，4℃，1min 离心）＝10ml+1μl。

显色液：990μl bufferⅢ+10μl CDP-Star（4℃冰箱）。

显影液：用 D-72 显影粉配置。加 250ml 蒸馏水于三角瓶中，50℃水浴中预热，先加入小袋，迅速摇动，待溶解后马上加入大袋，摇匀。放入 50℃水浴中，10～15min 溶解，取出后放入暗室（防止见光变色），室温冷却待用。

定影粉：用酸性定影粉。加 250ml 蒸馏水于三角瓶中，50℃水浴中预热，加入定影粉，迅速摇匀。放入 50℃水浴中，10～15min 溶解，取出后放入暗室（防止见光变色），室温冷却待用。

X-gal 储液（20mg/ml）：用二甲基甲酰胺溶解 X-gal 配制成 20mg/ml 的储液，包上铝箔以防止受光照被破坏，−20℃储存。

IPTG 储液（200mg/ml）：在 800μl 蒸馏水中溶解 200mg IPTG 后，用蒸馏水定容至 1ml，用 0.22μm 滤膜过滤除菌，分装于离心管，−20℃储存。

7.1.3 总 RNA 提取

将白囊耙齿菌和桦剥管菌接种于添加了 1.5%琼脂的完全培养基平板上（90mm 培养皿），28℃避光培养至菌丝长满培养皿表面。白桦木材弦切成 3cm×1cm×0.2cm 的木片，经 121℃ 2h 灭菌后，将其轻轻覆盖在菌丝上，28℃继续避光培养 60 天。腐朽 60 天后的木片上附着的菌丝为处理样品，以未放置木片的培养基上生长的菌丝作为对照样品。

1. 采用酚-氯仿法提取总 RNA

（1）向 1.5ml 离心管中加入 0.7ml 2%CTAB（*m*/*V*），冰浴。

（2）用 1ml 的灭菌枪头刮取木片上生长的菌丝，置于液氮中研磨成粉末状后，迅速转到 1.5ml 离心管中。

（3）剧烈振荡离心管，使菌丝与提取液充分混匀，加入提取液 1/2 体积的 Tris 饱和酚（pH 8.0），1/2 体积的氯仿，1/10 体积的巯基乙醇，冰浴 30s，旋涡振荡器振荡 4min，14 000r/min，4℃离心 5min，取上清液。

（4）向上清液中加入 1/2 体积的 Tris 饱和酚，1/2 体积的氯仿，冰浴 30s，旋涡振荡器振荡 4min，14 000r/min，离心 5min，取上清液。

（5）向上清中加入 1 倍体积的氯仿，冰浴 30s 旋涡振荡器振荡 3min，14 000r/min，离心 5min，取上清液。

（6）向上清中加入 1/2 体积的无水乙醇，等体积的 4mol/L LiCl（DEPC 处理，过滤），轻轻摇动混匀，冰浴 10min，15 000r/min，离心 8min，弃上清。

（7）用 70%乙醇（DEPC 水配制）洗涤 2 次，空气干燥，至管壁上无残留液滴，加入 20μl DEPC 处理过的水溶解 RNA。

2. RNA 的检验

取 2μl RNA 样品，用 0.8%非变性琼脂糖凝胶（含 1μg/ml 溴化乙锭）于 5V/cm 电压下电泳，然后在紫外灯下观察 28S rRNA、18S rRNA 亮度。当 28S rRNA 亮度高于 18S rRNA，且看不到有 DNA 污染的迹象时表明提取的 RNA 较纯净。

取 2μl RNA 样品，稀释后用紫外分光光度计观察 260nm 和 280nm 处的 OD 值，OD_{260}/OD_{280} 值为 1.8～2.0 时，提取的 RNA 纯度比较好。根据 260nm 处 OD 值计算 RNA 样品浓度。总 RNA 于−80℃待用。

7.1.4 DDRT-PCR 反应和检测

1. DDRT-PCR 反应引物

用 3 种锚定引物（M1、M2、M3）和 26 种随机引物（S1、S2…S26）（表 7-1）组成 78 对引物[4]，分别对白囊耙齿菌和桦剥管菌以及对照样品的 RNA 进行 PCR 扩增反应[5]。

表 7-1 DDRT-PCR 分析所用引物

引物	序列（5'—3'）	引物	序列（5'—3'）	引物	序列（5'—3'）
S1	TACAACGAGG	S11	TACCTAAGCG	S21	GATCTAACCG
S2	TGGATTGGTC	S12	CTGCTTGATG	S22	GATCGCATTG
S3	CTTTCTACCC	S13	GTTTTCGCAG	S23	GATCTGACTG
S4	TTTTGGCTCC	S14	GATCAAGTCC	S24	GATCATGGTC
S5	GGAACCAATC	S15	GATCCAGTAC	S25	GATCATAGCG
S6	AAACTCCGTC	S16	GATCACGTAC	S26	GATCTAAGGC
S7	TCGATACAGG	S17	TCGGTCATAG	M1	AAGCTTTTTTTTTC
S8	TGGTAAAGGG	S18	GATCTCAGAC	M2	AAGCTTTTTTTTTA
S9	GATCTGACAC	S19	GATCATAGCC	M3	AAGCTTTTTTTTTG
S10	GGTACATTGG	S20	GATCAATCGC		

注：S 为随机引物；M 为锚定引物

2. DDRT-PCR 反应程序

1）cDNA 第一条链的合成

反应体系：

10×RNA PCR buffer	4μl
10mmol/L dNTP	2μl
RNA 模板	8μg
灭菌的 ddH_2O	8.5μl
锚定引物（20μmol/L）	2μl

RNase inhibitor	1μl
AMV reverse transcriptase	1μl
总计	20μl

反应程序：PCR 管中加入 3'端锚定引物（20μmol/L）2μl，RNA 模板 8μg，混合，70℃10min，冰浴 15min，离心 5s。然后加入 5×RT buffer 4μl，dNTP 10mmol/L 2μl，RNase inhibitor 1μl，反转录酶 1μl。混匀，用 DEPC 水加至总体积 20μl。

反应条件：42℃ 75min，45℃10min，70℃ 10min，95℃ 5min。

2）cDNA 第二条链合成

反应体系：

10×buffer	2.0μl
25mmol/L $MgCl_2$	2.0μl
2μmol/L dNTP	2.0μl
cDNA 模板	12μg
随机引物（20μmol/L）	2.0μl
灭菌的 ddH_2O	加至 20μl
Taq DNA 聚合酶	1.25U
总计	20μl

反应程序：

94℃预变性	3min
94℃变性	30s
36℃退火	1 min
72℃延伸	50s
循环次数	35 次
72℃延伸	7min
4℃终止反应	

3）聚丙烯酰胺凝胶电泳检测

取 20μl PCR 产物进行 6%变性聚丙烯酰胺凝胶垂直电泳分析，电压为 5～6 V/cm。银染法显色。通过 5 次重复性检测实验来减少假阳性。

（1）聚丙烯酰胺凝胶配置。①把电泳用的玻璃板分别用水洗净，晾干；用脱脂棉蘸亲水硅化液在长玻璃板上均匀涂抹至干，在短玻璃板和梳子上用疏水硅化液同样进行疏水硅化。②配胶（40ml）：20g 尿素，4.2ml 10×TBE，8.4ml 30%的丙烯酰胺加水至 40ml。③灌胶：在配好的凝胶中加入 20μl 的 TEMED，再加入 200μl AP 轻轻摇匀，注意不要起气泡。然后立起胶板，稍微倾斜，将配好的胶沿玻璃的一侧缓慢倒入胶板间的空隙内，倒满胶后，垂直放置胶板，将梳子的平面插入胶面，静置 3h 以上或过夜（胶中不要留有气泡）。

（2）PCR 样品制备。①在 20μl PCR 产物中加入 5μl 凝胶上样缓冲液（0.25%二甲苯青 FF，0.25%溴酚蓝，40%蔗糖），混匀，于 95℃加热变性 8min 后立即放于冰上，使其保持单链状态。②上样：电泳胶凝固后，撕去胶条，轻轻拔出梳子，把胶板固定在电泳槽上，在槽中加入 1×TBE 溶液没过胶面。用微量进样器取变性后样品 20μl，全部加入。

（3）电泳：上完样后，立即开始电泳。400V 电压不变，5～6h，当第二道染料（二甲苯青 FF）即将出胶时停止电泳。放掉电泳液，取下胶板，将两块板轻轻撬开。

（4）银染（试剂用去离子水配置）。①固定：胶面向上将胶板放入方盘中，倒入固定液（10%乙醇，0.5%冰醋酸），没过胶面。轻轻晃动 15min，将胶板取出，回收固定液；用去离子水浸泡 2min，沥干，重复 2 次。②染色：将胶板转入染色液（0.3% $AgNO_3$，10%乙醇，0.5% 冰醋酸），轻轻摇 15min；取出后用去离子水浸泡 2min，沥干；在去离子水中浸泡 20s，立即取出，沥干水。③显影：将胶板放置于 300ml 预冷的显影液中（3%NaOH，0.5%的 37%甲醛，使用前加入），充分摇动，直至其余条带清晰可见。

4）cDNA 差异条带回收

将在实验中 5 次重复检测中 4 次以上都稳定出现的差异条带从 PAGE 胶上切下，用 Poly-Gel DNA Extraction Kit（OMEGA 公司）试剂盒进行回收纯化。

（1）用干净的手术刀片将差异条带切下，置于干净的 1.5ml 离心管中（离心管和枪头都用高压灭菌锅 121℃ 60min 灭菌 2 次以上），用 200μl DEPC 水反复冲洗，弃掉，重复 2 次。

（2）按试剂盒要求操作，得到 20μl 回收产物。

（3）取 10μl 回收的产物，采用与模板相同的锚定引物和随机引物进行二次 PCR。

反应体系：

10×buffer	2.0μl
25mmol/L $MgCl_2$	2.4 μl
2μmol/L dNTP	1.6 μl
cDNA 模板	9.4μl
随机引物（20μmol/L）	2.0μl
锚定引物（20μmol/L）	2.0μl
Taq DNA 聚合酶	3U
总计	20μl

反应程序：

94℃预变性	3min
94℃变性	30s
40℃退火	1 min
72℃延伸	50s
循环次数	40 次
72℃延伸	7min
4℃终止反应	

（4）取 2μl 二次 PCR 产物进行 1.5%琼脂糖电泳检测，紫外灯下观察。电泳效果好的 cDNA 按 PCR 产物纯化试剂盒的要求进行纯化，−20℃保存。

（5）探针的标记：按照 7.1.4 节中 cDNA 第一条链合成的反应体系和反应程序，用

DIG Labeling Kit 代替 dNTP，将木材诱导菌丝样品和对照样品的 mRNA 反转录合成的 cDNA 制作成探针。

7.1.5 反向 Northern 杂交

（1）点样：差异片段回收后二次 PCR 产物，分别点在两张尼龙膜上各 2μl，50℃固定 30min，然后放在紫外杂交箱里进行正面紫外交联，调节紫外 254mm，计时：4min。

（2）膜的正面的右下角用铅笔做标记。按膜大小裁剪杂交袋，将尼龙膜放于杂交袋中，用封口机封口。

（3）将预杂交液放到 50℃水浴摇床中预热。按一份杂交膜 25μl 鲑鱼精子 DNA 的比例将鲑鱼精子 DNA100℃，5min 变性，变性后放于冰上冷却。

（4）取一个 10ml 离心管，向其中倒入 10ml 预杂交液，再加入 50μl 鲑鱼精子 DNA，混合，分别倒入到 2 个已封好的装有膜的杂交袋中，每袋中含有 5ml。将小袋中的空气赶出，将杂交袋边缘封两道压痕，杂交袋内留有一定的空间，使杂交液充满空间。

（5）将几个封好的小袋放于一个大的套袋中，边缘封 3 道压痕。

（6）水浴 50℃，130r/min 摇动 1h，进行预杂交。

（7）将标记好的探针变性，100℃ 5min，变性后放于冰上冷却。将杂交袋剪开一个小口，在每个杂交袋中加入相应探针 5μl。混合，重新封两道。

（8）将小袋放在大套袋中，封口。放入 50℃水浴摇床中，过夜杂交，12h 以上即可。

（9）将灭菌的培养皿及 washingⅡ65℃预热。另取培养皿，倒入 washingⅠ，约 25ml，把杂交膜上有标记的一面向上放到 washingⅠ中，摇床摇动 5min。将 washingⅠ倒掉，在同一皿中加入 washingⅠ，重复摇动 5min。

（10）用镊子将膜转到有 washingⅡ的培养皿中，65℃摇动洗膜 30min。

（11）将 washingⅡ倒掉，加入配置好的 buffer 1（约 25ml/皿）洗膜，摇床摇动 5min。

（12）新杂交袋中放入尼龙膜，一个袋中可以放 2 张膜，背靠背放，加入 5ml 封闭液 buffer 2，按杂交步骤（5）进行封袋，尽量减少袋中气泡。50℃水浴，摇动 45min。此步骤起到预饱和以及封闭未杂交位点的作用。

（13）将杂交袋中的 buffer 2 挤出，挤干净，直接注入 buffer 3 溶液，5ml/袋。摇动 1h。在培养皿中用 buffer 1 摇床洗脱 2 次，15min/次（准确计时）。

（14）换一干净培养皿，加入 bufferⅢ，用镊子将杂交膜在 bufferⅢ中漂洗一下，放入新的杂交袋中（膜正面朝上）。

（15）按 300μl 显色液/膜的比例，将显色液均匀地铺在膜表面，轻轻用手指赶走气泡，抽屉中显色（避光）5min。

（16）将杂交袋取出后，放在两层吸水纸中央（夹层中），用玻璃管赶走中间的显色液。封袋，用剪刀减去多余的部分（封口以外的部分）。

（17）将杂交膜放在-80℃冰箱中冷冻 7 天。

（18）将杂交袋按顺序放在暗盒中，膜正面向上，在膜上放上 1～2 张 X 光片。放杂交膜时在外面放，X 光片在暗室放置。X 光片按照膜的大小进行剪裁，放好后不应移动，盖上暗盒，放在暗室中感光（30min）。注：X 光片应在右上角做标记，这样可以区分每个膜的位置。

（19）曝光后，在暗室中，将胶片放入显影液中，不断晃动，直到看到目标点出现为止。迅速取出 X 光片，放入水中，清洗显影液。将胶片转移到定影液中浸泡。在可见光下用自来水冲胶片，晾起。

7.1.6 克隆、测序及序列分析

1. 阳性片段克隆及测序

（1）将反向 Northern 杂交中检测到的阳性片段，找出与 7.1.4 节中对应的 cDNA 差异条带回收步骤中二次凝胶回收并纯化的阳性片段，取 4μl 阳性片段放到 PCR 管中，加入 2.5μl 溶液和 1μl pMD18-T 载体，ddH$_2$O 3μl，混匀，离心 5s。4℃过夜。

（2）在无菌条件下取 5μl 连接反应产物，加到 100μl 解冻的大肠杆菌感受态 Top5 中，温和混匀，冰上放置 30 min，42℃热休克 90s，放回冰上冷却 1～2 min 后，每管加 400μl LB 液体培养基，温和混匀，37℃ 200r/min 振荡培养 40min 左右，使 pMD18-T vector 抗氨苄青霉素的基因充分表达，即制备成了含有重组质粒转化的菌液。

（3）将 LB 固体培养基高压灭菌后冷却至 60℃左右，加入 Amp 储存液，使终浓度为 50μg/ml，摇匀后倒成平板培养基。LB 平板表面加 40ml X-gal 储液和 4μl IPTG 储液，用无菌玻棒将溶液涂匀，使培养基表面的液体完全被吸收。

（4）用移液器取 200μl 转化菌液直接涂布含 50μg/ml Amp、40ml X-gal 储液和 4μl IPTG 储液 LB 固体平皿上。待菌液干燥不会流动，倒置放于恒温箱中 37℃培养过夜。

（5）待培养基上长出白色和蓝色的菌落，且菌落没有扩增到相连的程度时，终止培养，将平板置于 4℃环境中 1～2h，使蓝色充分显现。在无菌条件下挑取培养基上白色菌落（每个平板挑取白色菌落 3～4 个），分别置于 4ml LB（含 Amp 抗性）液体培养基中，37℃摇床培养过夜。

（6）含有菌液的液体培养基混浊后，取 1μl 菌液作为模板，按 7.1.4 节中 cDNA 差异条带回收中步骤（3）的反应体系和反应程序进行 PCR。PCR 产物通过 1.5%琼脂糖凝胶电泳检测，紫外灯下检测到该阳性片段的单一条带后，将此阳性克隆送上海生工生物工程公司测序。

2. 阳性片段的序列分析

测序结果登录美国国家生物技术信息中心 NCBI 网站（www.ncbi.nlm.nih.gov），用 BLAST 进行相似性分析比较。

GenBank 是由美国联邦生物技术信息中心（the National Center for Biotechnology Information, NCBI）建立和维护的大型公众数据库，收录了所有已知的核酸和蛋白质序列信息并提供了每条序列信息的功能分析和说明。BLAST 序列相似性查询体系和文件传输协议（files transfer protocol，FTP）方式，也就是提供了选择匿名登录方式，提供查询序列和数据库之间的匹配信息。

7.1.7 数据处理

用 SPSS 软件对测得数据进行统计分析。

7.2 结果与分析

7.2.1 白囊耙齿菌腐朽木材前后的 cDNA 差异显示

由 3 个锚定引物和 26 个随机引物（表 7-1）组成 78 对引物组合，按照 7.1.4 中的实验方法对白囊耙齿菌的 mRNA 进行 cDNA 第一条链和第二条链的合成。根据聚丙烯酰胺凝胶上的条带数量显示情况，筛选出 22 对扩增条带比较多的不同引物组合。利用这些引物组合对白囊耙齿菌的木材诱导菌丝与对照菌丝的 mRNA 进行 cDNA 第一条链和第二条链的合成，PCR 扩增产物在变性聚丙烯酰胺凝胶上进行电泳，银染后，显现出较清晰的条带（图 7-1～图 7-3），单对引物平均扩增 10～40 条带，平均为 20 条带。带的大小为 50～1500bp，取 100～800bp 的差异片段进一步分析，其中 25 个差异片段在木材诱导后的真菌菌丝中有特异表达。

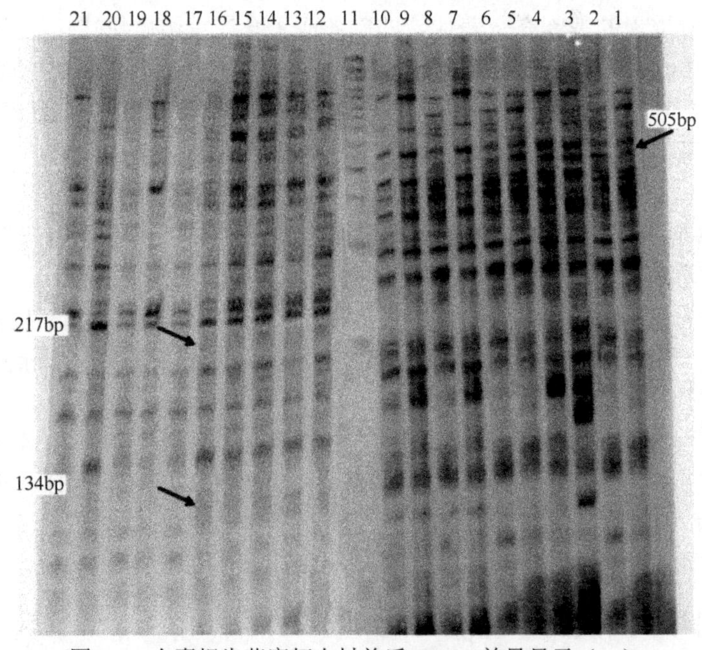

图 7-1 白囊耙齿菌腐朽木材前后 cDNA 差异显示（一）

1～5 泳道是木材诱导菌丝用 M2-S3 引物对；6～10 泳道是对照菌丝用 M2-S3 引物对；12～16 泳道是木材诱导菌丝用 M2-S12 引物对；17～21 泳道是对照菌丝用 M2-S12 引物对。11 泳道是 100bp ladder plus DNA Marker，范围是 100～3000bp

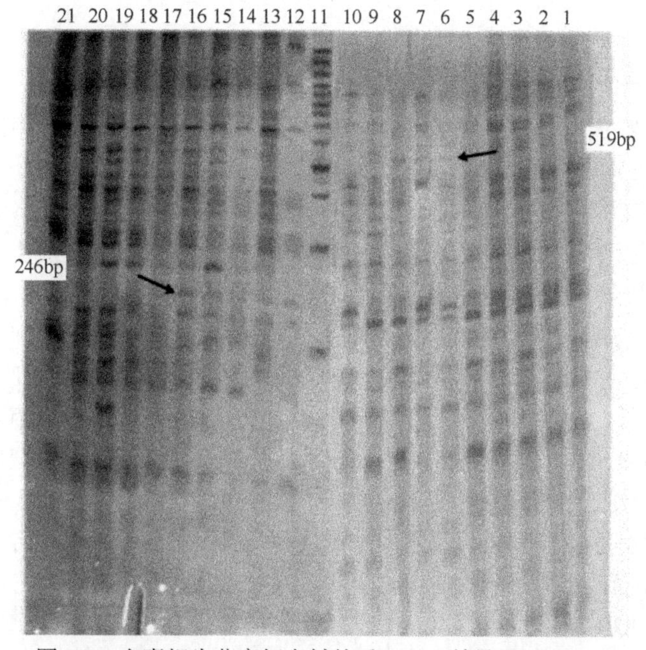

图 7-2 白囊耙齿菌腐朽木材前后 cDNA 差异显示（二）

1～5 泳道是木材诱导菌丝用 M3-S24 引物对；6～10 泳道是对照菌丝用 M3-S24 引物对；12～16 泳道是木材诱导菌丝用 M2-S4 引物对；17～21 泳道是对照菌丝用 M2-S4 引物对。11 泳道是 100bp ladder plus DNA Marker，范围是 100～3000bp

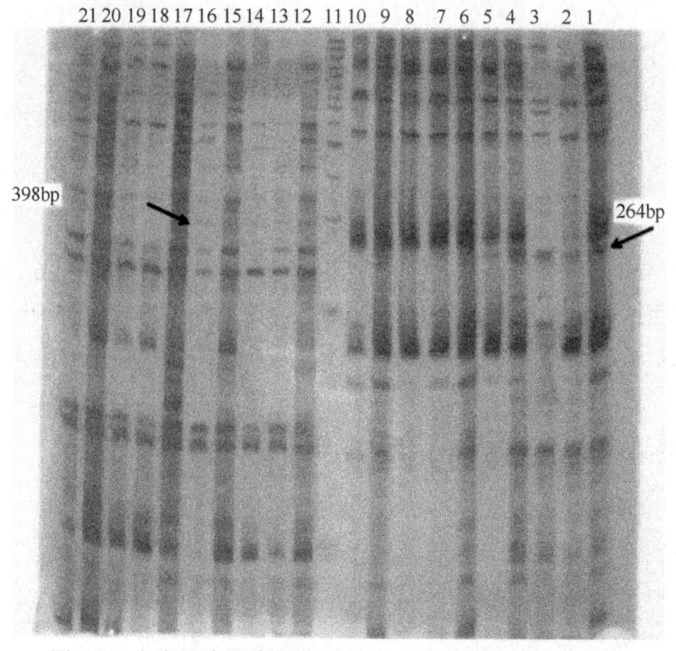

图 7-3 白囊耙齿菌腐朽木材前后 cDNA 差异显示（三）

1～5 泳道是木材诱导菌丝用 M1-S7 引物对；6～10 泳道是对照菌丝用 M1-S7 引物对；12～16 泳道是木材诱导菌丝用 M3-S1 引物对；17～21 泳道是对照菌丝用 M3-S1 引物对。11 泳道是 100bp ladder plus DNA Marker，范围是 100～3000bp

7.2.2 cDNA 差异片段的反向 Northern 杂交鉴定

为了进一步鉴定白囊耙齿菌的这 25 个片段是否确实在木材诱导菌丝中表达，将这些差异片段按 7.1.4 节中的实验方法回收，挑选出琼脂糖凝胶电泳鉴定均为单一条带的回收扩增 PCR 产物并纯化。按 7.1.5 节的实验方法进行反向 Northern 杂交分析。结果表明对于白囊耙齿菌（图 7-4），在以对照菌丝 cDNA 为探针的 C 膜上共出现 6 个杂交信号，而在木材诱导菌丝 cDNA 为探针的 P 膜上出现 15 个；在 25 个差异片段中有 10 个表明有明显的差异，与木材诱导菌丝 cDNA 探针有杂交信号而与对照菌丝探针无杂交信号，表明这些片段可能与白囊耙齿菌进行腐朽木材的物质有关；13-B9 仅与对照菌丝探针有杂交信号，13-A1、13-A4、13-A8、13-B5、13-C7 这 5 个点与两种探针均出现杂交信号，另 9 个与两种探针均无杂交信号。与两种探针都能杂交的片段，杂交信号都很强，表明这些片段代表一些高丰度表达的 mRNA，可能是由于高丰度表达的基因在对照菌丝中有序列相似的同源基因。最终确定 10 个只在木材诱导菌丝中表达的阳性差异 cDNA 片段，分别命名为 13-A2、13-A3、13-A5、13-A7、13-B1、13-B3、13-B4、13-B8、13-C3、13-C6。

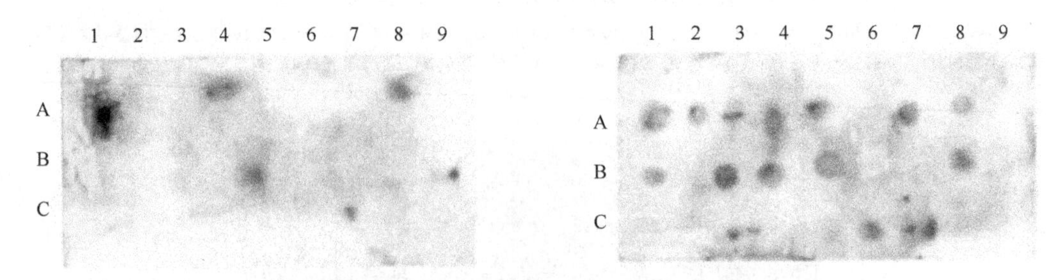

图 7-4 白囊耙齿菌差异 cDNA 片段反向 Northern 杂交

此 10 个差异 cDNA 片段，找到对应的阳性基因片段，按 7.1.6 节的实验方法与 pMD18-T 载体连接，进行克隆，然后送到上海生工生物工程公司测序。测序结果登录美国国家生物技术信息中心 NCBI 网站（www.ncbi.nlm.nih.gov），用 BLAST 进行相似性分析比较。

7.2.3 白囊耙齿菌差异 cDNA 片段测序结果分析

采用美国国家生物技术信息中心 NCBI 的 BLAST 程序进行序列同源性搜索与相似性比对，结果表明，5 个克隆与已知序列无同源性，其余 5 个片段推导的氨基酸序列分别与已知的蛋白质或蛋白酶高度同源（表 7-2）。

表 7-2 白囊耙齿菌差异 cDNA 片段序列比对分析

差异片段	序列号	引物对	片段长度/bp	同源性	一致性/%	已知蛋白功能
13-A2	AB201157	M1-S6	195	漆酶	89	木质素降解
13-A7	U63837.1	M2-S4	246	纤维素酶 A	75	分解纤维素
13-B3	AY376688	M2-S12	217	假定蛋白	81	未知
13-B8	AJ318385.1	M3-S6	179	响应调节蛋白	87	信号转导
13-C6	AJ318499	M3-S26	189	麦芽糖糊精磷酸化酶	78	分解半纤维素

1. 白囊耙齿菌 13-A2 测序结果（195bp）

gccgttgtctgactctggtactttccacggtattggtacctccagagtctcagaagcgacgttctttgtccccaggacgtggagg ctggcaagcgctaccgattccgtatatcaaccaatctgctcgcacatgtcttcactaatatgtctgtacagccacatctcaccagcattga gaccgacggtactcctac

白囊耙齿菌的 13-A2 基因片段长 195bp（GenBank 序列号 AB201157），编码漆酶（laccase）。与 GenBank 数据库中条纹白蚁伞（*Termitomyces*）、三踏菌（*Termitomyces* sp.）漆酶基因同源性高达 89%。植物和真菌中普遍存在一些漆酶，目前有 563 种漆酶的 cDNA 克隆在植物和真菌中被分离鉴定，它们属于多酚多铜氧化酶，参与木质素和黄酮类化合物的生物降解。

2. 白囊耙齿菌 13-A7 测序结果（246bp）

gttgtaaagtctgattgtctttactttactacgtctactcatagtctgtctctggtaagtacagccggtgttaaaggcaatgtgctcg caggtgtatgattgatgctcagacgttgcagcagtaacaatgctcgcacaataattgcatcttagcagcagtccgttaggttacccatct catgctgtagcaacacatcttgtaaggtagcgaaatacactgataatgatggtatttggggtgcaaca

白囊耙齿菌的 13-A7 基因片段长 246bp（GenBank 序列号 U63837.1），编码纤维素酶 A（cellulase A）。与 GenBank 数据库中的壶菌纲真菌（*Orpinomyces* sp.）和瘤胃真菌（*Piromyces* sp.）的纤维素酶 A 同源性达到 75%。植物和真菌中存在一些纤维素酶 A，目前有 984 种纤维素酶 A 的 cDNA 克隆在植物和真菌中被分离鉴定，它们属于内切葡聚糖酶，参与纤维素的降解。

3. 白囊耙齿菌 13-B3 测序结果（217bp）

ttaccttgctccgcttgcttcgcagcaaagcgcttccagcaacatgcgtgcccagcgctttgctgcgcagcaaagagggaggt agcaacagcggataagataacagcaaggaattacggaggcggagaagcaaaagcaaaagcttcttgtctgctgtaccagcaacaa attctgctccttaatccttttcttcttcctgctcttaaccgcaactaga

白囊耙齿菌的 13-B3 基因片段长 217bp（GenBank 序列号 AY376688），编码假定蛋白（hypothetical protein）。与 GenBank 数据库中可可丛枝病菌（*Crinipellis perniciosa*）线粒体中的假定蛋白同源性高达 81%，与平菇和裂褶菌中的假定蛋白也有高度同源性。生物中广泛存在假定蛋白，目前虽然有很多假定蛋白的 cDNA 克隆被分离鉴定，但是它们的功能还未能确定。

4. 白囊耙齿菌 13-B8 测序结果（179bp）

ttggatgcccgaagctctgatccgcggacaggcgcttctaagcttctcgagaggctaccgacaacgcacatggccgaggca
ccgttccctacgatctttcaccaaggtttgtggacgcactcgcactatgggaaacccgcggcgctaccgcgcaagggagcgatacct
tcgattttaga

白囊耙齿菌的 13-B8 基因片段长 179bp（GenBank 序列号 AJ318385.1），编码响应调节蛋白（response regulator protein）。与 GenBank 数据库中地中海拟无枝菌酸菌（*Amycolatopsis mediterranei*）的响应调节蛋白同源性达到 87%。生物中广泛存在响应调节蛋白，目前有 1561 种响应调节蛋白的 cDNA 克隆在细菌中被分离鉴定，响应调节蛋白在信号转导中起着关键性的作用，它与转录因子的相互协调作用，对这些环境信号产生响应，调控基因表达。

5. 白囊耙齿菌 13-C6 测序结果（189bp）

tacctccttgacacagactactggtgatgtgcccgagaacagcccggaggatagggcgatctgcgactaccgagatgcaag
agaaccaacaggagcctcctcggaataggcggagactcaggccggcatcgaccgtcacctctggcacctcagagggggccgccttt
acggcgtaagacttgccgcggag

白囊耙齿菌的 13-C6 基因片段长 189bp（GenBank 序列号 AJ318499），编码麦芽糊精磷酸化酶（maltodextrin phosphorylase）。与 GenBank 数据库中超嗜热古菌（*Thermococcus zilligii*）和霍氏纤发菌（*Leptothrix cholodnii*）的麦芽糊精磷酸化酶的同源性达到 78%。细菌中广泛存在麦芽糊精磷酸化酶，目前有 260 种麦芽糊精磷酸化酶的 cDNA 克隆在细菌中被分离鉴定，它们属于葡聚糖磷酸化酶，负责碳水化合物运输和代谢，这是一个低聚糖磷酸化酶家族，它包括酵母和哺乳动物糖原磷酸化酶，植物淀粉/葡聚糖磷酸化酶以及麦芽糊精磷酸化酶，麦芽糖/麦芽糊精运输 ATP 结合蛋白，分解半纤维素。

7.2.4 桦剥管菌腐朽木材前后的 cDNA 差异显示

由 3 个锚定引物和 26 个随机引物（表 7-1）组成 78 对引物组合，按照 7.1.4 节中的试验方法对桦剥管菌的 mRNA 进行 cDNA 第一条链和第二条链的合成，根据聚丙烯酰胺凝胶上的条带数量的显示情况，筛选出 31 对显示扩增条带比较多的不同引物组合。利用这些引物组合对桦剥管菌的木材诱导菌丝与对照菌丝的 mRNA 进行 cDNA 第一条链和第二条链的合成，PCR 扩增产物在变性聚丙烯酰胺凝胶上进行电泳，银染后，显现出较清晰的条带（图 7-5～图 7-7），单对引物平均扩增 10～40 条带，平均为 20 条带。条带的大小为 50～1500bp，取 100～800bp 的差异片段进一步分析，其中 29 个差异片段在木材诱导后的真菌菌丝中有特异表达。

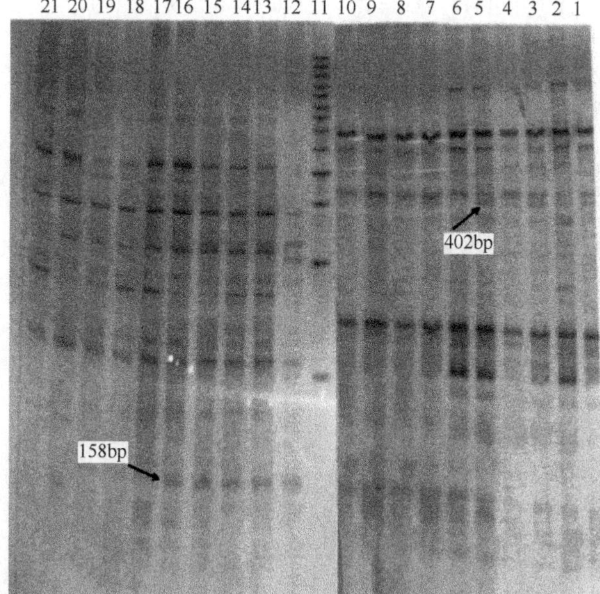

图 7-5 桦剥管菌腐朽木材前后 cDNA 差异显示（一）

1～5 泳道是木材诱导菌丝用 M3-S24 引物对；6～10 泳道是对照菌丝用 M3-S24 引物对；12～16 泳道是木材诱导菌丝用 M2-S5 引物对；17～21 泳道是对照菌丝用 M2-S5 引物对。11 泳道是 100bp ladder plus DNA Marker，范围是 100～3000bp

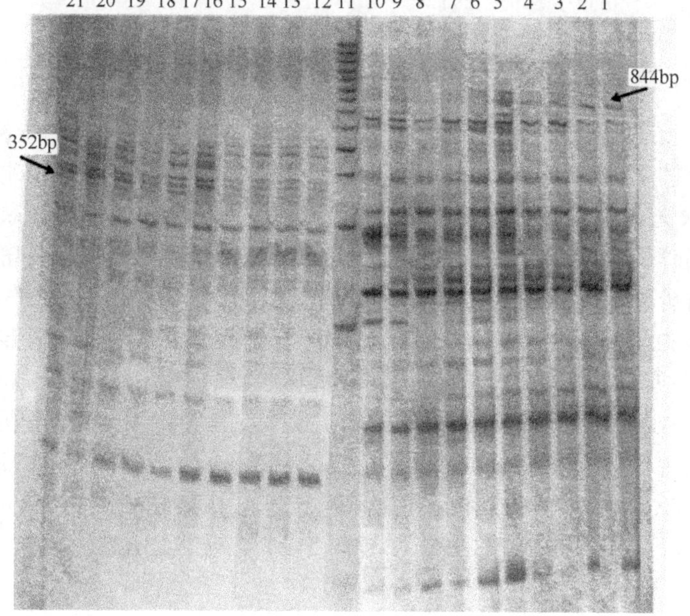

图 7-6 桦剥管菌腐朽木材前后 cDNA 差异显示（二）

1～5 泳道是木材诱导菌丝用 M3-S22 引物对；6～10 泳道是对照菌丝用 M3-S22 引物对；12～16 泳道是木材诱导菌丝用 M2-S17 引物对；17～21 泳道是对照菌丝用 M2-S17 引物对。11 泳道是 100bp ladder plus DNA Marker，范围是 100～3000bp

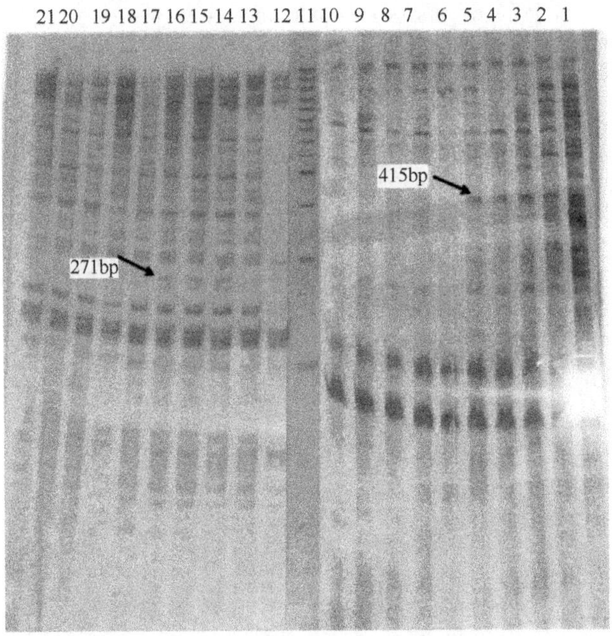

21 20 19 18 17 16 15 14 13 12 11 10 9 8 7 6 5 4 3 2 1

415bp

271bp

图 7-7 桦剥管菌腐朽木材前后 cDNA 差异显示（三）

1～5 泳道是木材诱导菌丝用 M2-S9 引物对；6～10 泳道是对照菌丝用 M2-S9 引物对；12～16 泳道是木材诱导菌丝用 M2-S7 引物对；17～21 泳道是对照菌丝用 M2-S7 引物对。11 泳道是 100bp ladder plus DNA Marker，范围是 100～3000bp

7.2.5 cDNA 差异片段的反向 Northern 杂交鉴定

为了进一步鉴定桦剥管菌这 29 个 cDNA 片段是否确实在木材诱导菌丝中表达，将这些差异片段按 7.1.4 节的实验方法回收，挑选出琼脂糖凝胶电泳鉴定均为单一条带的回收扩增 PCR 产物并纯化。按 7.1.5 节的实验方法进行反向 Northern 杂交分析。结果表明对于桦剥管菌（图 7-8），在以对照菌丝 cDNA 为探针的 C 膜上共出现 7 个杂交信号，而在木材诱导菌丝 cDNA 为探针的 P 膜上出现 19 个；在 29 个差异片段中有 12 个表明有明显的差异，与木材诱导菌丝 cDNA 探针有杂交信号而与对照菌丝探针无杂交信号，表明这些片段可能与桦剥管菌腐朽木材的物质有关；1-A2、1-A8、1-B1、1-B8、1-C4、1-D3、1-D5 这 7 个点与两种探针均出现杂交信号，另 10 个与两种探针均无杂交信号。与两种探针都能杂交的片段，杂交信号都很强，表明这些片段代表一些高丰度表达的 mRNA。最终确定 12 个只在木材诱导菌丝中表达的阳性差异 cDNA 片段，分别命名为 1-A1、1-A6、1-B2、1-B5、1-B6、1-B7、1-C2、1-C3、1-C5、1-D1、1-D2、1-D4。

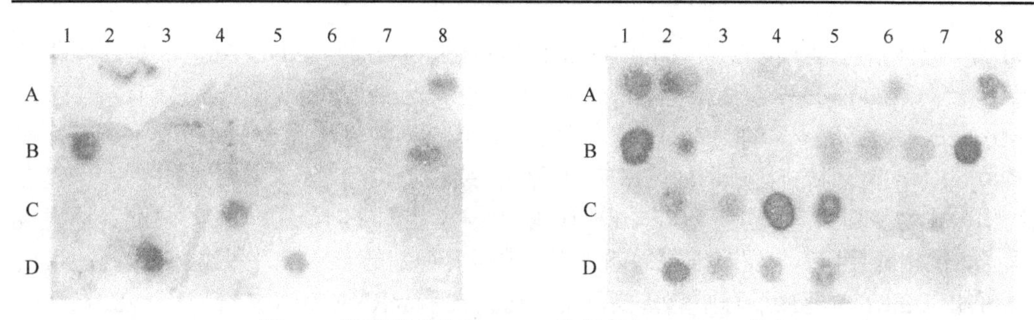

图 7-8　桦剥管菌差异 cDNA 片段反向 Northern 杂交

这 12 个差异 cDNA 片段，找到对应的阳性基因片段，按 7.1.6 节中的实验方法与 pMD18-T 载体连接，进行克隆，然后送到上海生工生物工程公司测序。测序结果登录美国国家生物技术信息中心 NCBI 网站（www.ncbi.nlm.nih.gov），用 BLAST 进行相似性分析比较。

7.2.6　桦剥管菌差异 cDNA 片段测序结果分析

采用美国国家生物技术信息中心 NCBI 的 BLAST 程序进行序列同源性搜索与相似性比对，结果表明，5 个克隆与已知序列无同源性，其余 7 个片段推导的氨基酸序列分别与已知的蛋白质或蛋白酶高度同源（表 7-3）。

表 7-3　桦剥管菌差异 cDNA 片段序列比对分析

差异片段	序列号	引物对	片段长度/bp	同源性	一致性/%	已知蛋白功能
1-A1	XM_952739.1	M1-S1	201	mRNA 前体拼接因子 syf2	56	mRNA 前体拼接
1-B5	NC_002935	M2-S7	271	假定铁离子摄入蛋白	91	非特异性调控铁离子膜蛋白
1-B7	XM_002338699.1	M2-S9	415	α/β 水解酶折叠子结构	81	分解脂肪
1-C2	CP000747	M2-S24	233	可能的还原酶	88	参与芳基醇类代谢
1-C3	NM_001064666	M3-S14	579	氧化还原酶 FAD 结合蛋白家族	77	参与电子转移反应
1-D1	CP000868.1	M3-S22	844	细胞外配基结合受体	67	支链氨基酸家族转运
1-D2	XM_001465547.1	M3-S24	402	类似葡萄糖淀粉酶的蛋白质	91	分解淀粉

1. 桦剥管菌 1-A1 测序结果（201bp）

acgaaggggacattacctacatcaacgaacgcaaccgtgtcttcaacaagaagatcgcgaggtattacgacaagtatactgcagagattcgcgcgagcttcgaacgtggaactgcgttgtaatcgcctgcattcattatcatctatgattcgtagtgtatcatgtactgtaatactagacaccgagactgctttcatggtt

桦剥管菌的 1-A1 基因片段长 201bp（GenBank 序列号 XM_952739.1），编码 1 个

mRNA 前体拼接因子 syf2（pre-mRNA splicing factor syf2）。与 GenBank 数据库中粗糙脉孢菌（*Neurospora crassa*）、裂殖酵母（*Schizosaccharomyces pombe*）、拟南芥（*Arabidopsis thaliana*）的 mRNA 前体拼接因子 syf2 同源性达到 56%。生物中广泛存在多种 mRNA 前体拼接因子。目前，有 31 种 mRNA 前体拼接因子 syf2 的 cDNA 克隆在动物、植物和真菌中被分离鉴定，它们可能参与了前体 mRNA 的剪接，辅助其他拼接因子，优化剪接，参与调节细胞周期进程。本研究得到的 cDNA 片段 1-A1 编码的蛋白质可能在 mRNA 剪接过程中起重要作用，这为揭示 mRNA 前体拼接因子 syf2 在真菌腐朽木材过程中作用的研究提供了线索。

2. 桦剥管菌 1-B5 测序结果（271bp）

gtgacctggttgccggcctcctctgcgcgcgcatcctgctcgctggcgaccggcgtgctcatccaccaaggacacgtccgg
cgtttcacagttccggccggacaagacgcgccgtgtcctgtggtcggacatgcacaaggtccgcttggcgtgataggcctaccttcc
gtttcagctcctgtacgcatacaccttggcgcgttcatcgtgttcctggggtgctcaagtcggggtgttcacgggccccgtgttcggcg
gcgcgttccgcgcg

桦剥管菌的 1-B5 基因片段长 271bp（GenBank 序列号 NC_002935），编码假定铁离子摄入蛋白（putative iron uptake protein）。与 GenBank 数据库中纤维堆囊菌（*Sorangium cellulosum*）的假定铁离子摄入蛋白同源性达到 91%。真核生物、担子菌、细菌类中广泛存在多种假定铁离子摄入蛋白，目前有 33 种假定铁离子摄入蛋白的 cDNA 克隆在细菌、放线菌、棒杆菌中被分离鉴定，它们可能参与调节控制铁离子摄入细胞的膜蛋白通路。本研究得到的 cDNA 片段 1-B5 编码的蛋白质在腐朽木材后特异表达，说明它可能参与了铁离子代谢过程，对于 1-B5 结构、功能还需进一步研究，以便于找出 1-B5 片段在桦剥管菌腐朽木材成分的过程中所起的作用。

3. 桦剥管菌 1-B7 测序结果（415bp）

gtgggcagtcaactcttcggagggtcagtcaggctctggccgtcatggcgctggccatccggggtcacgcccgtcagaaag
agtgcgtcagccgatggtcctcatgggcagcgtggtatctccttcccgataacggaggggttggagtcacaaggtttgggctgtcaac
gtccgtcaatcgacaacatgtcagcgagagttgctcgatgtttttcgttcgaccaatctcgtaaatgacgacctcgctcgccgtcatgcg
gtcattatggtaaggcaagcatgtcaccggccgaacttcaggtcagtcagaagcgttttcaagttgtttccggaccgcgccagcgttg
ggtggacgctatggcgagcgtcacgggaggaggacgtcggctcgcttcgtcagcacgagacttgtca

桦剥管菌的 1-B7 基因片段长 415bp（GenBank 序列号 XM_002338699.1），编码 α/β 水解酶折叠子结构（alpha/beta hydrolase fold）。与 GenBank 数据库中的毛果杨（*Populus trichocarpa*）、伯克霍尔德氏菌（*Burkholderia vietnamiensis*）、*Ralstonia metallidurans*（耐抗重金属又能降解苯酚的细菌）的 α/β 水解酶折叠子结构同源性达到 81%。植物、细菌中广泛存在多种 α/β 水解酶折叠子结构，目前有 8501 种 α/β 水解酶折叠子结构的 cDNA 克隆在植物、细菌中被分离鉴定，它们属于水解酶，含有脂肪酶的活性中心，可能参与脂肪的代谢，水解溶血磷脂质的脂肪酸酯，有时亦称为磷酸酶 B。桦剥管菌产生的 α/β 水解酶折叠子结构可能用于降解木材中的脂肪成分。

4. 桦剥管菌 1-C2 检测结果（233bp）

ctcgcacaggcgcgcacgacgccgcccttccgcgcgtgctgacaccacgatcggacacctgatcgccgaggtgcggtagt
gcgcgtcccgagccgatccctgaggccgccgaggtacgcgaccggctagtcacgtgtcctcggggcggtcagcgttccgtctcac
gcgaggtgcacgtggccggaacggcgcctcggagcctcgcgcgcctcggccttcagcgccgctgtcct

桦剥管菌的 1-C2 基因片段长 233bp（GenBank 序列号 CP000747），编码可能的还原酶（probable oxidoreductase）。与 GenBank 数据库中的 *Phenylobacterium zucineum* 可能的还原酶同源性达到 88%。可能的还原酶广泛存在于原核生物和真核生物中，目前有 91 种细胞溶解酶的转糖基酶的 cDNA 克隆在细菌和真核生物中被分离鉴定，它们与芳基醇脱氢酶相关，可能参与芳基醇类化合物的代谢。

5. 桦剥管菌 1-C3 测序结果（579bp）

cgcgccgaggagaccaggtcgcgacgtagagatcgcgccggcccgcgcagagcggctcgtggggcgccgcgagctctc
gctccacgaaagcgacgcgcgcgccggtcgctcgggtggcagggctggaggtcgcgggcgaccgcgagggaggcggcgggg
gcgtcgcggaccggctcggggcgaaggttcgcccggctacgagccagagcgtcagctgcgccggcggcggccgcgctccgaa
ggcgatcgagcggcggtgatgccctgtcggtggcacgaggcgcggccggaagcccggcgacgcagcttgcccaggggccgca
ctcgagctcggcgccgcggcggtcgttgagcacgttcgagcccgcccggccacgcgcttaccgcgatctcgacggcgcgctgctc
ggcgtcgctggaggcatcgagtgcttgcgcttgcgagcctgcgccgggcagggtgacgccggtgttgatgcacgtactggccgcg
aagccgatctccgcgccgtgacgcgctcgagccggactgagccgggccgtcgccgagcggcgttgcgtgggcgatccgatcttc
gg

桦剥管菌的 1-C3 基因片段长 579bp（GenBank 序列号 NM_001064666），编码氧化还原酶 FAD 结合蛋白家族（oxidoreductase FAD-binding family protein）。与 GenBank 数据库中水稻的氧化还原酶 FAD 结合蛋白家族的同源性达到 77%。植物、细菌和真菌中广泛存在多种氧化还原酶 FAD 结合蛋白，目前有 102 种氧化还原酶 FAD 结合蛋白的 cDNA 克隆在细菌和真菌中被分离鉴定，它们属于铁氧还蛋白-NADPH 还原酶家族 1。黄素辅酶与许多不同的电子受体和供体一起，通过 3 种不同的氧化还原状态参与电子转移反应，在细胞的物质与能量代谢的氧化还原过程中发挥传递电子与氢的功能，促进糖、脂肪和蛋白质的代谢。桦剥管菌的 1-C3 基因的具体功能还有待于进一步研究。

6. 桦剥管菌 1-D1 测序结果（844bp）

cccgtgaccggccggtcgtatctgggcaggacacaaacggcggcgccttgcgatcgaggatcaaccagaaggggctcgat
cgggacagaaggtgagctggtgttcgacccacgatgccgcgatccgcggcgaccaggtcgcgcgaaactggtggacgacaaggt
cgcggtggtcggccacagtccgttcgaccatccgccgaagatttacacgatgccgggtcgcaggtcaccgcgcgaccacccggcg
tacacgttgcaggattcaagaccgcgtcgctggtcgccagacacaagggccacgctcgccattacgccgcaaaaactaaggtgaa
gcggtggcgtcgacgatcgaccgcccggccagggcagcggtcagttcgagagcgcgaggcgaatggcgtcacggtggtcgcaa
gcgagcaccacaaggcgacttccgcgcattctcacgaagatcagggaaagccggactcatgtacgtggcctccggcaccggcgg
accgtttggaagcaggaaagcagccatcacgaaaagtgcgccggcgacggcttgtgcgacgatgcgaaatgcgggcgaccgcc
gataacgtgatctgctcgattgccgtgcgccgctctcgatggccgaaggcggcgtttgtcgaacgctacaaagcgtcggcttgcggt
cttgaattctccgtcatacgatgcggtcggggtgatcgttgagcgaaagcgcgcagtcgacggactccgcgaagattctcggcgatg

ccggcgccgattatcagcgtgctggcgaaacgcagttcgattccagaggcgacctggcacgcgtgatctctgtacaaatgtcggtg

桦剥管菌的 1-D1 基因片段长 844bp（GenBank 序列号 CP000868.1），编码细胞外配基结合受体（extracellular ligand-binding receptor）。与 GenBank 数据库中的伯克氏菌（*Burkholderia phytofirmans*）的细胞外配基结合受体同源性达到 67%。原核生物中广泛存在多种细胞外配基结合受体，目前有 767 种细胞外配基结合受体的 cDNA 克隆在细菌和变形菌中被分离鉴定，它们参与支链氨基酸家族转运。

7. 桦剥管菌 1-D2 测序结果（402bp）

gccgcggccctgcaccagcactggcgccgcaccaagatgccgccgggtactgcagtctcgtgatcaaccggcccgcagg
cacgtggtgatgccgcatcagtaagtcccacaagctggcgctccagccgcatcgtgtgggcgccgcccgcctctccacatcgtcat
gcagagatgagagctccagtcacgccctgcggatggggtgcggcggctgccgccccgaggaagtgtccttgtgatagactgtccg
ttgggtgtgcacactacctcttcctagcccctccgccatagcggcgcacatgccaagtgctcgttggcagcagcgcaagtccgcaag
ctcagtggccggggcgttcgcttcggattgtggaagcgtgcagcaacttccgttcgcaagcggcg

桦剥管菌的 1-D2 基因片段长 402bp（GenBank 序列号 XM_001465547.1），编码类似葡萄糖淀粉酶的蛋白质（glucoamylase-like protein）。与 GenBank 数据库中婴儿利什曼原虫（*Leishmania infantum*）、黑腐黄单胞杆菌芒果致病变种（*Xanthomonas campestris* pv. *Mangiferae indicae*）、鸟分枝杆菌（*Mycobacterium avium*）的类似葡萄糖淀粉酶的蛋白质同源性达到 91%。细菌和原生动物中存在一些类似葡萄糖淀粉酶的蛋白质，目前有 9 种类似葡萄糖淀粉酶的蛋白质的 cDNA 克隆在细菌和原生动物中被分离鉴定，功能是糖化酶和相关糖基水解酶，相当于葡萄糖-6-磷酸-1-脱氢酶，分解淀粉。

7.3 结论与讨论

7.3.1 白囊耙齿菌和桦剥管菌腐朽木材前后基因表达差异的比较

本研究中分别克隆的桦剥管菌的 7 个片段和白囊耙齿菌的 5 个片段在真菌腐朽白桦木材后的菌丝中特异表达，说明它们可能参与了真菌对白桦木材的腐朽过程。

桦剥管菌属于褐腐菌，可产生低分子质量氧化性降解纤维的短肽，分离纯化困难，稳定性差，对其作用机制还缺少系统研究，如 Gt 因子[6]。木质纤维素降解酶类（木质素过氧化物酶、锰过氧化物酶、漆酶），褐腐菌木质纤维素降解的机制还没有被彻底研究清楚。在多年的研究中，已基本建立起来的结论是：褐腐菌可能以一种非酶的、小分子物质参与的、涉及 HO· 的氧化机制来降解纤维素[7]，但围绕 H_2O_2/ Fe^{2+}反应的循环却有许多说法，或许褐腐菌胞外的小分子活性物质不止一种，如铁络合能力的糖肽化合物[8]、Gt-chelator[9]、2,5-二甲氧基-1,4-苯醌[10]等；或许 H_2O_2/ Fe^{2+}的体系的形成也不止一种机制，一种褐腐菌的降解机制不适于其他的菌[11]。沿用常规的酶学研究方法，木素生物降解机制研究进展缓慢，用 DDRT-PCR、杂交芯片等分子生物学方法，有望为木素降解研究开创一条新途径。本研究中在桦剥管菌的 cDNA 片段中找到 mRNA 前体拼接因子 syf2、假定铁离子摄入蛋白、α/β 水解酶折叠子结构、可能的还原酶、氧化还原酶 FAD 结合蛋白家族、细胞外配基结合受体、类似葡萄糖淀粉酶的蛋白质 7 个同源片段，分别具有 mRNA 前体拼接、非特异性调控铁离子膜蛋白、分解脂肪、参与芳基醇类代谢、参与电子转移反应、支链氨基酸家族转运和分解淀粉等功能。这些片段在桦剥管菌腐朽白桦木材后的菌丝中特异表达，说明它们参与了褐腐菌对白桦木材各种成分的分解过程。

白囊耙齿菌属于白腐菌，除了具有木质纤维素降解酶类系统（木质素过氧化物酶、锰过氧化物酶、漆酶），还有纤维二糖脱氢酶、产 H_2O_2 酶、过氧化物歧化酶、葡萄糖苷酶、苯丙氨酸解氨酶、还原脱卤酶系统、醌还原酶、芳烃硝基还原酶、葡萄糖苷酸酶、蛋白酶等活性的组分[12,13]。本研究在白囊耙齿菌的 cDNA 片段中找到漆酶、假定蛋白、纤维素酶 A、响应调节蛋白、麦芽糖糊精磷酸化酶 5 个同源片段，分别具有分解木质素、分解纤维素、信号转导、分解半纤维素等功能。其中漆酶、纤维素酶 A、麦芽糖糊精磷酸化酶 3 个片段与孙迅[13]对粗毛栓菌的木质纤维素降解酶类的研究相符，未知蛋白和响应调节蛋白可能参与了真菌对木材的腐朽过程，它们的功能还有待于进一步研究。

对这 12 个 cDNA 片段的结构和功能的进一步研究可能会找到它们对木材中具体成分结构进行降解的新证据，从而为揭示木材腐朽菌腐朽木材过程的机制提供新的佐证。

7.3.2 未知片段的分析

本研究利用 DDRT-PCR 技术分离到 22 个 cDNA 片段，其中 10 个（桦剥管菌的 1-A6、1-B2、1-B6、1-C5、1-D4 和白囊耙齿菌的 13-A3、13-A5、13-B1、13-B4、13-C3）未搜寻到同源序列，一种可能是这些获得的特异片段只是一些基因的 3'端，而基因的 5'端和 3'端非翻译区同源性很小；另一种可能就是这些片段代表了一些特异的新基因，它们可能在真菌腐朽木材过程中起重要作用，这些还有待于进一步研究其结构与功能，从而完善木材腐朽菌腐朽木材过程的机制。

参 考 文 献

[1] 张甬安. 食用菌制种指南. 上海: 上海科学技术出版社, 1992: 24-46.

[2] 中华人民共和国国家标准.木材天然耐久性试验方法　木材天然耐腐蚀性实验室试验方法. GB/T13942.1—92.

[3] Tien M, Kirk T K. Lignin peroxidase of *Phanerochaete chrysosporium*. Methods Enzymol., 1987, 161: 238-249.

[4] Bauer D, Müller H, Reich J, et al. Identification of differentially expressed mRNA species by an improved display technique （DDRT - PCR）. Nucleic Acids Research, 1993 , 21（18）: 4272-4280.

[5] 李玉京, 李子银, 李振声. 真核生物 mRNA 差显技术（Differential Display）的研究进展. 生物技术通报, 1998, 5: 23-30.

[6] Wang W, Gao P J. Function and mechanism of a low-molecular-weight peptide produced by *Gloeophyllum trabeum* in biodegradation of cellulose. Journal of Biotechnology, 2003, 101(2): 119-130.

[7] Halliwell G. Catalytic decomposition of cellulose under biological conditions. Biochemical Journal, 1965, 95: 35-40.

[8] Enoki A, Itakura S, Tanaka H. The involvement of extracellular substances for reducing molecular oxygen to hydroxyl radical and ferric iron to ferrous iron in wood degradation by wood decay fungi. Journal of Biotechnology, 1997, 53: 265-272.

[9] Jellison J, Chandhoke V, Goodell B, et al. The isolation and immunolocalization of iron-binding compounds produced by *Gloeophyllum trabeum*. Applied Microbiology and Biotechnology, 1991, 35: 805-809.

[10] Zohar K, Kenneth A J, Kenneth E H. Biodegradative mechanism of the brown-rot basidiomycete *Gloeophyllum trabeum*: Evidence for an extracellular hydroquinone-drive Fenton reaction. FEBS Lett, 1999, 446: 49-54.

[11] 王蔚, 高培基. 褐腐真菌木质纤维素降解机制的研究进展. 微生物学通报, 2002, 29（3）: 90-93

[12] 李慧蓉. 白腐真菌生物学和生物技术. 北京: 化学工业出版社, 2005: 25-73.

[13] 孙迅. 粗毛栓菌的木质纤维素降解酶及其基因克隆. 四川大学博士学位论文, 2004: 46-59.

8　木材腐朽菌腐朽白桦木材过程中基因表达的转录组分析

8.1　材料和方法

木蹄层孔菌（*Fomes fomentarius*）和桦剥管菌（*Piptoporus betulinus*）采自黑龙江省尚志市东北林业大学帽儿山实验林场，采用组织分离法分离菌种菌丝体，在木屑培养基中4℃保存。

8.1.1　主要培养基配制

（1）PDA 培养基：马铃薯 200g，葡萄糖 20g，琼脂 20g，蒸馏水定容到 1L，pH 自然。

（2）液体培养基：以 Tien&Kirk[1]培养基为基础培养基。

8.1.2　菌种培养条件和方法

将菌种接种到PDA 培养基平板上，培养 7 天，至白色絮状菌丝铺满培养皿，用直径为 6mm 的打孔器取 2 个相同大小的菌饼置于装有 10ml Tien&Kirk 液体培养基的100ml 三角瓶中，28℃避光浅层静置培养 10 天，离心收集菌丝于-80℃保存。

8.1.3　总 RNA 的提取

1. 总 RNA 的提取

取菌丝于预冷的研钵中，加液氮研磨至粉末状。将适量粉末加入 1ml RNAiso Plus（TaKaRa）的离心管中，室温静置 5min。12 000r/min 4℃离心 5min。取上清，加入 0.2 倍体积的氯仿，混合至溶液乳化呈乳白色，室温静置 5min，12 000r/min 4℃离心 15min。取上清，加入 0.8 倍体积的 5mol/L LiCl 和 0.5 倍体积的无水乙醇。上下颠倒离心管充分混匀后，室温下静置 10min，12 000r/min 4℃离心 10min。弃去上清，加入 1ml 的 75%乙醇，轻轻上下颠倒洗涤离心管管壁，7500r/min 4℃离心 5min 后小心弃去上清，打开离心管盖，室温干燥沉淀 5min。沉淀干燥后，加入适量的 DEPC 水溶解沉淀。

2. RNA 质量检测

将溶于乙醇的样品于 13 000r/min 4℃离心 20min 后小心吸去上清，用 500μl 的 75%乙醇洗涤沉淀，13 000r/min 4℃离心 7min 后小心吸去上清，晾干，用适量 DEPC 水将沉淀充分溶解，离心混匀后取 1μl 样品稀释到适当浓度后进行 Agilent 2100 Bioanalyzer 检测。使用的检测试剂盒为 RNA6000。检测项目是浓度检测、片段大小检测、RIN 和28S∶18S 检测。

8.1.4　cDNA 文库的制备和测序

将提取的样品总 RNA，通过带有 Oligo（dT）的磁珠富集 mRNA。加入 fragmentation buffer 后将 mRNA 打断成短的片段。以 mRNA 为模板，用 6 碱基随机引物合成第一条 cDNA 链。然后加入 buffer、RNase H、DNA polymerase I 和 dNTPs 合成第二条 cDNA 链。经过 QiaQuick PCR 试剂盒纯化，并加 EB 缓冲液洗脱后，做末端修复和加 A 并连接测序接头。然后，用琼脂糖凝胶电泳进行片段大小选择。最后，进行 PCR 扩增，建好的测序文库用 IlluminaHiSeq™ 2000 进行测序。

8.1.5　测序数据分析

将测序得到的原始图像数据经 base calling 转化为序列数据（raw reads）。对 reads 进行过滤，得到 clean reads。使用短 reads 的组装软件 Trinity[2]做转录组从头组装，得到尽可能长的非冗余 Unigene。其中 CL 开头表示里面有若干条相似度大于 70%的 Unigene。其余的代表单独的 Unigene。

将 Unigene 序列与蛋白质数据库 Nr、COG、KEGG 和 Swiss-Prot 做 blastx 比对（E-value<0.000 01），确定 Unigene 的序列方向，与这 4 个库比对不上的，使用软件 ESTScan[3]确定序列的方向。

将 Unigene 序列通过 blastx 比对到蛋白质数据库 Nr、KEGG、COG 和 Swiss-Prot（E-value<0.000 01），并通过 blastn 将 Unigene 序列比对到 Nt（E-value<0.000 01），得到序列相似性最高的蛋白质，而对该 Unigene 的蛋白质功能进行注释。根据 Nr 注释信息，使用 Blast2GO 软件可以得到 Unigene 的 GO 注释信息。最后根据 KEGG 注释信息得到 Unigene 的 Pathway 注释。

按 Nr、Swiss-Prot、KEGG 和 COG 的优先级顺序，将 Unigene 序列与这些数据库依次做 blastx 比对（E-value<0.000 01），取 blast 比对结果中 rank 最高的蛋白质来确定该 Unigene 的编码区序列，根据标准密码子表将其编码区序列翻译成氨基酸序列，得到编码区的核酸序列和氨基酸序列。与以上蛋白质库都比对不上的 Unigene，使用软件 ESTScan[3]预测其编码区，进而得到其编码区的核酸序列和氨基酸序列。

使用 FPKM 法[4]计算 Unigene 表达量。将差异表达基因定义为 FDR≤0.001 且倍数差异在 2 倍以上的基因。对得到的差异表达基因做 GO 功能分析和 KEGG Pathway 分析。

8.1.6　荧光定量 PCR 验证

1. 样品 RNA 的提取及 cDNA 模板的合成

样品 RNA 的提取方法同 8.1.3 节。

cDNA 模板的合成：按照反转录试剂盒 PrimeScript™ RT reagent Kit with gDNA Eraser（Perfect Real Time），TaKaRa（Cat No. RR047A）说明书进行如下操作。

去除基因组 DNA 反应：按表 8-1 所列成分于冰上配制反应混合液，再分装到每个反应管中，最后加入 RNA 样品。

表 8-1 去除基因组 DNA 反应体系

试剂	使用量
5×gDNA eraser buffer	2.0 μl
gDNA Eraser	1.0 μl
total RNA	* μl
RNase free dH_2O	up to 10 μl

* 表示根据所提取的 RNA 质量进行调整用量

反应条件：42℃，2min（或者室温 5min）；4℃保存。

反转录反应：按照表 8-2 在冰上配制反应混合液，然后再分装 10μl 到每个反应管中，轻柔混匀后立即进行反转录反应。

表 8-2 反转录反应体系

试剂	使用量
表 8-1 的反应液	10.0μl
PrimeScript RT enzyme mix Ⅰ	1.0μl
RT primer mix	1.0μl
5×PrimeScript buffer2（for Real Time）	4.0μl
RNase free dH_2O	4.0μl
total	20μl

反应条件：37℃，15min；85℃，5s；-20℃保存。

2. 荧光定量 PCR 引物设计

选择 15 个差异表达的木质纤维素降解相关基因及 *actin* 和 *gapdh* 基因，利用 Beacon Designer 7.7 软件设计引物（表 8-3），以进行实时荧光定量 PCR。

表 8-3 荧光定量 PCR 引物

引物名称	序列（5'—3'）
lac-f	CAAGACTGACCTCACCATCAC
lac-r	GTCAACGACGTTGAGTTGG
mnp-f	CTCTCCATCGTCTCCATCG
mnp-r	GGAACAGGTTGTTCACGATG
cmc-f	GGTGGTGTCAATACTGCTGG
cmc-r	GTTGAGGAGTCATAAGCTGCC
cbh-f	CTACATCGACCAGATCGTCG
cbh-r	GTAGGTGACGGAGTCCTTGTAC

续表

引物名称	序列（5'—3'）
cel-f	CAAAGTACCAGCAGTTCAACCT
cel-r	CACCGTCAGCGTCCATG
gba3-f	GTGAATGCGCTGCCAAG
gba3-r	GACGGTCTCATCCACGAAC
cdh-f	CTTTGGTTTCTTCGGCATTAAC
cdh-r	GAGGTCGTAATGGTAGTGGTCG
xyl-f	GACTCGAACCGCTTCAGC
xyl-r	CTGAACTGGTTGCGGTTG
gal-f	CTCAGAGGTCCACGTCGAG
gal-r	CAAACACCAACTCGGCG
eoma-f	CACCAGCAGCTACTGGTTTC
eoma-r	GTTCATGTTGTCGGTGCTG
manba-f	GTGGACAACGTGAAACGTCT
manba-r	GATCGCAAAGCTCAGCAAC
aglu-f	CACACCGAACGCGACTAC
aglu-r	GAGCATCGAGCGTGGTC
xylan-f	GGATGGTACTTCTTCTTCCATG
xylan-r	CTGCGACACCAATCTTGG
glo-f	CTCTCGATGTCATCACGAACTC
glo-r	CTCGAACAGCCGGATAGC
aox-f	CGACCCTACCCTCAAGGTC
aox-r	GGTAGCCTTGTCGTTGATCC
gapdh-f	CTCCTCCACAGCGATGTGA
gapdh-r	CATCCTTGGCCTCAATGG
actin-f	GAAGTAGCTGCGCTCGTTATC
actin-r	CCTCATCACCAACGTATGAATC

注：*lac*，漆酶；*mnp*，锰过氧化物酶；*cmc*，内切葡聚糖酶；*cbh*，外切葡聚糖酶（非还原端）；*cel*，外切葡聚糖酶（还原端）；*gba3*，β-葡萄糖苷酶；*cdh*，纤维二糖脱氢酶；*xyl*，木聚糖酶；*gal*，半乳糖苷酶；*eoma*，β-甘露聚糖酶（内切）；*manba*，β-甘露聚糖酶（外切）；*aglu*，α-葡萄糖苷酶；*xylan*，木糖苷酶（外切-非还原端）；*glo*，乙二醛氧化酶前体；*aox*，乙醇氧化酶；*gapdh*，甘油醛-3-磷酸脱氢酶；*actin*，肌动蛋白

3. 待测样品荧光定量 PCR

利用 SYBR Green 实时定量 PCR 分析对照组和木粉处理组的表达差异，荧光定量 PCR 反应体系和扩增程序见表 8-4 和表 8-5。

表 8-4 荧光定量 PCR 反应体系

试剂	使用量	终浓度
SYBR® Premix Ex *Taq* II（TliRNaseH Plus）（2×）	12.5μl	1×
PCR forward primer（10μmol/L）	0.6μl	0.24μmol/L
PCR reverse primer（10μmol/L）	0.6μl	0.24μmol/L
DNA 模板	1.0μl	
dH_2O（灭菌蒸馏水）	10.3μl	
total	25.0μl	

表 8-5 荧光定量 PCR 扩增程序

循环数	步骤	温度/℃	时间/s
1	预变性	95	30
40	变性	95	5
	退火	56	30

4. 计算基因的相对定量表达

定量数据用木蹄层孔菌 *actin* 基因和 *gapdh* 基因作为内参进行表达量差异分析（△△Ct 数据分析法）。

8.2 白桦木屑诱导下木蹄层孔菌腐朽相关基因转录组结果与分析

8.2.1 总 RNA 提取与质量检测

分别提取以葡萄糖和白桦木粉作为唯一碳源时在 Tien&Kirk 液体培养基中培养的木蹄层孔菌 RNA，送华大基因进行测序分析。依据华大基因测序样品检测标准要求，对被检测样品做出综合评价，检测结果表明 2 个样品均达到了测序要求（表 8-6、图 8-1 和图 8-2）。

表 8-6 RNA 质量检测结果

样品名称	管数	原液浓度/（ng/μl）	体积/μl	总量/μg	RIN	28S：18S	检测结论*	备注
Tien-M	1	712.0	39	27.768	9.5	1.9	A 类	OD_{260}/OD_{280}=2.15，OD_{260}/OD_{230}=1.8
Tien-G	1	1772.0	35	62.02	10.0	1.9	A 类	OD_{260}/OD_{280}=2，OD_{260}/OD_{230}=2.43

*检测结论是依据华大基因测序样品检测标准要求，对被检测样品所做的综合评价。A 类 （level A）：质量满足建库测序要求，且总量可以满足 2 次或者 2 次以上建库需要的样品

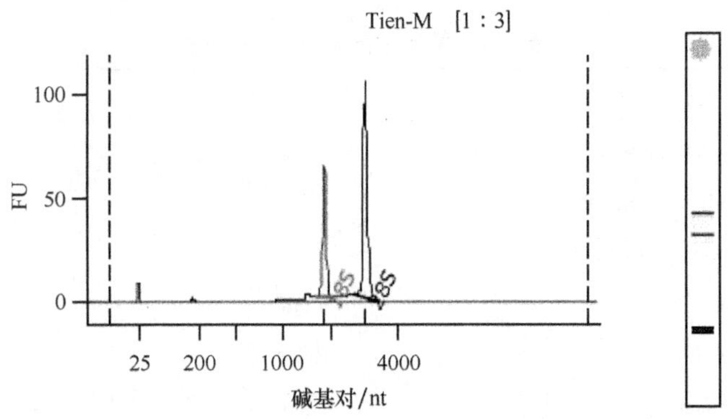

图 8-1 样品 Tien-M 的 RNA 检测结果

左图为 RNA 质量检测的峰图，右图为胶图，FU 指荧光度，nt 为碱基对。左图上清晰显示 18SRNA 和 28SRNA 的荧光度，右图中间两条线显示在凝胶上 18SRNA 和 28SRNA 出现的位置。图 8-2、图 8-27 同

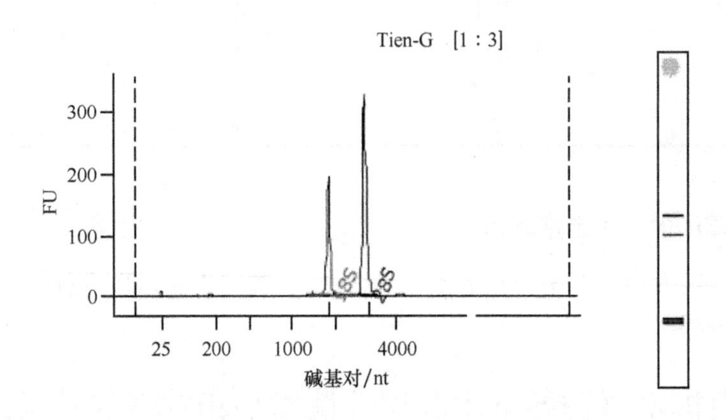

图 8-2 样品 Tien-G 的 RNA 检测结果

木蹄层孔菌转录组的测序质量见表 8-7。通过添加不同的碳源培养木蹄层孔菌，并进行转录组测序。结果表明以葡萄糖（Tien-G）为碳源时，原始 reads 为 34 035 894 条，以白桦木粉（Tien-M）为碳源时，原始 reads 为 36 871 436 条。通过原始数据的过滤，得到 clean reads 分别为 25 793 208 条和 25 100 316 条。过滤后数据没有未知碱基。GC 含量分别为 56.88 %和 56.81 %。

表 8-7 Solexa 测序的质量

样品名	总 reads/条	总 clean reads/条	总碱基数/nt	Q20	碱基 N 含量	GC 含量
Tien-G	34 035 894	25 793 208	2 321 388 720	93.97%	0.00%	56.88%
Tien-M	36 871 436	25 100 316	2 259 028 440	93.31%	0.00%	56.81%

注：Q20 为 clean reads 中质量值大于 20 的碱基的百分比

8.2.2 组装结果统计

使用组装软件 Trinity[2]做转录组从头组装，步骤见图 8-3。

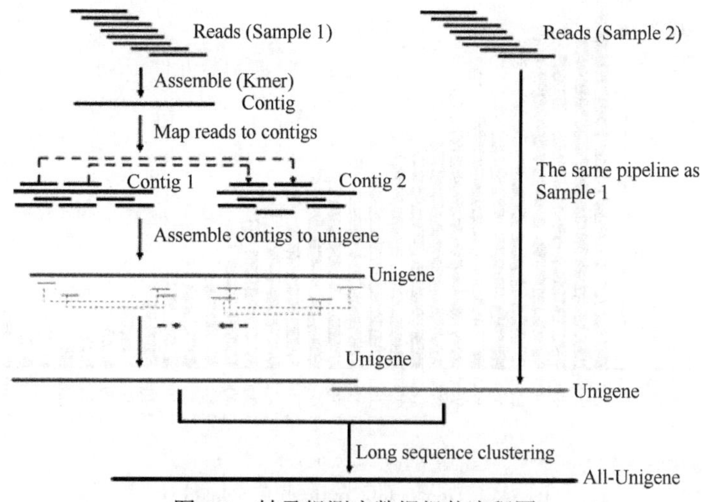

图 8-3 转录组测序数据组装流程图

1. Contig

通过组装，Tien-G 样品获得 53 657 条 Contig，平均长度是 376nt；Tien-M 样品获得 46 914 条 Contig，平均长度是 401nt。Contig 的长度主要集中在 100～200nt 和≥500nt 的范围，100～200nt 长度的 Contig 最多，达到 44.51%（表 8-8、图 8-4 和图 8-5）。

表 8-8 Contig 的特点

Contig 质量	Tien-G		Tien-M	
	总数	比例	总数	比例
100～200nt	23 885	44.51%	19 456	41.47%
200～300nt	7 468	13.92%	6 962	14.84%
300～400nt	5 770	10.75%	5 055	10.78%
400～500nt	4 001	7.46%	3 353	7.15%
≥500nt	12 533	23.36%	12 088	25.77%
总数/nt	53 657		46 914	
全部 Contig 长度/nt	20 160 670		18 824 427	
N50/nt	587		640	
平均值/nt	376		401	

注：N50 是将所有 Contig 按长度从大到小排序，并从第一条序列开始累加计算 Contig 总长，当长度达所有 Contig 长度一半时对应的那条 Contig 的长度即为 Contig 的 N50

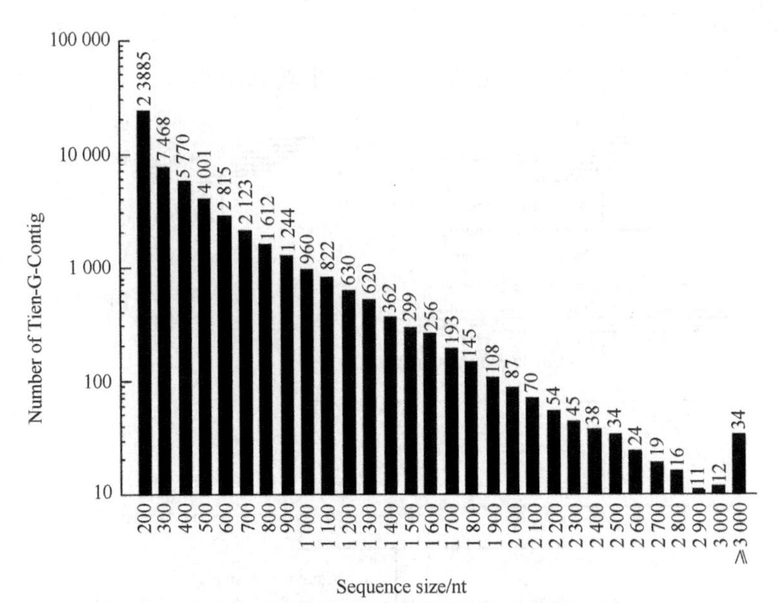

图 8-4 Tien-G 的 Contig 长度分布统计

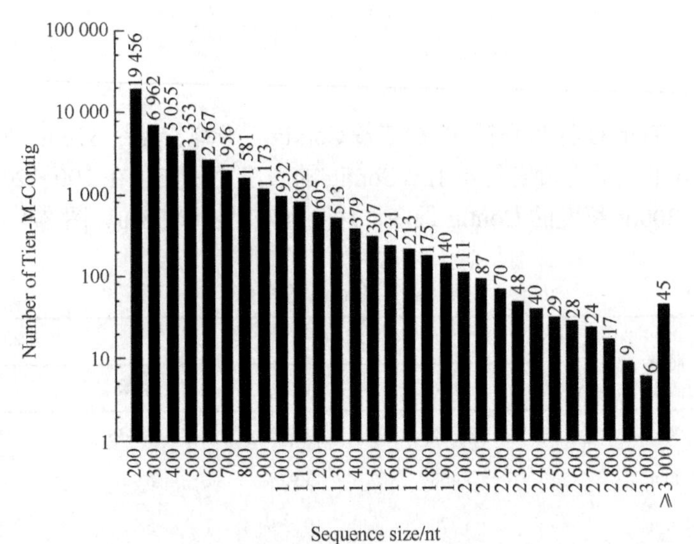

图 8-5 Tien-M 的 Contig 长度分布统计

2. Unigene 和 CL

对 Contig 进一步拼接，Tien-G 获得 36 115 条 Unigene，平均长度是 570nt；Tien-M 获得 32 551 条 Unigene，平均长度是 584nt。所有 Unigene 的长度大部分在 1500nt 以内；1000～1500nt 有 3834 条，占 13.36%；500～1000nt 有 8321 条，占 29.00%；100～500nt 长度的 Unigene 最多，占 46.51%。All-Unigene 共有 28 695 条，总长度为 21 743 224nt，平均长度为 758nt，N50 为 1054nt（表 8-9）。Unigene 的长度分布情况及统计分析见表

8-9、图 8-6、图 8-7 和图 8-8。数据表明 clean reads 的组装质量较高，可以用于后续的基因注释。

表 8-9　Unigene 的特点

Unigene 质量	Tien-G		Tien-M		全部	
	总数	比例	总数	比例	总数	比例
100～500nt	21 219	58.75%	18 768	57.66%	13 346	46.51%
500～1000nt	9 992	27.67%	9 006	27.67%	8 321	29.00%
1000～1500nt	3 290	9.11%	3 064	9.41%	3 834	13.36%
1500～2000nt	1 066	2.95%	1 112	3.42%	1 743	6.07%
≥2000nt	548	1.52%	601	1.85%	1 451	5.06%
总数/nt	36 115		32 551		28 695	
All-Unigene 长度/nt	20 570 236		19 005 380		21 743 224	
N50/nt	741		774		1054	
平均值/nt	570		584		758	

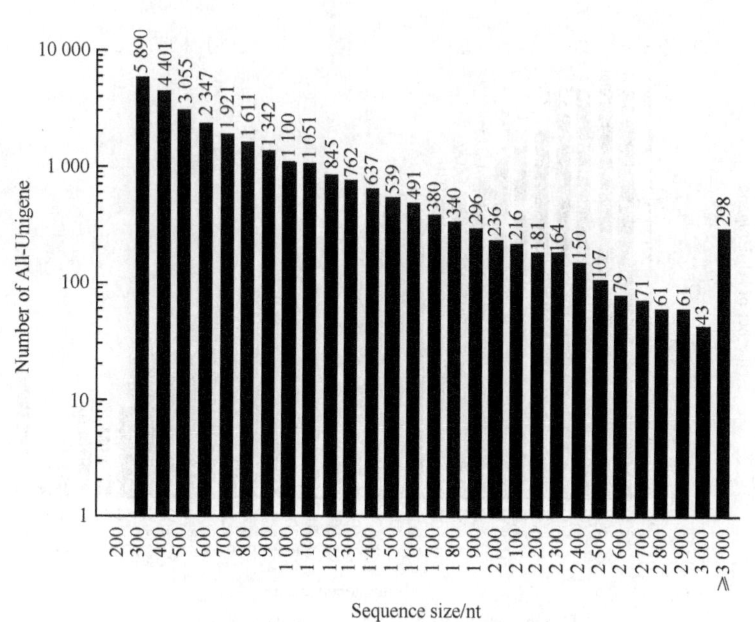

图 8-6　木蹄层孔菌 All-Unigene 的数目分布统计

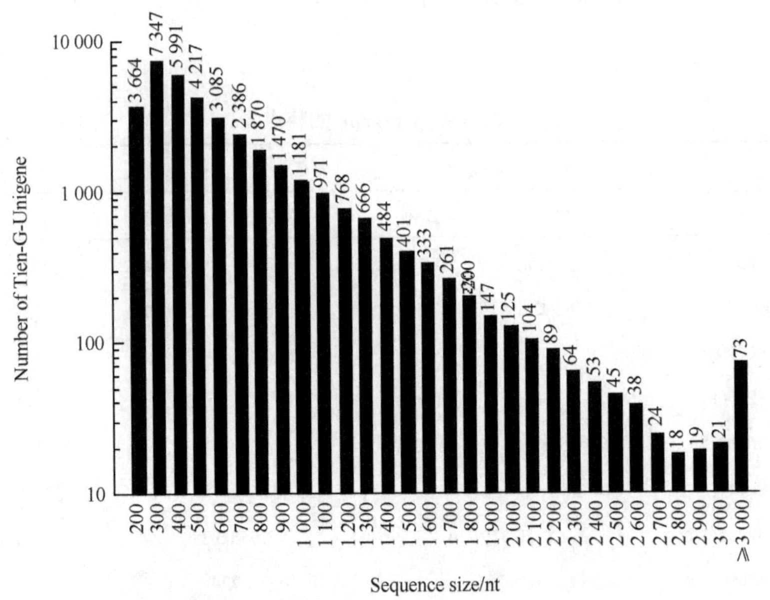

图 8-7　Tien-G 的 Unigene 长度分布统计

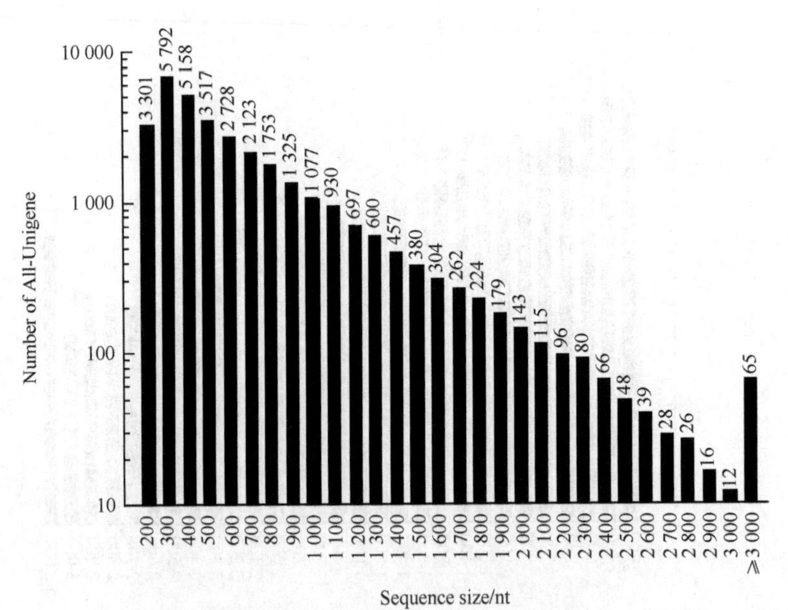

图 8-8　Tien-M 的 Unigene 长度分布统计

3. 确定 Unigene 的序列方向

通过与 4 个蛋白质数据库的 blast 比对，得到木蹄层孔菌编码序列（CDS）的长度分布情况（图 8-9），总共获得 21 235 条编码序列（图 8-9），绝大多数序列编码的氨基酸超过了 200 个氨基酸。利用 ESTScan 软件预测了 1608 个 Unigene 的编码序列（CDS）（图 8-10～图 8-12）。

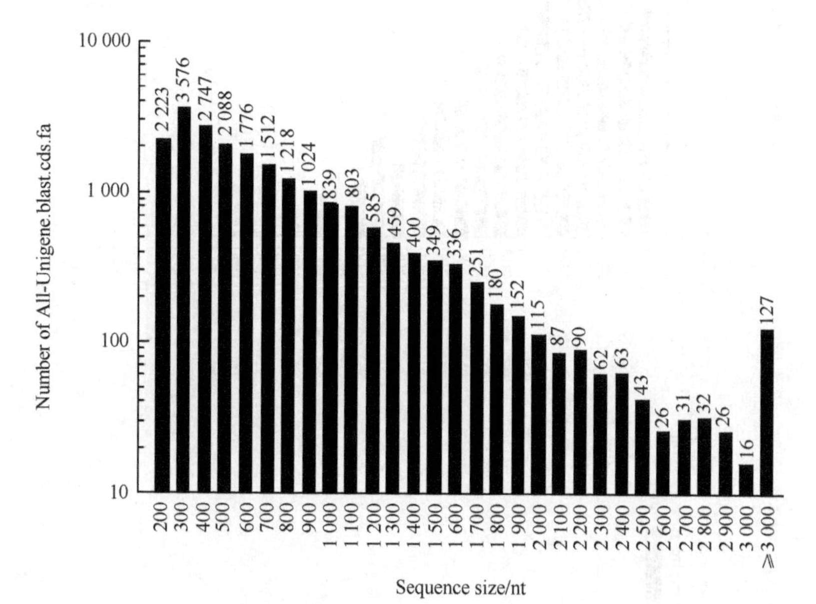

图 8-9　blast 比对得到的 CDS 长度分布

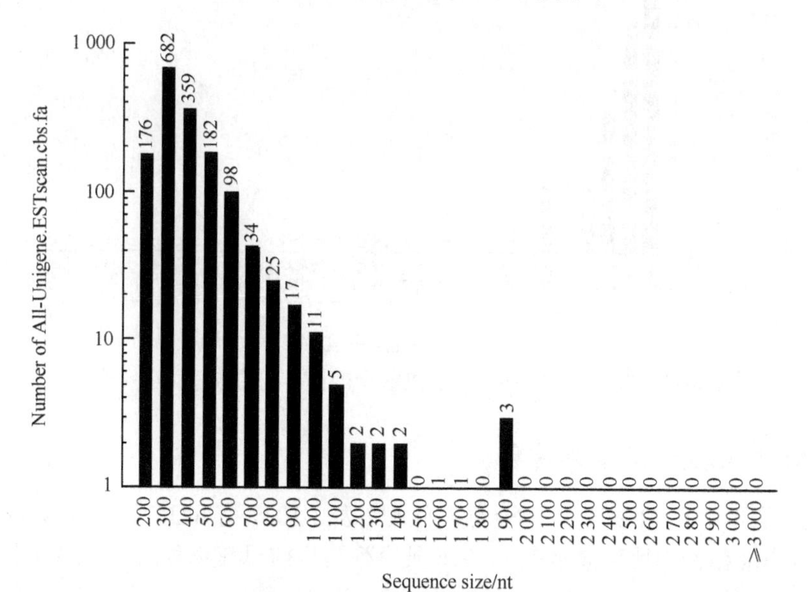

图 8-10　blast 比对得到的 CDS 所翻译得到的氨基酸序列长度分布

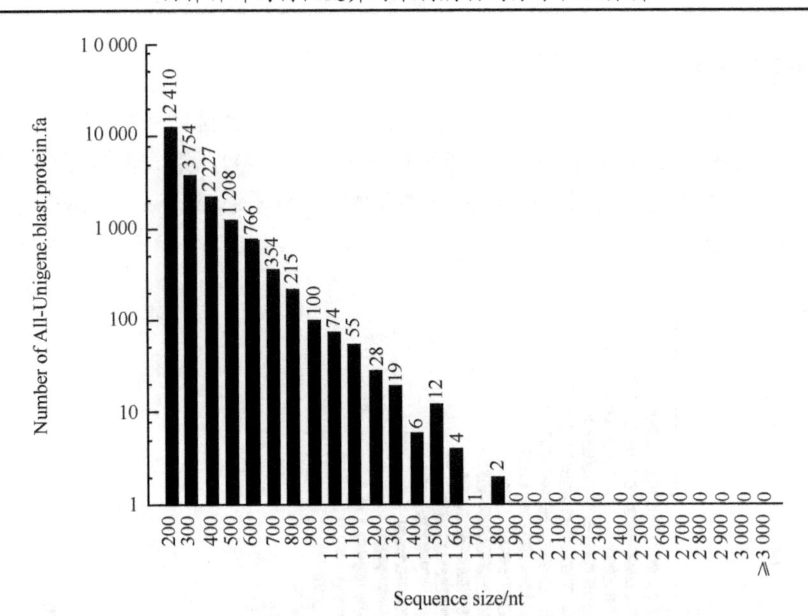

图 8-11　ESTscan 预测得到的 CDS 长度分布

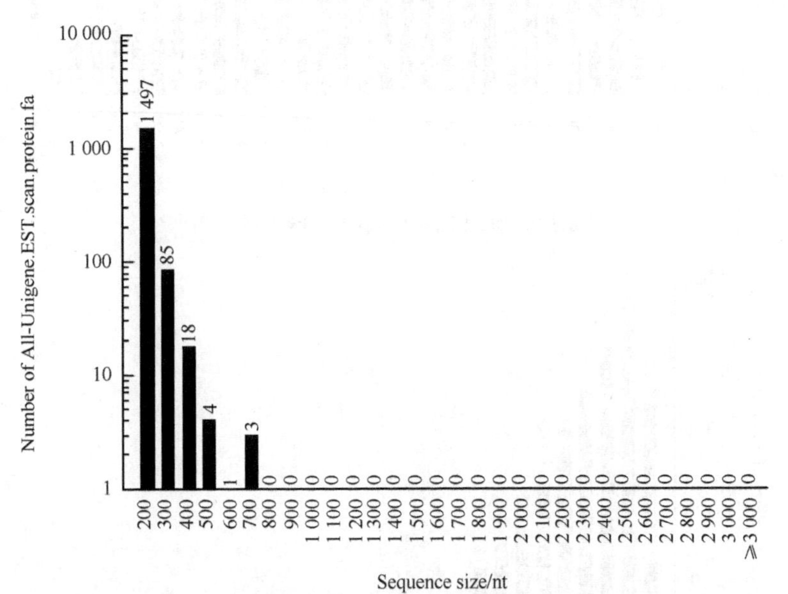

图 8-12　ESTscan 预测得到的 CDS 所翻译得到的氨基酸序列长度

8.2.3　All-Unigene 的功能注释

这些转录本中有 21 255 条与 Nr 数据匹配（表 8-10），有 6232 条与 Nt 数据库序列匹配，Swiss-Prot 数据库比对显示有 11 976 条序列与目前已有物种的已知序列有较高的相似性。12 315 条序列参与了 242 个已知的代谢或信号通路。8214 条在 COG 数据库中得到注释，注释到 GO 数据库的 Unigene 有 8165 条。木蹄层孔菌的 28 695 条 Unigene 中能够在以上蛋白质数据库得到注释的序列共有 21 347 条，约占全转录组数据的 74.39%。

表 8-10 木蹄层孔菌 Unigene 注释结果统计

Sequence File	Nr	Nt	Swiss-Prot	KEGG	COG	GO	ALL
All-Unigene	21 255	6 232	11 976	12 315	8 214	8 165	21 347

与木蹄层孔菌假设蛋白质匹配度最高的都是一些真菌，特别是污叉丝孔菌（*Dichomitus squalens* LYAD-421 SS1）和变色栓菌（*Trametes versicolor* FP-101664 SS1）（图 8-13），分别为 60.29%和 31.47%。它们和木蹄层孔菌均属于多孔菌科（Polyporaceae）。

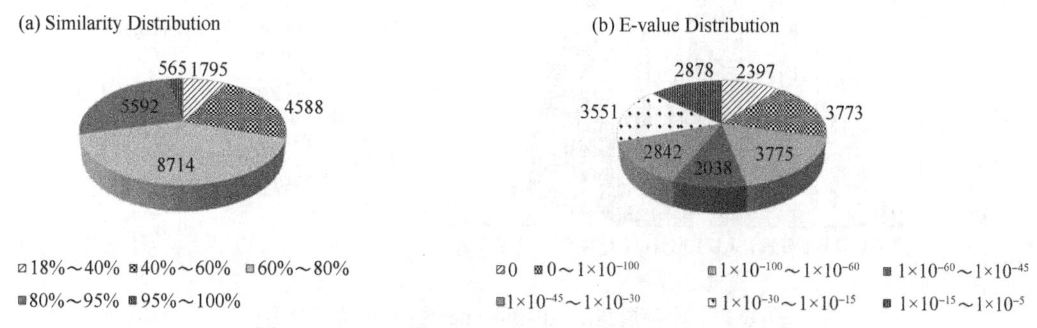

图 8-13 Nr 注释 E-value、identity 和物种分布统计图

1. All-Unigene 的 COG 分类

根据 All-Unigene 与 COG 数据库的比对结果对其功能进行分类（图 8-14），有 8214 条 Unigene 与该数据库匹配，共涉及 25 个不同的功能。其中 2528 条 Unigene（占所有的 30.78%）与 general function prediction only（只是预测的一般功能）相匹配，这可能与现阶段 COG 数据库中木蹄层孔菌的数据信息还较少有关。

木蹄层孔菌所有 Unigene 的 COG 功能分类中，排在前十项的功能是：一般功能预测；糖类转运和代谢；转录；复制、重组和修复；翻译，核糖体结构与生物发生；氨基酸转运和代谢；未知功能；翻译后修饰，蛋白质折叠，分子伴侣；细胞周期调控，细胞分裂，染色质分区；信号转导机制。测序获得了 932 条功能未知（function unknown）的 Unigenes，推测可能是木蹄层孔菌特有的新基因。

2. All-Unigene 的 GO 分类

木蹄层孔菌所有的 Unigene 有 8165 条在 GO 数据库得到注释，并且每一条在几种生物过程和功能中都有若干注释。其中，有 12 445 条（39.84%）归入生物过程，8252 条（26.41%）归入细胞组分，9554 条（30.58%）归入分子功能。这 3 个部分在分析中被划分呈更详细的 50 个小类别。如图 8-15 和表 8-11 所示，参与分子功能的基因中以催化活性和结合反应注释的基因最多，分别达到 16.30%和 12.73%。参与生物过程的基因中以代谢过程和细胞过程中注释的基因最多，分别有 4363 个和 3852 个基因。细胞组分中，细胞、细胞组分、膜和细胞器注释的基因最多，共有 6184 个基因，占 19.79%。

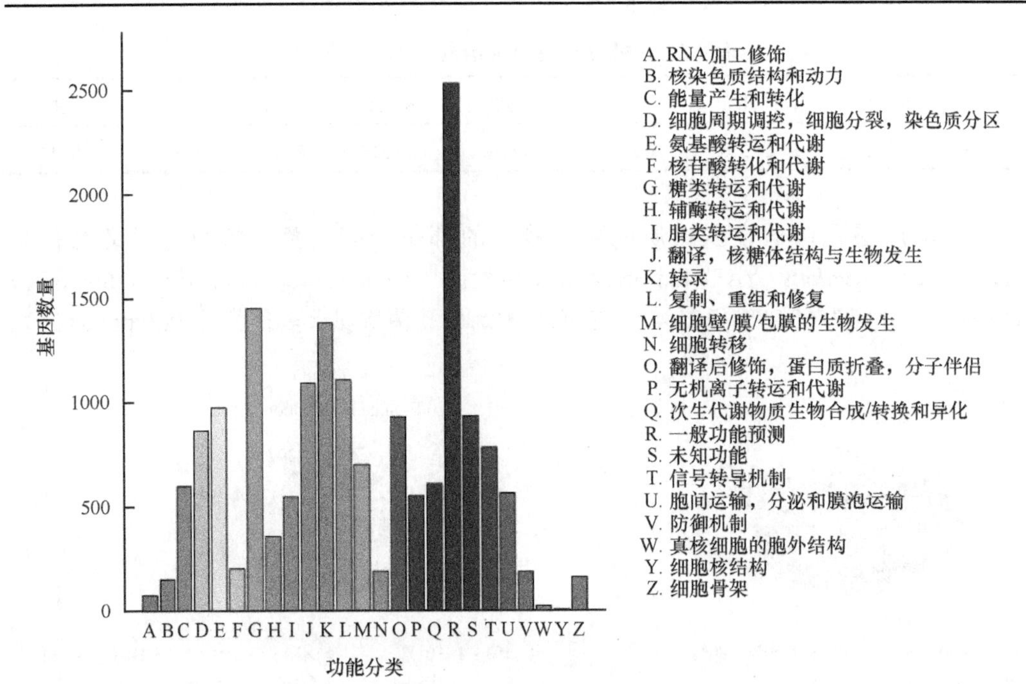

图 8-14　木蹄层孔菌 All-Unigene 的 COG 功能分类

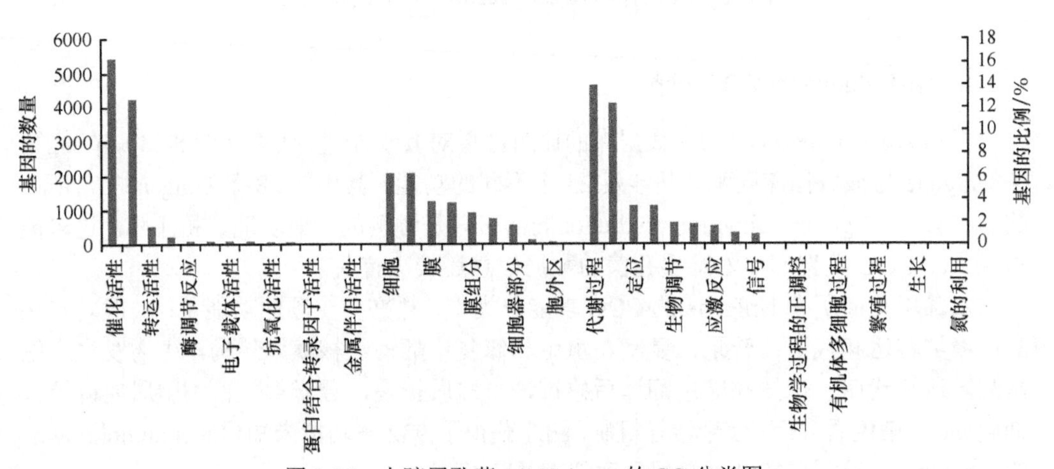

图 8-15　木蹄层孔菌 All-Unigene 的 GO 分类图

表 8-11　木蹄层孔菌 All-Unigene 的基因分类

类别	分类	Unigene 数目	比例
分子功能	催化活性	5093	16.30%
生物过程	代谢过程	4363	13.97%
分子功能	结合反应	3978	12.73%
生物过程	细胞过程	3852	12.33%
细胞组分	细胞	1928	6.17%
细胞组分	细胞组分	1928	6.17%
细胞组分	膜	1178	3.77%
细胞组分	细胞器	1150	3.68%

续表

类别	分类	Unigene 数目	比例
生物过程	定位	1035	3.31%
生物过程	建立定位	1027	3.29%
细胞组分	膜组分	848	2.71%
细胞组分	高分子复合物	717	2.30%
生物过程	生物调节	569	1.82%
生物过程	生物学过程的正调控	553	1.77%
细胞组分	细胞器组分	503	1.61%
分子功能	转运活性	483	1.55%
生物过程	应激反应	478	1.53%
生物过程	细胞组成的组织和生物起源	311	1.00%
生物过程	信号	257	0.82%

3. All-Unigene 的代谢通路分析（KEGG pathway 通路分析）

同一生物途径的基因需要协同作用来完成同一生物学功能。对代谢途径的分析可以增加对 Unigene 功能的理解。为了分析木蹄层孔菌的代谢路径，通过 KEGG 数据库匹配 Unigene，使用 blastx 比对 KEGG 数据库发现，12 315 条 Unigene 可匹配到 173 条不同的途径中(图 8-16)。最具有代表性的路径为代谢途径(4167 条)；次生代谢物生物合成(1850 条)；淀粉和蔗糖的代谢（1270 条）；不同环境的微生物代谢（1269 条）和氨基糖和核苷酸糖代谢（696 条）。表 8-12 展示木蹄层孔菌最丰富的 20 个代谢途径。

表 8-12　木蹄层孔菌最丰富的 20 个代谢途径

序号	代谢通路	各通路注释的基因数量/条	通路 ID
1	代谢途径	4167	ko01100
2	次生代谢物生物合成	1850	ko01110
3	淀粉和蔗糖的代谢	1270	ko00500
4	不同环境的微生物代谢	1269	ko01120
5	氨基糖和核苷酸糖代谢	696	ko00520
6	邻氨基苯甲酸降解	524	ko00627
7	柠檬烯和蒎烯降解	514	ko00903
8	RNA 转运	493	ko03013
9	嘌呤代谢	490	ko00230
10	双酚降解	414	ko00363
11	嘧啶代谢	413	ko00240
12	MAPK 信号通路-酵母	392	ko04011
13	内质网蛋白质加工	372	ko04141
14	多环芳烃降解	370	ko00624
15	细胞周期-酵母	355	ko04111
16	RNA 降解	344	ko03018
17	甘氨酸、丝氨酸和苏氨酸代谢	302	ko00260
18	剪接体	301	ko03040
19	萘降解	297	ko00626
20	核糖体	293	ko03010

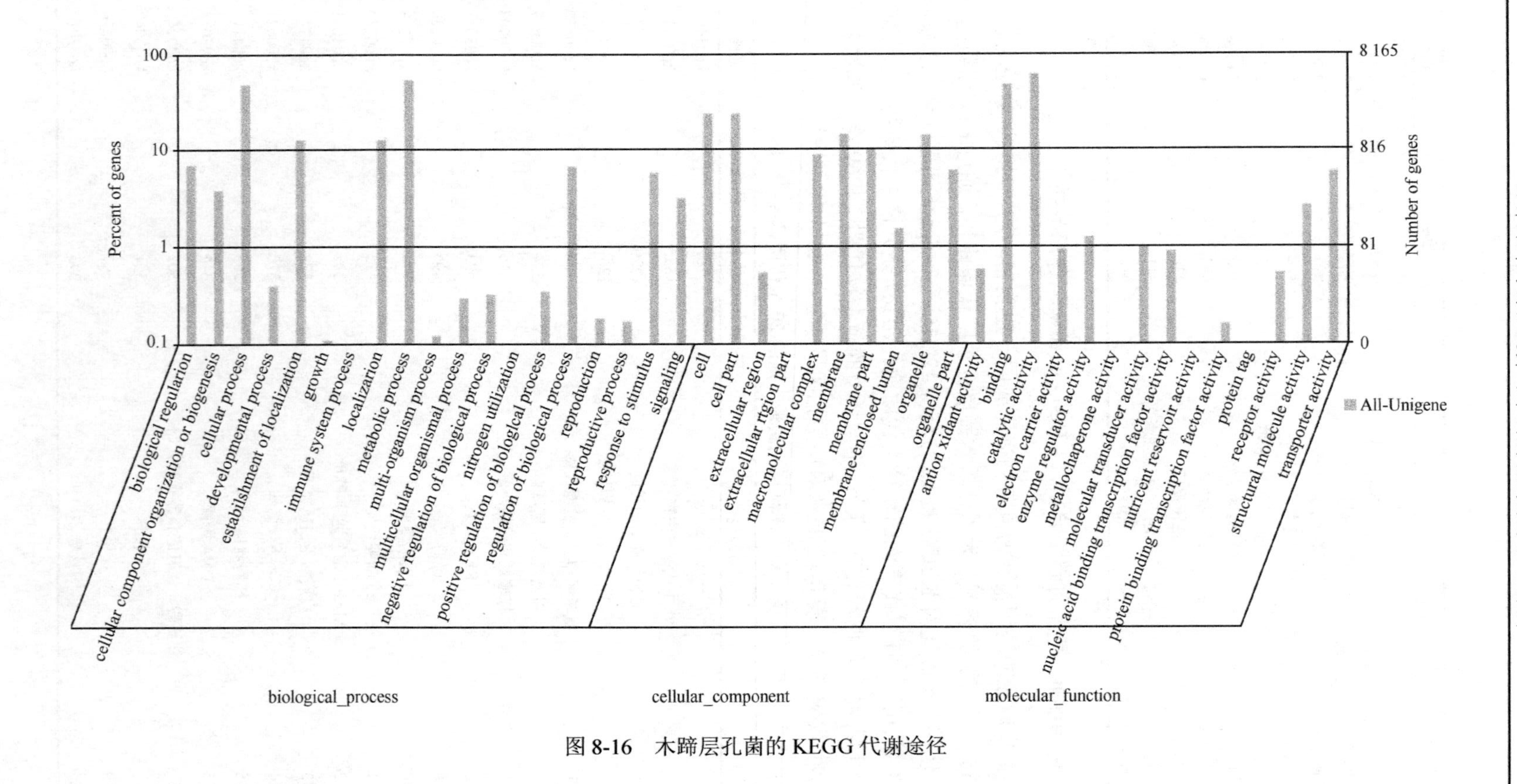

图 8-16　木蹄层孔菌的 KEGG 代谢途径

8.2.4 差异表达基因分析

通过基因的差异表达分析，找出木蹄层孔菌以葡萄糖和白桦木粉分别作为碳源时存在的差异表达基因（DEGs），并对差异表达基因进行 GO 功能分析和 KEGG 代谢通路分析。了解木质纤维素诱导下的差异表达基因的生物活性和参与的生物学过程。

1. 差异表达基因筛选

筛选差异表达基因时，确定 FDR≤0.001 且$|\log_2 Ratio|\geq 1$ 的基因为差异表达显著基因。在本次木蹄层孔菌转录组所获得的 28 695 条 Unigene 数据中，共 28 529 条 Unigene 有表达差异，差异表达显著的 Unigene 有 3748 条，其中相对于 Tien-G 培养基，在 Tien-M 培养基中上调表达的 Unigene 有 1373 条，下调表达的 Unigene 有 2375 条（图 8-17）。

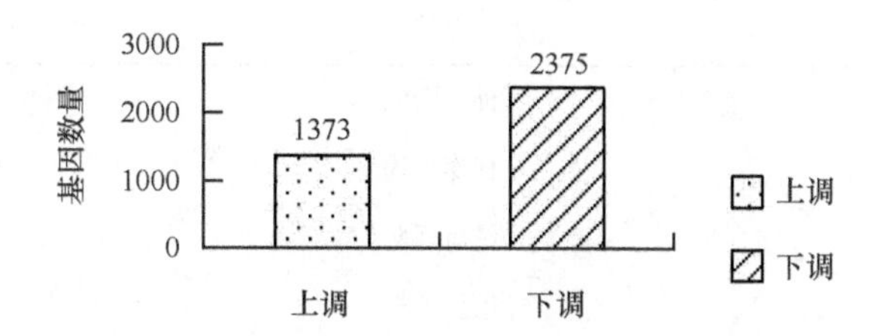

图 8-17 所有差异基因数量统计图

利用所得数据，以 Tien-M 的 FPKM 为横坐标，Tien-G 的 FPKM 为纵坐标作散点图，图 8-18 中红色区域代表上调的基因，绿色区域代表下调的基因，蓝色区域代表 Tien-G 和 Tien-M 中表达水平没有差异的基因。

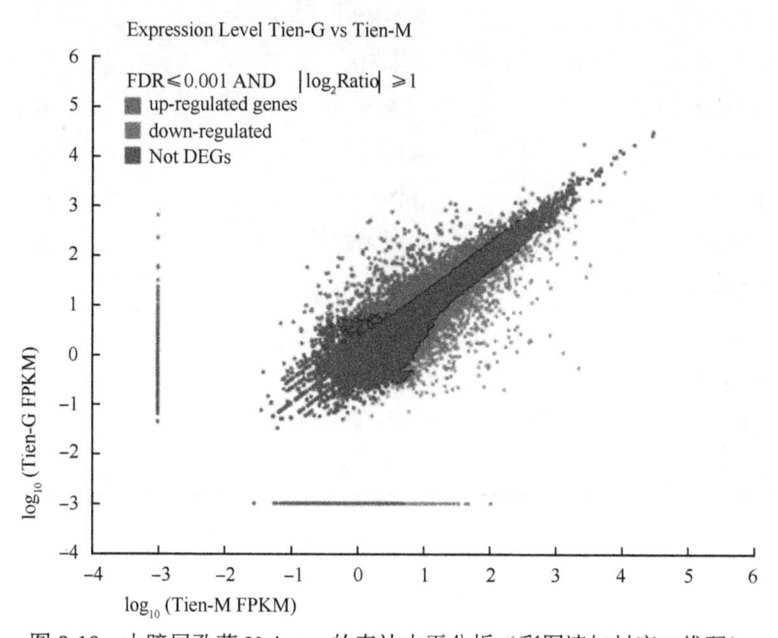

图 8-18 木蹄层孔菌 Unigene 的表达水平分析（彩图请扫封底二维码）

2. 差异表达基因 GO 功能分类

对差异表达 Unigene 进行 GO 分类与对 All-Unigene 的 GO 分类方法一致。所筛选到的 3239 条差异表达显著的 Unigene 中有 1279 条注释到生物过程，579 条注释到所处的细胞组分，1381 条注释到基因的分子功能（图 8-19 和表 8-13）。这些基因被进一步注释到 37 个更详细的生物学功能中，包括催化活性、代谢过程、结合反应、细胞过程、建立定位、定位，等等。在分子功能中，差异表达基因主要参与催化活性和结合反应两个功能。在生物过程中，差异表达基因主要参与代谢过程和细胞过程。在细胞组分中，差异表达基因主要参与膜和膜组分。

表 8-13　木蹄层孔菌差异基因 GO 分类文件

类别	分类	差异基因数
分子功能	催化活性	774
生物过程	代谢过程	529
分子功能	结合反应	457
生物过程	细胞过程	319
生物过程	建立定位	150
生物过程	定位	150
细胞组分	膜	150
细胞组分	膜组分	118
细胞组分	细胞	98
细胞组分	细胞组分	98
分子功能	转运活性	84
细胞组分	细胞器	51
生物过程	应激反应	37
生物过程	生物调节	26
生物过程	生物过程的调节	26
细胞组分	胞外区	22
细胞组分	高分子复合物	21
分子功能	抗氧化活性	20
生物过程	细胞组成的组织和生物起源	17
细胞组分	细胞器组分	16

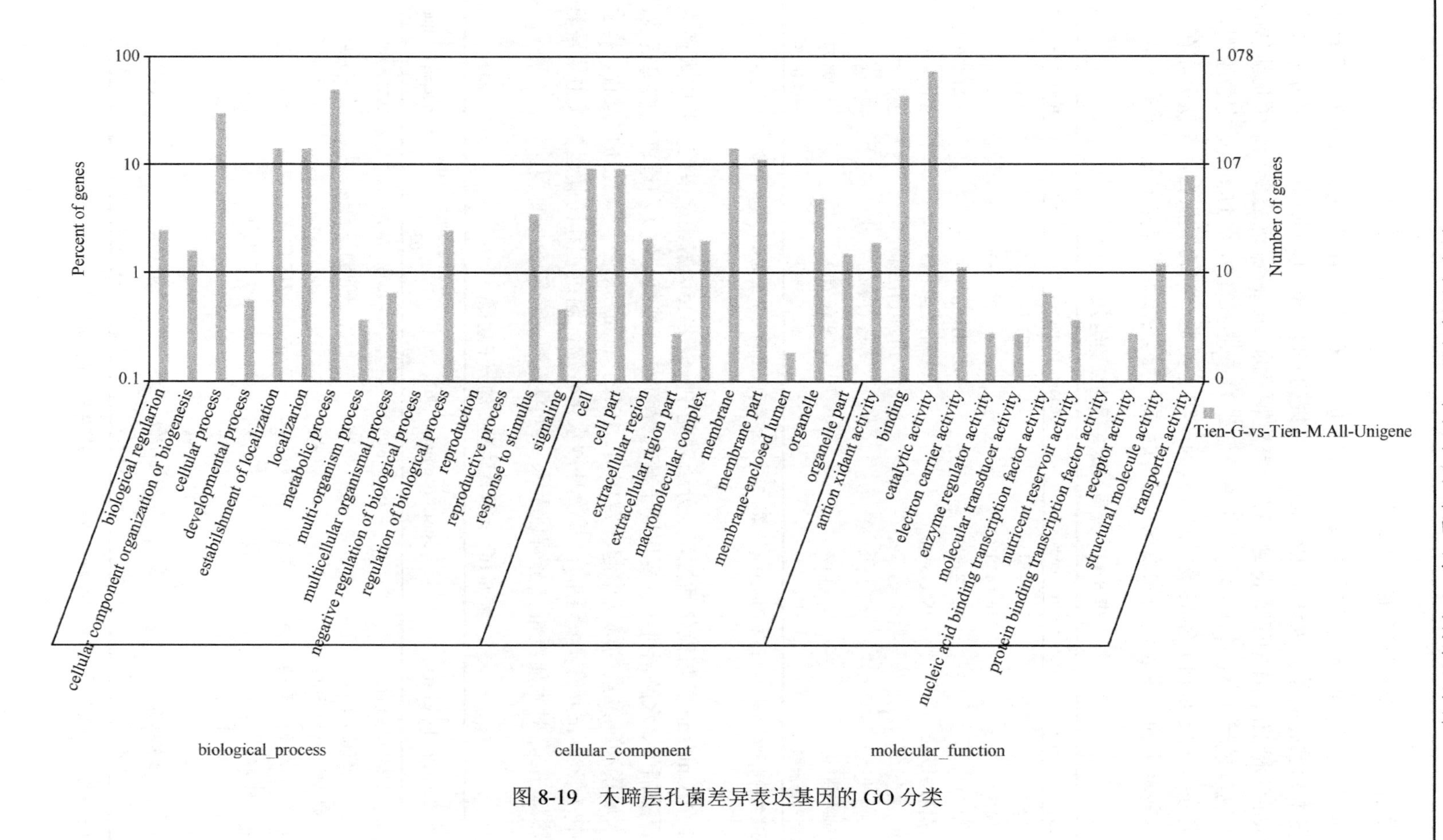

图 8-19 木蹄层孔菌差异表达基因的 GO 分类

3. 差异表达基因 GO 功能富集分析

在 GO 功能显著性富集分析中，以校正的 P 值≤0.05 为阈值，满足此条件的 GO term 定义为在木蹄层孔菌差异表达基因中显著性富集的 GO term。以 GO 的细胞组分分类为例，在 Tien-G 和 Tien-M 中富集得到 257 个差异显著的 Unigene，远远少于分子功能（967 个）和生物学过程（680 个）中富集的差异显著 Unigene。150 个 Unigene 定位于膜，是细胞组分中（表 8-14）富集最多的，基因产物主要是一些跨膜蛋白，其次分布在胞外区。这些基因的大量表达与白腐菌产生的木质纤维素酶都是分泌型胞外酶有关。

表 8-14　差异表达基因的细胞组分

Gene Ontology term	Cluster frequency（257）	Genome frequency of use（2 820）	Corrected P-value
跨膜	116（45.1%）	721（25.6%）	4.47×10^{-11}
膜内在	116（45.1%）	726（25.7%）	7.60×10^{-11}
胞外区	22（8.6%）	44（1.6%）	1.22×10^{-10}
膜部分	118（45.9%）	848（30.1%）	9.05×10^{-7}
膜	150（58.4%）	1 178（41.8%）	9.57×10^{-7}
细胞壁	8（3.1%）	18（0.6%）	0.005 49
外部封装结构	8（3.1%）	19（0.7%）	0.008 74
真菌型细胞壁	7（2.7%）	15（0.5%）	0.010 79

注：257 是富集到细胞组分的差异显著 Unignene 个数，2820 是富集到细胞组分的全部 Unignene 个数

774 个 Unigene 参与催化活性，是分子功能中（表 8-15）富集最多的，其中大多为氧化还原酶活性、水解活性（主要作用于糖苷键和 *O*-糖基复合物）和过氧化物酶活性，它们在木质素和纤维素的降解中起决定作用。157 个 Unigene 参与氧化还原过程，是生物过程中（表 8-16）富集最多的，其次是碳水化合物代谢过程和跨膜运输（主要是氨基酸跨膜运输），对木质纤维素降解以及木质纤维素酶的分泌至关重要。

表 8-15　差异表达基因的分子功能

Gene Ontology term	Cluster frequency（967）	Genome frequency of use（7 080）	Corrected P-value
氧化还原酶活性	258（26.7%）	1006（14.2%）	3.23×10^{-26}
催化活性	774（80.0%）	5093（71.9%）	8.91×10^{-8}
水解活性，作用于糖苷键	72（7.4%）	257（3.6%）	1.45×10^{-7}
水解活性，水解 *O*-糖基复合物	63（6.5%）	218（3.1%）	4.71×10^{-7}
碳水化合物结合	27（2.8%）	61（0.9%）	1.28×10^{-6}
过氧化物酶活性	18（1.9%）	35（0.5%）	2.83×10^{-5}
模式结合	16（1.7%）	30（0.4%）	7.62×10^{-5}
多糖结合	16（1.7%）	30（0.4%）	7.62×10^{-5}
纤维素结合	13（1.3%）	22（0.3%）	0.000 21

注：967 是富集到分子功能的差异显著 Unigene 个数，7080 是富集到分子功能的全部 Unigene 个数

表 8-16　差异表达基因的生物过程

Gene Ontology term	Cluster frequency（680）	Genome frequency of use（5 583）	Corrected *P*-value
氧化还原过程	157（23.1%）	690（12.4%）	1.41×10^{-14}
跨膜运输	115（16.9%）	534（9.6%）	2.81×10^{-8}
碳水化合物代谢过程	90（13.2%）	417（7.5%）	3.96×10^{-6}
氨基酸跨膜运输	16（2.4%）	41（0.7%）	0.003 55
氨基酸转运	16（2.4%）	46（0.8%）	0.018 95
有机酸转运	16（2.4%）	48（0.9%）	0.034 06
羧酸运输	16（2.4%）	48（0.9%）	0.034 06

注：680 是富集到生物过程的差异显著 Unigene 个数，5583 是富集到生物过程的全部 Unigene 个数

4. 差异表达基因的代谢通路分析

在 3748 个差异表达基因中有 1722 个参与 153 个不同的代谢或信号通路，在这些通路中表达发生上调或下调（表 8-17）。其中，817 个基因（47.44%）参与代谢途径，423 个基因（24.56%）参与次生代谢产物的生物合成，130 个基因（7.55%）参与多环芳烃的降解，306 个基因（17.77%）参与不同环境中微生物代谢，137 个基因（7.96%）参与双酚降解，157 个基因（9.12%）参与柠檬烯和蒎烯降解，282 个基因（16.38%）参与淀粉和蔗糖代谢，95 个基因（5.52%）参与萘降解，141 个基因（8.19%）参与对氨基苯甲酸甲酯降解，159 个基因（9.23%）参与氨基糖和核苷酸糖代谢。对木蹄层孔菌差异表达基因参与的主要代谢通路分析发现，差异基因主要参与苯环相关化合物的降解和碳水化合物的降解。

表 8-17　差异表达基因的代谢通路分析

代谢通路	差异表达基因注释	基因注释	*P* 值	*Q* 值	通路 ID
代谢途径	817（47.44%）	4167（33.84%）	1.31×10^{-36}	2.00×10^{-34}	ko01100
次生代谢物合成	423（24.56%）	1850（15.02%）	1.18×10^{-29}	9.02×10^{-28}	ko01110
多环芳烃的降解	130（7.55%）	370（3.00%）	1.81×10^{-25}	9.22×10^{-24}	ko00624
不同环境中微生物代谢	306（17.77%）	1269（10.30%）	8.82×10^{-25}	3.38×10^{-23}	ko01120
双酚降解	137（7.96%）	414（3.36%）	6.31×10^{-24}	1.93×10^{-22}	ko00363
柠檬烯和蒎烯降解	157（9.12%）	514（4.17%）	3.47×10^{-23}	8.85×10^{-22}	ko00903
淀粉和蔗糖代谢	282（16.38%）	1270（10.31%）	2.74×10^{-17}	5.99×10^{-16}	ko00500
萘降解	95（5.52%）	297（2.41%）	8.07×10^{-16}	1.54×10^{-14}	ko00626
对氨基苯甲酸甲酯降解	141（8.19%）	524（4.25%）	1.36×10^{-15}	2.31×10^{-14}	ko00627
氨基糖和核苷酸糖代谢	159（9.23%）	696（5.65%）	5.68×10^{-11}	8.69×10^{-10}	ko00520

注：注释到该通路的差异表达基因数目为 1722（括号为占注释到 KEGG pathway 的所有差异表达基因数目的比例）；注释到该通路的所有基因数目为 12 315（括号为占注释到 KEGG pathway 的所有基因数目的比例）

8.2.5 木质纤维素酶相关基因分析

8.2.5.1 木质素降解酶

目前已发现，木质素降解过程中主要由锰过氧化物酶、木质素过氧化物酶、多功能的过氧化物酶和漆酶这 4 种酶产生作用[5,6]。木蹄层孔菌中分析可能的木质素酶主要为漆酶和锰过氧化物酶。

1. 漆酶

漆酶（EC 1.10.3.2）基因结构有 3 个区域：Cu-oxidase 3（pfam07732）、Cu-oxidase（pfam00394）和 Cu-oxidase 2（pfam07731）。经过保守结构域分析及 blastx，木蹄层孔菌中共发现至少 9 个漆酶 cDNA 基因片段，其中基因片段长度大于 700bp、FDR≤0.001 且|$\log_2$Ratio|≥1 的 cDNA 基因片段有 4 个（表 8-18），Unigene5351 上调，Unigene759、Unigene8488、Unigene9040 下调。因此推测，木蹄层孔菌中，主要参与木质素降解的漆酶基因可能是 Unigene5351。

表 8-18　木蹄层孔菌中的漆酶基因

基因 ID	基因长/bp	Tien-G 表达量	Tien-M 表达量	$\log_2$（Tien-M 表达量/Tien-G 表达量）	基因表达水平
Unigene5351	1829	5.3674	54.1035	3.3334	up
Unigene759	1009	171.9444	59.8937	−1.5215	down
Unigene8488	789	119.5787	41.0854	−1.5413	down
Unigene9040	1877	193.6549	34.6363	−2.4831	down

2. 锰过氧化物酶

锰过氧化物酶（EC 1.11.1.13）基因结构有 4 个位点：血红素结合位点、Mn 结合位点、Ca 结合位点和底物结合位点。经过保守结构域分析及 blastx，木蹄层孔菌中共发现至少 7 个锰过氧化物酶 cDNA 基因片段，其中基因片段长度大于 700bp、FDR≤0.001 且|$\log_2$Ratio|≥1 的 cDNA 基因片段有 4 个（表 8-19），Unigene8184、CL904.Contig1、CL904.Contig2 上调，Unigene11319 下调。因此推测，木蹄层孔菌中，主要参与木质素降解过程的锰过氧化物酶可能是 Unigene8184、CL904.Contig1 和 CL904.Contig2，其中 CL904.Contig1 上调幅度最大，可能起到主要作用。

表 8-19　木蹄层孔菌中的锰过氧化物酶基因

基因 ID	基因长/bp	Tien-G 表达量	Tien-M 表达量	$\log_2$（Tien-M 表达量/Tien-G 表达量）	基因表达水平
Unigene8184	1220	4.9135	41.5859	3.0813	up
CL904.Contig1	1069	1.5441	502.8244	8.3471	up
CL904.Contig2	1050	2.1512	23.2615	3.4347	up
Unigene11319	931	26.0349	3.3758	−2.9471	down

8.2.5.2 纤维素降解酶

目前纤维素降解的模型中主要涉及3种酶的活性，每种酶中都包含众多的同功酶[7]。第一个家族是内切纤维素酶（1,4-内切葡聚糖酶），它水解内部的糖苷键。第二个家族是外切葡聚糖酶（CBH）（1,4-外切葡聚糖酶），它作用于内切纤维素酶水解后形成的末端，释放纤维二糖。CBH能够作用于纤维素的还原端（CBH I）或者非还原端（CBH II）。第三个家族是葡萄糖苷酶，它将纤维二糖水解为两个葡萄糖分子。

木蹄层孔菌转录组中发现了编码这三种类型的酶及纤维二糖脱氢酶（CBDH）等纤维素降解相关酶的cDNA序列。纤维二糖脱氢酶氧化纤维二糖，它能够传递电子到NAD或者分子氧产生H_2O_2[8]。

1. 内切葡聚糖酶

内切葡聚糖酶（EC 3.2.1.4）随机切割纤维素多糖链内部非定型区位点内键，产生不同长度的寡糖和新链末端。目前，已发现内切葡聚糖酶主要出现在糖基水解酶家族（glycoside hydrolase family，GH）、碳水化合物结合结构域家族（carbohydrate-binding module family，CBM）和木聚糖乙酰酯酶家族（acetyl xylan esterase，CE）3个家族中。经过保守结构域分析及blastx，木蹄层孔菌中发现了一个内切葡聚糖酶，基因ID为Unigene5484，属于GH5成员，白桦木粉处理后基因表达明显上调（FDR≤0.001且$|\log_2 Ratio|\geq 1$）（表8-20）。木蹄层孔菌纤维素降解过程中，Unigene5484是主要的内切葡聚糖酶。

表8-20 木蹄层孔菌中的内切葡聚糖酶基因

基因ID	可能的基因家族	基因长/bp	Tien-G表达量	Tien-M表达量	$\log_2$（Tien-M表达量/Tien-G表达量）	基因表达水平
Unigene5484	GH5	1437	11.6077	41.055	1.8225	up

2. 外切葡聚糖酶

外切葡聚糖酶从纤维素多糖链的还原端或非还原端切割2～4个单位形成四糖或双糖，如纤维二糖。外切葡聚糖酶（纤维二糖水解酶，CBH）有两种主要类型，CBH I（EC 3.2.1.176）从纤维素还原端开始酶切，CBH II（EC 3.2.1.91）从纤维素非还原端开始酶切。

目前，已发现外切葡聚糖酶主要出现在GH和CBM两个家族中。经过保守结构域分析及blastx，木蹄层孔菌中发现了还原端和非还原端两种外切葡聚糖酶，非还原端外切葡聚糖酶基因ID为Unigene3927，属于GH6成员。还原端外切葡聚糖酶基因ID为CL1059.Contig1~5，属于GH7成员。白桦木粉处理后各个基因表达均表现明显上调（FDR≤0.001且$|\log_2 Ratio|\geq 1$）（表8-21）。木蹄层孔菌纤维素降解过程中，Unigene3927编码主要的非还原端外切葡聚糖酶，CL1059.Contig1~5编码还原端外切葡聚糖酶，其中表达量最大的是CL1059.Contig2，它可能起到主要作用。白桦木粉诱导后，非还原

端外切葡聚糖酶 Unigene3927 的表达量为 445.7471，明显大于还原端 CL1059.Contig2 的表达量（101.3603），这种差异和多糖自身结构非还原端远远多于还原端相吻合。

表 8-21 木蹄层孔菌中的外切葡聚糖酶基因

基因 ID	可能的基因家族	基因长/bp	Tien-G 表达量	Tien-M 表达量	$\log_2$（Tien-M 表达量/Tien-G 表达量）	基因表达水平
Unigene3927	GH6	1222	36.1155	445.7471	3.6255	up
CL1059.Contig1	GH7	1370	0.5073	59.5145	6.8743	up
CL1059.Contig2	GH7	1685	23.9232	101.3603	2.083	up
CL1059.Contig3	GH7	1112	6.2501	36.9036	2.5618	up
CL1059.Contig4	GH7	1234	0.0704	4.2206	5.9057	up
CL1059.Contig5	GH7	1333	0	3.5029	11.7743	up

3. 纤维二糖酶

纤维二糖酶（EC 3.2.1.21）或 β-葡萄糖苷酶水解两个葡萄糖之间或者葡萄糖-非糖部分之间的 β1→4 键。它是一种胞外纤维素酶，催化水解非还原端 β-*D*-葡糖苷释放葡萄糖。纤维素是由葡萄糖分子以 β1→4 键组成的大分子聚合物，一些生物（真菌、细菌和白蚁）利用纤维二糖酶水解纤维素。对于病原菌来说，这种酶是降解植物细胞壁强有力的工具。

目前，已发现纤维二糖酶主要出现在 GH 和 CBM 两个家族中。经过保守结构域分析及 blastx，木蹄层孔菌中发现了 5 个纤维二糖酶，基因 ID 为 CL773.Contig1~4 和 Unigene1880，分别属于 GH1 和 GH3 成员。白桦木粉处理后 CL773.Contig1 和 Unigene1880 基因表达明显上调（FDR≤0.001 且$|\log_2\text{Ratio}|\geq 1$），CL773.Contig2 和 CL773.Contig4 略微上调，CL773.Contig3 略微下调（表 8-22）。从表达量分析可知，木蹄层孔菌中虽然有纤维二糖酶基因，但是除了 Unigene1880 外，表达量都极低，因此木蹄层孔菌中纤维素降解起主导作用的纤维二糖酶基因是 Unigene1880。

表 8-22 木蹄层孔菌中的纤维二糖酶基因

基因 ID	可能的基因家族	基因长/bp	Tien-G 表达量	Tien-M 表达量	$\log_2$（Tien-M 表达量/Tien-G 表达量）	基因表达水平
CL773.Contig1	GH1	1268	0.4796	1.1331	1.2404	up
CL773.Contig2	GH1	1211	0.7891	1.1123	0.4953	up
CL773.Contig3	GH1	2306	0.226	0.1947	−0.2151	down
CL773.Contig4	GH1	2389	0.5455	0.7517	0.4626	up
Unigene1880	GH3	1897	15.3419	38.484	1.3268	up

4. 纤维二糖脱氢酶

纤维二糖脱氢酶（受体）（EC 1.1.99.18）（CDH）可以将纤维二糖氧化为内酯（cellobiono-1,5-lactone），以纤维二糖为电子供体，可以还原多种物质，如 Fe^{3+}和 O_2，生成 Fe^{2+}和 H_2O_2。Fe^{2+}和 H_2O_2 可以发生 Fenton 反应形成具有强氧化力的羟自由基。纤维二糖脱氢酶有时只有一个辅因子 FAD，但是大多数时候有两个辅因子血红素和 FAD。

目前，已发现纤维二糖脱氢酶主要出现在 AA（auxiliary activity）和 CBM 两个家族中。经过保守结构域分析及 blastx，木蹄层孔菌中发现了一个纤维二糖脱氢酶，基因 ID 为 Unigene15，属于 CBM1 成员，白桦木粉处理后基因表达明显上调（FDR≤0.001 且$|log_2Ratio|$≥1）（表 8-23）。从白桦木粉诱导前后的表达量来看，纤维二糖脱氢酶在木蹄层孔菌中表达量较低，表明纤维二糖脱氢酶虽然可以生成 H_2O_2，但并不是木蹄层孔菌产 H_2O_2 的主要来源。

表 8-23　木蹄层孔菌中的纤维二糖脱氢酶基因

基因 ID	可能的基因家族	基因长/bp	Tien-G 表达量	Tien-M 表达量	log_2（Tien-M 表达量/Tien-G 表达量）	基因表达水平
Unigene15	CBM1	2412	4.8625	14.7426	1.6002	up

8.2.5.3　半纤维素降解酶

半纤维素酶是一个复杂的酶系，很多半纤维素是以木糖为主链，侧链有甘露糖、葡萄糖、阿拉伯糖等单糖，分解半纤维素的有木聚糖酶、半乳糖苷酶、甘露聚糖酶等，木聚糖酶包括内切 β-1,4-木聚糖酶（EC3.2.1.8）、外切 β-1,4-木聚糖酶（EC3.2.1.37）和 β-木糖苷酶。

1. β-1,4-木聚糖酶

β-1,4-木聚糖酶（EC 3.2.1.8）是降解线性多糖中 β-1,4-木聚糖的一类酶，因此它能够降解植物细胞壁的主要成分——半纤维素。目前，已发现木聚糖酶主要出现在 GH、CBM 和 CE 3 个家族中。经过保守结构域分析及 blastx，木蹄层孔菌中发现了 4 个 β-1,4-木聚糖酶，基因 ID 为 CL1230.Contig1~3 和 Unigene19435，属于 GH10 成员。以白桦木粉为碳源时，β-1,4-木聚糖酶基因都表达明显上调（FDR≤0.001 且$|log_2Ratio|$≥1）（表 8-24）。从白桦木粉诱导前后的表达量来看，CL1230.Contig1 是木蹄层孔菌中主要的 β-1,4-木聚糖酶基因，诱导后表达量增加差异显著，并且表达量较大，为 754.248，表明木蹄层孔菌中 β-1,4-木聚糖酶活性可能较强。

表 8-24 木蹄层孔菌中的 β-1,4-木聚糖酶基因

基因 ID	可能的基因家族	基因长/bp	Tien-G 表达量	Tien-M 表达量	log_2（Tien-M 表达量/Tien-G 表达量）	基因表达水平
CL1230.Contig1	GH10	1394	3.303	754.248	7.835	up
CL1230.Contig2	GH10	278	1.250	11.628	3.218	up
CL1230.Contig3	GH10	245	1.4181	18.692	3.720	up
Unigene19435	GH10	267	0.651	6.390	3.296	up

2. 甘露聚糖内切-1,6-α-甘露糖苷酶

甘露聚糖内切-1,6-α-甘露糖苷酶（mannan endo-1,6-α-mannosidase）（EC 3.2.1.101）随机水解无分支的(1→6)-甘露聚糖中的(1→6)- α-*D*-甘露糖苷键。

目前，已发现甘露聚糖内切-1,6-α-甘露糖苷酶主要出现在 GH 和 CBM 两个家族中。经过保守结构域分析及 blastx，木蹄层孔菌中发现了一个甘露聚糖内切-1,6-α-甘露糖苷酶，基因 ID 为 Unigene11776，属于 GH76 成员。以白桦木粉为碳源时，Unigene11776 基因表达明显上调（FDR≤0.001 且$|log_2Ratio|≥1$）（表 8-25）。从白桦木粉诱导前后的表达量来看，木蹄层孔菌中甘露聚糖内切-1,6-α-甘露糖苷酶主要的基因是 Unigene11776。

表 8-25 木蹄层孔菌中的甘露聚糖内切-1,6-α-甘露糖苷酶基因

基因 ID	可能的基因家族	基因长/bp	Tien-G 表达量	Tien-M 表达量	log_2（Tien-M 表达量/Tien-G 表达量）	基因表达水平
Unigene11776	GH76	1446	12.5568	42.0415	1.7433	up

3. α-葡萄糖苷酶

α-葡萄糖苷酶（α-glucosidase）（EC 3.2.1.20）是一种葡萄糖苷酶，作用于 α（1→4）键。这与 β-葡萄糖苷酶形成鲜明对比。α-葡萄糖苷酶降解淀粉和双糖生成葡萄糖。

目前，已发现 α-葡萄糖苷酶主要出现在 GH 和 CBM 两个家族中。经过保守结构域分析及 blastx，木蹄层孔菌中发现了 7 个 α-葡萄糖苷酶，基因 ID 为 Unigene11025、Unigene4461、Unigene465、CL1633.Contig1、Unigene3360、Unigene204 和 Unigene12825，属于 GH31 和 GH63 成员。并且 GH31 家族的基因表现诱导上调，而 GH63 家族的基因表现诱导下调，意味着它们可能行使不同的生物学功能。以白桦木粉为碳源时，除了 Unigene12825 基因表达下调，其他几个基因表达都明显上调（FDR≤0.001 且$|log_2Ratio|≥1$）（表 8-26）。经过进一步分析发现，Unigene4461 和 Unigene465 可能是同一个基因的不同位置片段。同样，Unigene3360 和 Unigene204 也可能是同一个基因的不同位置片段。从白桦木粉诱导前后的表达量来看，所有发现的 α-葡萄糖苷酶基因表达量均上调，但起到主导作用的可能是 Unigene3360 和 Unigene204 编码的 α-葡萄糖苷酶。

表 8-26 木蹄层孔菌中的 α-葡萄糖苷酶基因

基因 ID	可能的基因家族	基因长/bp	Tien-G 表达量	Tien-M 表达量	log₂（Tien-M 表达量/Tien-G 表达量）	基因表达水平
Unigene11025	GH31	769	2.0335	9.8087	2.2701	up
Unigene4461	GH31	748	8.9431	35.1741	1.9757	up
Unigene465	GH31	814	3.9489	13.7893	1.804	up
CL1633.Contig1	GH31	1642	14.8145	42.6559	1.5257	up
Unigene3360	GH31	1033	8.9988	128.1311	3.8317	up
Unigene204	GH31	1464	5.7561	105.4368	4.1951	up
Unigene12825	GH63	2212	29.6133	13.7211	−1.1098	down

4. 木聚糖 1,4-β-木糖苷酶（外切-非还原端）

木聚糖 1,4-β-木糖苷酶（xylan 1,4-β-xylosidase）（EC 3.2.1.37）在(1→4)- β-*D*-木聚糖非还原端连续切除 *D*-木糖残基。

目前，已发现木聚糖 1,4-β-木糖苷酶主要出现在 GH 和 CBM 两个家族中。经过保守结构域分析及 blastx，木蹄层孔菌中发现了 3 个木聚糖 1,4-β-木糖苷酶，基因 ID 为 CL267.Contig1~2 和 Unigene6659，属于 GH43 成员。以白桦木粉为碳源时，3 个基因表达都明显上调（FDR≤0.001 且|$\log_2$Ratio|≥1）（表 8-27）。从白桦木粉诱导前后的表达量来看，除了 Unigene6659 外，木蹄层孔菌中 1,4-β-木糖苷酶基因表达量均较低。这表明在半纤维素降解中，Unigene6659 编码的蛋白质是起主要作用的木聚糖 1,4-β 木糖苷酶。

表 8-27 木蹄层孔菌中的木聚糖 1,4-β-木糖苷酶基因

基因 ID	可能的基因家族	基因长/bp	Tien-G 表达量	Tien-M 表达量	log₂（Tien-M 表达量/Tien-G 表达量）	基因表达水平
CL267.Contig1	GH43	1284	0.203	0.7693	1.9221	up
CL267.Contig2	GH43	1343	0.7763	2.3402	1.5919	up
Unigene6659	GH43	1565	2.6091	36.5496	3.8082	up

5. β-半乳糖苷酶

β-半乳糖苷酶（β-galactosidase）是一种外切糖苷酶，水解 β-糖苷键生成单糖。不同 β-半乳糖苷酶的底物包括神经节苷脂 GM1、乳糖基酰基神经酰胺、乳糖和各种糖蛋白。

目前，已发现 β-半乳糖苷酶主要出现在 GH 和 CBM 两个家族中。经过保守结构域分析及 blastx，木蹄层孔菌中发现了 1 个 β-半乳糖苷酶，基因 ID 为 Unigene3883，属于 GH2 成员。以白桦木粉为碳源时，基因表达明显上调（FDR≤0.001 且

$|\log_2\text{Ratio}|\geqslant 1$）（表 8-28）。从白桦木粉诱导前后的表达量来看，木蹄层孔菌中 β-半乳糖苷酶基因表达量较低，表明木蹄层孔菌水解 β-糖苷键生成单糖能力较差。

表 8-28 木蹄层孔菌中的 β-半乳糖苷酶基因

基因 ID	可能的基因家族	基因长/bp	Tien-G 表达量	Tien-M 表达量	$\log_2$（Tien-M 表达量/Tien-G 表达量）	基因表达水平
Unigene3883	GH2	755	2.3014	9.0391	1.9737	up

6. 甘露聚糖内切-1,4-β-甘露糖苷酶

甘露聚糖内切-1,4-β-甘露糖苷酶（mannan endo-1,4-β-mannosidase）随机水解甘露聚糖、半乳甘露聚糖和葡甘露聚糖中的(1→4)- β-*D*-甘露糖苷键。

目前，已发现甘露聚糖内切-1,4-β-甘露糖苷酶主要出现在 GH、CBM 和 AA3 个家族中。经过保守结构域分析及 blastx，木蹄层孔菌中发现了 5 个甘露聚糖内切-1,4-β-甘露糖苷酶，基因 ID 为 Unigene1799、Unigene8802 和 CL445.Contig1~3，属于 GH5 成员。以白桦木粉为碳源时，基因表达都明显上调（$\text{FDR}\leqslant 0.001$ 且$|\log_2\text{Ratio}|\geqslant 1$）（表 8-29）。从白桦木粉诱导前后的表达量来看，CL445.Contig3 编码的甘露聚糖内切-1,4-β-甘露糖苷酶表达量较大，是半纤维素降解中主要酶之一。

表 8-29 木蹄层孔菌中的甘露聚糖内切-1,4-β-甘露糖苷酶基因

基因 ID	可能的基因家族	基因长/bp	Tien-G 表达量	Tien-M 表达量	$\log_2$（Tien-M 表达量/Tien-G 表达量）	基因表达水平
Unigene1799	GH5	1477	8.4112	21.3395	1.3431	up
Unigene8802	GH5	471	2.9512	8.3886	1.5071	up
CL445.Contig1	GH5	479	—	—	—	—
CL445.Contig2	GH5	478	0	0.3757	8.5534	up
CL445.Contig3	GH5	1524	7.2397	71.9429	3.3129	up

7. β-甘露糖苷酶

β-甘露糖苷酶（β-mannosidase）（EC 3.2.1.25）在 β-*D*-甘露糖苷的非还原末端水解 β-*D*-甘露糖残基。

目前，已发现 β-甘露糖苷酶主要出现在 GH 家族中。经过保守结构域分析及 blastx，木蹄层孔菌中发现了 2 个 β-甘露糖苷酶，基因 ID 为 Unigene3434 和 Unigene6291，属于 GH2 成员。以白桦木粉为碳源时，基因表达都明显上调（$\text{FDR}\leqslant 0.001$ 且$|\log_2\text{Ratio}|\geqslant 1$）（表 8-30）。Unigene3434 表达量差异显著度不如 Unigene6291，但从白桦木粉诱导前后的表达量来看，Unigene3434 是 Unigene6291 的 2 倍多，表明半纤维素降解中 Unigene3434 编码的蛋白质是 β-甘露糖苷酶的主要来源。

表 8-30 木蹄层孔菌中的β-甘露糖苷酶基因

基因 ID	可能的基因家族	基因长/bp	Tien-G 表达量	Tien-M 表达量	$\log_2$（Tien-M 表达量/Tien-G 表达量）	基因表达水平
Unigene3434	GH2	1940	16.614	34.715	1.0632	up
Unigene6291	GH2	819	3.2884	16.1172	2.2931	up

8. 乙酰酯酶

乙酰酯酶（acetylesterase）（EC 3.1.1.6）使乙酸酯水解为乙醇和乙酸。这个酶特异性作用于羧酸酯键。

目前，已发现乙酰酯酶主要出现在 CBM 和 CE 家族中。经过保守结构域分析及 blastx，木蹄层孔菌中发现了 1 个乙酰酯酶，基因 ID 为 Unigene14948，属于 CE16 成员。以白桦木粉为碳源时，基因表达明显上调（FDR≤0.001 且$|\log_2\text{Ratio}|\geq 1$）（表 8-31）。

表 8-31 木蹄层孔菌中的乙酰酯酶基因

基因 ID	可能的基因家族	基因长/bp	Tien-G 表达量	Tien-M 表达量	$\log_2$（Tien-M 表达量/Tien-G 表达量）	基因表达水平
Unigene14948	CE16	1161	26.4146	66.3609	1.329	up

9. 乙酰木聚糖酯酶

乙酰木聚糖酯酶（acetylxylan esterase）（EC 3.1.1.72）催化木聚糖和低聚木糖脱乙酰化。目前，已发现乙酰木聚糖酯酶主要出现在 GH、CBM 和 CE 3 个家族中。经过保守结构域分析及 blastx，木蹄层孔菌中发现了 2 个乙酰木聚糖酯酶，基因 ID 为 Unigene12736 和 Unigene12687，属于 CE1 成员。以白桦木粉为碳源时，Unigene12736 和 Unigene12687 基因表达明显上调（FDR≤0.001 且$|\log_2\text{Ratio}|\geq 1$）（表 8-32）。从白桦木粉诱导前后的表达量来看，木蹄层孔菌中乙酰木聚糖酯酶基因表达量显著上调，并且表达量较高，表明木蹄层孔菌对木聚糖和低聚木糖脱乙酰化能力较强。

表 8-32 木蹄层孔菌中的乙酰木聚糖酯酶基因

基因 ID	可能的基因家族	基因长/bp	Tien-G 表达量	Tien-M 表达量	$\log_2$（Tien-M 表达量/Tien-G 表达量）	基因表达水平
Unigene12736	CE 1	429	17.8208	423.0253	4.5691	up
Unigene12687	CE 1	502	15.7485	369.3803	4.5518	up

blastx 发现与两个基因相似度最高的都是 *Trametes versicolor* FP-101664 SS1 的乙酰木聚糖酯酶，约长 370 个氨基酸，Unigene12736 的 blastx 对应的部分是 88～224，Unigene12687 对应的部分是 231～370。并且由于其表达量相近，因此推测 Unigene12736 和 Unigene12687 有可能是同一个基因的不同片段。

8.2.6　碳水化合物活性酶

8.2.6.1　糖苷水解酶

糖苷水解酶（GH）是广泛存在的一种酶。它水解两个或更多碳水化合物之间的糖苷键，或者水解碳水化合物与非碳水化合物之间形成的糖苷键。糖苷水解酶具有潜在的降解顽固碳水化合物的能力，虽然担子菌被认为是其主要的来源，但是在木蹄层孔菌中还没有关于GH的任何研究。在这里，我们推测木蹄层孔菌中可能有240个Unigene属于糖苷水解酶家族。目前，糖苷水解酶共133个家族，木蹄层孔菌转录组测序结果中发现52个家族，分别为糖苷水解酶家族1、2、3、5、6、7、9、10、12、13、15、16、17、18、20、23、25、27、28、29、30、31、32、33、35、37、38、43、47、51、53、55、63、71、72、74、76、78、79、85、88、89、92、95、99、105、109、115、125、127、128和131（图8-20）。其中，包含基因最多的糖苷水解酶家族为GH5、GH16和GH18。以白桦木粉为碳源时，转录组水平有45个Unigene表达差异显著，其中，30个上调表达，15个下调表达。

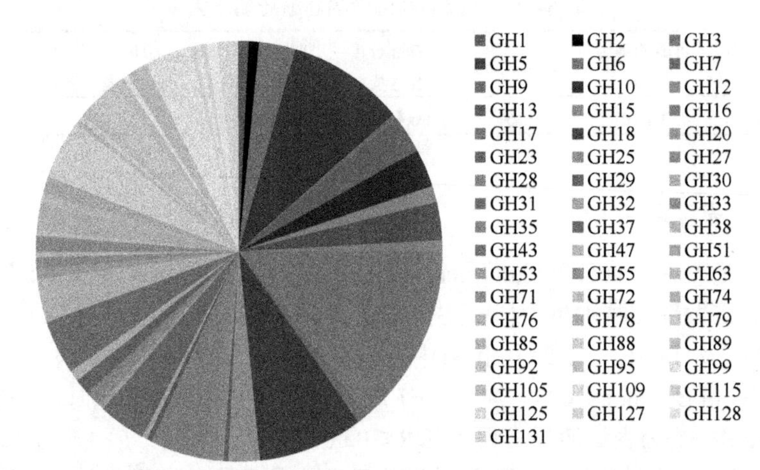

图8-20　木蹄层孔菌GH家族分布（彩图请扫封底二维码）

8.2.6.2　碳水化合物酯酶

碳水化合物酯酶（CE）催化糖的脱氧或脱*N*-酰化。木蹄层孔菌转录组测序发现可能有91条Unigenen属于碳水化合物酯酶家族。碳水化合物酯酶共有16个家族，木蹄层孔菌转录测序结果发现11个家族，分别为碳水化合物酯酶家族1、2、3、4、8、9、10、12、14、15和16（图8-21）。其中，包含基因最多的碳水化合物酯酶家族为CE1、CE10和CE16。以白桦木粉为碳源时，转录组水平有6个Unigene表达差异显著，其中，3个上调表达，3个下调表达。

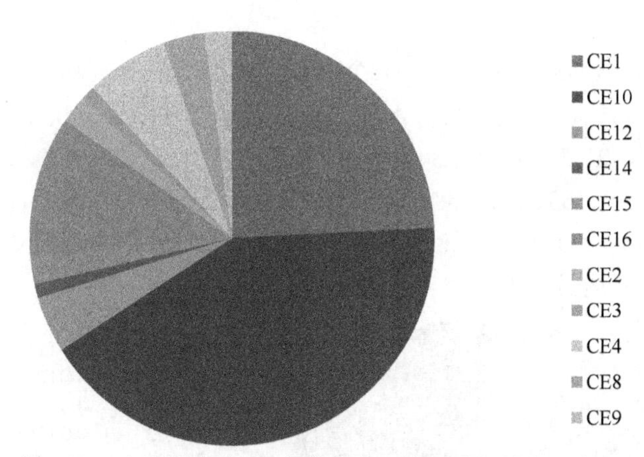

图 8-21 木蹄层孔菌 CE 家族分布（彩图请扫封底二维码）

8.2.6.3 碳水化合物结合结构域

碳水化合物结合结构域（CBM）是一种非催化结构域，能折叠成特定的三维空间结构，具有结合碳水化合物的功能。近年来研究表明：碳水化合物结合结构域能通过结合碳水化合物活性酶的底物，提高碳水化合物活性酶的催化结构域作用于底物的活性。

木蹄层孔菌转录组测序发现可能有 64 个 Unigene 属于碳水化合物结合结构域家族。碳水化合物结合结构域家族一共有 68 个成员，木蹄层孔菌转录测序结果发现 15 个家族，为碳水化合物结合结构域家族 1、5、12、13、18、19、20、21、30、32、35、43、48、50 和 67（图 8-22）。其中，包含基因最多的碳水化合物结合结构域家族为 CBM1 和 CBM13。

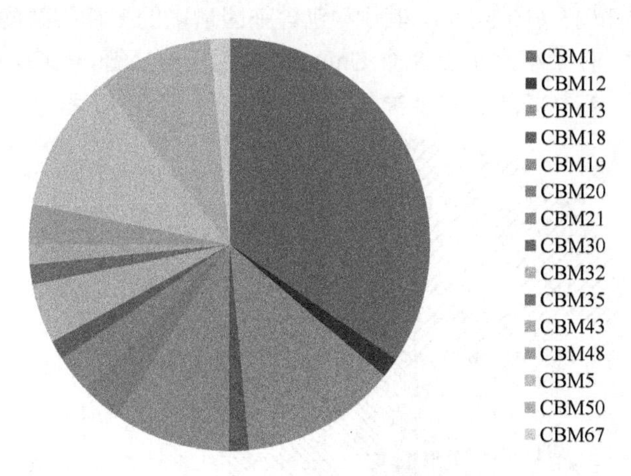

图 8-22 木蹄层孔菌 CBM 家族分布（彩图请扫封底二维码）

8.2.6.4　糖基转移酶

木蹄层孔菌转录组测序发现有 167 个 Unigene 可能属于糖基转移酶家族。糖基转移酶家族（GT）一共有 94 个成员，木蹄层孔菌转录测序结果发现 28 个家族，分别为糖基转移酶家族 1、2、3、4、5、8、15、17、20、21、22、24、28、31、32、35、39、48、50、57、58、59、65、66、68、69、76 和 90（图 8-23）。其中，包含基因最多的糖基转移酶家族为 GT2。以白桦木粉为碳源时，转录组水平有 1 个 Unigene（CL662.Contig1）表达显著上调。

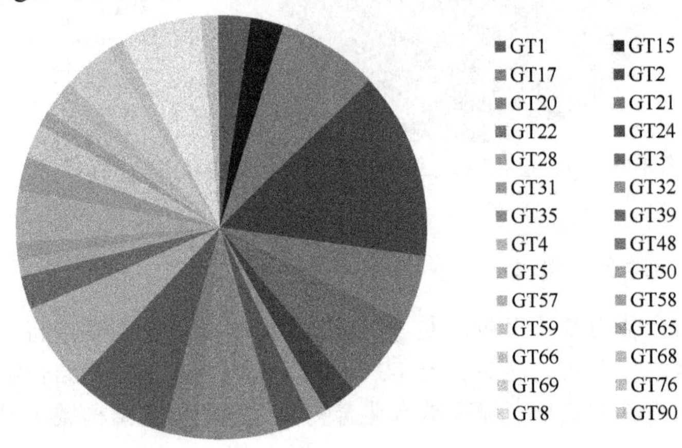

图 8-23　木蹄层孔菌 GT 家族分布（彩图请扫封底二维码）

8.2.6.5　多糖裂解酶

木蹄层孔菌转录组测序发现有 35 个 Unigene 可能属于多糖裂解酶家族。多糖裂解酶家族（PL）一共有 22 个成员，木蹄层孔菌转录测序结果发现 4 个家族，分别为多糖裂解酶家族 4、8、14 和 15（图 8-24）。其中，包含基因最多的多糖裂解酶家族为 PL14。以白桦木粉为碳源时，转录组水平有 8 个 Unigene 表达差异显著，其中，6 个上调表达，2 个下调表达，其中，4 个来自于 PL4 家族，4 个来自于 PL8 家族。

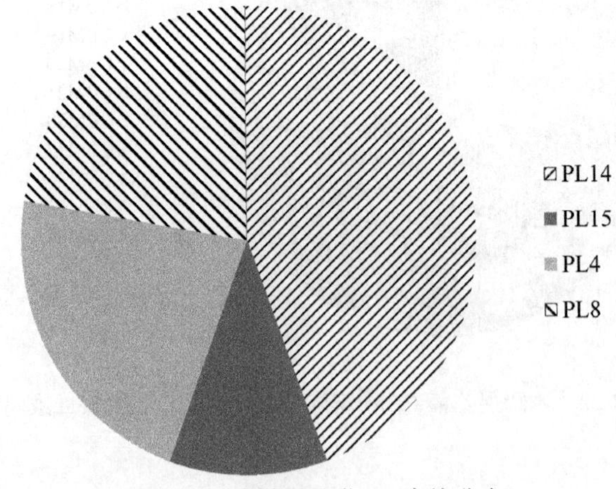

图 8-24　木蹄层孔菌 PL 家族分布

8.2.7 产 H_2O_2 酶

8.2.7.1 乙二醛氧化酶

木蹄层孔菌转录组测序发现有 8 个 Unigene(表 8-33)可能属于乙二醛氧化酶基因，其中，6 个白桦木材诱导后表达量上调，2 个下调。从白桦木粉诱导前后的表达量来看，木蹄层孔菌中乙二醛氧化酶基因 Unigene10700、Unigene1468 和 CL1142.Contig1 表达量较大且明显上调，表明木蹄层孔菌中这 3 个基因编码的乙二醛氧化酶可能是主要的产 H_2O_2 酶。

表 8-33 木蹄层孔菌中的乙二醛氧化酶基因

基因 ID	基因长/bp	Tien-G 表达量	Tien-M 表达量	log_2（Tien-M 表达量/Tien-G 表达量）	基因表达水平
Unigene10700	654	8.1031	203.0709	4.6474	up
Unigene1468	945	9.8368	268.7231	4.7718	up
CL1142.Contig1	263	5.9459	306.9455	5.6899	up
Unigene19301	422	2.2645	35.961	3.9892	up
Unigene19045	689	1.2609	9.9049	2.9737	up
Unigene19768	594	0.2925	5.5934	4.2572	up
Unigene17765	766	5.1037	0.4689	−3.4442	down
CL2193.Contig1	450	4.0542	0.1995	−4.345	down

8.2.7.2 乙醇氧化酶

木蹄层孔菌转录组测序发现可能有 22 个 Unigene（表 8-34）属于乙醇氧化酶基因，其中，7 个白桦木材诱导后表达量上调，15 个下调。从白桦木粉诱导前后的表达量来看，木蹄层孔菌中乙醇氧化酶基因 CL966.Contig1、Unigene13902、Unigene14468、Unigene7230 和 Unigene8575 表达量较大且明显上调，表明木蹄层孔菌中这 4 个基因编码的乙醇氧化酶可能是主要的产 H_2O_2 酶。

表 8-34 木蹄层孔菌中的乙醇氧化酶基因

基因 ID	基因长/bp	Tien-G 表达量	Tien-M 表达量	log_2（Tien-M 表达量/Tien-G 表达量）	基因表达水平
CL966.Contig1	748	33.3335	138.2956	2.0527	up
Unigene13902	551	32.1647	65.3507	1.0227	up
Unigene14468	1621	4.2339	151.4512	5.1607	up
Unigene7230	487	2.6759	122.248	5.5136	up
Unigene8575	1305	38.7448	163.9036	2.0808	up
Unigene14796	856	3.1462	7.2382	1.202	up
Unigene9529	958	4.2622	10.873	1.3511	up
CL1080.Contig2	1872	28.8659	6.8115	−2.0833	down

续表

基因 ID	基因长/bp	Tien-G 表达量	Tien-M 表达量	$\log_2$（Tien-M 表达量/Tien-G 表达量）	基因表达水平
CL2620.Contig2	659	14.765	7.0856	−1.0592	down
CL397.Contig2	974	3.3002	0.8297	−1.9919	down
CL954.Contig1	335	4.4086	0	−12.1061	down
CL954.Contig2	272	10.2207	0.6603	−3.9522	down
Unigene10052	589	11.0623	4.7261	−1.2269	down
Unigene13780	893	7.9774	3.8211	−1.0619	down
Unigene16906	569	5.3439	0.6313	−3.0815	down
Unigene16925	362	7.1997	0.4961	−3.8592	down
Unigene17649	531	11.4526	0.6764	−4.0817	down
Unigene17650	225	11.5835	1.5964	−2.8592	down
Unigene17651	490	5.4963	0.733	−2.9066	down
Unigene4056	207	33.1557	12.5801	−1.3981	down
Unigene5075	1355	15.3877	4.0425	−1.9285	down
Unigene7351	865	11.55	5.1905	−1.1539	down

8.2.8 细胞色素 P450 单加氧酶

细胞色素 P450 单加氧酶在次级代谢中发挥着各种作用，并被认为参与木质素和异型生物质的降解过程。木蹄层孔菌转录组测序发现可能有 385 个 Unigene 属于细胞色素 P450 家族，其中，103 个 Unigene 表达差异显著，62 个表达下调，41 个表达上调。

8.2.9 乙二酸代谢

8.2.9.1 乙二酸脱羧酶

木蹄层孔菌转录组测序发现可能有 5 个 Unigene（表 8-35）属于乙二酸脱羧酶基因，均显著下调。

表 8-35 木蹄层孔菌中的乙二酸脱羧酶基因

基因 ID	基因长/bp	Tien-G 表达量	Tien-M 表达量	$\log_2$（Tien 表达量/Tien-G 表达量）	基因表达水平
Unigene8452	820	143.2399	7.8845	−4.1833	down
Unigene675	1195	46.0917	1.7283	−4.7371	down
Unigene17961	624	76.4344	1.7268	−5.468	down
Unigene15307	389	124.3961	9.4644	−3.7163	down
Unigene12671	540	65.1572	3.4921	−4.2218	down

8.2.9.2 甲酸脱氢酶

木蹄层孔菌转录组测序发现有 6 个 Unigene（表 8-36）可能属于甲酸脱氢酶基因，均显著上调。

表 8-36 木蹄层孔菌中可能的甲酸脱氢酶基因

基因 ID	基因长/bp	Tien-G 表达量	Tien-M 表达量	$\log_2$（Tien 表达量/Tien-G 表达量）	基因表达水平
CL39.Contig2	1315	105.8371	503.4726	2.2501	up
CL39.Contig3	542	17.6317	97.7485	2.4709	up
CL39.Contig1	457	30.6063	114.5539	1.9041	up
Unigene715	313	16.0985	74.3041	2.2065	up
CL3184.Contig1	360	7.481	47.1429	2.6557	up
CL3184.Contig2	355	6.8522	38.7008	2.4977	up

8.2.10 荧光定量 PCR 验证

挑选 15 条与木质纤维素降解有关的酶基因，包括木质素酶（漆酶和锰过氧化物酶）、纤维素酶［葡聚糖内切酶、葡聚糖外切酶（非还原端）、葡聚糖外切酶（还原端）、β-葡萄糖苷酶和纤维二糖脱氢酶］、半纤维素酶［木聚糖酶、半乳糖苷酶、β-甘露聚糖酶（内切）、β-甘露聚糖酶（外切）、α-葡萄糖苷酶和木糖苷酶（外切-非还原端）］，以及产 H_2O_2 酶（乙二醛氧化酶前体和乙醇氧化酶），用荧光定量技术分别对以葡萄糖和白桦木粉为碳源时，木蹄层孔菌木质纤维素降解相关酶的表达变化进行了验证。分别以 *actin* 和 *gapdh* 基因为内参基因，计算各个基因的相对表达量。结果表明（图 8-25）白桦木粉作为唯一碳源时，这 15 个基因表达水平都发生了上调，相对表达量基本符合转录组测序结果。其中，漆酶、锰过氧化物酶、葡聚糖外切酶（非还原端）、葡聚糖外切酶（还原端）、β-葡萄糖苷酶、木聚糖酶、α-葡萄糖苷酶、木糖苷酶（外切-非还原端）、乙二醛氧化酶前体和乙醇氧化酶的 $\log_2$ 值≥2。

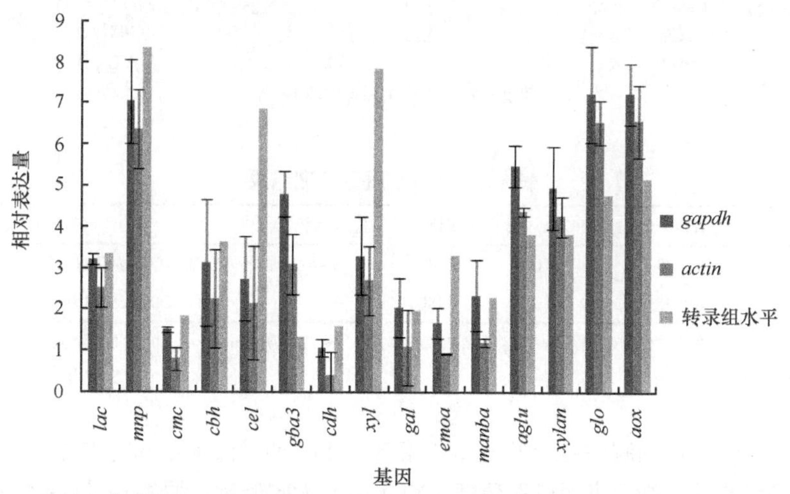

图 8-25 碳源为葡萄糖和白桦木粉时木蹄层孔菌中木质纤维素降解相关基因的相对表达量

lac：漆酶；*mnp*：锰过氧化物酶；*cmc*：葡聚糖内切酶；*cbh*：葡聚糖外切酶（非还原端）；*cel*：葡聚糖外切酶（还原端）；*gba3*：β-葡萄糖苷酶；*cdh*：纤维二糖脱氢酶；*xyl*：木聚糖酶；*gal*：半乳糖苷酶；*emoa*：β-甘露聚糖酶（内切）；*manba*：β-甘露聚糖酶（外切）；*aglu*：α-葡萄糖苷酶；*xylan*：木糖苷酶（外切-非还原端）；*glo*：乙二醛氧化酶前体；*aox*：乙醇氧化酶

8.3 白桦木屑诱导下桦剥管菌腐朽相关基因转录组差异表达结果与分析

8.3.1 总 RNA 提取质量检测与评估

分别提取桦剥管菌菌样 YLX-A（葡萄糖为碳源）和 YLX-B（白桦木屑为碳源）的总 RNA，送生物公司进行测序分析。依据生物公司样品检测标准要求，对被检测样品做出综合评价，检测结果表明，2 个样品的综合评价为 B 类，RNA 质量良好，可以进行下一步建库工作（图 8-26、图 8-27 和表 8-37）。

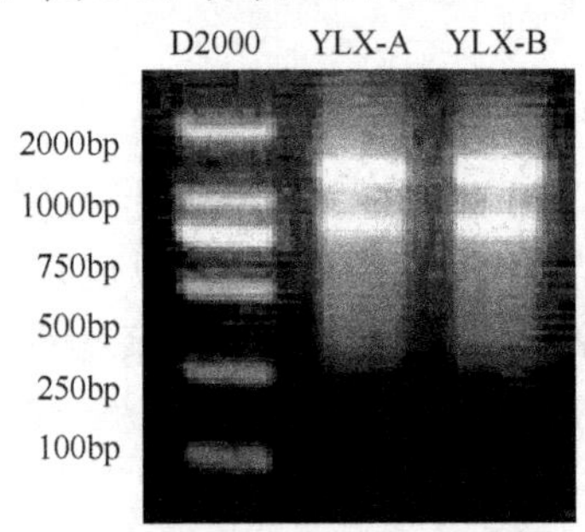

图 8-26 总 RNA 电泳检测

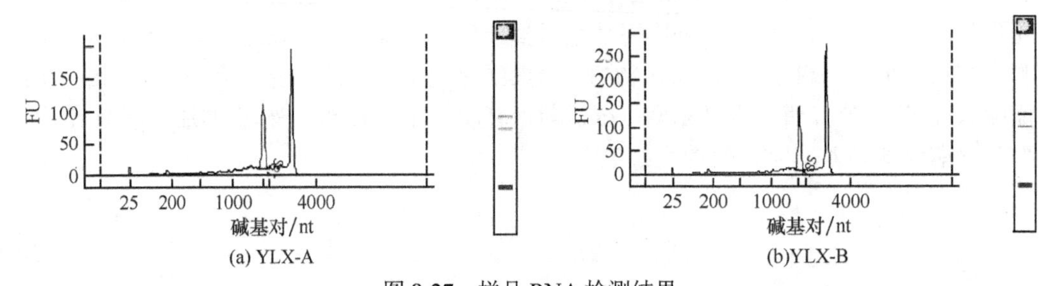

图 8-27 样品 RNA 检测结果

表 8-37 RNA 质量检测结果

样品名称	原液浓度/（ng/μl）	28S/18S	RIN	检测结论①	备注
YLX-A	300.73	0	2.08	B 类	OD_{260}/OD_{280}=2.11 OD_{260}/OD_{230}=2.56
YLX-B	308.35	0	2.08	B 类	OD_{260}/OD_{280}=2.15 OD_{260}/OD_{230}=2.63

①检测结论是依据金唯智生物科技测序样品检测标准要求，对被检测样品所做的综合评价为 B 类，RNA 质量良好，可以进行下一步建库工作

桦剥管菌转录组的测序质量见表 8-38 和表 8-39。通过添加不同的碳源培养桦剥管菌，并进行转录组测序。结果表明以葡萄糖（YLX-A）为碳源时，原始 reads 为 6 195 325 052 条，以白桦木屑（YLX-B）为碳源时，原始 reads 为 6 533 296 908 条。通过原始数据的过滤，得到 Clean Data 分别为 46 098 342 和 48 843 794。过滤后数据没有未知碱基。GC 含量分别为 54.22%和 54.92%。

表 8-38 样品测序原始数据质量统计

测序样品名称	Reads 平均长度	测序 reads 数量	总碱基数/nt	Q20/%	Q30/%	碱基 N 含量/ppm	GC/%
YLX-A	101.00	6 195 325 052	61 339 852	93.12	85.21	2 129.21	54.49
YLX-B	101.00	6 533 296 908	64 686 108	93.36	85.37	2 125.61	55.25

注：Q20 为测序错误率小于 1%的碱基数量百分比；Q30 为测序错误率小于 0.1%的碱基数量百分比

表 8-39 样品测序数据过滤后 Clean Data 质量统计

测序样品名称	Reads 平均长度	测序 read s 数量	总碱基数/nt	Q20/%	Q30/%	碱基 N 含量/ppm	GC/%
YLX-A	100.17	46 098 342	4 617 878 509	99.56	95.33	0.00	54.22
YLX-B	101.17	48 843 794	4 892 904 596	99.56	95.29	0.00	54.92

采用软件 FastQC（v0.10.1）对测序数据质量进行分析评估。样品碱基位置质量分数分布情况如图 8-28 所示，其中横坐标为每条 reads 的相对碱基位点，纵坐标代表测序质量分数，分数越高碱基越可信。样品碱基序列平均质量分布情况如图 8-29 所示，横坐标为序列平均碱基质量值，纵坐标代表序列数量，绝大部分碱基序列的平均质量值峰值大于 30，测序质量较好。

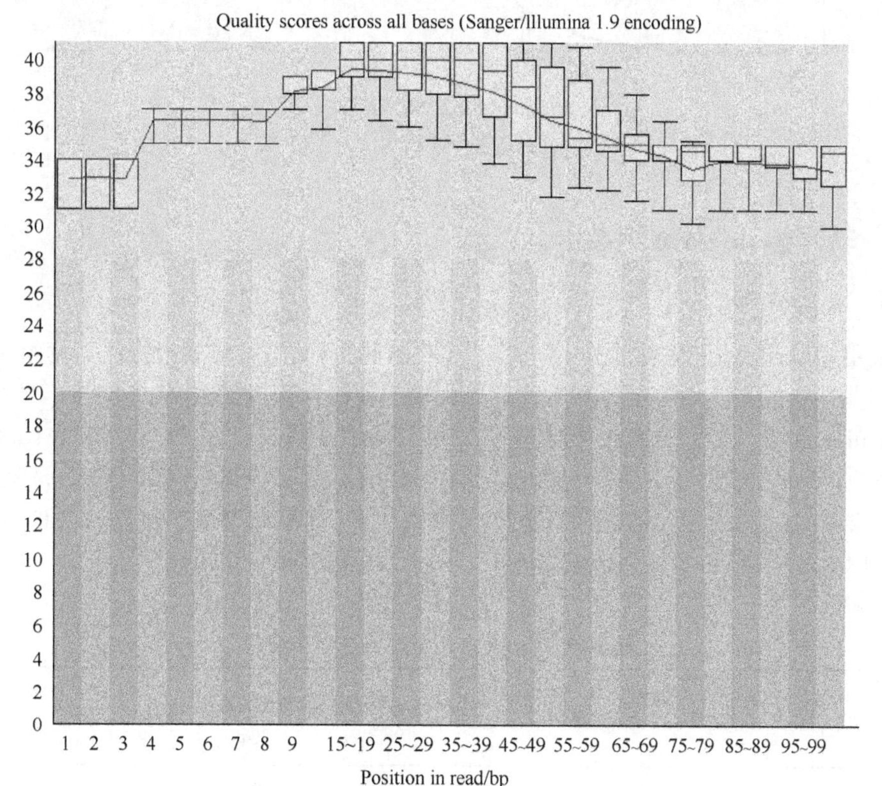

图 8-28 样品碱基位置质量分数分布情况展示

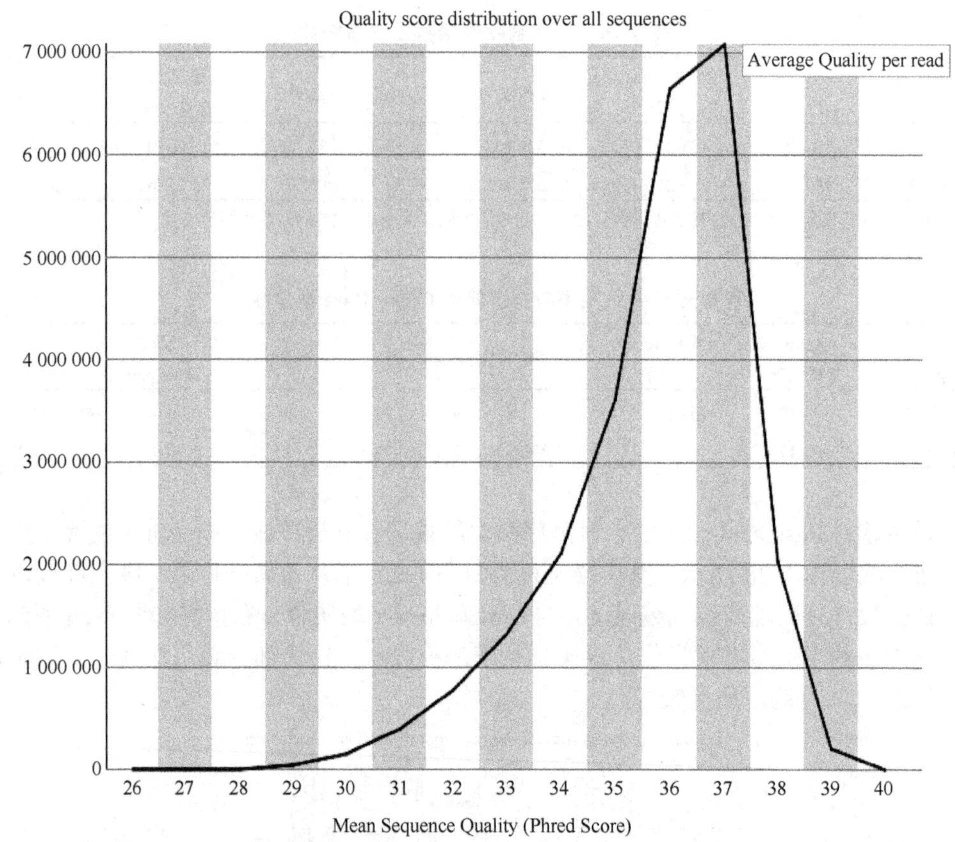

图 8-29　样品碱基序列平均质量分布情况

8.3.2　转录组 de novo 组装

8.3.2.1　组装结果统计

采用短 reads 组装软件 Trinity（版本号 r20140717）进行转录组样品数据组装，得到长的非冗余的 Unigene 序列，其长度分布情况及统计分析如表 8-40 和表 8-41 所示。所有 Unigene 中，200～500nt 长度的 Unigene 有 4800 条，占 21.94%；500～1000nt 的有 3362 条，占 15.36%；1000～1500nt 的有 3049 条，占 13.93%；1500～2000nt 有 2626 条，占 12.00%；长度大于 2000nt 的 Unigene 数目最多，有 8044 条，占 36.76%。All-Unigene 共有 21 882 条，总长度为 42 652 276nt，平均长度为 1949.19nt。

表 8-40　Unigene 数量与长度分布统计

样本	序列数目	总碱基数/nt	最小序列长度/nt	最大序列长度/nt	平均序列长度/nt	（A+T）/%	（C+G）/%
All-Unigene	21 882	42 652 276	201	15 089	1 949.19	44.1	55.9

表 8-41 Unigene 不同长度分布比例

Unigene 长度	合计	<200nt	200～500nt	500～1000nt	1000～1500nt	1500～2000nt	≥2000nt
Unigene 数量	21 881	0	4 800	3 362	3 049	2 626	8 044
比例/%	100	0	21.94	15.36	13.93	12	36.76

8.3.2.2 Unigene 和 Clean Data 结果比对

将 Clean Data 比对到 Unigene 上，采用 bowtie2（2.1.0）软件进行短 reads 的比对，统计各样品比对结果如表 8-42 所示。非诱导转录本 YLX-A 参与 Unigene 比对的 Clean Data 数量为 46 098 342 条，比对到参考基因上的所有 reads 数量为 42 782 086 条，reads 比对率 92.81%，唯一比对到参考基因的 reads 数量为 33 232 302 条，比对到参考基因多个位置的 reads 数量为 9 549 784，唯一比对 reads 占所有比对上的 reads 的 77.68%。白桦木屑诱导 YLX-B 参与 Unigene 比对的 Clean Data 数量为 48 843 794，比对到参考基因上的所有 reads 数量为 45 422 462 条，reads 比对率 93.00%，唯一比对到参考基因的 reads 数为 35 460 222 条，比对到参考基因多个位置的 reads 数量为 9 962 240 条，唯一比对到参考基因组 reads 占所有比对参考基因组的 reads 数的 78.07%。白桦木屑诱导 YLX-B 序列信息比 YLX-A 转录本大，说明桦剥管菌在白桦木屑诱导时存在基因差异转录。

表 8-42 优化后数据与 Unigene 的比对情况

测序样品名称	YLX-A	YLX-B
参与比对的 Clean Data 数量	46 098 342	48 843 794
比对到参考基因上的所有 reads 数量	42 782 086	45 422 462
唯一比对到参考基因的 reads 数量	33 232 302	35 460 222
比对到参考基因多个位置的 reads 数量	9 549 784	9 962 240
reads 比对率	92.81%	93.00%
唯一比对的 reads 占所有比对上的 reads 的比例	77.68%	78.07%

8.3.3 All-Unigene 的功能注释

桦剥管菌两个转录本共有 21 882 条 Unigene，有 21 255 条与 Nr 数据库序列匹配，6256 条序列参与了 309 个已知的代谢或信号通路。7955 条在 COG 数据库中得到注释，注释到 GO 数据库的 Unigene 有 3351 条（表 8-43）。21 882 条 Unigene 中能够在以上蛋白质数据库得到注释的序列共有 21 255 条，约占全转录组数据的 97.13%。

表 8-43　桦剥管菌 Unigene 注释结果统计

不同数据库中比对结果	Nr	KEGG	COG	GO
All-Unigene	21 255	6 256	7 955	3 351

8.3.3.1　All-Unigene 的 COG 分类

根据 All-Unigene 与 COG 数据库的比对结果，对其进行功能分类（图 8-30），有 7955 条 Unigene 与该数据库匹配，共涉及 24 个不同的功能。其中，1493 条 Unigene（18.79%）与 general function prediction only（只预测一般功能）相匹配。桦剥管菌所有 Unigene 的 COG 功能分类中，排在前十项功能是：R：一般功能预测；E：氨基酸转运和代谢；G：糖类转运和代谢；J：翻译，核糖体结构与生物发生；C：能量产生和转化；L：复制、重组和修复；O：翻译后修饰、蛋白质折叠、分子伴侣；Q：次生代谢物质生物合成/转换和异化；K：转录；I：脂类转运和代谢。测序获得了 276 条功能未知（function unknown）的 Unigenes，推测可能是桦剥管菌特有的新基因。

8.3.3.2　All-Unigene 的 GO 分类

桦剥管菌 YLX-A 和 YLX-B 两个转录本的 21 255 条 Unigene 中，有 3351 条与 GO 数据库中的基因具有相似性（图 8-31），在数据库得到注释，共建立了 9111 条对应关系，且有较多的单条 Unigene 与多个 Pathway 相对应。2000 条（21.95%）Unigene 归入“细胞组分”，4253 条（46.68%）Unigene 归入“分子功能”，4658 条（51.13%）归入“生物过程”。这 3 个部分在分析中被划分为 38 个更小类别（表 8-44）。

在得到 GO 数据库注释的 3351 条 Unigene 中，“细胞组分”条目中，得到“细胞”、“细胞器和膜”组分等注释的，共有 2000 个基因，占 59.7%；参与分子功能的基因中以“催化活性”（2127 个基因）和“结合剂”（1567 个）两条目注释的基因最多，分别达到 63.5%和 46.8%；参与“生物过程”的基因中以“代谢过程”和“细胞过程”中注释的基因最多，分别有 1818 个基因（54.3 %）和 1437 个基因（42.9 %），其次是“定位系统建立”与“细胞定位过程”两条注释，分别有 315 个基因，各自占注释条目的 9.4%。

在 GO 数据库注释得到 3351 条 Unigene，注释为“催化活性”和注释为“结合剂”的基因最多，这反映了 3351 条 Unigene 基因产物多为有催化活性和结合功能的蛋白质；而在注释为“定位系统建立”与“细胞定位过程”的基因共有 18.8%，说明蛋白质产物多有细胞定位功能，这符合分泌性胞外酶、信号肽的特征；3351 条 Unigene 建立的 9111 条对应关系中，有较多的单条 Unigene 与多个 pathway 相对应，进一步说明这些 Unigene 的产物可能位于代谢通路中的关键调控点，是反馈调节通路中的调控酶，或者扮演信号通路中信号蛋白角色。

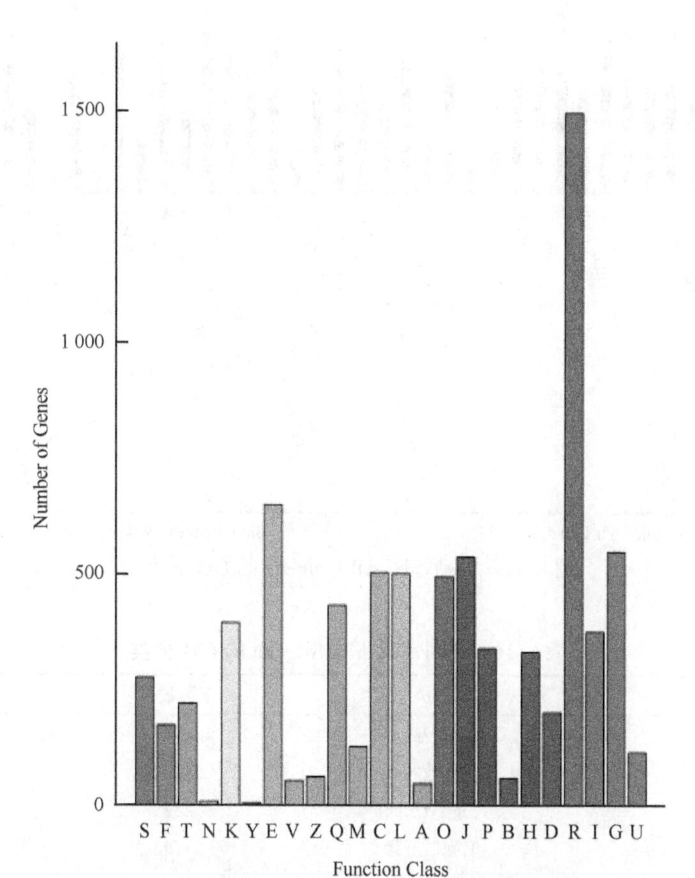

图 8-30 桦剥管菌 All-Unigene 的 COG 功能分类

A.RNA 加工修饰；B.核染色质结构和动力；C.能量产生和转化；D.细胞周期调控、细胞分裂、染色质分区；E.氨基酸转运和代谢；F.核苷酸转化和代谢；G.糖类转运和代谢；H.辅酶转运和代谢；I.脂类转运和代谢；J.翻译，核糖体结构与生物发生；K.转录；L.复制、重组和修复；M.细胞壁/膜/包膜的生物发生；N.细胞转移；O.翻译后修饰、蛋白质折叠、分子伴侣；P.无机离子转运和代谢；Q.次生代谢物质生物合成/转换和异化；R.一般功能预测；S.未知功能；T.信号转导机制；U.胞间运输、分泌和膜泡运输；V.防御机制；Z.真核细胞的胞外结构；Y.细胞核结构

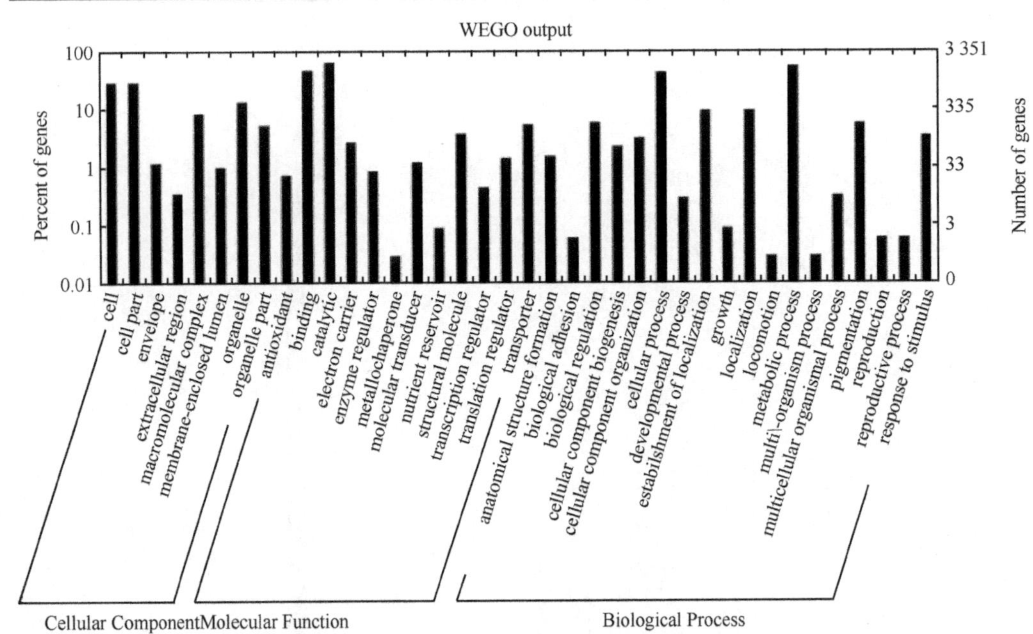

图 8-31 桦剥管菌 All-Unigene 的 GO 分类图

表 8-44 桦剥管菌 All-Unigene 的 GO 分类

类别	分类	基因数目	比例
细胞组分	细胞	997	29.8%
	细胞器	456	13.6%
	大分子复合物	282	8.4%
	细胞器要素	179	5.3%
	细胞壁	40	1.2%
	膜结合腔体	34	1.0%
	胞间区域	12	0.4%
分子功能	催化活性	2127	63.5%
	结合剂	1567	46.8%
	转运载体	181	5.4%
	结构分子	126	3.8%
	转录调节因子	15	0.4 %
	电荷载体	90	2.7 %
	翻译调节	48	1.4 %
	分子转导	41	1.2 %
	酶调控因子	29	0.9 %
	抗氧化剂	25	0.7 %
	营养受体	3	0.1 %
	金属伴侣	1	0.0 %

续表

类别	分类	基因数目	比例
参与生物过程	细胞过程	1437	42.9 %
	定位系统建立	315	9.4 %
	细胞定位过程	315	9.4 %
	生物调控	198	5.9 %
	色素沉淀	192	5.7 %
	应激反应	116	3.5 %
	细胞成分组织	106	3.2 %
	细胞成分细胞合成	77	2.3 %
	解剖结构形成	52	1.6 %
	多细胞组织过程	11	0.3 %
	发育过程	10	0.3 %
	生长过程	3	0.1 %
	生物附着	2	0.1 %
	再生过程	2	0.1 %
	再生	2	0.1 %
	多生物过程	1	0.0 %

8.3.4 基因表达量分析

8.3.4.1 样本基因表达水平

应用 RSEM 软件（V1.2.4），使用 FPKM（fragments per kilobases of transcript per million mapped reads）方法计算基因表达量。表 8-45 所示为 YLX-A 和 YLX-B 两个样本在不同表达水平区间的基因数量统计。白桦木屑诱导转录本 YLX-B 中 FPKM＞1 的 Unigene 比例为 63.38%，非诱导转录本 YLX-A 中 FPKM>1 的 Unigene 比例为 64.37%。

表 8-45 两样本在不同表达水平区间的基因数量统计表

FPKM 值	YLX-A		YLX-B	
	数量	比例/%	数量	比例/%
0～1	5 945	27.17	6 215	28.40
1～3	4 776	21.83	4 782	21.85
3～15	5 265	24.06	5 196	23.75
15～60	3 008	13.75	2 762	12.62
＞60	1 036	4.73	1 129	5.16
合计	20 030	91.54	20 084	91.78

8.3.4.2 差异表达基因筛选

基因差异表达分析使用 Bioconductor 软件包的 DESeq（V1.14.0），分析 YLX-A（20 030 条 Unigene）与 YLX-B（20 084 条 Unigene）两个转录本中各基因表达量。

对 DESeq 检测的结果，基因差异表达变化 2 倍以上（$|\log_2\text{Ratio}|\geq 1$），且 *P*-value（FDR≤0.05）的显著性标准进行筛选，得到所有基因在两个转录本中差异表达比较结果（YLX-B / YLX-A）。两样本共有 21 882 条 Unigene，其中，差异表达显著的 Unigene 有 776 条（图 8-32），相对于转录本 YLX-A，白桦木屑诱导样 YLX-B 中有 444 条 Unigene 表达水平显著上调，332 条在 YLX-B 中表达水平显著下调。

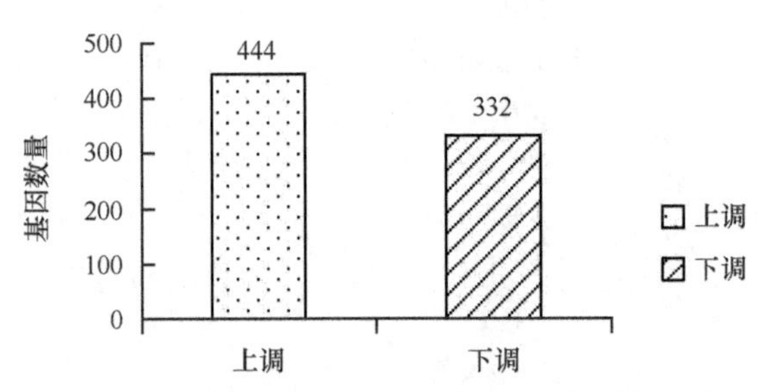

图 8-32 两个样本中显著差异表达基因的数量统计图

如图 8-33 所示，表示两样本差异表达基因的整体分布情况。图 8-33（左）MA plot 中横坐标 $\log_2$Counts 表示差异比较样品基因归一化后的基因读序数目数量，值越大则该基因表达量越高，纵坐标为 $\log_2$FC，表示两个样品的基因差异表达的程度，一般绝对值大于 1，则为 2 倍表达差异；图 8-33（右）为 volcano plot 图，横坐标 $\log_2$FC 表示两个样品的基因差异表达的程度，一般绝对值大于 1，则为 2 倍表达差异，纵坐标为基因差异显著性检验 FDR 值的负对数，值越大则差异越显著。图中红色表示上调基因，蓝色表示下调基因，黑色则为没有显著性差异表达的基因。

8.3.5 两样本差异表达基因分析

桦剥管菌 YLX-A 为马铃薯-葡萄糖液体培养基培养，YLX-B 培养瓶中另加白桦木屑诱导培养。通过基因的表达量差异分析，找出两个转录本差异表达的基因（DEGs），对差异表达的基因做 GO 功能分析和 KEGG 代谢通路分析，揭示木质纤维素诱导下的两个转录本差异表达基因的生物活性和相应的生物学过程。

8.3.5.1 差异表达基因 GO 功能富集分析

以 Corrected *P*-value≤0.05 为阈值，所得 Unigene 在 GO 功能显著性富集分析中，以满足此条件的 GO term 定义为在桦剥管菌差异表达基因中显著性富集 GO term。如表 8-46、表 8-47、表 8-48、图 8-34、图 8-35 和图 8-36 所示，细胞组分分类中有 17 个差异显著的 Unigene，参与分子功能差异显著的 Unigene 有 112 个，参与生物学过程差异显著的 Unigene 有 49 个。

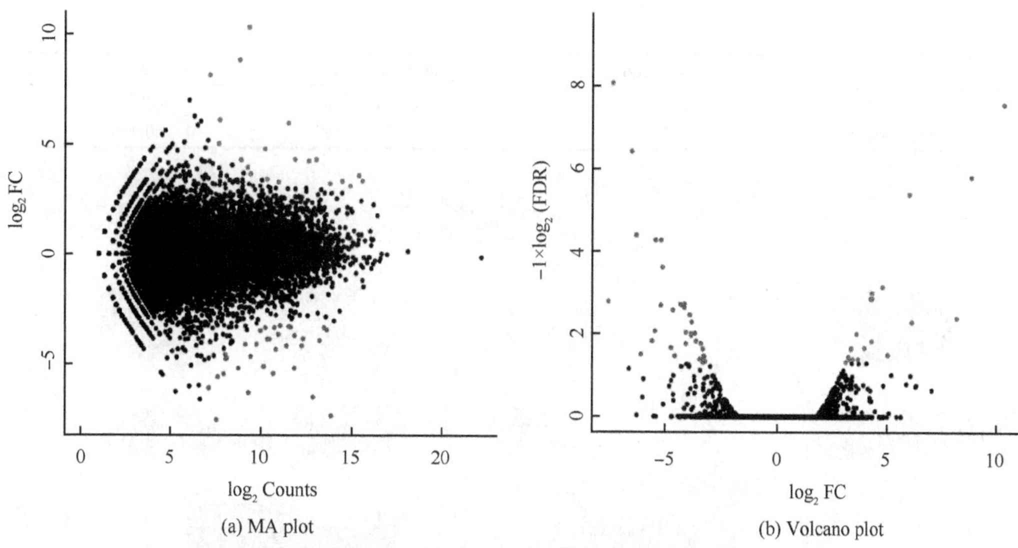

(a) MA plot　　(b) Volcano plot

图 8-33　两个样品基因差异表达分布图（彩图请扫封底二维码）

表 8-46　两样本差异表达基因的细胞组分

GO term	Cluster frequency	Genome frequency of use	Corrected *P*-value
膜	11 /17, 64.7%	156 /3321, 4.7%	2.86×10^{-10}
膜部分	7 /17, 41.2%	78 /3321, 2.3%	8.22×10^{-7}
胞外区	4 /17, 23.5%	10 /3321, 0.3%	1.64×10^{-6}
内膜	6 /17, 35.3%	63 /3321, 1.9%	6.54×10^{-6}
固有膜	6 /17, 35.3%	63 /332 , 1.9%	6.54×10^{-6}

表 8-47　两样本差异表达基因的分子功能

GO term	Cluster frequency	Genome frequency of use	Corrected *P*-value
催化活性	60 /112, 53.6%	950 /3 321, 28.6%	0.000 000 615
羧酸酯水解酶活性	6 /112, 5.4%	11 /3 321, 0.3%	0.000 021 7
结合功能	45 /112, 40.2%	735 /3 321, 22.1%	0.000 38
水解酶活性	25 /112, 22.3%	299 /3 321, 9.0%	0.000 48
果胶酯酶活性	4 /112, 3.6%	8 /3 321, 0.2%	0.003 24
酯解酶的活性	9 /112, 8.0%	59 /3 321, 1.8%	0.005 24

表 8-48　两样本差异表达基因的生物学过程

GO term	Cluster frequency	Genome frequency of use	Corrected *P*-value
代谢过程	37 /49, 75.5%	761 /3 321, 22.9%	3.11×10^{-13}
细胞的过程	29 /49, 59.2%	625 /3 321, 18.8%	1.87×10^{-8}
初级代谢过程	26 /49, 53.1%	520 /3 321, 15.7%	6.32×10^{-8}
有机物质的代谢过程	26 /49, 53.1%	553 /3 321, 16.7%	2.50×10^{-7}
跨膜运输	10 /49, 20.4%	119 /3 321, 3.6%	0.000 34
运输	11 /49, 22.4%	164 /3 321, 4.9%	0.001
定位	11 /49, 22.4%	164 /3 321, 4.9%	0.001
建立定位	11 /49, 22.4%	164 /3 321, 4.9%	0.001
单一生物转运	10 /49, 20.4%	134 /3 321, 4.0%	0.001 01
细胞的代谢过程	18 /49, 36.7%	437 /3 321, 13.2%	0.001 31
蛋白质的代谢过程	10 /49, 20.4%	145 /3 321, 4.4%	0.002 03

续表

GO term	Cluster frequency	Genome frequency of use	Corrected *P*-value
单细胞的有机体的过程	11 /49, 22.4%	189 /3 321, 5.7%	0.003 81
单一的生物过程	11 /49, 22.4%	201 /3 321, 6.1%	0.006 69

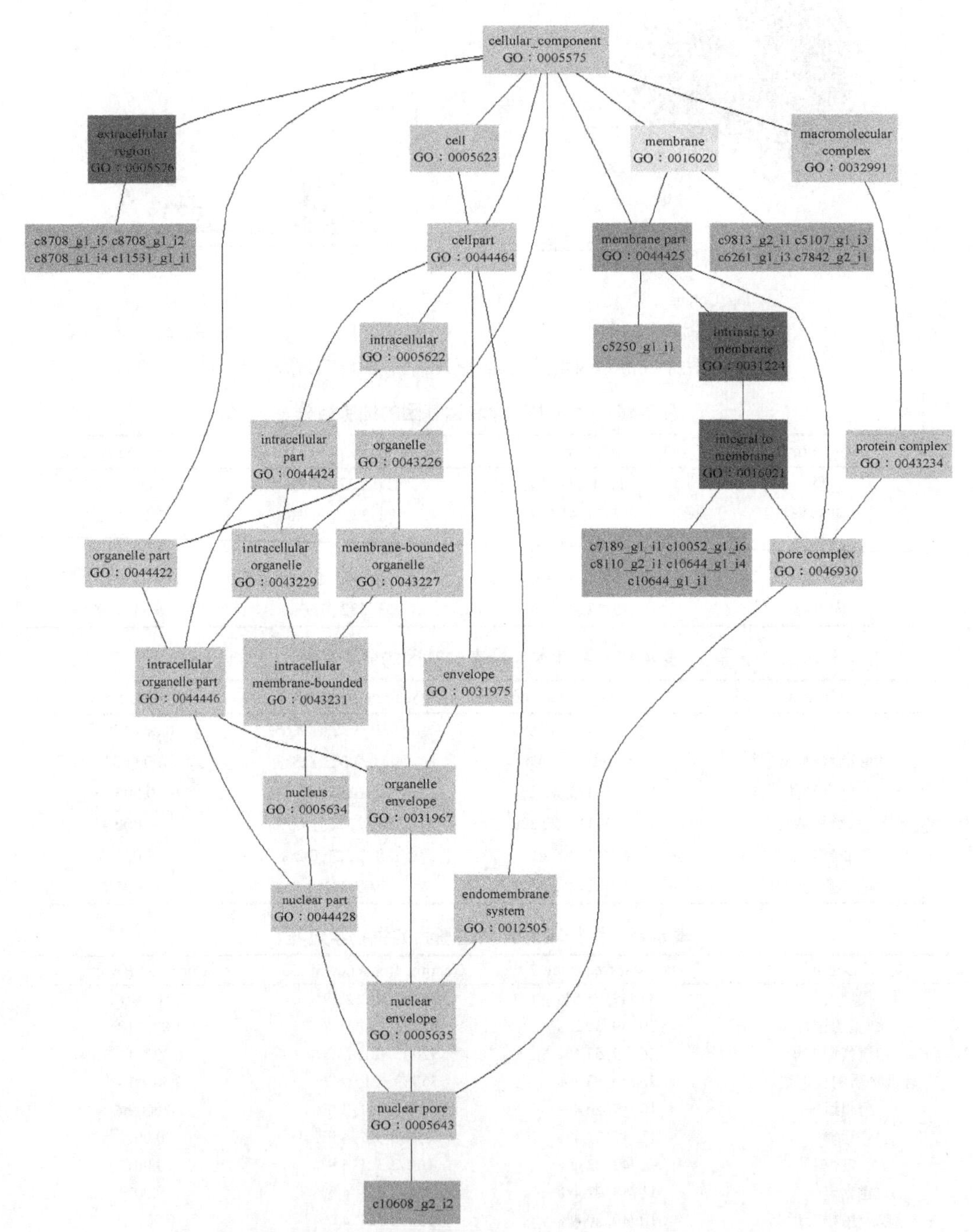

图 8-34　两样本差异表达基因的细胞组分功能富集的 GO term（彩图请扫封底二维码）

两样品在细胞组分上 GO 富集图，GO term 的颜色深浅代表富集程度

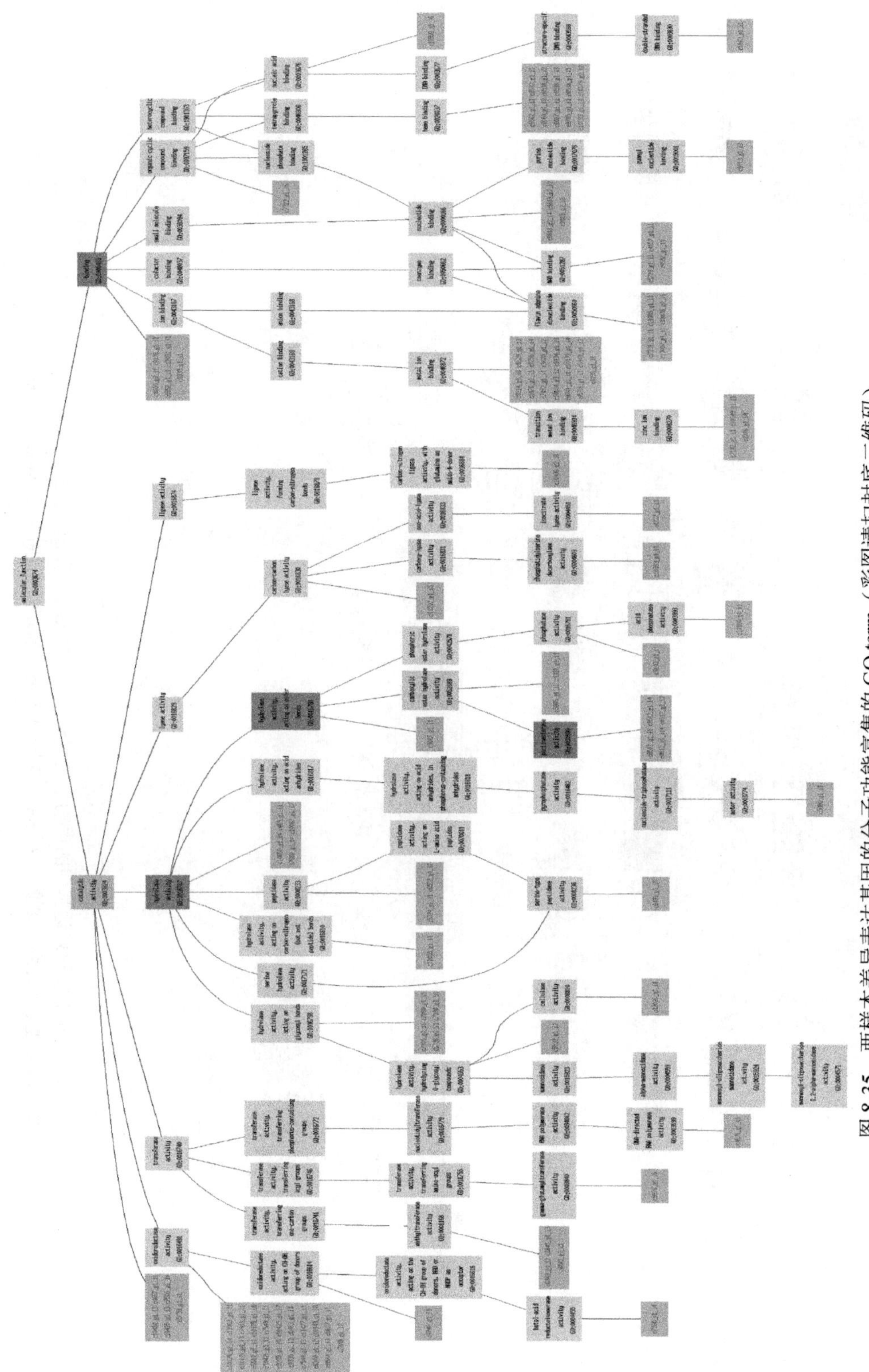

图 8-35　两样本差异表达基因的分子功能富集的 GO term（彩图请扫封底二维码）

两样品在分子功能上 GO 富集图，GO term 的颜色深浅代表富集程度

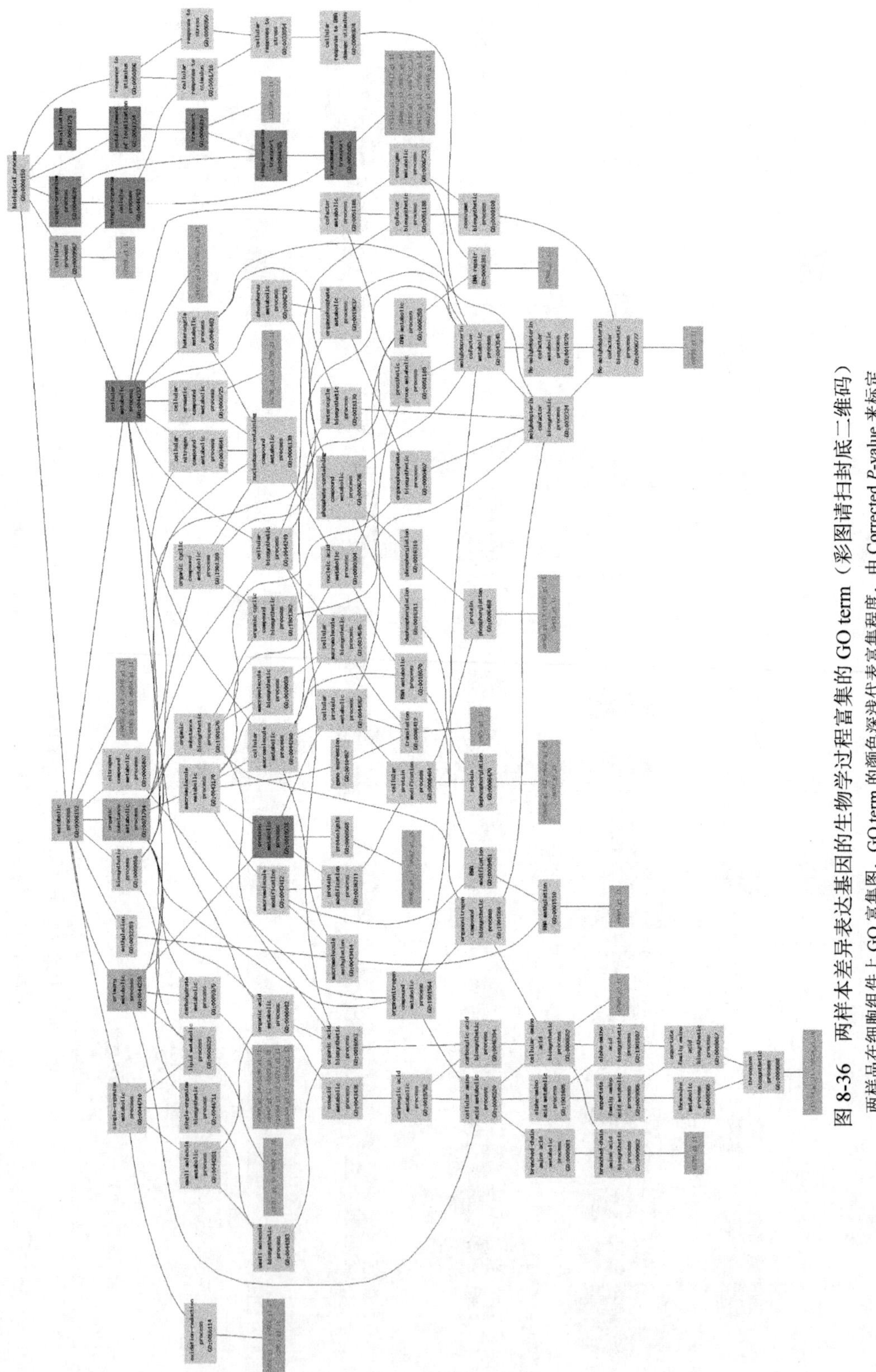

图 8-36 两样本差异表达基因的生物学过程富集的 GO term（彩图请扫封底二维码）

两样品在细胞组件上 GO 富集图，GO term 的颜色深浅代表富集程度，由 Corrected *P*-value 来标定

8.3.5.2 差异表达基因的代谢通路富集分析

在 776 个差异表达的基因中，通过代谢通路富集分析，有 218 个参与 27 个不同的代谢或信号通路，图 8-37 和表 8-49 展示了富集最显著的 20 个 pathway。分析桦剥管菌 DEGs 参与的主要代谢通路发现，差异基因富集于氨基酸、脂肪酸代谢和碳水化合物的降解和信号传递通路中。

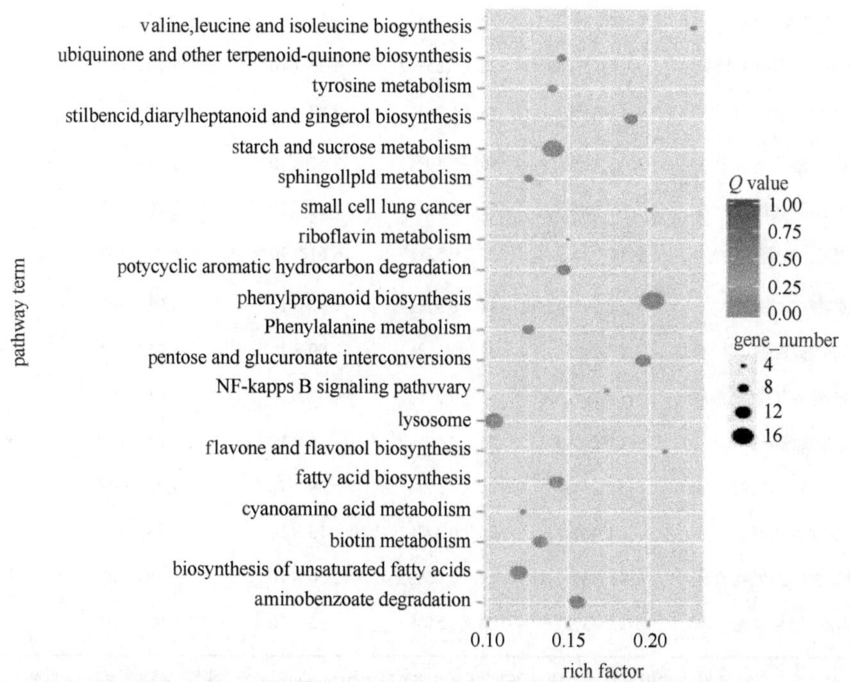

图 8-37 KEGG 富集分析最显著的 20 条 pathway 条目（彩图请扫封底二维码）

纵轴表示 pathway 名称，横轴表示富集因子，点的大小表示此 pathway 中差异表示基因个数多少，而点的颜色对应不同的 Q 值范围

表 8-49 两样本中差异表达基因的代谢通路分析

代谢通路	差异表达基因注释	基因注释	P 值	Q 值	代谢通路 ID 码
苯丙素的生物合成	17（7.80%）	84（1.99%）	1.57×10^{-7}	1.15×10^{-5}	ko00940
淀粉和蔗糖代谢	16（7.34%）	114（2.70%）	6.06×10^{-5}	1.11×10^{-3}	ko00500
溶酶体	14（6.42%）	135（3.20%）	3.74×10^{-3}	1.44×10^{-2}	ko04142
不饱和脂肪酸的生物合成	13（5.96%）	109（2.58%）	1.28×10^{-3}	7.73×10^{-3}	ko01040
氨基苯甲酸降解	12（5.50%）	77（1.83%）	1.27×10^{-4}	1.85×10^{-3}	ko00627
脂肪酸的生物合成	11（5.05%）	77（1.83%）	4.99×10^{-4}	6.03×10^{-3}	ko00061
生物素的代谢	11（5.05%）	83（1.97%）	9.98×10^{-4}	7.29×10^{-3}	ko00780

续表

代谢通路	差异表达基因注释	基因注释	*P* 值	*Q* 值	代谢通路 ID 码
戊糖和葡萄糖醛酸的互变	11（5.05%）	56（1.33%）	1.99×10^{-5}	7.26×10^{-4}	ko00040
多环芳香烃的降解	10（4.59%）	68（1.61%）	6.17×10^{-4}	6.03×10^{-3}	ko00624
芪类化合物和姜辣素的生物合成	10（4.59%）	53（1.26%）	6.09×10^{-5}	1.11×10^{-3}	ko00945
2 - 羟基羧酸代谢	10（4.59%）	71（1.68%）	8.99×10^{-4}	7.29×10^{-3}	ko01210
苯丙氨酸代谢	9（4.13%）	72（1.71%）	3.54×10^{-3}	1.44×10^{-2}	ko00360
柠檬烯和 α-蒎烯的降解	9（4.13%）	78（1.85%）	6.33×10^{-3}	2.10×10^{-2}	ko00903
泛醌及其他萜类化合物的生物合成	7（3.21%）	48（1.14%）	2.82×10^{-3}	1.32×10^{-2}	ko00130
酪氨酸代谢	7（3.21%）	50（1.19%）	3.67×10^{-3}	1.44×10^{-2}	ko00350
鞘脂类代谢	7（3.21%）	56（1.33%）	7.43×10^{-3}	2.26×10^{-2}	ko00600
缬氨酸\亮氨酸\异亮氨酸生物合成	5（2.29%）	22（0.52%）	6.61×10^{-4}	6.03×10^{-3}	ko00290
氰基-氨基酸代谢	5（2.29%）	41（0.97%）	1.75×10^{-2}	4.93×10^{-2}	ko00460
花生四烯酸的代谢	5（2.29%）	34（0.81%）	7.09×10^{-3}	2.25×10^{-2}	ko00590
泛酸和辅酶 A 的生物合成	5（2.29%）	31（0.74%）	4.42×10^{-3}	1.61×10^{-2}	ko00770
其他聚糖降解	5（2.29%）	25（0.59%）	1.38×10^{-3}	7.73×10^{-3}	ko00511
黄酮类化合物的生物合成	5（2.29%）	25（0.59%）	1.38×10^{-3}	7.73×10^{-3}	ko00941
核黄素代谢	3（1.38%）	20（0.47%）	1.75×10^{-2}	4.93×10^{-2}	ko00740
黄酮和黄酮醇的生物合成	4（1.83%）	19（0.45%）	2.26×10^{-3}	1.18×10^{-2}	ko00944
NF-κB 信号通路	4（1.83%）	23（0.55%）	5.52×10^{-3}	1.92×10^{-2}	ko04064

注：注释到该通路的差异表达基因数目为 218（括号为占注释到 KEGG pathway 的所有差异表达基因数目的比例）；该通路在所有基因背景中的基因数量为 4217（括号为占注释到 KEGG pathway 的所有基因数目的比例）

与苯环代谢相关的 pathway 中：苯丙素的生物合成 pathway 有 17 个 Unigene，氨基苯甲酸降解 pathway 有 12 个 Unigene，酪氨酸代谢 pathway 有 7 个 Unigene，苯丙氨酸代谢 pathway 有 9 个 Unigene，另还有 10 个 Unigene 参与到多环芳香烃的降解 pathway。

与脂肪烃类物质代谢相关的代谢通路中，不饱和脂肪酸的生物合成 pathway 有 13 个 Unigene，脂肪酸的生物合成 pathway 有 11 个 Unigene，柠檬烯和 α-蒎烯的降解 pathway 有 9 个 Unigene，花生四烯酸的代谢 pathway 有 5 个 Unigene。

与淀粉和糖类物质代谢相关的代谢通路中，淀粉和蔗糖代谢 pathway 有 16 个 Unigene，戊糖和葡萄糖醛酸的互变 pathway 有 11 个 Unigene，其他聚糖降解 pathway 有 5 个 Unigene。

与氨基酸代谢相关的代谢通路中，苯丙氨酸代谢 pathway 有 9 个 Unigene，酪氨酸代谢 pathway 有 7 个 Unigene，缬氨酸\亮氨酸\异亮氨酸生物合成 pathway 有 5 个 Unigene，氰基-氨基酸代谢 pathway 有 5 个 Unigene。

8.3.6　木质纤维素降解相关差异表达基因的分析

代谢通路富集分析中，富集基因最多的两个代谢途径是苯丙素的生物合成 pathway（17 个基因）及淀粉和蔗糖代谢 pathway（16 个基因）。

在苯丙素的生物合成 pathway 中，检测到与木质纤维素降解相关基因有：7 个 Unigene 上调表达和 2 个 Unigene 下调表达（表 8-50），通过序列比对预测表达功能为 4-香豆酸辅酶 A 连接酶，该酶与木质素单体生物合成相关。而目前研究认为褐腐菌不具有木质素氧化酶系，木质素单体合成和转化反应，或许在木材褐腐中能部分改变木质素结构，对木质素做局部修饰，以利于纤维素降解。图 8-38 所示为苯丙素的生物合成途径差异表达基因。

4-香豆酸辅酶 A 连接酶（4-coumarate-CoA ligase，EC 6.2.1.12），该酶属于连接酶家族，特别是形成碳硫键和巯酯键连接酶，是单木质醇类和黄酮类苯丙素生物合成代谢途径中的一个关键酶，参与苯丙素生物合成 pathway（ko00940）。桦剥管菌中发现了 9 个 4-香豆酸辅酶 A 连接酶，白桦木屑诱导转录本 YLX-B 中 7 个基因 Unigene 上调，基因 ID 为 c6041_g1_i4、c7445_g1_i1、c7445_g1_i3、c7445_g1_i4、c9946_g1_i2、c10291_g11_i5、c10463_g1_i5，2 个基因 Unigene，基因 ID 为 c5710_g1_i1 和 c9946_g1_i1，显著下调表达。从诱导前后的表达量可知，c10291_g11_i5 上调值（fold-change）大于 1000 倍，其编码的蛋白质可能与桦剥管菌利用白桦木屑作为碳源物质密切相关。

表 8-50　桦剥管菌苯丙素的生物合成代谢通路显著差异表达基因

基因 ID 码	可能的代谢功能	长度 /bp	YLX-A 表达量	YLX-B 表达量	差异倍数	$\log_2$（YLX-B/YLX-A）	基因表达水平
c6041_g1_i4	4-香豆酸辅酶 A 连接酶	2111	127	568	4.47	2.16	up
c7445_g1_i1	4-香豆酸辅酶 A 连接酶	1171	58	460	7.93	2.99	up
c7445_g1_i3	4-香豆酸辅酶 A 连接酶	1226	0	65	Inf	Inf	up
c7445_g1_i4	4-香豆酸辅酶 A 连接酶	1123	0	187	Inf	Inf	up
c9946_g1_i2	4-香豆酸辅酶 A 连接酶	5682	6	408	68	6.09	up
c10291_g11_i5	4-香豆酸辅酶 A 连接酶	5704	1	1269	1269	10.31	up
c10463_g1_i5	4-香豆酸辅酶 A 连接酶	1963	57	344	6.04	2.59	up
c5710_g1_i1	4-香豆酸辅酶 A 连接酶	2119	872	197	0.23	−2.15	down
c9946_g1_i1	4-香豆酸辅酶 A 连接酶	5959	259	43	0.17	−2.59	down

共有 22 个显著差异表达 Unigene 参与到淀粉和蔗糖代谢 pathway、戊糖和葡糖醛酸的互变 pathway 与其他聚糖降解 pathway 3 个代谢途径中，图 8-39 所示为淀粉和蔗糖代谢通路显著差异表达基因，图 8-40 所示为戊糖和葡糖醛酸互变通路显著差异表达基因。通过序列比对，22 个 Unigene 功能预测结果如表 8-51 所示：5 个为 β-甘露糖苷酶（4 个显著上调，1 个显著下调），1 个为 α-葡萄糖苷酶（显著上调），6 个为多聚半乳糖醛酸酶（全部显著上调），4 个为果胶甲酯酶（全部显著上调），5 个为 β-葡萄糖苷酶（1 个显著上调，4 个显著下调），1 个为 *D*-木糖脱氢酶（显著上调）。这些 Unigene 差异表达，与培养基中白桦木屑来源的纤维素、半纤维素以及其他碳源物质降解相关。

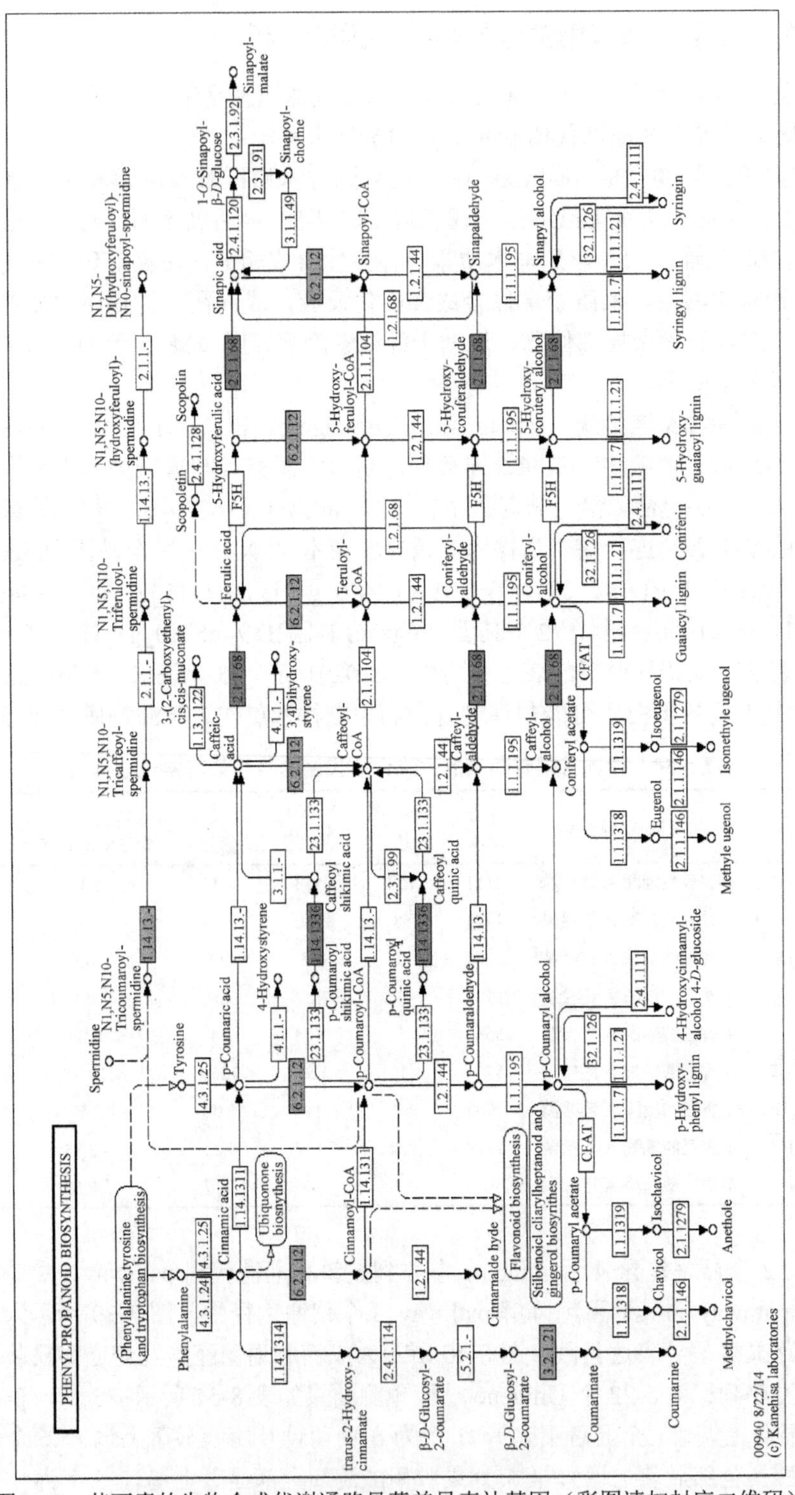

图 8-38　苯丙素的生物合成代谢通路显著差异表达基因（彩图请扫封底二维码）

YLX-A-vs-YLX-B 深色代表基因表达上调，浅色代表基因表达下调

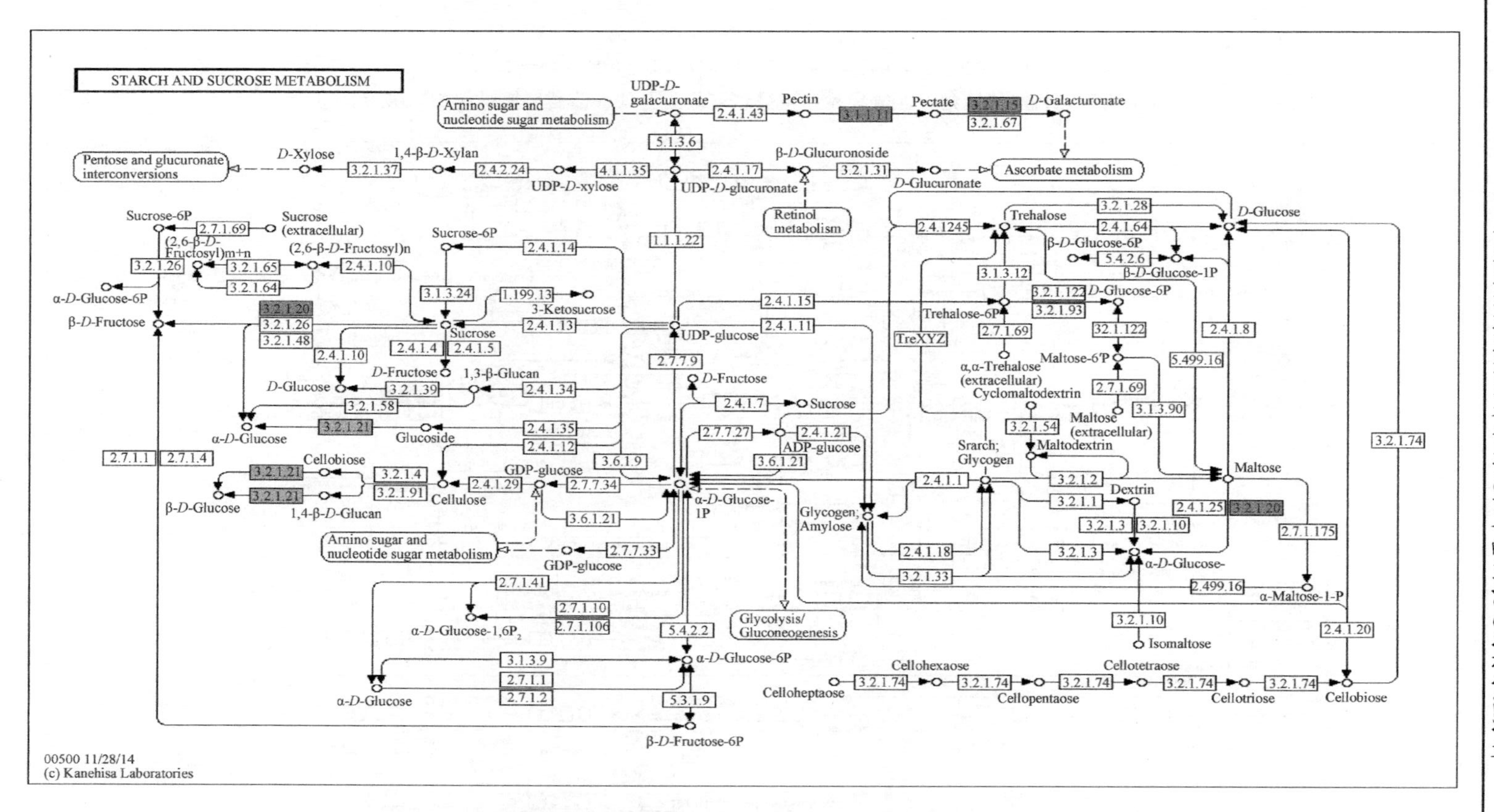

图 8-39 淀粉和蔗糖代谢通路显著差异表达基因（彩图请扫封底二维码）

YLX-A-vs-YLX-B 深色代表基因表达上调，浅色代表基因表达下调

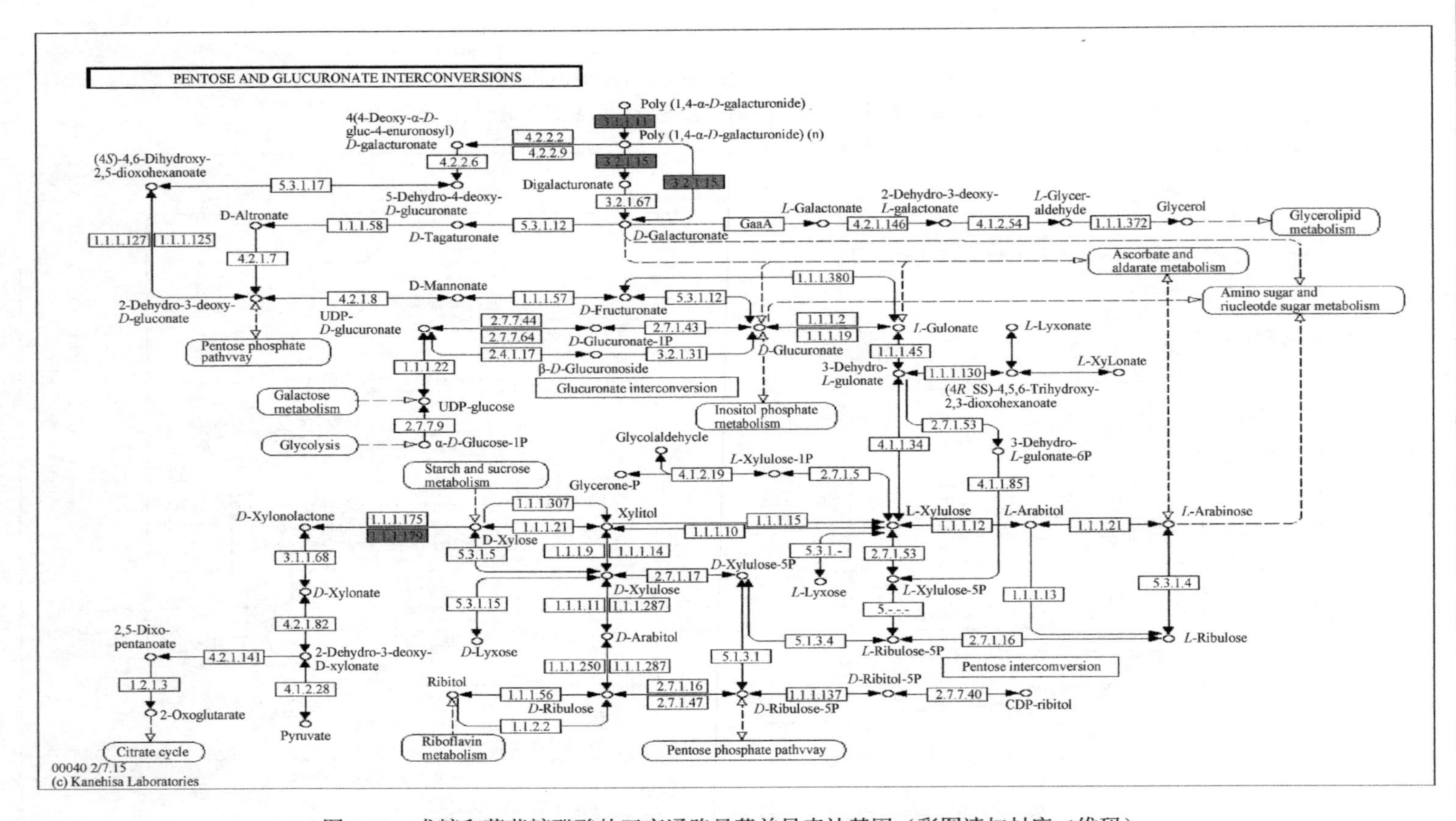

图 8-40　戊糖和葡萄糖醛酸的互变通路显著差异表达基因（彩图请扫封底二维码）

YLX-A-vs-YLX-B 深色代表基因表达上调，浅色代表基因表达下调

表 8-51 桦剥管菌中差异表达的纤维素和半纤维素降解相关酶基因

基因 ID 码	可能的代谢功能	长度/bp	YLX-A 表达量	YLX-B 表达量	差异倍数	log2（YLX-B./YLX-A.）	基因表达水平
c8929_g1_i1	β-甘露糖苷酶	5977	24.28	84.7	3.71	1.89	up
c10553_g1_i2	β-甘露糖苷酶	7632	0.66	3.08	4.94	2.31	up
c10553_g1_i3	β-甘露糖苷酶	7583	0	0.79	Inf	Inf	up
c10553_g1_i6	β-甘露糖苷酶	7456	0.87	4.86	5.95	2.57	up
c10553_g1_i5	β-甘露糖苷酶	7690	2.89	0.14	0.05	−4.29	down
c4657_g1_i1	α-葡萄糖苷酶	4152	44.8	178.33	4.23	2.08	up
c7080_g1_i4	多聚半乳糖醛酸酶	2114	5.49	21.81	4.22	2.08	up
c7080_g1_i5	多聚半乳糖醛酸酶	1995	14.97	79.99	5.69	2.51	up
c7080_g1_i6	多聚半乳糖醛酸酶	2051	1.01	8.29	8.81	3.14	up
c8708_g1_i2	多聚半乳糖醛酸酶	6319	0	12.17	Inf	Inf	up
c8708_g1_i4	多聚半乳糖醛酸酶	6250	1.26	7.26	6.13	2.62	up
c8708_g1_i5	多聚半乳糖醛酸酶	6377	4.52	24.23	5.70	2.51	up
c8512_g1_i2	果胶甲酯酶	2445	0	1.02	Inf	Inf	up
c8512_g1_i4	果胶甲酯酶	2580	0	2.43	Inf	Inf	up
c8512_g1_i8	果胶甲酯酶	2473	1.82	10.2	5.95	2.57	up
c8512_g1_i14	果胶甲酯酶	2380	1.35	7.39	5.85	2.55	up
c8447_g1_i2	β-葡萄糖苷酶	3314	2.66	26.03	10.38	3.38	up
c9355_g1_i2	β-葡萄糖苷酶	2333	4.07	0.23	0.06	−4.03	down
c9355_g1_i3	β-葡萄糖苷酶	2276	13.79	0.82	0.06	−3.98	down
c9355_g2_i4	β-葡萄糖苷酶	1197	11.45	0.66	0.06	−3.99	down
c9355_g2_i6	β-葡萄糖苷酶	1067	6.41	0.18	0.03	−5.07	down
c9335_g2_i2	*D*-木糖脱氢酶	2831	658	3176	4.83	2.27	up

注：inf 为无穷大

1. β-甘露糖苷酶

β-甘露糖苷酶（β-mannosidase，EC 3.2.1.25）在甘露糖苷的非还原末端，水解 β-*D*-甘露糖苷键，生成 *D*-甘露糖单糖，参与到其他糖类物质降解 pathway（ko00511）和溶酶体 pathway（ko04142）。桦剥管菌中发现了 5 个 β-甘露糖苷酶，白桦木屑诱导转录本 YLX-B 中 4 个上调表达，基因 ID 为 c8929_g1_i1、c10553_g1_i2、c10553_g1_i3 和 c10553_g1_i6，1 个下调表达，基因 ID 为 c10553_g1_i5。c10553_g1_i6 上调变化最为显著，其编码的蛋白质可能是半纤维素降解中 β-甘露糖苷酶的主要来源，c10553_g1_i5 下调表达，其编码的蛋白质可能在其他代谢通路中催化 β-*D*-甘露糖苷键水解反应。

2. α-葡萄糖苷酶

α-葡萄糖苷酶（α-glucosidase，EC 3.2.1.20）特异性水解 α-1,4-糖苷键，迅速水解寡糖，降解淀粉糊精和双糖生成葡萄糖，可水解 α-葡聚糖中 α-1,4-葡萄糖苷键，以及 α-1,6-葡萄糖苷键，对多聚糖水解作用有限，参与到淀粉和蔗糖代谢 pathway（ko00500）和半乳糖代谢 pathway（ko00052）。桦剥管菌中仅发现了 1 个 α-葡萄糖苷酶，白桦木屑诱导转录本 YLX-B 中显著上调表达，基因 ID 为 c4657_g1_i1。

3. 多聚半乳糖醛酸酶

多聚半乳糖醛酸酶（polygalacturonase，EC 3.2.1.15），又名果胶酸解聚酶（pectin depolymerase），多聚-α-1,4-半乳糖醛酸聚糖水化酶的通用名，简称 PG 或 endo-PG，可水解果胶酸（脱酯化果胶）中 α-1,4-糖苷键，生成 *D*-半乳糖醛酸。参与到淀粉和蔗糖代谢 pathway（ko00500）、戊糖和葡萄糖醛酸的互变 pathway（ko00040）。桦剥管菌中发现了 6 个多聚半乳糖醛酸酶，白桦木屑诱导转录本 YLX-B 中全部上调表达，基因 ID 为 c7080_g1_i4、c7080_g1_i5、c7080_g1_i6、c8708_g1_i2、c8708_g1_i4、c8708_g1_i5。从诱导前后的表达量可知，c7080_g1_i5 是桦剥管菌降解果胶时编码多聚半乳糖醛酸酶的主要基因。

4. 果胶甲酯酶

果胶甲酯酶（pectin demethoxylase，EC 3.1.1.11），催化果胶分子中的酯水解，形成脱酯化果胶。参与到淀粉和蔗糖代谢 pathway（ko00500）、戊糖和葡萄糖醛酸的互变 pathway（ko00040）。桦剥管菌中发现了 4 个果胶甲酯酶，白桦木屑诱导转录本 YLX-B 中全部上调表达，基因 ID 为 c8512_g1_i2、c8512_g1_i4、c8512_g1_i8、c8512_g1_i14。c8512_g1_i8 表达量变化最大，其编码蛋白质可能是果胶分子脱酯反应的主要酶。

5. β-葡萄糖苷酶

β-葡萄糖苷酶（beta-glucosidase，EC 3.2.1.21）或纤维二糖酶，水解两个葡萄糖之间或者葡萄糖-非糖部分之间的 β-1,4-糖苷键，是纤维素胞外降解酶系主要成分之一，催化水解非还原端 β-*D*-葡萄糖苷生成 *D*-葡萄糖单体。参与到淀粉和蔗糖代谢 pathway（ko00500）、花生四烯酸的代谢 pathway（ko00590）和苯丙素生物合成 pathway（ko00940）。

桦剥管菌中发现了5个β-葡萄糖苷酶，白桦木屑诱导转录本YLX-B中1个基因Unigene上调，基因ID为c8447_g1_i2，4个基因Unigene显著下调表达，基因ID为c9355_g1_i2、c9355_g1_i3、c9355_g2_i4、c9355_g2_i6。从诱导前后的表达量可知，c8447_g1_i2是桦剥管菌降解白桦木屑时产β-葡萄糖苷酶的主要基因，c9355_g1_i2、c9355_g1_i3、c9355_g2_i4、c9355_g2_i6基因编码蛋白可能在其他代谢通路中参与催化β-1,4-葡萄糖苷键水解反应。

6. *D*-木糖脱氢酶（$NADP^+$）

D-木糖脱氢酶（$NADP^+$）[D-xylose 1-dehydrogenase（$NADP^+$），EC 1.1.1.179]，为$NADP^+$依赖型脱氢酶，催化*D*-木糖分子内脱氢形成*D*-木糖-1,5-内酯，也可催化L-阿拉伯糖和*D*-核糖脱氢氧化，但催化速度较慢。参与到戊糖和葡糖醛酸的互变pathway（ko00040）和细胞色素P450介导异物代谢pathway（ko00980）。桦剥管菌中仅发现了1个*D*-木糖脱氢酶，白桦木屑诱导转录本中显著上调表达，基因ID为c9335_g2_i2。

本研究以白桦木屑为诱导碳源，桦剥管菌中4-香豆酸辅酶A连接酶差异表达显著，其与木质素单体生物合成相关；检测到的纤维素酶和半纤维素酶有β-甘露糖苷酶、α-葡萄糖苷酶、多聚半乳糖醛酸酶、果胶甲酯酶、β-葡萄糖苷酶和*D*-木糖脱氢酶基因。未能在All-Unigene和DEGs中找到内切纤维素酶（EC 3.2.1.14）基因和纤维素外切酶（EC 3.2.1.91）基因，这可能与RNA提取时间有关。

8.4 讨 论

8.4.1 木蹄层孔菌转录组与其他木腐真菌转录组的比较

利用高通量测序获得木蹄层孔菌转录组数据，对其分析发现差异表达显著的Unigene有3748条，其中相对以葡萄糖为碳源的培养基，在白桦木粉培养基中上调表达的Unigene有1373条，下调表达的Unigene有2375条。利用基因芯片技术分析*Postia placenta*转录组时发现，不同碳源处理（葡萄糖和山杨木粉）时大量基因表达水平呈显著性差异。有253个基因在山杨木粉培养基或葡萄糖培养基中呈现2倍的差异表达，其中173个基因在山杨木粉培养基中（相对于葡萄糖）上调了2倍，其中145个基因上调极显著（$P<0.001$）；80个基因下调了2倍，其中48个基因下调极显著[9]。由于基因芯片只能检测已知序列的局限性，因此信息量非常有限，*Postia placenta*转录组获得的信息只是木蹄层孔菌的1/20。

木蹄层孔菌的21 347个Unigene中编码533个预测的碳水化合物活性酶(CAZY)，大约有240个GH、91个CE、167个GT和35个PL。而褐腐真菌*Postia placenta*的17 173个预测蛋白质中，有242个Unigene编码假设的CAZY。这些假设的CAZY基因包括144个GH、10个CE、75个GT和6个PL[10]。白腐菌*Phanerochaete chrysosporium* RP78编码超过240个预测的CAZY基因，包括166个GH、14个CE、57个GT[11]。木蹄层孔菌中发现的假设CAZY远远多于*Postia placenta*和*Phanerochaete chrysosporium* RP78的发现。

8.4.2 木蹄层孔菌中木质纤维素酶研究

木蹄层孔菌在木材诱导下，在 9 个可能的漆酶基因中，有 4 个表达差异显著，其中，3 个下调，1 个上调。在 7 个可能的锰过氧化物酶基因中，也有 4 个表达差异显著，其中，3 个上调，1 个下调。在对可能的木质素过氧化物酶 Unigene 的保守结构域分析及 blastx，未能明确发现木质素过氧化物酶基因存在。木蹄层孔菌经白桦木材诱导后，转录组中发现的纤维素酶主要有内切葡聚糖酶、外切葡聚糖酶、纤维二糖酶、β-葡萄糖苷酶和纤维二糖脱氢酶，半纤维素酶主要有 β-1,4-木聚糖酶、甘露聚糖内切-1,6-α-甘露糖苷酶、α-葡萄糖苷酶、木聚糖 1,4-β-木糖苷酶、β-半乳糖苷酶、甘露聚糖内切-1,4-β-甘露糖苷酶、β-甘露糖苷酶、乙酰酯酶和乙酰木聚糖酯酶等。*Phanerochaete chrysosporium* 以红橡木为唯一碳源时转录组研究发现 4 种纤维素降解酶：内切纤维素酶、外切纤维素酶 CBHI、外切纤维素酶 CBHII 和 β-葡萄糖苷酶。但并非所有已知的半纤维素降解酶都被发现，只有内切木聚糖酶、乙酰木聚糖酯酶和甘露糖苷酶。对于木质素降解酶来说，木质素过氧化物酶随着产 H_2O_2 酶——乙醇氧化酶的表达增强而增强。转录组结果显示木材降解的核心是 H_2O_2 的产生和利用[12]。木蹄层孔菌在白桦木粉诱导后，木质纤维素降解酶的基因表达显著上调。同样的结果在 *Phanerochaete carnosa* 也出现了，在含木粉的培养基中锰过氧化物酶、纤维素酶、半纤维素酶和木质素过氧化物酶相对于营养培养基表达量显著上调[13]。

8.4.3 木蹄层孔菌中碳水化合物活性酶研究

白桦木材诱导后，木蹄层孔菌中大量碳水化合物活性酶（CAZY）的基因表达显著上调。GH61 家族差异表达基因最多，共有 11 个基因，并且全部上调；6 个 PL 和 3 个 CE 上调。以微晶纤维素为唯一碳源对 *Phanerochaete chrysosporium* 的转录组研究时也发现大量的编码 CAZY 的基因表达上调，它们中 6 个是 GH61 成员，也有一些 PL 和 CE 成员[14]。*Phanerochaete carnosa* 在木材诱导下，GH61 家族中的差异基因数也是最多的[13]。GH61 是一类铜依赖型的分解多糖的单加氧酶，现在被重新分类到了 auxiliary activities（AA）9 家族，这个家族的酶可能在多糖降解中起到非常重要的作用。

8.4.4 产 H_2O_2 酶

LiP 和 MnP 在菌体内需要 H_2O_2 参与才能具有催化活性，H_2O_2 是由产过氧化氢酶酶促合成，如葡糖氧化酶[15,16]、乙二醛氧化酶[17,18]、藜芦醇氧化酶[19]和乙醇氧化酶[20,21]。木蹄层孔菌中发现了乙二醛氧化酶和乙醇氧化酶，并没有发现其他产过氧化氢酶。虽然发现的乙醇氧化酶基因数为 22 个，远远大于乙二醛氧化酶的基因数（8 个），但是乙醇氧化酶上调基因的表达量明显低于乙二醛氧化酶，所以乙二醛氧化酶可能是木蹄层孔菌中 H_2O_2 主要的来源。

8.4.5 乙二酸代谢

在植物、真菌和动物中普遍存在乙二酸，其具有的各种化学特性在代谢进程中发挥着多种作用[22]。近来，乙二酸在木腐真菌中的生化作用备受关注。在白腐菌中，乙二酸脱羧酶[23]和木质素过氧化物酶系统[24]分解乙二酸。乙二酸作为金属阳离子的螯合剂，稳定木质素降解酶和锰过氧化物酶（MnP，EC 1.11.1.13）产生的Mn^{3+}[25]。据报道在木材腐朽过程中，褐腐真菌产生的乙二酸在半纤维素和纤维素水解时起到酸催化的作用[26,27]。此外，已报道在白腐菌 *Ceriporiopsis subvermispora* 生物制浆过程中形成的乙二酸酯有助于软化木材纤维素，这可能是白腐菌自然腐朽的重要过程[28]。通常，液体培养时，像 *Fomitopsis palustris* 这样的褐腐菌要比白腐菌积累更高浓度的乙二酸。白腐担子菌 *Coriolus versicolor*、*Collybia velutipes*、*Dichomitus squalens*、*Phanerochaete sanguinea* 和 *Trametes ochracea* 以及革兰氏阳性菌中已检测到乙二酸脱羧酶活性[29]。白桦木粉诱导后，木蹄层孔菌中发现 5 个乙二酸脱羧酶基因，均表达下调，这些基因表达下调将会使乙二酸的降解途径被抑制，机体积累大量的乙二酸。

乙二酸脱羧酶氧化乙二酸生成甲酸，甲酸进一步被甲酸脱氢酶分解成 CO_2 并生成 NADH。同时，甲酸脱氢酶也在高等植物、酵母和细菌中被分离和纯化[29]。木蹄层孔菌转录组测序发现大约 6 个甲酸脱氢酶基因，表达均显著上调。乙二酸是一种常见真菌代谢物，被认为是影响真菌生长和代谢的重要化合物[30]。乙二酸是一种有毒的化合物，在调控其胞内和胞外浓度时至关重要。通过分析发现，木蹄层孔菌利用乙二酸脱羧酶的下调以及甲酸脱氢酶的上调来维持乙二酸的平衡。

8.4.6 细胞色素 P450 单加氧酶

细胞色素 P450 单加氧酶也称为混合功能氧化酶类，属于血红素-硫铁蛋白，能够催化多种酶促反应，转化异型生物质为多极性或脱毒衍生物[31]。木蹄层孔菌转录组测序发现大约有 385 个细胞色素 P450 家族成员，其中，103 个 Unigene 表达差异显著，62 个表达下调，51 个表达上调。

8.5 结 论

本研究利用高通量测序平台，对木蹄层孔菌和桦剥管菌的转录组进行了测序分析，揭示了木蹄层孔菌和桦剥管菌在白桦木粉诱导下的转录组变化。同时对基因转录本的结构和功能进行了分析和注释，也对转录本参与的生物学过程及代谢途径进行了富集分析。基于获得的不同碳源（葡萄糖或白桦木粉）诱导下两种菌转录组数据，对两个样品的差异表达基因进行了筛选和功能分析，特别是与木质纤维素降解相关的基因。

8.5.1 木蹄层孔菌

（1）经过高通量测序，Tien-G 得到 25 793 208 条原始读序，Tien-M 得到 25 100 316 条原始读序。对读序从头组装，Tien-G 得到 36 115 条 Unigene，Tien-M 得到 32 551 条 Unigene，Tien-G 的 Unigene 比 Tien-M 多 3564 条，说明白桦木粉作为碳源时可以很好地为木蹄层孔菌提供营养，不需要合成大量生长相关的蛋白质，因此 Tien-G 的基因转录水平明显高于 Tien-M。将这两个样品的 Unigene 进一步聚类拼接总共获得 28 695 条木蹄层孔菌的 Unigene，平均长度 758nt。

（2）在 28 695 条 Unigene 中，有 21 347 条 Unigene 是可以注释到 Nr、KEGG、COG、GO 数据库。其中，有 21 255 条比对上 Nr 数据库，有 6232 条比对上 Nt 数据库，有 11 976 条序列比对上 Swiss-Prot 数据库。

（3）有 8165 条注释到 GO 数据库，其中参与生物过程的基因最多，其次是细胞组分和分子功能。参与生物过程的基因中以代谢过程和细胞过程中注释的基因最多。

（4）在对 KEGG 数据库分析时发现，有 12 315 条 Unigene 参与了 173 条不同的途径。代谢途径（4167 条）和次生代谢物生物合成（1850 条）两个最具代表性的途径显示了木蹄层孔菌活跃的代谢活动，特别是次生产物代谢活动。

（5）对 Tien-G 与 Tien-M 的转录组数据处理时，确定 FDR≤0.001 且$|\log_2 Ratio|\geq 1$的基因为差异表达显著基因，表达水平有差异的 Unigene 有 28 529 条，其中差异表达显著的 Unigene 有 3748 条。1373 条在 Tien-M 中表达水平显著上调，2375 条在 Tien-M 中表达水平显著下调。

（6）对差异表达 Unigene 进行 GO 分类，所筛选到的 3239 条差异表达显著的 Unigene 中有 1279 条注释到参与的生物过程，579 条注释到所处的细胞组分，1381 条注释到基因的分子功能。差异表达基因的 KEGG Pathway 分析显示，有 1722 个基因参与 153 个不同的代谢或信号通路，其中，817 个基因（47.44%）参与代谢途径，423 个基因（24.56%）参与次生代谢产物的生物合成。

（7）经过保守结构域分析及 blastx，木蹄层孔菌中共发现 55 个主要的木质素纤维素降解相关酶基因，包括 9 个漆酶、7 个锰过氧化物酶、1 个内切葡聚糖酶、1 个非还原端外切葡聚糖酶、5 个还原端外切葡聚糖酶、5 个纤维二糖酶、1 个纤维二糖脱氢酶、2 个乙酰木聚糖酯酶、4 个 β-1,4-木聚糖酶、1 个甘露聚糖内切-1,6-α-甘露糖苷酶、7 个 α-葡萄糖苷酶、3 个木聚糖 1,4-β-木糖苷酶、1 个 β-半乳糖苷酶、5 个甘露聚糖内切-1,4-β-甘露糖苷酶、2 个 β-甘露糖苷酶、1 个乙酰酯酶。

（8）揭示了木蹄层孔菌中可能有 240 个 Unigene 属于糖苷水解酶 52 个家族；91 个 Unigene 属于碳水化合物酯酶 11 个家族；64 个 Unigene 属于碳水化合物结构域 15 个家族；167 个 Unigene 属于糖基转移酶 28 个家族；35 个 Unigene 属于多糖裂解酶 4 个家族；并发现可能有 42 个 Unigene 属于类扩张蛋白家族和 385 个 Unigene 属于细胞色素 P450 家族。

本研究首次完成了白桦木材诱导下木蹄层孔菌的转录组测序，不仅发现了众多功能已知的保守基因，还检测到 7 348 个功能未知的基因，这些基因很可能是木蹄层孔菌特有的功能基因或非编码的功能性 RNA，具有进一步研究的价值。而测序获得的大量数据为木蹄层孔菌木质纤维素降解转录组学研究提供了坚实的分子数据基础。本研究中一些木质纤维素降解相关基因的鉴定，将为在分子水平开展白腐菌木质纤维素降解的研究奠定前期的数据基础。

8.5.2 桦剥管菌

YLX-A 和 YLX-B 两个转录本经高通量测序和原始读序组装，分别得到 20 030 条和 20 084 条 Unigene，将这两个样品 Unigene 进一步聚类拼接，获得 21 882 条 Unigene，平均长度1949.19nt。其中，有21 255条Unigene是可以注释到Nr数据库，有6256条比对上KEGG数据库，有7955条比对上COG数据库，有3351条序列比对上GO数据库。两个转录本中差异表达显著的Unigene有776条，444条在YLX-B中表达水平显著上调，332条表达水平显著下调。

两个样本转录组的776条Unigene显著差异表达，功能富集分析集中于催化活性GO term，主要为果胶酯酶、水解酶活性和结合功能活性；细胞组分功能富集于跨膜蛋白和胞外区；差异表达基因参与的代谢通路富集分析显示，差异表达的基因主要参与氨基酸、脂肪酸代谢与碳水化合物的降解，49个差异表达Unigene参与到淀粉和蔗糖代谢pathway、戊糖和葡萄糖醛酸的互变pathway、其他聚糖降解pathway、苯丙素的生物合成pathway 4个代谢途径中，涉及5个β-甘露糖苷酶、1个α-葡萄糖苷酶、6个多聚半乳糖醛酸酶、4个果胶甲酯酶、5个β-葡萄糖苷酶、1个*D*-木糖脱氢酶和9个4-香豆酸辅酶A连接酶。这些Unigene差异表达，与培养基中白桦木屑来源的纤维素、半纤维素、其他碳源物质降解以及木质素单体生物合成相关。

参考文献

[1] Tien M, Kirk T K. Lignin-degrading enzyme from the hymenomycete *Phanerochaete chrysosporium* Burds. Science（Washington）, 1983, 221（4611）: 661-662.

[2] Grabherr M G, Haas B J, Yassour M, et al. Full-length transcriptome assembly from RNA-Seq data without a reference genome. Nature Biotechnology, 2011, 29（7）: 644-652.

[3] Iseli C, Jongeneel C V, Bucher P. ESTScan: A program fordetecting, evaluating, and reconstructing potential coding regions in EST sequences. Proc Int Conf Intell Syst Mol Biol, 1999:138-148.

[4] Mortazavi A, Williams B A, McCue K, et al. Mapping and quantifying mammalian transcriptomes by RNA-Seq. Nature methods, 2008, 5（7）: 621-628.

[5] Kirk T K, Farrell R L. Enzymatic “combustion”: the microbial degradation of lignin. Annual Reviews in Microbiology, 1987, 41（1）: 465-501.

[6] Hammel K E, Cullen D. Role of fungal peroxidases in biological ligninolysis. Current Opinion in Plant Biology, 2008, 11（3）: 349-355.

[7] Kirk T K, Cullen D. Enzymology and molecular genetics of wood degradation by white-rot fungi. *In*: Young R, Akhtar M. Environmentally Friendly Technologies for the Pulp and Paper Industry. New York: John Wiley and Sons, Inc, 1998.

[8] Henriksson G, Ander P, Pettersson B, et al. Cellobiose dehydrogenase （cellobiose oxidase） from *Phanerochaete chrysosporium* as a wood-degrading enzyme. Studies on cellulose, xylan and synthetic lignin. Applied Microbiology and Biotechnology, 1995, 42（5）: 790-796.

[9] Wymelenberg A V, Gaskell J, Mozuch M, et al. Comparative transcriptome and secretome analysis of wood decay fungi *Postia placenta* and *Phanerochaete chrysosporium*. Applied and Environmental Microbiology, 2010, 76（11）: 3599-3610.

[10] Martinez D, Challacombe J F, Morgenstern I, et al. Genome, transcriptome, and secretome analysis of wood decay fungus *Postia* placenta supports unique mechanisms of lignocellulose conversion. Proceedings of the National Academy of Sciences of the United States of America, 2009, 106(6): 1954-1959.

[11] Martinez D, Larrondo L F, Putnam N, et al. Genome sequence of the lignocellulose degrading fungus *Phanerochaete chrysosporium* strain RP78. Nature Biotechnology, 2004, 22(6): 695-700.

[12] Sato S, Feltus F, PrashantiIyer, et al. The first genome-level transcriptome of the wood-degrading fungus *Phanerochaete chrysosporium* grown on red oak. Current Genetics, 2009, 55（3）: 273-286.

[13] MacDonald J, Doering M, Canam T, et al. Transcriptomic responses of the softwood-degrading white-rot fungus *Phanerochaete carnosa* during growth on coniferous and deciduous wood. Applied and Environmental Microbiology, 2011, 77（10）: 3211-3218.

[14] Vanden W A, Gaskell J, Mozuch M, et al. Transcriptome and secretome analyses of *Phanerochaete chrysosporium* reveal complex patterns of gene expression. Applied & Environmental Microbiology, 2009, 75(12):4058-4068.

[15] Eriksson K-E, Pettersson B, Volc J, et al. Formation and partial characterization of glucose-2-oxidase, a H_2O_2 producing enzyme in *Phanerochaete chrysosporium*. Applied Microbiology and Biotechnology, 1986, 23（3-4）: 257-262.

[16] Kelley R L, Reddy C A. Purification and characterization of glucose oxidase from ligninolytic cultures of *Phanerochaete chrysosporium*. Journal of Bacteriology, 1986,166（1）: 269-274.

[17] Kersten P J, Kirk T K. Involvement of a new enzyme, glyoxal oxidase, in extracellular H_2O_2 production by *Phanerochaete chrysosporium*. Journal of Bacteriology, 1987, 169（5）: 2195-2201.

[18] Kersten P J, Cullen D. Cloning and characterization of cDNA encoding glyoxal oxidase, a H_2O_2-producing enzyme from the lignin-degrading basidiomycete *Phanerochaete chrysosporium*. Proceedings of the National Academy of Sciences, 1993, 90（15）: 7411-7413.

[19] Bourbonnais R, Paice M G. Veratryl alcohol oxidases from the lignin-degrading basidiomycete *Pleurotus sajorcaju*. Biochem. J, 1988, 255: 445-450.

[20] Bringer S, Sprey B, Sahm H. Purification and properties of alcohol oxidase from *Poria contigua*. European Journal of Biochemistry, 1979, 101（2）: 563-570.

[21] Daniel G, Volc J, Filonova L, et al. Characteristics of *Gloeophyllum trabeum* alcohol oxidase, an extracellular source of H_2O_2 in brown rot decay of wood. Applied and Environmental Microbiology, 2007, 73（19）: 6241-6253.

[22] Hodgkinson A. Oxalic Acid in Biology and Medicine. London: New York Academic Press, 1977.

[23] Kathiara M, Wood D A, Evans C S. Detection and partial characterization of oxalate decarboxylase from *Agaricus bisporus* . Mycological Research, 2000, 104（3）: 345-350.

[24] Akamatsu Y, Ma D B, Higuchi T, et al. A novel enzymatic decarboxylation of oxalicacid by the lignin peroxidase system of white-rot fungus *Phanerochaete chrysosporium*. FEBS Letters, 1990, 269（1）: 261-263.

[25] Kuan I-C, Tien M. Stimulation of Mn peroxidase activity: A possible role for oxalate in lignin

biodegradation. Proceedings of the National Academy of Sciences, 1993, 90（4）: 1242-1246.

[26] Shimada M, Akamtsu Y, Toshiaki Tokimatsu, et al. Possible biochemical roles of oxalic acid as a low molecular weight compound involved in brown-rot and white-rot wood decays. Journal of Biotechnology, 1997, 53（2）: 103-113.

[27] Green F, Larsen M J, Winandy J E, et al. Role of oxalic acid in incipient brown-rot decay. Material und Organismen, 1991, 26（3）: 191-213.

[28] Hunt C, Kenealy W, Horn E, et al. A biopulping mechanism: Creation of acid groups on fiber. Holzforschung, 2004, 58（4）: 434-439.

[29] Mäkelä M, Galkin S, Hatakka A, et al. Production of organic acids and oxalate decarboxylase in lignin-degrading white rot fungi. Enzyme and Microbial Technology, 2002, 30（4）: 542-549.

[30] Dutton M V, Evans C S. Oxalate production by fungi: Its role in pathogenicity and ecology in the soil environment. Canadian Journal of Microbiology, 1996, 42（9）: 881-895.

[31] Cresnar B, Petric S. Cytochrome P450 enzymes in the fungal kingdom. Biochimica et Biophysica Acta, 2011, 1814（1）: 29-35.

9　白桦木屑诱导下木材腐朽菌基因表达的蛋白质组研究

9.1　木蹄层孔菌蛋白质组的差异表达

9.1.1　材料与方法

9.1.1.1　材料

木蹄层孔菌（*Fomes fomentarius*）采自黑龙江省尚志市东北林业大学帽儿山实验林场，采用组织分离法分离菌种菌丝体，在木屑培养基中 4℃保存。

9.1.1.2　主要试剂配方

（1）裂解缓冲液：7mol/L 尿素、2mol/L 硫脲、30mmol/L Tris 和 4%（*m*/*V*）CHAPS，调 pH 至 8.5，分装存储在−20℃。

（2）水化上样缓冲液：7mol/L 尿素，2mol/L 硫脲，4%（*m*/*V*）CHAPS，0.002%（*m*/*V*）溴酚蓝，2% DTT（现用现加），1%（*V*/*V*）IPG buffer（现用现加），分装存储在−20℃。

（3）胶条平衡缓冲液母液：6mol/L 尿素，2%SDS，75mmol/L Tris-HCl（pH8.8），30%甘油。分装−20℃冰箱保存。

（4）胶条平衡缓冲液 I：胶条平衡缓冲液母液加入 1%DTT，充分混匀，用时现配。

（5）胶条平衡缓冲液 II：胶条平衡缓冲液母液加入 2.5%碘乙酰胺，充分混匀，用时现配。

（6）低熔点琼脂糖封胶液：0.3%（*m*/*V*）低熔点琼脂糖、25mmol/L Tris、192mmol/L 甘氨酸、0.1%（*m*/*V*）SDS、0.002%（*m*/*V*）溴酚蓝。

（7）30%聚丙烯酰胺储液：30%丙烯酰胺，0.8%甲叉双丙烯酰胺，过滤后棕色瓶 4℃保存。

（8）1.5mol/L Tris 碱 pH8.8：称取 Tris 碱 90.75g，超纯水 400ml，用 1mol/L HCl 调 pH 至 8.8，加超纯水定容至 500ml，4℃保存。

（9）10%SDS：称取 SDS 10g，超纯水定容至 100ml，混匀后室温保存。

（10）10%AP：称取 AP 0.1g，超纯水 1ml（用时加水溶解），溶解后 4℃冰箱保存。

（11）12.5%聚丙烯酰胺凝胶电泳凝胶（100ml）：水 31.8ml，30%丙烯酰胺溶液 41.7ml，1.5mol/L Tris（pH8.8）25ml，10%SDS 1ml，10% AP500μl，TEMED 33μl。

（12）10×电泳缓冲液（1×：25mmol/L Tris，192mmol/L 甘氨酸，0.1% SDS，pH8.3）：Tris 碱 30g，甘氨酸 144g，SDS 10g，超纯水定容到 1L，混匀后，室温保存。

（13）试剂 A：25%异丙酮（*V*/*V*），10%乙酸（*V*/*V*），0.5g/L 考马斯亮蓝 R-250；试剂 B：10%异丙酮（*V*/*V*），10%乙酸（*V*/*V*），0.05g/L 考马斯亮蓝 R-250；试剂 C：10%乙酸（*V*/*V*），0.02g/L 考马斯亮蓝 R-250；试剂 D：10%乙酸（*V*/*V*）。

（14）50mmol/L 碳酸氢铵（NH_4HCO_3）溶液：取 0.198g 碳酸氢铵，加入超纯水 30ml，定容到 50ml。pH 略有偏差可用氨水（$NH_3 \cdot H_2O$）调定，密封后储存在 4℃（3 个月内使用），使用前超声除气泡。

（15）1μg/μl 质谱级胰蛋白酶（promega）储备液：质谱级胰蛋白酶（100μg）加入 50mmol/L 乙酸 100μl，分装储存在−80℃，反复冻融不能超过 5 次。

9.1.1.3 菌种培养

将菌种接种到 PDA 培养基平板，培养 7～10 天，至白色絮状菌丝长满培养皿。用直径为 6mm 的打孔器取菌饼置于装有 100ml 液体培养基的 1000ml 三角瓶中（2 个菌饼/10ml），然后 28℃避光浅层静置培养 10 天，收集菌体−80℃保存。液体培养基以 Tien&Kirk 培养基为基础培养基，其中碳源分别为葡萄糖或白桦木粉。

9.1.1.4 实验方法

1. 蛋白质样品的制备

取培养好的菌体，用滤纸和镊子除去培养液和木粉；置于预冷的研钵中，加入液氮，充分研磨至白色粉末；将已研磨好的粉末置于装有 1ml 预冷的 10%TCA/丙酮和 PVPP 的 1.5ml 离心管中，颠倒混匀后−20℃中沉淀 30min；将样品取出，在 13000r/min 4℃条件下离心 20min，弃上清；每管中加入 1ml 100%丙酮（含 0.07% β-巯基乙醇），用小枪头捣碎沉淀物后振荡混匀，12 000r/min4℃条件下离心 20min 弃上清；此步骤可重复一次；冷冻干燥，加入适当裂解液，混匀后振荡 30min，超声 5min（功率 50W），将裂解好的样品于 13000r/min25℃条件下离心 20min，上清液转移至新离心管中，用 GE 的 Clean-Up Kit 纯化蛋白质，测定蛋白质浓度，−80℃储存。

2. 蛋白质纯化

用 GE Healthcare 的 2-D Clean-Up Kit 除去盐、脂肪、多糖等双向电泳的干扰物质，具体步骤见产品说明书（产品编号：80-6484-51）。

3. 蛋白质浓度定量

利用 GE Healthcare 的 2-D Quant Kit 进行蛋白质浓度定量。具体步骤见产品说明书（产品编号：80-6483-56）。

4. 双向电泳进行蛋白质的分析

1）等点聚焦

（1）样品中加入水化液至 450μl，充分混匀，IPG 3-11 的 24cm 非线性胶条从−20℃取出室温平衡 10 min。

（2）将样品加入聚焦盘中，小心放入 IPG 胶条，每根胶条上覆盖一层矿物油。

（3）进行等电聚焦，参数如表 9-1 所示。

表 9-1　等电聚焦参数设置

步骤	电压/V	时间/h	升压方式
Step1	30	12	Step-n-hold
Step2	100	1	Step-n-hold
Step3	1 000	1	Gradient
Step4	8 000	3	Gradient
Step5	8 000	55 000V・h	Step-n-hold
Step6	500	Hold	Step-n-hold

（4）从聚焦盘中取出胶条，用滤纸吸去胶条背面的矿物油，在水平摇床上，用含有 1% DTT（*m*/*V*）的平衡缓冲溶液平衡 15min，接下来用含有 2.5%碘乙酰胺（*m*/*V*）的平衡缓冲溶液平衡 15min。胶条浸没于 1×电泳缓冲液中轻轻润洗，准备 SDS-PGAE 电泳。

2）SDS-PAGE 电泳

（1）配制 12.5%的聚丙烯酰胺凝胶，将平衡好的胶条放置在凝胶上方，加入低熔点琼脂糖封胶液，待低熔点琼脂糖封胶液彻底凝固，将凝胶转入电泳槽进行 SDS-PAGE 电泳。

（2）每根胶条，先恒功率 3W 电泳 45min，待样品完全走出 IPG 胶条，浓缩成一条线后，再用 17W 恒功率约 4h，溴酚蓝到达底部边缘时停止。循环水浴温度是 25℃。

（3）将凝胶放在刚好沸腾的试剂 A 中，室温轻轻摇动 5min。弃试剂 A，加入适量刚好沸腾的试剂 B，室温轻轻摇动 5min。弃试剂 B，用蒸馏水冲洗凝胶，加入适量刚好沸腾的试剂 C，室温轻轻摇动 5min。弃试剂 C，用蒸馏水冲洗凝胶，加入适量刚好沸腾的试剂 D，室温轻轻摇动直至脱色到无背景。

（4）电泳凝胶图像扫描和分析：凝胶扫描后使用 ImageMaster^{TM} 2D Platinum 6.0 软件进行分析。蛋白质点检测的参数设置为 Smooth 是 2，Minarea 是 5，Saliency 为 150。图像分析过程为调整对比度、斑点检测、匹配凝胶，得到蛋白质斑点匹配信息、确定差异点和分析。其中以蛋白质点的相对体积（%vol）对蛋白质斑点进行定量。

（5）蛋白质样品酶解：将挖取的蛋白质样品点凝胶置于 1.5ml 的离心管中，进行编号。用超纯水冲洗后加入 100μL 凝胶脱色液［100mmol/L NH_4HCO_3 和 30%（*V*/*V*）乙腈］，振荡脱色 15min 至颜色褪尽，去上清。再加入 100μl 的 100%乙腈，振荡 5min 后弃上清，室温至乙腈挥发完全。加入 1μl 的 50ng/μl 胰蛋白酶（用前加入 50mmol/L 的 NH_4HCO_{331} 调 pH 至 7.5～8.5），4℃放置 30min，使胶块充分吸胀。加入 5μl 10mmol/L NH_4HCO_3（pH7.8～8.0），37℃酶解过夜，经超声 5min 后，12 000*g* 离心 1min，吸出胰酶液，转移至新的离心管中。

（6）蛋白质质谱分析：取 1μl 酶解样品与 5mg/ml CHCA 基质［0.1% TFA 的 50%乙腈溶液配制 α-氰基-4-羟基肉桂酸（α-CCA）］混合后点在样品上。待干燥后，用洗耳球吹样品靶表面，然后将样品靶送入 AB 4800 MALDI-TOF-TOF 质谱仪进行分析，通过 MASCOT 软件搜索 NCBI Nr 数据库鉴定蛋白质。

数据库搜索结合一级和二级的结果［combined（MS + MS/MS）］，一级质谱数据库搜索的参数与二级质谱一致。搜索参数设置为，质量数精度为±0.3Da；允许最多胰蛋白酶漏切位点数为 1；烷基化为固定修饰；氧化（M）和磷酸化（STY）为可变修饰。一级质谱峰筛选参数设置为，质量数范围为 800～4000Da；最小信噪比为 20。二级质谱峰筛选参数设置为，质量数范围为 60Da 到母离子质量数减 20Da；最小信噪比为 20。

MASCOT 搜索参数设置：物种为所有物种；数据库为 NCBI Nr；酶为胰蛋白酶；最大漏切数为 1；固定修饰为烷基化（C）修饰；可变修饰为氧化（M）修饰、磷酸化（STY）修饰；母离子质量误差范围为 0.3Da；二级质谱片段质量误差范围为 0.3Da；选择谱图中的单同位素峰；肽段带电荷数为带一个正电荷。

（7）差异表达蛋白的功能分类：根据 Nr 注释信息，利用 Blast2GO 软件得到每个蛋白质点的 GO 功能分类和 KEGG 代谢途径信息。

（8）差异蛋白质质谱数据与本地转录组数据库比对：利用转录组测序序列构建 Mascot 本地数据库，将差异蛋白质质谱数据与本地数据库进行比对。

9.1.2 结果与分析

9.1.2.1 蛋白质的提取和定量

蛋白质的提取采用 TCA/丙酮法，蛋白质的除盐纯化使用 2-D Clean-up Kit，蛋白质的定量使用 2-D Quant Kit。利用 BSA 标准溶液的不同蛋白质含量和吸光值制作标准曲线，结果如图 9-1 所示。

根据标准曲线和所测蛋白质样品的吸光值，得出碳源为葡萄糖的蛋白质浓度为 3.72μg/μl，碳源为白桦木粉的蛋白质浓度为 3.44μg/μl。

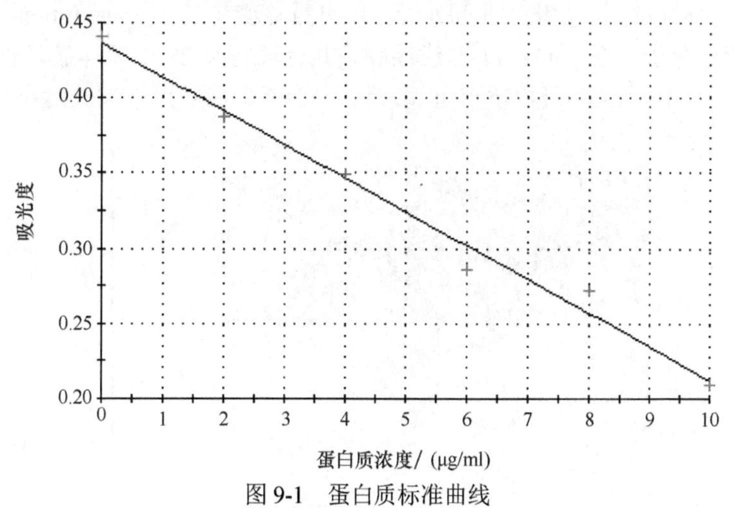

图 9-1 蛋白质标准曲线

9.1.2.2 蛋白质的双向电泳分析

分别将以白桦木粉（M）和葡萄糖（G）为碳源的木蹄层孔菌蛋白质样品用 pH 3～11 的 IPG 非线性胶条进行等点聚焦，然后用 12.5%的 SDS-PAGE 凝胶进行第二向分离。每个样品重复 3 次以保证表达谱的可重复性（图 9-2）。

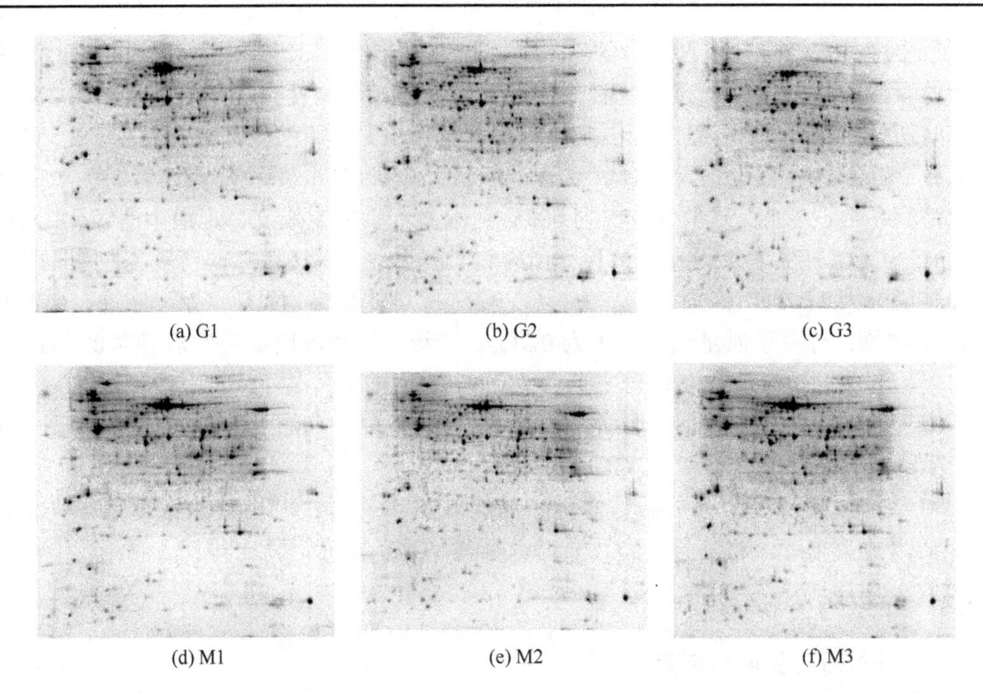

图 9-2 以白桦木粉（M）和葡萄糖（G）为碳源的木蹄层孔菌蛋白质 2-DE 电泳图谱

9.1.2.3 差异表达蛋白质组分析

1. 差异表达蛋白质

木蹄层孔菌在白桦木粉诱导前后蛋白质表达差异较为明显。将得到的图像用 ImageMaster 软件进行差异蛋白质点分析，以可重复变化的 average ratios>1.5 或<−1.5，$P<0.05$ 来筛选分析，在 pH3～11 非线性胶条共分离得到 28 个差异显著表达的蛋白质点（图 9-3），其中，15 个蛋白质点上调表达，13 个蛋白质点下调表达。

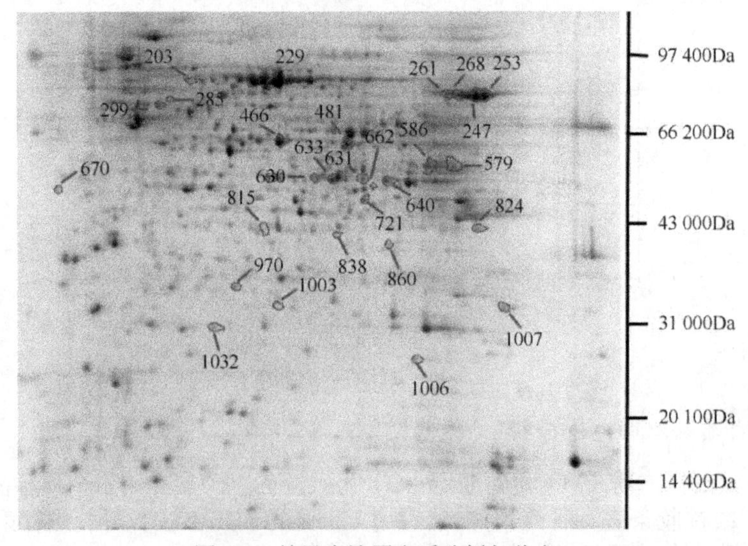

图 9-3 差异表达蛋白质分析与鉴定

2. 蛋白质功能注释和归类

对28个差异蛋白进行MALDI TOF/TOF质谱分析，利用GPS Explore软件进行分析，MASCOT检索NCBI Nr蛋白质数据库，共成功鉴定14个蛋白质点（蛋白质得分>60，可信度>90%）（表9-2），鉴定成功率约为50%。在成功鉴定的14个蛋白质中，有2个过氧化氢酶（EC 1.11.1.6）、2个谷氨酰胺合成酶（EC 6.3.1.2）、2个NAD依赖型甲酸脱氢酶（FDH，EC 1.2.1.2）、1个烯醇酶（EC 4.2.1.11）、1个DAHP合成酶（EC 2.5.1.54）、1个*O*-乙酰高丝氨酸氨基羧丙基转移酶（EC 2.5.1.49）、1个山梨糖还原酶（EC 1.1.1.289）、1个延胡索二酰乙酰酶（FAH，EC 3.7.1.2）、1个甲硫腺苷磷酸化酶（MTAP，EC 2.4.2.28）、1个谷胱甘肽*S*-转移酶（GSTs，EC 2.5.1.18）和1个含AhpC-TSA结构域蛋白。

表9-2　差异表达蛋白质的鉴定

匹配编号	蛋白质名称	登录号	蛋白质分子量	蛋白质等电点	蛋白质得分	蛋白质得分CI/%	基因表达水平
579	DAHP合成酶[*Trametes versicolor* FP-101664 SS1]	gi|392566018	42187.5	6.84	86	91.98	up
970	AhpC-TSA结构域蛋白[*Dichomitus squalens* LYAD-421 SS1]	gi|395331001	22206.3	5.7	162	100	down
268	过氧化氢酶[*Auricularia delicata* TFB-10046 SS5]	gi|393230056	57463	6.75	125	100	up
253	过氧化氢酶 [*Taiwanofungus camphoratus*]	gi|68165858	57089.6	6.26	105	99.89	up
466	烯醇酶 [*Dichomitus squalens* LYAD-421 SS1]	gi|395335007	47141.6	5.46	388	100	down
630	谷氨酰胺合成酶[*Dichomitus squalens* LYAD-421 SS1]	gi|395328827	39542.3	6.18	265	100	down
633	谷氨酰胺合成酶[*Trametes versicolor* FP-101664 SS1]	gi|392568805	39738.4	6.35	402	100	down
1007	谷胱甘肽*S*-转移酶[*Fomitopsis pinicola*FP-58527 SS1]	gi|527302066	25481.2	6.97	227	100	up
824	延胡索二酰乙酰酶[*Dichomitus squalens* LYAD-421 SS1]	gi|395329763	32774.32	7.74	120.71	100	up
838	甲硫腺苷磷酸化酶[*Trametes versicolor* FP-101664 SS1]	gi|392569021	34273.5	5.94	97	99.34	down
860	山梨糖还原酶[*Dichomitus squalens* LYAD-421 SS1]	gi|395325753	35949.11	8.5	80.8	99.57	up
632	NAD依赖型甲酸脱氢酶[*Ceriporiopsis subvermispora* B]	gi|449546372	44138.9	8.2	221	100	up
640	NAD依赖型甲酸脱氢酶[*Ceriporiopsis subvermispora*]	gi|164564768	39518.4	6.28	265	100	up
481	*O*-乙酰高丝氨酸氨基羧丙基转移酶[*Trametes versicolor* FP-101664 SS1]	gi|392559759	47264.2	6.43	194	100	up

注：蛋白质得分大于60，CI%大于95被认为是成功鉴定的阈值。

1）烯醇酶（EC 4.2.1.11）

烯醇酶，又称为磷酸丙酮酸水合酶，是一种金属酶，催化糖酵解的第九步反应：2-磷酸甘油酸（2-PG）形成磷酸烯醇丙酮酸（PEP）。烯醇酶是一种裂解酶，当反应体系中底物浓度改变时，它也能够催化逆反应。烯醇酶存在于所有能够进行糖酵解或发酵的组织和生物体中。木蹄层孔菌中，在白桦木粉为碳源时，差异蛋白质点 466（烯醇酶）蛋白表达水平下调。密粘褶菌（*Gloeophyllum trabeum*）以葡萄糖作为碳源时也检测到烯醇酶[1]。

2）DAHP 合成酶（EC 2.5.1.54）

DAHP 合成酶是莽草酸途径第一个酶，参与苯丙氨酸、酪氨酸和色氨酸的生物合成。由于 DAHP 合成酶是莽草酸途径的第一个酶，而且是一个限速酶，控制着进入该途径的碳量。DAHP 合成酶的主要功能是催化磷酸烯醇丙酮酸和 *D*-4-磷酸赤藓糖形成 DAHP 和磷酸。除此之外，DAHP 合成酶还调节进入莽草酸途径的碳量。这种调节机制主要有两种：反馈抑制和转录调控。在细菌中两种机制都有，但是在植物中只发现了转录调控[2]。DAHP 合成酶属于转移酶家族，特异性转移芳基或烷基基团，可能参与木质素的降解过程。木蹄层孔菌中，在白桦木粉为碳源时，差异蛋白质点 579（DAHP 合成酶）蛋白质表达水平上调。

3）过氧化氢酶（EC 1.11.1.6）

过氧化氢酶几乎存在于所有生物体内。它催化 H_2O_2 分解为水和氧[3]。过氧化氢酶是一种非常重要的保护细胞免受由活性氧（ROS）氧化损伤的酶。

机体会产生活性氧自由基，参与生物体各种生命代谢过程，但当活性氧自由基超过机体内源性抗氧化能力的代偿时，会引起组织损伤。这些自由基包括活性氧自由基、羟自由基、过氧化氢和活性氮自由基等。木腐真菌中的锰过氧化物酶、木质素过氧化物酶或多功能过氧化物酶等都需要 H_2O_2 参与反应，将 H_2O_2 转化为 H_2O，对木质素进行分解。对南部黄松边材诱导后，密粘褶菌（*Gloeophyllum trabeum*）中检测到 76 个蛋白质，包括 Fenton 反应相关酶、乙醇氧化酶、脂氧合酶和过氧化氢酶[1]。

质谱分析获得 2 个可信度>90%的过氧化氢酶（268 和 253），还有一个编号 261 蛋白质点得分为 79，蛋白质可信度为 52.79%，推测应该也是过氧化氢酶。这 3 个过氧化氢酶表达均上调。在白桦木粉为碳源时，质谱鉴定的 3 个差异蛋白质点表达水平上调。

4）*O*-乙酰高丝氨酸氨基羧丙基转移酶（EC 2.5.1.49）

O-乙酰高丝氨酸氨基羧丙基转移酶属于转移酶家族，特异性转移芳基或烷基基团，参与甲硫氨酸和半胱氨酸代谢。质谱分析得到的该蛋白质（差异蛋白 481）在白桦木粉为碳源时，表达水平上调。

5）NAD 依赖型甲酸脱氢酶（EC 1.2.1.2）

甲酸脱氢酶是一组催化甲酸氧化成二氧化碳的酶，它为第二底物提供电子，如甲酸:NAD^+氧化还原酶（EC 1.2.1.2）中的 NAD^+和甲酸:亚铁细胞色素-b1 氧化还原酶（EC 1.2.2.1）的细胞色素[4]。在甲醇酵母和细菌中，NAD 依赖型甲酸脱氢酶非常重要，因为它在 C1 化合物（如甲醇）分解代谢中起到至关重要的作用[5]。在原核生物的厌氧代谢中细胞色素依赖型甲酸脱氢酶更重要[6]。

乙二酸是一种常见真菌代谢物，被认为是影响真菌生长和代谢的重要化合物[7]。此外，越来越多的证据表明，真菌分泌的乙二酸能促进木质纤维素的降解和转化[8]。乙二酸是一种有毒的化合物，调控其胞内和胞外浓度是至关重要的。甲酸由乙二酸脱羧酶催化乙二酸而来，又进一步被甲酸脱氢酶分解为 CO_2，同时生成 NADH[9]。通常，乙二酸的分解被认为是对酸的解毒作用，然而从生理角度看，在白腐菌中 NAD 依赖型甲酸脱氢酶（FDH，EC1.2.1.2）对 NADH 的合成起到重要作用，这些 NADH 被 NADH 酶所使用产生 ATP，在甲醇酵母中就发现这样的情况[10]。

FDH 是一种细胞内酶，它分解甲酸（乙二酸脱羧酶的反应产物）生成 CO_2 和 NADH。细胞色素氧化酶是线粒体电子传递链的最终电子受体，为了防止细胞色素氧化酶被抑制，甲酸的迅速降解是必需的[11]。细菌、真菌和植物都会生产 FDH，迄今已在白腐菌 *Dichomitus squalens* 和 *Ceriporiopsis subvermispora* 等中发现 FDH[8]。密粘褶菌（*Gloeophyllum trabeum*）以葡萄糖作为碳源时也检测到甲酸脱氢酶[1]。质谱分析得到的该蛋白质（差异蛋白 632 和 640）在白桦木粉为碳源时，表达水平上调。

6）山梨糖还原酶（EC 1.1.1.289）

山梨糖还原酶催化 *D*-山梨醇生成 *L*-山梨糖，同时形成 NADPH。这个酶属于氧化还原酶家族，特别是在 CH—OH 基团作为电子供体，NAD^+或 $NADP^+$作为电子受体的化学反应中。差异蛋白 860 在白桦木粉为碳源时，表达上调。研究发现山梨糖对菌株斜卧青霉（*Penicillium decumbens*）JU-A10-S 中纤维素酶和半纤维素酶基因表达有很强的诱导作用[12]，其机制有待于进一步研究。

7）延胡索二酰乙酰酶（EC 3.7.1.2）

延胡索二酰乙酰酶是酪氨酸分解代谢途径 5 个酶中的最后一个酶，也作用于其他 3,5-和 2,4-双氧酸。延胡索二酰乙酰酶参与的代谢过程主要为酪氨酸代谢，苯乙烯降解、代谢途径，微生物在不同环境中的代谢。木蹄层孔菌中，质谱分析发现在白桦木粉为碳源时，延胡索二酰乙酰酶（差异蛋白 824）表达水平也上调，可能该酶是白桦木粉诱导后，参与中间产物的进一步降解。

8）甲硫腺苷磷酸化酶（MTAP）（EC 2.4.2.28）

MTAP 在多胺代谢及腺嘌呤和甲硫氨酸补救途径中起到重要作用。质谱分析得到的该蛋白质（差异蛋白 838）在白桦木粉为碳源时，表达水平下调。

9）谷胱甘肽 *S*-转移酶（GSTs）（EC 2.5.1.18）

谷胱甘肽 *S*-转移酶具有解毒功能，催化还原形式的 GSH 和外源物质结合。GST 家族包括 3 个超家族：细胞质、线粒体和微粒体[8]。谷胱甘肽 *S*-转移酶主要转移烷基或芳香基，在生物体参与谷胱甘肽代谢和细胞色素 P450 参与的异型生物质代谢。质谱分析得到的该蛋白质（差异蛋白 1007）在白桦木粉诱导后，表达水平上调，说明有可能参与了木质纤维素的降解。

10）AhpC-TSA 结构域蛋白

烷基氢过氧化物还原酶（AhpC）能够直接将有机过氧化物还原为还原型的二硫键形式。巯基特定的抗氧化剂（TSA）包含防御含硫自由基的酶，这是生理上重要的抗氧化剂。这几个家族包含 AhpC 和 TSA，以及相关的蛋白质。

利用 NCBI 上的 CDD（http://www.ncbi.nlm.nih.gov/Structure/cdd/wrpsb.cgi）对 *Dichomitus squalens* LYAD-421 SS1 的 AhpC-TSA 结构域蛋白质的氨基酸序列进行分析（图 9-4），发现其属于过氧化物氧化还原酶（PRX）家族、BCP（bacterioferritin comigratory protein）亚家族和 AhpC[COG0450]，以及类硫氧化蛋白超家族转录组。该家族广泛表

达于致病性细菌，通过减少和去除 H_2O_2 保护细胞免受活性氧的毒害。BCP 选择以脂肪酸的过氧化物为底物，而不是以过氧化氢或烷基过氧化物为底物。质谱分析得到的该蛋白质（差异蛋白 970）在白桦木粉为碳源时，表达水平下调。

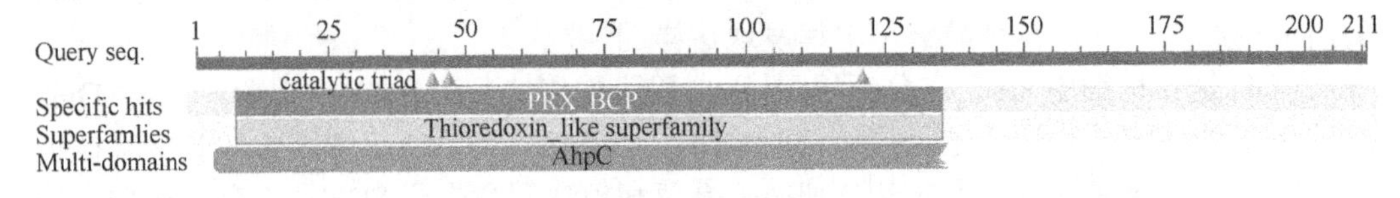

图 9-4　假设的保守结构域

11）谷氨酰胺合成酶

谷氨酰胺合成酶（GS）（EC 6.3.1.2）是一种氮代谢中重要的酶，它催化谷氨酸和氨形成谷氨酰胺。转录组中发现 9 个差异表达基因（CL3267.Contig1、CL3267.Contig2、Unigene2903、Unigene8809、Unigene10812、CL1210.Contig1、CL1210.Contig2、CL2227.Contig1、CL2227.Contig2）。质谱分析得到的该蛋白质（差异蛋白 630 和 633）在白桦木粉为碳源时，表达水平下调。

3. 鉴定的蛋白质在不同功能类群的分布

根据 GO 分类信息，将白桦木粉诱导后差异表达的蛋白质进行分类。鉴定的差异表达蛋白质涉及的生物过程（图 9-5）如下：13 个代谢过程、6 个细胞过程、2 个刺激响应。其中 13 个代谢过程包括：单生物体代谢过程、初级代谢过程、有机物质代谢过程、生物合成过程、分解代谢过程和氮化合物代谢过程。6 个细胞过程都参与细胞代谢过程。2 个刺激响应都是胁迫响应。

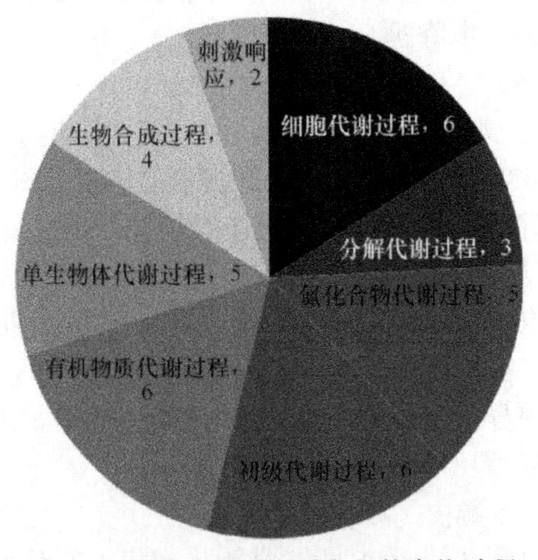

图 9-5　质谱鉴定蛋白质参与的生物过程

鉴定的差异表达蛋白质涉及分子功能［图 9-6（a）和（b）］如下：14 个蛋白质都具有催化活性，其中，9 个是结合蛋白、3 个具有抗氧化活性。14 个具有催化活性的蛋白质中 4 个具有转移酶活性，1 个具有水解酶活性。9 个结合蛋白中 4 个可结合核苷酸、4 个可结合小分子、4 个可结合磷酸化核苷、4 个可结合有机环状化合物、4 个可结合杂环化合物和 1 个可结合蛋白质。

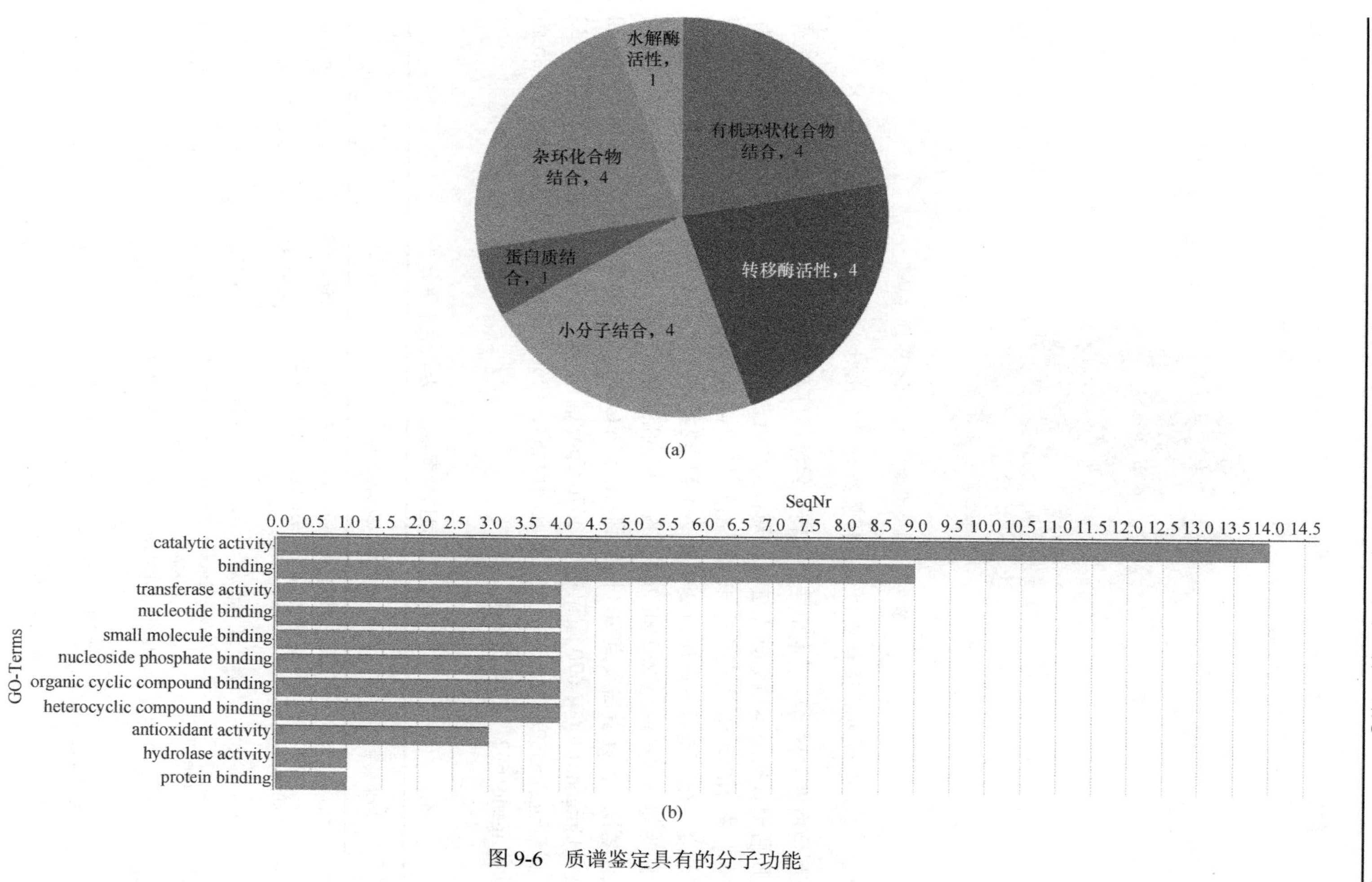

图 9-6 质谱鉴定具有的分子功能

鉴定的差异表达蛋白质涉及细胞组分（图 9-7）如下：高分子复合物 1 个（蛋白质复合物），细胞器 1 个（膜细胞器），细胞膜 4 个（细胞部分）。

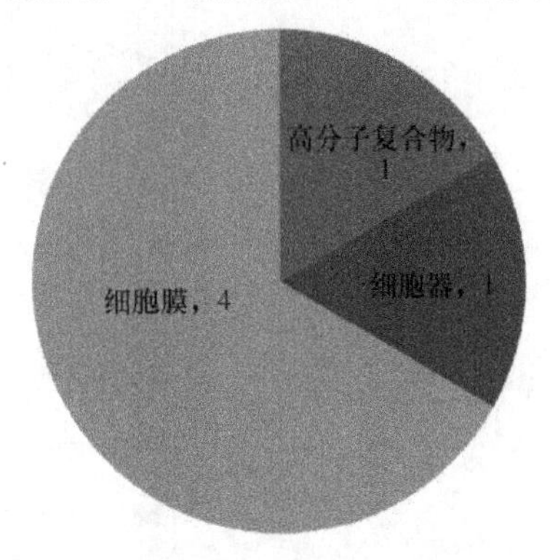

图 9-7　质谱鉴定具有的细胞组分

9.1.2.4　差异蛋白质质谱数据与本地转录组数据库比对

利用白桦木材诱导下木蹄层孔菌转录组测序序列构建 Mascot 本地数据库，将差异蛋白质质谱数据与本地数据库进行比对，25 个蛋白质点找到了唯一的转录组核酸序列，其中包括在 NCBI Nr 数据库中未鉴定出的 11 个差异蛋白质点，它们与本地数据库序列高可信度匹配。差异蛋白质点 247 和 261 都是与转录组中的 Unigene10480 相匹配，与鉴定到的差异蛋白质点 253 和 268 匹配到相同的核酸序列，因此这 4 个蛋白质点都是过氧化氢酶。差异蛋白质点 203 匹配到 CL3576.Contig2；299 匹配到 Unigene5438；662 匹配到 Unigene13060；670 匹配到 CL2070.Contig2；1003 匹配到 CL2067.Contig2；1032 匹配到 Unigene3328；285 匹配到 Unigene11454；1066 匹配到 CL1796.Contig1；586 匹配到 Unigene1692，结果表 9-3。

表 9-3　与本地转录组数据库比对及表达水平分析

2-D 编号	转录组编号	蛋白质名称/可能家族	登录号	转录水平表达	蛋白质水平表达
253	Unigene10480	过氧化氢酶[*Taiwanofungus camphoratus*]	gi|68165858	up	up
268	Unigene10480	过氧化氢酶[*Auricularia delicata* TFB-10046 SS5]	gi|393230056	up	up
466	Unigene8571	烯醇酶[*Dichomitus squalens* LYAD-421 SS1]	gi|395335007	up	down
481	Unigene3786	*O*-乙酰高丝氨酸氨基羧丙基转移酶[*Trametes versicolor* FP-101664 SS1]	gi|392559759	up	up
579	CL578.Contig2	DAHP 合成酶[*Trametes versicolor* FP-101664 SS1]	gi|392566018	down	up
630	Unigene8809	谷氨酰胺合成酶[*Dichomitus squalens* LYAD-421 SS1]	gi|395328827	up	down
632	CL39.Contig2	NAD 依赖型甲酸脱氢酶 [*Ceriporiopsis subvermispora* B]	gi|449546372	up	up

续表

2-D 编号	转录组编号	蛋白质名称/可能家族	登录号	转录水平表达	蛋白质水平表达
633	Unigene8809	谷氨酰胺合成酶[*Trametes versicolor* FP-101664 SS1]	gi|392568805	up	down
640	CL39.Contig2	NAD 依赖型甲酸脱氢酶[*Ceriporiopsis subvermispora*]	gi|164564768	up	up
824	Unigene572	延胡索二酰乙酰酶[*Dichomitus squalens* LYAD-421 SS1]	gi|395329763	up	up
838	Unigene4513	甲硫腺苷磷酸化酶[*Trametes versicolor* FP-101664 SS1]	gi|392569021	down	down
860	Unigene3506	NAD（P）依赖型蛋白[*Dichomitus squalens* LYAD-421 SS1]	gi|395325752	up	up
970	Unigene5996	AhpC-TSA 结构域蛋白[*Dichomitus squalens* LYAD-421 SS1]	gi|395331001	down	down
1007	CL2128.Contig1	谷胱甘肽 *S*-转移酶[*Fomitopsis pinicola* FP-58527 SS1]	gi|527302066	up	up
203	CL3576.Contig2	葡萄糖-甲醇-胆碱氧化还原酶家族	—	down	up
247	Unigene10480	过氧化氢酶	—	up	up
261	Unigene10480	过氧化氢酶	—	up	up
285	Unigene11454	预测蛋白	—	down	down
299	Unigene5438	DYP 型过氧化物酶超家族	—	down	down
586	Unigene1692	酮泛酸还原酶家族	—	up	up
662	Unigene13060	2OG-铁（Ⅱ）加氧酶超家族	—	down	down
670	CL2070.Contig2	天冬氨酰蛋白酶超家族	—	down	down
1003	CL2067.Contig2	*N*-酰基转移酶超家族	—	up	down
1032	Unigene3328	碳酸酐酶家族的 A 分支	—	down	down
1066	CL1796.Contig1	预测蛋白	—	up	up
229	—	—	—	—	down
721	—	—	—	—	up
815	—	—	—	—	down

将蛋白质水平和转录组水平各差异点的蛋白质表达和 mRNA 表达情况进行比对发现（表 9-3），CL3576.Contig2、Unigene8571、CL578.Contig2、Unigene8809、Unigene8809 和 CL2067.Contig2 转录水平和蛋白质水平表达不一致，这一结果还有待于进一步分析验证。

1. CL2067.Contig2（差异蛋白 1003）

在 NCBI 网站进行 tblastx 显示（图 9-8），CL2067.Contig2 序列与 *Coprinopsis cinerea* Okayama 的假定蛋白的 mRNA 相似度最高，匹配分值、总体分值和覆盖率分别为 62.9、142 和 53%。

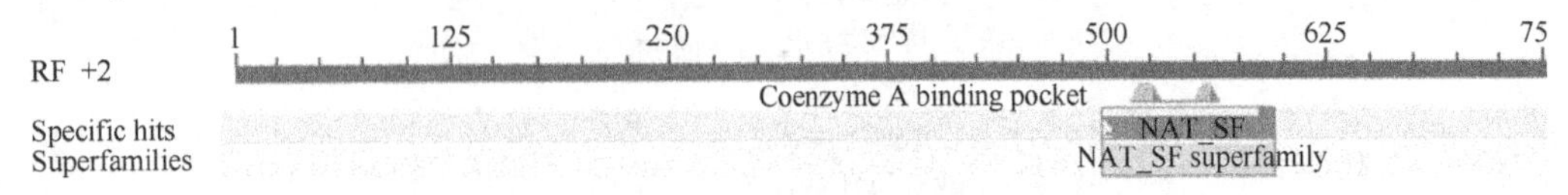

图 9-8　CL2067.Contig2 保守结构域分析

对 CL2067.Contig2 序列进行保守结构域分析发现，差异蛋白 1003 可能属于 *N*-酰基转移酶超家族。NAT（*N*-酰基转移酶）是一个很大的超家族，它们中的大多数催化酰基转移到底物，还涉及其他的各种功能，包括从细菌抗药性到哺乳动物昼夜节律。其成员包括 GCN5 相关的 *N*-乙酰转移酶（GNAT）如氨基糖苷类 *N*-乙酰转移酶，组蛋白的 *N*-乙酰转移酶（HAT）和羟色胺 *N*-乙酰转移酶，它催化乙酰基向底物的转移。其他家庭成员包括精氨酸/鸟氨酸 *N*-琥珀酰，肉豆蔻酰 CoA:蛋白质 *N*-肉豆蔻酸盐和酰基-高丝氨酸内酯合成酶。亮氨酰/苯丙氨酰基-tRNA-蛋白转移酶和 FemXAB 非核糖肽酰转移酶能催化肽酰转移酶类似的反应也包括在内。

2. CL1796.Contig1（差异蛋白 1066）

在 NCBI 网站进行 tblastx 显示（图 9-9），CL1796.Contig1 与 *Postia placenta* 的假定蛋白的 mRNA 相似度最高，匹配分值和覆盖率分别为 180 和 64%。

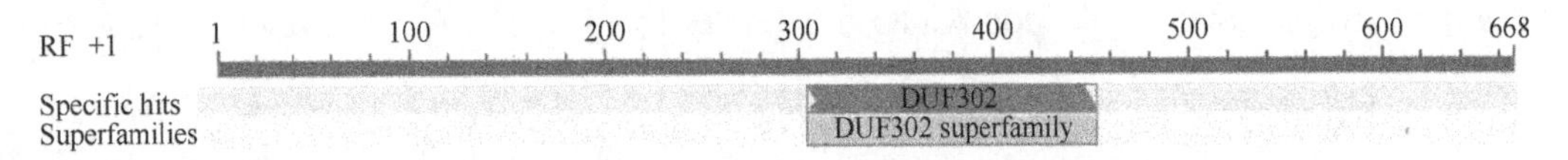

图 9-9　CL1796.Contig1 保守结构域分析

对 CL1796.Contig1 序列进行保守结构域分析发现一个未知功能的 DUF302 结构域。这个结构域在一些未描述的蛋白质中被发现。通常在一个序列中发现唯一一个 DUF302 结构域，但是呈现为一个串联重复序列。该结构域显示有趣的系统发育分布，主要分布在细菌和古细菌中，而且在果蝇中也存在。

3. CL2070.Contig2（差异蛋白 670）

在 NCBI 网站进行 tblastx 显示（图 9-10），CL2070.Contig2 与 *Laccaria bicolor* 的天冬氨酸肽酶（aspartic peptidase）A1 的部分 mRNA 相似度最高，匹配分值和覆盖率分别为 572 和 72%。

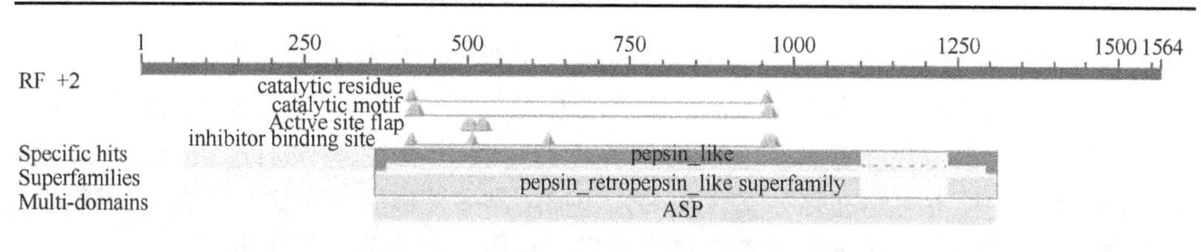

图 9-10 CL2070.Contig2 保守结构域分析

对 CL2070.Contig2 序列进行保守结构域分析进一步验证差异蛋白 670 可能属于天冬氨酰蛋白酶超家族。天冬氨酰（酸）蛋白酶包括胃蛋白酶、组织蛋白酶和肾素等。

4. CL3576.Contig2（差异蛋白 203）

在 NCBI 网站进行 tblastx 显示（图 9-11），CL3576.Contig2 与 *Lyophyllum shimeji* 的吡喃糖氧化酶的 mRNA 相似度最高，匹配分值、总体分值和覆盖率分别为 371、1667 和 49%。

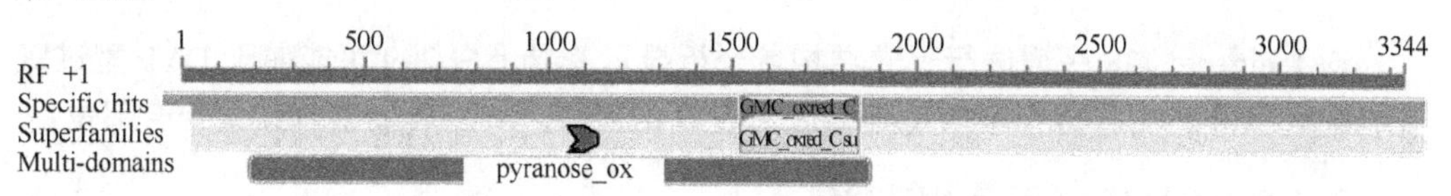

图 9-11 CL3576.Contig2 保守结构域分析

对 CL3576.Contig2 序列进行保守结构域分析显示差异蛋白 203 可能属于 GMC（葡萄糖-甲醇-胆碱）氧化还原酶家族。保守结构域分析进一步显示差异蛋白 203 可能是吡喃糖氧化酶，这种氧化酶又称为葡萄糖 2-氧化酶，它将 *D*-葡萄糖和分子氧转化为 2-脱氢-*D*-葡萄糖和过氧化氢。在木质素降解过程中，这些过氧化氢的产生对木腐真菌是非常重要的。同时发现 CL3576.Contig2 序列上还有 NAD（P）结合型 Rossmann 结构域。

5. Unigene3328（差异蛋白 1032）

在 NCBI 网站进行 tblastx 显示（图 9-12），Unigene3328 与 *Schizophyllum commune* 的假定蛋白的 mRNA 相似度最高，匹配分值、总体分值和覆盖率分别为 188、601 和 41%。

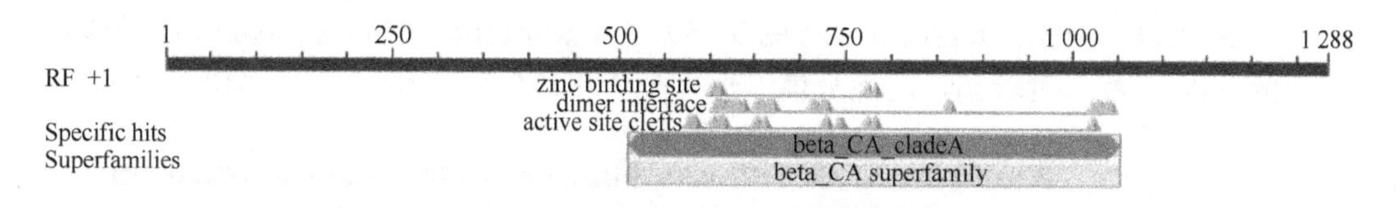

图 9-12 Unigene3328 保守结构域分析

对 Unigene3328 序列进行保守结构域分析显示差异蛋白 1032 可能属于碳酸酐酶家

族的 A 分支。碳酸酐酶（CA）是一种含锌的酶，它催化二氧化碳以两步机制可逆水合。CA 是普遍存在于基本生命过程的酶，如光合作用、呼吸作用、平衡 pH 和离子运输。CA 有 3 种不同的进化家族（α-，β-和 γ-CA），它们中没有显著序列或结构相似性。在 β-CA 家族有 4 种不同的进化分支（A~D）。β-CA 是多聚体酶（形成二聚体、四聚体、六聚体和八聚体），它存在于高等植物、藻类、真菌、古细菌和原核生物。

6. Unigene5438（差异蛋白 299）

在 NCBI 网站进行 tblastx 显示（图 9-13），Unigene5438 与 *Ganoderma lucidum* 的染料脱色过氧化物酶的 mRNA 相似度最高，匹配分值、总体分值和覆盖率分别为 141、1198 和 72%。

图 9-13 Unigene5438 保守结构域分析

对 Unigene5438 序列进行保守结构域分析显示差异蛋白 299 可能属于 DYP 型过氧化物酶超家族成员。这个家族是染料脱色过氧化物酶，缺乏典型的血红素结合部位。

7. Unigene11454（差异蛋白 285）

在 NCBI 网站进行 tblastx 显示（图 9-14），Unigene11454 与 *Coprinopsis cinerea* 的延伸因子-2 激酶的 mRNA 相似度最高，匹配分值、总体分值和覆盖率分别为 97.3、412 和 40%。

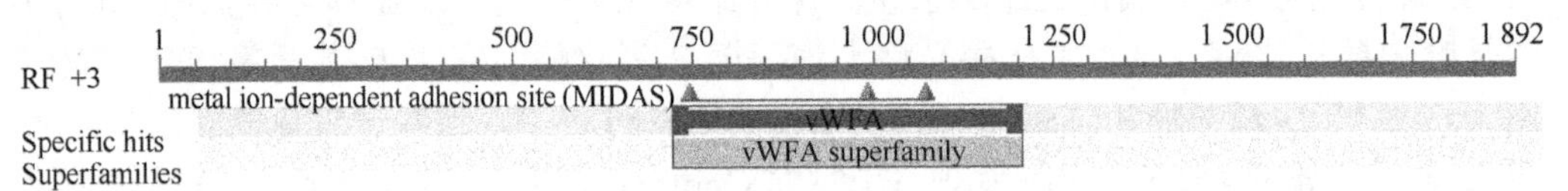

图 9-14 Unigene11454 保守结构域分析

对 Unigene11454 序列进行保守结构域分析显示差异蛋白 285 可能属于血管性血友病因子 A 型（vWA）超家族。vWA 结构域最初是在血液凝固蛋白血管性血友病因子（vWF）中发现。典型的 vWA 结构域是由约 200 个氨基酸残基折叠成褶皱的经典的 A/B 对位的 Rossmann 类型折叠。

8. Unigene13060（差异蛋白 662）

在 NCBI 网站进行 tblastx 显示（图 9-15），Unigene13060 与 *Postia placenta* 的假定蛋白的 mRNA 相似度最高，匹配分值、总体分值和覆盖率分别为 245、548 和 81%。

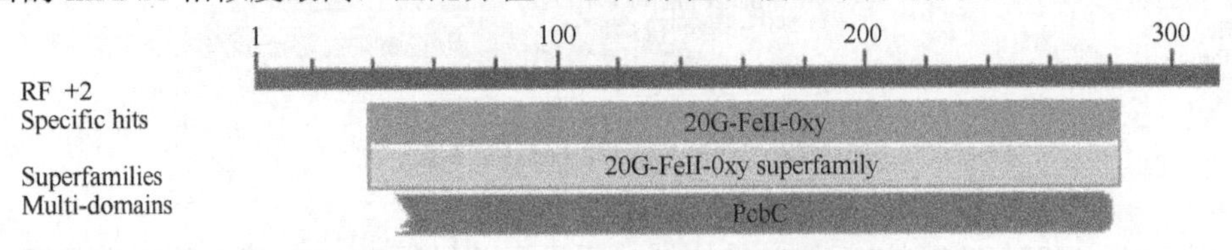

图 9-15 Unigene13060 保守结构域分析

对 Unigene13060 序列进行保守结构域分析显示差异蛋白 662 可能属于 2OG-铁（Ⅱ）加氧酶超家族。该家族包含了 2-酮戊二酸（2OG）和 Fe（II）依赖型加氧超酶家族的成员，还包括赖氨酰水解酶、异青霉素合成酶和 AlkB。

9. Unigene1692（差异蛋白 586）

在 NCBI 网站进行 tblastx 显示（图 9-16），Unigene1692 与 *Puccinia graminis* 的假定蛋白的 mRNA 相似度最高，匹配分值、总体分值和覆盖率分别为 121、388 和 38%。

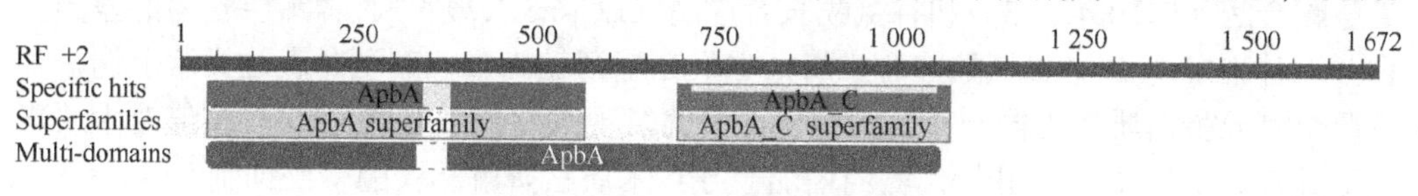

图 9-16 Unigene1692 保守结构域分析

对 Unigene1692 序列进行保守结构域分析显示差异蛋白 586 可能属于酮泛酸还原酶家族。

9.1.3 讨论

研究表明，木材腐朽菌的木质纤维素降解酶系大多为分泌型胞外酶，相关基因一经表达即很快分泌到细胞外，可以用成熟的生理生化方法检测。本研究重点进行了木蹄层孔菌的胞内蛋白质差异表达分析，目的是了解该菌在木屑诱导下胞内调控蛋白的表达变化与作用。

木蹄层孔菌的转录组测序分析发现参与分子功能的基因中以催化活性和结合反应中注释的基因最多，而在蛋白质水平上，鉴定的 14 个差异表达蛋白质都具有催化活性，其中有 9 个是结合蛋白。转录组序列中，参与生物过程的基因中以代谢过程和细胞过程中注释的基因最多，质谱鉴定到的差异蛋白涉及 13 个代谢过程、6 个细胞过程和 2 个刺激响应。转录组水平中，细胞组分中的细胞、细胞部分、膜和细胞器注释的基因最多。鉴定的差异表达蛋白质涉及细胞组分包括细胞膜 4 个（细胞部分）、细胞器 1 个（膜细胞器）和高分子复合物 1 个（蛋白质复合物）。

过氧化氢酶已被发现是一种脂质过氧化反应有效的抑制剂，脂质过氧化反应在密粘褶菌（*Gloeophyllum trabeum*）对木材降解过程中形成的氢醌衍生的羟基自由基时被发现[13]。黄孢原毛平革菌（*Phanerochaete chrysosporium*）在木质素培养基中过氧化氢酶的转录表达是葡萄糖培养基中的 35 倍。由于这些过氧化氢酶似乎与真菌膜外关联，因此提出将过氧化氢酶作为检测活性氧种类的生物大分子指示物。*Phanerochaete chrysosporium* 基因组编码 4 种不同过氧化氢酶，但在木质素降解时似乎只有一种过氧化氢酶同工酶起到主要作用[14]。木蹄层孔菌转录组共发现了至少 8 个预测的过氧化氢酶，分别为 Unigene1575、Unigene8160、Unigene10480、Unigene12616、Unigene12760、CL1646.Contig1、CL1646.Contig2、CL1646.Contig3l，但在双向电泳的差异蛋白质点与本地转录组比对时发现 4 个差异蛋白质点都是由 Unigene10480 编码，说明 Unigene10480 是在木蹄层孔菌的木质素降解时起到关键作用的过氧化氢酶同工酶。4 个蛋白质差异点与一个核酸序列匹配的情况表明，这个过氧化氢酶可能是一个修饰蛋白，不同的修饰基团导致它在电泳图中相同分子质量位置的不同等电点位置。

谷氨酸/谷氨酰胺、天冬氨酸/天冬酰胺以及丙氨酸被认为是氮固定的主要渠道[15]。卷边网褶菌（*Paxillus involutus*）的氨基酸代谢中，很多编码相关酶的基因会被培养基中添加的葡萄糖所刺激，蛋白质水平表达上调，上调最多的是一个 NADPH 依赖型的谷氨酸合酶（EC 1.4.1.13）和谷氨酰胺合成酶（EC 6.3.1.2）[16]。木蹄层孔菌的差异蛋白分析时也发现 2 个谷氨酰胺合成酶，它们在葡萄糖为唯一碳源时表达显著上调，并且两个差异蛋白质点为同一个基因编码。研究发现细胞内谷氨酸/谷氨酰胺值对木质素代谢具有一定的调节作用[17]，氮的增加会导致木质素降解相关酶受到抑制[18]。

9.1.4　小结

（1）在对不同碳源培养的蛋白质进行差异分析时，选取差异倍数在 1.5 以上且 $P<0.05$ 进行统计分析，获得了 28 个差异点；有 15 个蛋白质点表达上调，13 个蛋白质点表达下调。对这 28 个差异点进行 MALDI-TOF/TOF 质谱鉴定，有 14 个蛋白质利用 NCBI Nr 数据库被成功地鉴定，包括过氧化氢酶、谷氨酰胺合成酶、NAD 依赖型甲酸脱氢酶、烯醇酶、DAHP 合成酶、*O*-乙酰高丝氨酸氨基羧丙基转移酶、山梨糖还原酶、延胡索二酰乙酰酶、甲硫腺苷磷酸化酶、谷胱甘肽 *S*-转移酶和含 AhpC-TSA 结构域蛋白。

（2）对鉴定到的差异蛋白进行 GO 功能分类，这些蛋白质中 5 个参与单生物体代谢过程，2 个参与刺激响应，6 个参与初级代谢过程，6 个参与有机物质代谢过程，4 个参与生物合成过程，3 个参与分解代谢过程，6 个参与细胞过程，5 个参与氮化合物代谢过程。涉及分子功能如下：结合蛋白、转移酶活性、结合核苷酸、抗氧化活性、结合小分子、结合磷酸化核苷、结合有机环状化合物、结合杂环化合物、水解酶活性、结合蛋白质。涉及的细胞组分包括蛋白质复合物、膜细胞器和细胞部分。

（3）利用木蹄层孔菌转录组测序序列构建 Mascot 本地数据库，将差异蛋白质质谱数据与本地数据库进行比对，25 个蛋白质点找到了唯一的转录组核酸序列，其中包括在 NCBI Nr 数据库中未鉴定出的 11 个差异蛋白质点，它们与本地数据库序列有高可信度匹配。差异蛋白 203（CL3576.Contig2）可能属于葡萄糖-甲醇-胆碱氧化还原酶家族；差异蛋白 299（Unigene5438）属于 DYP 型过氧化物酶超家族；差异蛋白 662（Unigene13060）属于 2OG-铁（Ⅱ）加氧酶超家族；差异蛋白 670（CL2070.Contig2）属于天冬氨酰蛋白酶超家族；差异蛋白 1003（CL2067.Contig2）属于 *N*-酰基转移酶超家族；差异蛋白 1032（Unigene3328）属于碳酸酐酶家族的 A 分支；差异蛋白 285（Unigene11454）和 1066（CL1796.Contig1）为未知功能蛋白；差异蛋白 586（Unigene1692）属于酮泛酸还原酶家族；差异蛋白 970（Unigene5996）属于过氧化物氧化还原蛋白家族。通过对木蹄层孔菌的转录组本地数据库与胞内蛋白质组数据的比对和相互印证，加深了我们对木蹄层孔菌木材腐朽分子机制的认识。

9.2　桦剥管菌蛋白质组的差异表达

9.2.1　材料与方法

9.2.1.1　实验材料

胞内差异蛋白的诱导物为白桦木屑和云杉木屑。

9.2.1.2　实验试剂

蛋白质提取、裂解及电泳相关试剂的配置见表 9-4。

表 9-4　实验试剂的配置

溶液名称	溶液成分	各成分所需体积	备注
30 %聚丙烯酰胺储液	丙烯酰胺	150g	滤纸过滤后
	甲叉双丙烯酰胺	4g	棕色瓶保存
	超纯水	500ml	
1.5mol/L Tris 碱 pH= 8.8	Tris 碱	90.75g	超纯水定容至 500ml
	超纯水	400ml	4℃冰箱保存
	1mol/L HCl	调 pH	pH=8.8
10% SDS	SDS	10g	室温保存
	超纯水	1ml	
10×电泳缓冲液	Tris 碱	30g	混匀后室温保存
	甘氨酸	144g	使用前稀释为 1×
	SDS	10g	
	超纯水	1L	
	10% SDS	4.0ml	
10% AP	AP	0.1g	4℃保存
	超纯水	1ml	
2×SDS-PAGE 上样缓冲液	0.5 mol/L pH 6.8 Tris 碱	2.0ml	
	10% SDS	4.0ml	
	甘油	2.0ml	
	1% 溴酚蓝	0.05 ml	
	超纯水	定容至 10 ml	
	DTT	0.154g	现用现加
水化上样缓冲液	尿素	8mol/L	−20℃保存
	CHAPS	4%	
	DTT	65mmol/L	
	Bio-Lyte	0.2%（*m*/*V*）	
	溴酚蓝	0.001%	
	超纯水	定容至 10ml	
胶条平衡母液	尿素	6mol/L	−20℃保存
	SDS	2%	

续表

溶液名称	溶液成分	各成分所需体积	备注
胶条平衡母液	Tris-HCl pH 8.8	0.375mol/L	
	甘油	20%	
	超纯水	定容至 10ml	
胶条平衡缓冲液 I	胶条平衡母液	10ml	现用现配
	DTT	0.2g	
胶条平衡缓冲液 II	胶条平衡母液	10ml	现用现配
	碘乙酰胺	0.25g	
考马斯亮蓝 G-250 标准液	考马斯亮蓝 G-250	50mg	滤纸过滤
	95%乙醇	25ml	棕色瓶保存
	85%磷酸	50ml	
	蒸馏水	定容至 10ml	
考马斯亮蓝 R-250 染色液	考马斯亮蓝 R-250	1g	滤纸过滤
	异丙醇	25%（V/ V）	棕色瓶保存
	冰醋酸	10%（V/ V）	
	超纯水	定容至 1L	
凝胶脱色液	乙醇	250ml	
	冰醋酸	100ml	
	超纯水	定容至 1L	
	10% SDS	4.0 ml	
蛋白裂解液	尿素	8mol/L	分装成每管 1ml
	硫脲	2mol/L	–80℃冰箱保存
	CHAPS	4%	
	DTT	60mmol/L	
	Tris-base	40mmol/L	
	PMSF	0.5mmol/L	

9.2.1.3　实验方法

1. 桦剥管菌的培养

从木屑麦麸培养基中取少量纯菌丝接种到 PDA 培养基的中心位置，待菌丝长满整个平皿后，用打孔器取直径约为 0.7cm 菌饼，加入到含有不同诱导物的马铃薯液体培养基中，每 10ml 液体培养基中放入 2 个菌饼，诱导物分别为白桦和云杉木屑，以不含木屑的马铃薯液体培养基为对照，每处理 3 次重复。放于摇床内 120 r/min28℃连续培养。

2. 菌体总蛋白质的提取步骤

（1）培养好的菌丝体，除去少量木屑后，放入 1.5ml 离心管中，10 000 r/min4℃冷冻离心 10min，吸去上层的液体，用灭菌后的镊子取出菌丝体，并用滤纸吸干，放于研钵中，加液氮冷冻研磨至粉末状。在预冷的 1.5ml 离心管中加入 1ml TCA/丙酮溶液，并加入 1/2 体积的菌丝粉末，旋涡振荡混匀后放入-20℃冰箱中过夜。

（2）将过夜的离心管取出，4℃下 13 000r/min 离心 30min，弃上清，再向每管中加入 1ml 100%丙酮，用枪头捣碎沉淀后旋涡振荡，充分混匀后放入-20℃冰箱中静置 30min。

（3）把离心管取出，4℃下 13 000r/min 离心 30min，弃上清后每管中加入 1ml 80%丙酮，充分混匀后，-20℃冰箱中静置 30min。此步骤可重复一次，提取效果更好。

（4）将静置后的样品 4℃下 12 000r/min 离心后，完全弃去上清，开盖放于冰盒上并置于真空泵中抽滤，直到丙酮挥发干净为止。收集蛋白质干粉，-80℃冰箱保存。

（5）取出-80℃冰箱中的蛋白裂解液置于冰盒上融化，按 0.025g : 500μl 的量加入裂解液和蛋白质干粉末，充分振荡混匀后置于冰盒上开始裂解，共裂解 4h，每隔 15min 振荡一次。裂解后 13 000r/min 离心 50min 收集上清，每管加入 200μl，-80℃冰箱保存。

3. 胞外分泌蛋白质提取步骤

（1）在马铃薯液体培养基，培养数天后，将培养基中上层液体取出 8000r/min4℃离心，收集上清，以除去木屑、菌丝体和孢子。重复一次以达到更好的效果。

（2）在离心后的上清液中加入 15%（*V*/*V*）TCA 和少量的 PVPP。4℃静置过夜。

（3）取出过夜后的上清液，11 000r/min4℃离心 10min。弃上清后收集管底部的白色沉淀，并加入到新的 1.5ml 离心管中，每管加入 100%丙酮 1ml，4℃静置 30min。

（4）静置后的样品于 13 000r/min4℃离心 30min，弃上清后，加入新的 100%丙酮 1ml，4℃静置 30min。

（5）重复步骤（4）一次，离心后，吸去上清液，开盖放于冰盒上并置于真空泵中抽滤，直到丙酮挥发干净为止。收集蛋白质干粉，-80℃冰箱保存。

（6）裂解步骤同“2.菌体总蛋白质的提取步骤”中的步骤（5）。

4. 第一向等电聚焦

1）等电聚焦 IEF 程序设置

低压水化	50 V	线性	12～14 h	主动水化
S1	100 V	线性	1 h	除盐
S2	500 V	快速	1 h	除盐
S3	1000 V	线性	1 h	升压
S4	8000 V	快速	0.5 h	聚焦
S5	8000 V	快速	5 h	保持

胶条限制电流（50μA/根）

2）等电聚焦

（1）取一小管水化上样缓冲液（1ml/管），置于冰盒上室温融化。

（2）融化好的溶液中分别加入 0.01g DTT，IPG buffer（pH3～10）5μl。

（3）根据蛋白质样品浓度计算要加入的体积，每根胶条上样 1500μg 蛋白质，用上样缓冲液补充体积至 200μL，颠倒混匀，置于冰盒上。

（4）提前 10min 从-20℃冰箱中取出 13cm 的 IPG 胶条。

（5）取 200μl 混合均匀的样品沿水化盘正极端向负极端缓缓加入。保持蛋白质样品分布均匀覆盖水化盘底表面。

（6）除去胶条的保护层，胶面向下放在蛋白质样品上，注意胶条的正极要与胶条槽正极相同，放置后不要产生气泡，也不要将蛋白质样品弄到胶条背面。

（7）在胶条的上表面覆盖矿物油 0.8ml，防止聚焦过长引起液体的蒸发导致样品聚焦失败。

（8）盖好胶条槽上表盖，对应正负极放于金属板上，设置好程序开始等电聚焦。

5. 胶条的平衡与第二向 SDS-PAGE 电泳

（1）配制 12.5%的聚丙烯酰胺凝胶溶液，灌胶时胶面停止在玻璃板上 1cm 处，缓缓加入去离子水封住溶液上表面。静置 20～30min，使其凝固，待分离胶凝固后倒去表面的去离子水。

（2）称量 0.15g DTT 粉末和 0.25g 碘乙酰胺分别溶于两管装有 10ml 胶条平衡缓冲母液的试管中备用。

（3）将等电聚焦结束后的胶条轻轻拿出进行除油，之后放入胶条平衡缓冲液 I 中平衡 15min，注意平衡时间不能超过 15min。

（4）15min 后将胶条取出，用去离子水冲洗几次后用湿的滤纸吸取掉表面多余的平衡液 I，胶面向上放入胶条平衡缓冲液 II 中，继续平衡 15min。

（5）平衡结束后，用镊子夹住胶条的一端放入 1×电泳缓冲液中轻轻晃动，以去除胶条表面的平衡液。将胶条放在分离胶上面，并加入事先配好的 5%浓缩胶 4ml，并在左侧插入一个单孔的梳子，设置蛋白质 Marker 点样孔，静置 15min，待浓缩胶凝固。

（6）待浓缩胶完全凝固后，在左侧点样孔内加入 10μl 蛋白质 Marker，组装好设备后打开开关，开始第二向电泳。起始功率为 3W，待样品全部进入浓缩胶后，将功率升高为 5W。

6. 凝胶的着色及扫描对比检测

电泳结束后将凝胶取出放入事先配好的考马斯亮蓝染液中染色 4h；染色后将凝胶放入脱色液中进行脱色，待背景颜色脱去后，将凝胶放入去离子水中浸泡 12h。使用 Image ScannerIII（GE Healthcare, USA）扫描仪扫描图像，图片的分辨率为 600 dpi（Dots Per Inch），图像比例为 1∶1。将扫描后的凝胶用保鲜膜包好后，注明样品名称及日期，放入 4℃冰箱保存，以备切胶点用。

7. 差异蛋白的质谱鉴定及功能分析

使用软件 ImageMaster 2D Platinum 6.0 （Amersham）和 ImageMaster v501 trial（Amersham Biosciences）进行蛋白质表达差异点比对分析。通过调整对比度、斑点检

测、匹配凝胶，得到蛋白质斑点的具体信息、匹配后确定差异点。以蛋白质点的相对体积（%vol）对蛋白质斑点进行定量。通过调整对比度、参数，进行蛋白质点的匹配和检测、数据的分析和输出。将分析后的有价值的蛋白质点切下放入进口 1.5ml 试管中，装入冰盒后，送至生物公司进行质谱检测，根据检测结果进行数据分析和蛋白质功能查询分类鉴定。

9.2.2　桦剥管菌胞内蛋白质组差异表达

9.2.2.1　蛋白质的双向电泳分析

以白桦木屑、云杉木屑为诱导物，以不含木屑的马铃薯液体培养基为对照的桦剥管菌蛋白质样品用 pH4～7 的 IPG 胶条等电聚焦，用 12.5%的 SDS-PAGE 凝胶进行第二向分离。如图 9-17 所示，3 个处理蛋白质上样量均为 1500μg。根据前期预实验并结合酶活性的变化情况，均在培养的第 15 天提取蛋白质。

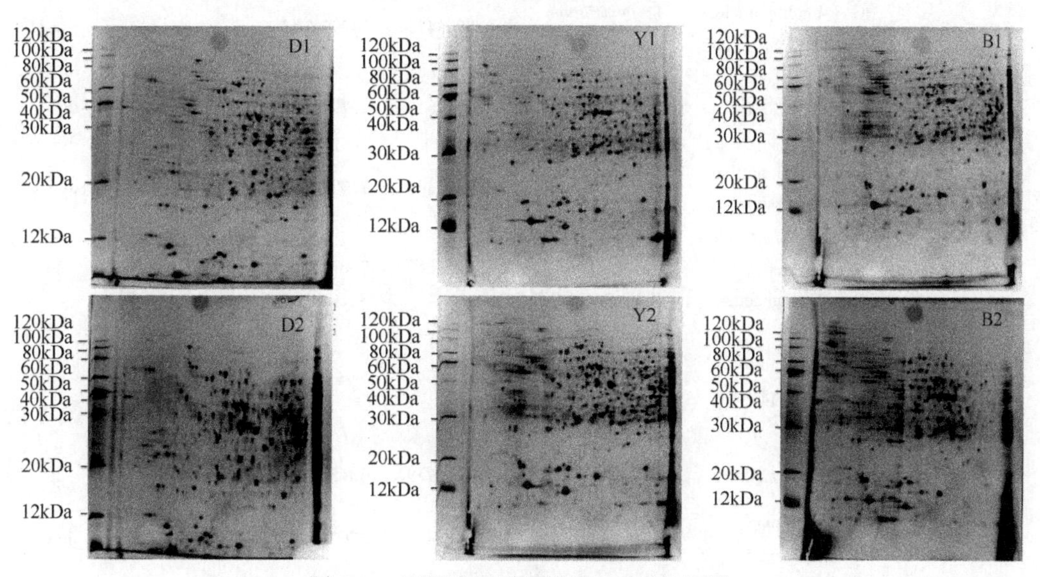

图 9-17　不同木屑诱导的蛋白质表达图谱

D1、D2 为对照样蛋白质；B1、B2 为白桦诱导样品蛋白质；Y1、Y2 为云杉诱导样品蛋白质

9.2.2.2　差异表达蛋白质组分析

桦剥管菌在白桦和云杉木屑诱导后与对照组蛋白质表达差异较为明显。电泳图经 ImageMaster 软件进行差异蛋白质点分析，两处理组共计检测发现 32 个明显差异点。对 32 个差异蛋白质点进行 MALDI TOF/TOF 质谱检测，利用 GPS Explore 软件进行分析，MASCOT 检索 NCBI Nr 蛋白质数据库，共成功鉴定 17 个蛋白质点，见表 9-5，鉴定成功率约为 53%。其中，13 个蛋白质点表达量上调表达，4 个蛋白质点表达量下调表达，但有 3 个点为假设蛋白，其功能还有待进一步研究。

表 9-5　差异表达蛋白的鉴定

蛋白质点编号	蛋白质名称	物种	登录号	理论分子质量/等电点	得分	可信度/%	基因表达水平
471	epimerase	*Silicibacter* sp.TrichCH4B	496467480	33589/9.53	61	60	up
447	malate dehydrogenase	*Coprinopsis cinerea*	169865690	35160/9.02	102	80	up
74	phosphoenolpyruvate-protein phosphotransferase	*Lachnospiraceae bacterium* 28-4	511039083	64581/5.17	56	9	up
625	NIMA interactive protein （Fragment）	*Colletotrichum higginsianum*	380486947	68690/4.98	65	59	up
477	histidine kinase	*Alteromonas macleodii*	504761976	13121/4.71	55	21	up
386	GTP-binding nuclear protein GSP1/Ran	*Penicillium digit-atum* PHI26	425768493	24290/6.45	228	100	up
395	transaldolase	*Trametes versicolor* FP-101664 SS1	636619615	35794/5.84	91	95	down
558	heat shock protein HSS1 （Fragment）	*Rhizoctonia solani*	639574307	71978/5.17	208	99	down
173	*S*-adenosyl-*L*-methionine-dependent methyltransferase	*Dichomitus squalens* LYAD-421 SS1	597971817	25673/5.57	60	12	up
308	inorganic pyrophosphatase	*Puccinia graminis* f. sp.*tritici* CRL 75-36-700-3	331230998	32653/5.7	85	84	up
739	glycosyl transferase	*Colletotrichum gloeosporioides*	596678779	38159/6.46	60	8	up
647	methionine aminopeptidase	*Paenibacillus senegalensis*	497965482	27623/5.62	70	52	down
176	Beta-tubulin （Fragment）	*Grifola frondosa*	16209264	15348/7.14	65	35	up
392	40S ribosomal protein	*Postia placenta*	242214314	17709/5.22	511	100	up
545	hypothetical protein	*Fomitopsis pinicola* FP-58527 SS1	527296666	15791/5.27	139	100	down
82	hypothetical protein	*Fomitopsis pinicola* FP-58527 SS1	527294953	61327/5.43	208	100	up
495	hypothetical protein	*Fomitopsis pinicola* FP-58527 SS1	527293430	18053/5.33	121	99.9	up

1. 白桦组与对照组比较结果

差向异构酶点（471）又称为表异构酶、消旋酶。该酶可以催化生物分子立体构型反转，使得只具有一个不对称中心反转单糖分子（含 2 个以上不对称碳原子）中某一个不对称碳原子发生构型变化[19]。例如，甲基丙二酰-CoA 差向异构酶，该酶参与氨基酸异亮氨酸、甲硫氨酸和缬氨酸的代谢分解；UDP-葡萄糖-4-差向异构酶，参与了半乳糖代谢的最终步骤催化可逆 UDP-半乳糖转化为 UDP-葡萄糖[20]；纤维二糖差向异构酶可以作用于单糖或某些低聚糖，形成 C-2 差向异构体，有些还可以将醛糖转化为酮糖。该点在白桦组表达量上调，表明差向异构酶可能参与到纤维二糖的降解过程中。

苹果酸脱氢酶点（447）定位于线粒体基质内，为基质标志酶，是一种在三羧酸循环中催化 *L*-苹果酸转变为草酰乙酸，脱下的氢由 NAD^+接受生成 $NADH+H^+$。草酰乙酸在三羧酸循环中被用于柠檬酸的合成。在大部分生物中苹果酸脱氢酶通常形成同源二聚体，偶尔出现四聚体[21]。该点在白桦组表达量上调，可能是由于桦剥管菌降解木屑引起胞内代谢活动增强。

磷酸烯醇丙酮酸蛋白磷酸转移酶点（74）是磷酸烯醇丙酮酸依赖性氮代谢磷酸转移酶系统（氮代谢的 PTS）的组成部分，属于转移酶家族，参与调节氮代谢。该酶有两部分：磷酸烯醇式丙酮酸和组氨酸，它们的产物是丙酮酸和 Npi-磷酸-*L*-组氨酸蛋白。转移含磷基团（磷酸转移酶）并以含氮基团作为受体[22,23]。在白桦组培养基中添加了白桦木屑，木屑物质组成复杂，因此白桦组碳源和氮源含量都高于对照组。该点在白桦组中表达量上调，表明在白桦组氮代谢方面有所增强。

NIMA 调节蛋白相关蛋白质点（625），是由 *nimA* 基因编码的丝氨酸/苏氨酸蛋白激酶，对微管的形成和功能具有调节作用，并参与中心体、纺锤体和纤毛等的形成和功能发挥[24]。但具体功能不详，NIMA 家族与 Aurora 家族和 PLK 家族并称为有丝分裂酶的三大家族[25]，对细胞周期起到正调控作用，促进细胞的有丝分裂。在白桦组中该蛋白质表达量上调。

组氨酸激酶点（477），一种典型的跨膜蛋白酶，在细胞膜信号转导中起到重要作用。绝大多数的组氨酸激酶是二聚体结构，可以表现出自身激酶的活性，具有磷酸酶和磷酸转移酶活性。组氨酸激酶以类似于酪氨酸激酶受体的方式充当细胞信号分子的受体。该酶横跨细胞膜形成跨膜结构域，在细胞膜外侧即胞外域部分结合激素和生长因子，在细胞膜内侧即胞内区域具有激酶的活性。另外，在胞内域除了具有激酶的活性外，胞内部分可以结合刺激效应分子或分子复合物，以便在胞内进一步传播信号转导。这种类型的酶参与许多细胞过程中的信号转导，包括各种代谢、毒力和稳态通路的上游[26]。

GTP 结合蛋白质点（386），按照其组成结构分为单体 G 蛋白（一条多肽链）和多亚基 G 蛋白（含多条肽链），可以与 GTP 或 GDP 结合，用于蛋白质导入到细胞核以及输出 RNA，参与核质运输、染色质浓缩和细胞周期控制。G 蛋白参与细胞的多种生命活动，如细胞通信、核糖体与内质网的结合、小泡运输、蛋白质合成等[27,28]。白桦组 G 蛋白表达量上调，说明在培养基添加木屑后，胞内的翻译过程和蛋白质合成发生明显变化，更多的蛋白质被合成用于降解木屑和增强代谢活动。

转醛醇酶点（395），又称为转二羟丙酮基酶和磷酸戊糖途径有关的酶，戊糖磷酸途径有两个代谢功能：产生的 NADPH（烟酰胺腺嘌呤二核苷酸磷酸）和形成核糖（ATP、DNA 和 RNA 的一个基本组成部分）。转醛醇酶连接磷酸戊糖途径和糖酵解。将 7-磷酸景天庚酮糖的二羟丙酮基转移到 3-磷酸甘油醛的第一个碳原子上[29]，生成 *D*-赤藓糖-4-磷酸和 *D*-果糖-6-磷酸[30,31]。该点在白桦组表达量下调，在对照组中碳源结构简单，易于被分解利用，因此糖酵解等过程可以快速进行。

热休克蛋白质点（558）又称为热激蛋白，简称为 HSP，是一类功能性相关蛋白质，在细胞处于胁迫条件下，如高温环境，它的表达量就会增大，这种表达量上调受转录调节。首先在高温环境中被发现，后来又在其他胁迫条件下也发现了这个蛋白质，如紫外线照射或组织损伤修复中。在细胞受到应急损伤时，热休克蛋白家族中的许多成员作为分子伴侣可以帮助其他蛋白质正常的折叠或蛋白复性[32]。热休克诱导因子显著上调是热休克反应的关键。热休克蛋白广泛存在于自然界中，在蛋白质的胞内运输、应对蛋白质的热变性和其他胁迫中起到了至关重要的作用。

2. 云杉组与对照组比较结果

SAM 依赖性甲基转移酶点（173），*S*-腺苷甲硫氨酸（SAM）是许多生命过程中的通用生物辅因子，它转移甲基给各种生物分子，包括 DNA、蛋白质和小分子的次级代谢产物。SAM 依赖性甲基转移酶（MTases）传输 SAM 的甲基转移给其他生物分子，并形成 *S*-腺苷高半胱氨酸。该酶是 SAM 依赖性酶迄今为止最大的一类。其催化的甲基修饰反应在生物大分子合成、蛋白质修复、信号传导、染色体表达调控和基因沉默等生物过程起到重要的调节作用[33]。该酶在白桦组中表达量上调。

无机焦磷酸酶点（308），利用 X 射线晶体学确定的三维结构，发现由两个 α 螺旋，以及一个反平行的 β 折叠片封闭结构组成，该酶可将一分子焦磷酸盐催化转化为两分子磷酸盐。此反应是一个高放能反应，可偶联到一些吸热的转化，以便驱动这些转化完全进行。此酶的功能是在脂代谢（包括脂合成与降解）、钙吸收以及骨形成和 DNA 合成中扮演重要角色[34]。云杉组表达量上调，表明该酶可能参与到木材脂类的降解过程中。

糖基转移酶点（739）是生物体内催化糖链合成并将活化的糖链连接到蛋白质、核酸、寡糖、脂类等不同的受体分子上，使得糖基化的受体产生新的生物学功能。糖基转移酶与糖苷转移酶有所不同，葡萄糖基转移酶是在酶反应中只转移葡萄糖基的酶（Glu-酶），葡萄糖苷转移酶是转移时连葡萄糖的糖苷键一起转移的酶[35-37]。该酶在云杉组中表达量增大，表明该酶可能糖基化某些蛋白质，参与到桦剥管菌对云杉木屑降解相关酶的合成过程中或对环境中的云杉木屑成分产生某些刺激响应。

甲硫氨酸氨基肽酶点（647），氨基肽酶可以将氨基酸从多肽链的 N 端按顺序逐个解离出来[38]。甲硫氨酸氨基肽酶主要从肽链中释放甲硫氨酸。这是一种膜结合蛋白，存在于许多原核和真核生物中，该酶在组织修复和蛋白质降解的过程中起到关键作用[39,40]。该点在云杉组表达量下调。

β-微管蛋白质点（176），微管蛋白分为 α-微管蛋白和 β-微管蛋白，这两种蛋白质形成二聚体共同组成了细胞骨架长的中空圆柱体微管。微管由 13 条原纤维构成，每一条原纤维中都含有多个微管蛋白的蛋白质二聚体。α 和 β 两种亚基都可以与 GTP 结合，GTP 与 α-微管蛋白结合时不发生水解或交换，而是成为 α-微管蛋白的一部分[41]；而 β-微管蛋白作为 GTP 酶，既可结合 GTP 形成微管，释放 GDP，又可结合 GDP 使二聚体从微管中解离出来并释放 GTP，这样一个 GTP 和 GDP 的循环构成了微管的动态平衡[42]。该酶在云杉组中表达量上调。

40S 核糖体蛋白质点（392），核糖体蛋白是能够与 rRNA 结合，组成核糖体亚基并参与翻译过程的一类蛋白质的统称。在核糖体的自组装过程中，不同的蛋白质逐批与 rRNA 结合形成核糖体的大、小亚基[43]。大肠杆菌、其他细菌和古细菌具有 30S 小亚基和 50S 大亚基，而真核生物具有 40S 小亚基和 60S 大亚基。主要具有翻译、修饰或辅助蛋白质折叠等功能[44]，该酶在云杉组中表达量上调。

3. 未知功能的蛋白质

点（545、82、495）这 3 个蛋白质点功能不详，点 545 和点 82 为白桦组上调蛋白；点 495 为云杉组上调蛋白，分析结果显示这 3 个蛋白质序列都与同一物种红缘拟层孔菌（*Fomitopsis pinicola* FP-58527 SS1）相似度最高。红缘拟层孔菌[45]和桦剥管菌都为大型真菌，都会引起木材褐色腐朽。对 3 个点的保守结构域进行分析（图 9-18），蛋白质点 545 可能属于肌动蛋白解聚因子/丝切蛋白家系，丝切蛋白属于真核生物中的肌动蛋白结合蛋白[46]。蛋白质点 495 可能属于硫氧还蛋白超家族，硫氧还蛋白可以作为蛋白质二硫键的还原酶，参与调解多种生理过程；蛋白质点 82 可能属于分子伴侣超家族，分子伴侣是细胞中一大类蛋白质的总称，它们可以帮助其他蛋白质正确装配，但自身参与到最后的功能结构中。

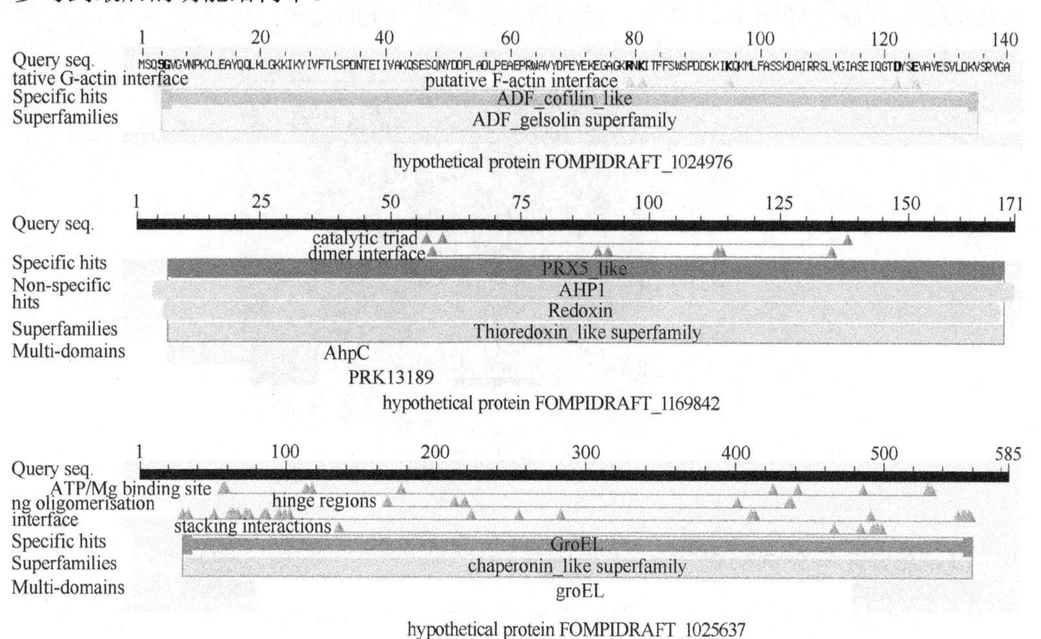

图 9-18 假设的保守结构域

9.2.2.3 鉴定的蛋白质在不同功能类群的分布

鉴定的差异表达蛋白质涉及的生物过程如下：8 个代谢过程、4 个细胞过程、1 个刺激响应。其中 8 个代谢过程包括：初级代谢过程、有机物质代谢过程、生物合成过程、分解代谢过程和氮化合物代谢过程（图 9-19）。4 个细胞过程都参与细胞代谢过程。1 个刺激响应是胁迫响应。

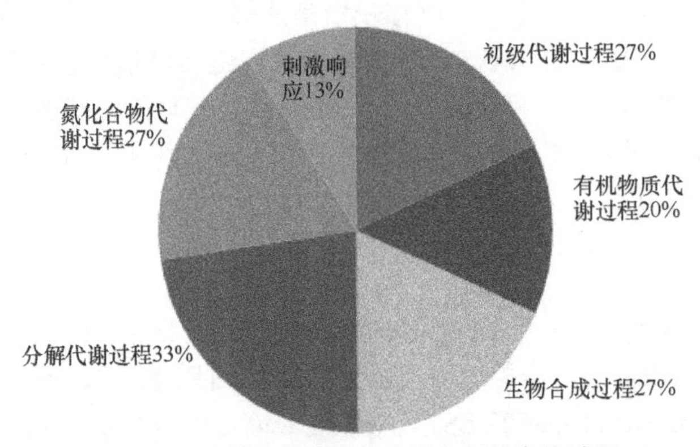

图 9-19 质谱鉴定胞内蛋白质参与的生物过程

9.2.3 桦剥管菌部分胞外分泌蛋白的鉴定

桦剥管菌接种到马铃薯液体培养基 15 天后，进行胞外蛋白提取，将得到的蛋白质样品进行双向电泳。等电聚焦选用 pH 3～10 的 IPG 胶条，第二向分离选用 12.5%的 SDS-PAGE 凝胶。如图 9-20 所示，蛋白质上样量均为 400μg。

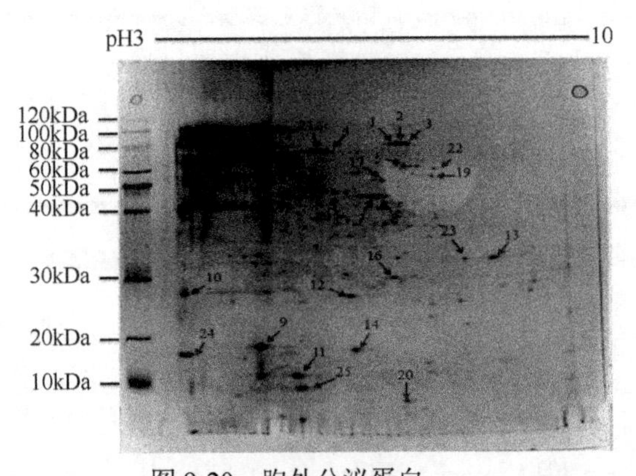

图 9-20 胞外分泌蛋白

9.2.3.1 胞外分泌蛋白质组分析

共选取 24 个点进行 MALDI TOF/TOF 质谱鉴定，利用 GPS Explore 软件进行分析，MASCOT 检索 NCBI Nr 蛋白质数据库，共成功鉴定 15 个蛋白质点（表 9-6），其中包括醇氧化酶、核糖体蛋白、1-脱氧-*D*-木酮糖-5-磷酸还原异构酶、转录调节因子、GMC

氧化还原酶、短链脱氢酶、过氧化氢酶和染色体分割蛋白。

表 9-6 部分胞外分泌蛋白的鉴定

蛋白质点编号	蛋白质名称	物种	登录号	理论分子质量/等电点	得分	可信度/%
1	alcohol oxidase	*Ceriporiopsis subvermispora* B	496467480	72 535/6.04	83	75
2	alcohol oxidase	*Ceriporiopsis subvermispora* B	449550169	72 535/6.04	81	57
3	alcohol oxidase	*Coniophora puteana* RWD-64-598 SS2	628843147	72 533/6.12	52	12
5	ribosomal protein L22	*Ehrlichia* sp. HF	612495250	12 960/10.2	73	21
9	1-deoxy-*D*-xylulose 5-phosphate reductoisomerase	*Rhizobium leguminosarum*	489685669	42 161/6.11	61	14
11	Transcriptional regulator, LysR family	*Gilliamella apicola*	597811842	33 098/9.29	66	12
13	GMC oxidoreductase 3	*Heterobasidion irregulare* TC32-1	695573716	72 983/6.3	83	74
14	methanol oxidase	*Moniliophthora perniciosa*	397648738	70 934/6.25	84	79
15	short-chain dehydrogenase	*Yersinia enterocolitica*	491317615	27 145/5.16	62	7
16	Peroxisomal catalase（PXP-9）	*Scheffersomyces stipites* CBS 6054	126132764	55 102/6.23	74	10
17	MerR family transcriptional regulator	*Chloroflexus* sp.MS-G	670511253	15 742/6.74	64	8
18	chromosome partitioning protein ParA	*Exiguobacterium marinum*	652429785	37 216/5.04	61	16
19	candidate catalase	*Postia placenta* Mad-698-R	242217928	57 110/6.68	93	97
20	transcriptional regulatory protein	*Osedax symbiont* Rs2	520764781	33 366/8.31	65	6
21	catalase	*Streptomyces* sp.NRRL WC-3773	664480351	55 096/5.69	72	35

1. 醇氧化酶（点 1、2、3、14）

醇氧化物酶可以催化伯醇和氧气反应生成醛和过氧化氢，该反应是一个可逆的化学反应。以 CH—OH 基团为供体，以氧气为受体，属于氧化还原酶，并定位于细胞的过氧化物酶体中，这种酶系统的名称是乙醇氧化还原酶，也被称为乙醇氧化酶。醇氧化酶的活化形式是一个同源八聚体，每一个亚基都含有一个 FAD 辅基，各个亚基在细胞质中被合成，与 FAD 结合后进入过氧化物酶体，被组装为八聚体[47]。质谱分析获得 2 个得分大于 80 的醇氧化酶（1 和 2），蛋白质点 3 得分为 52，推测也有可能是醇氧化酶。醇氧化酶可以催化生成过氧化氢，过氧化氢中可以与铁离子结合产生羟基自由基，在降解纤维素过程中扮演着重要的角色。

2. 核糖体蛋白（点 5）

核糖体蛋白是参与构成核糖体的蛋白质的统称，可以与 rRNA 结合形成核糖体亚基参与翻译过程。在细菌和古细菌中具有 30S 小亚基和 50S 大亚基，而真核生物具有 40S 小亚基和 60S 大亚基[48]。核糖体蛋白 L22 属于细胞质核糖体蛋白，属于 L22 核糖体蛋白家族，也是 60S 大亚基的一个组成部分。研究发现，核糖体蛋白 L22 不仅自身参与核糖体组装和蛋白质的合成，还与其他多亚基蛋白相互作用，共同完成相应的生物学功能[49]。

3. 1-脱氧-*D*-木酮糖-5-磷酸还原异构酶（点 9）

1-脱氧-*D*-木酮糖-5-磷酸还原异构酶（DXR）可以催化 1-脱氧-*D*-木酮糖-5-磷酸（DXP）还原为 2-C-甲基-*D*-赤藓醇-4-磷酸（MEP）[50]。DXR 催化此反应在单独步骤中涉及分子内重排，随后发生还原生成 2-C-甲基-*D*-赤藓醇-4-磷酸[51]，该酶发挥催化活性时需要 NADPH 及二价金属离子（Mg^{2+}、Mn^{2+}或者 Co^{2+}）作为辅助因子[52,53]。这个反应是一系列的 MEP 酶促反应途径（非甲羟戊酸途径）合成类异戊二烯中的一部分，这条途径是所有生物体必需的反应。桦剥管菌中 1-脱氧-*D*-木酮糖-5-磷酸还原异构酶的表达量很高，该酶需要 NADPH 和二价金属离子作为辅助因子，因此在木材腐朽初期 NADPH 和金属离子的作用非常重要，该酶可能参与到木材腐朽过程中的电子转移和金属离子交换。

4. 转录调节因子（点 11、17、20）

转录调节因子（transcription factor）是结合在基因启动子区域并调控与其结合基因转录的蛋白质统称。转录因子包括 DNA 结合结构域和效应结构域等多个功能域。除了结合基因上游的启动子区域外，转录因子也与其他转录因子结合，成为转录因子复合体从而影响基因的转录。在 24 个蛋白质点中共检测到 2 个转录调节因子，它们分别属于 LysR 家族和 MerR 家族。LysR 家族转录因子（点 11）是所有转录因子中的最大类群，在原核生物中存在较多，它们具有保守的结构域，长度包含约 300 个氨基酸；N 端是螺旋-转角-螺旋（HTH）结构，可以识别靶基因启动子，作为 DNA 结合区域；C 端是感受信号分子的结构域。MerR 转录因子家族（点 17）主要调节目的基因 *merT* 的启动子特点，并促使 DNA 发生扭曲变构。

5. GMC 氧化还原酶（点 13）

GMC 氧化还原酶又称为葡萄糖-甲醇-胆碱氧化还原酶（glucose-methanol-choline，GMC），这些酶的 N 端是由 30 多个氨基酸组成的 FAD-binding 保守结构域，在其他区域还有多个保守基序，以 FAD 为辅基的黄素蛋白类氧化还原酶。N 端 GMC_oxred_N 结构域可以结合辅基 FAD，C 端的 GMC_oxred_C 结构域主要结合甾醇等底物。GMC 氧化还原酶家族中虽然各种酶的功能不同，但氨基酸序列相似性较高，主要包括甲醇脱氢酶、胆碱脱氢酶和纤维二糖脱氢酶等。研究表明 GMC 基因参与桔霉素和红曲色素的 PKS 后修饰过程并在生物体内葡萄糖、胆碱和甾醇等多种物质代谢途径中发挥作用[54]。在研究真菌纤维二糖脱氢酶时，发现真菌纤维二糖脱氢酶具有 GMC 氧化还原酶家族保守的序列，和一个细胞色素结构域，随后的研究表明纤维二糖脱氢酶的进化史不同于其他 GMC 氧化还原酶，它增加了细胞色素结构域的基因，这种融合提高了真菌纤维二糖脱氢酶的催化效率[55]。

6. 短链脱氢酶（点 15）

短链脱氢酶/还原酶家族（short-chain dehydrogenases/reductases，SDRs）是一大类蛋白质的统称，至少包括 140 种不同的酶，异构酶、氧化还原酶和裂解酶等多个亚家族都属于短链还原酶家族，其生理功能涉及在糖类、醇类、脂质、氨基酸、碳水化合物、辅酶、激素、异生物质等多种代谢中起到关键作用[56]。大约 25%的脱氢酶都属于短链脱氢酶家族，这类酶广泛存在于各类生物中，但在细菌中的短链脱氢酶发现得更多。SDRs 家族蛋白由 250～300 个氨基酸残基组成核心结构，含有两个或两个以上的结构域，其中一个结构域与辅酶 NADH 或 NADPH 结合；另一个结构域包含底物特异性和催化活性相关的氨基酸，因此能与底物结合。SDRs 具有 5 个不同的亚家族，它们序列模型有所不同。典型短链脱氢酶大约有 250 个氨基酸残基数，N 段有 TGXXXGXG 保守位点，辅因子结合位点在该位点下游 β 折叠尾部第 18 个氨基酸附近。SDRs 所有亚家族中，有一个严格保守的酪氨酸残基催化位点，通过化学修饰、定点突变、三维结构等研究表明该位点具有酶催化的关键作用。短链脱氧酶能够催化氧化和还原反应，且都是可逆的，一种可以消耗 $NAD(P)^+$生成为 NAD(P)H 将羟基化合物（醇、糖）氧化为羧基化合物（酮、酸）；另一种消耗 NAD(P)H 生成 $NAD(P)^+$将羧基化合物（酮、酸）还原为羟基化合物（醇、糖）[57]。短链脱氢酶可以消耗 $NAD(P)^+$生成为 NAD(P)H，而褐腐菌降解木材初期也需要 NADPH 传递氢原子，表明该酶可能参与到了木材腐朽过程中。

7. 过氧化氢酶（点 16、19、21）

过氧化氢酶是催化过氧化氢转化为水和氧气的一种酶，它是一类抗氧化剂，广泛存在于各类生物体中。过氧化氢酶是与底物反应速率最快的酶之一，每秒可以催化数百万个过氧化氢分子分解为水和氧气[58]。虽然不同的过氧化氢酶来源不同但它们的结构都大致相似，典型过氧化氢酶又被称为单功能血红素过氧化氢酶，该酶存在于生物的呼吸组织。每个酶分子由 4 个亚基组成，每个亚基含有一个活性位点，该位点以血红素作为辅基，辅基形式为含有 4 个铁原子的铁卟啉环[59,60]。在环境胁迫等逆境情况下，生物体内自由基过多，过氧化造成细胞膜破坏和损伤。过氧化氢酶和过氧化物酶与超氧化物歧化酶一起组成了生物体内的活性氧防御系统，在清除超氧自由基和减少羟基自由基的形成中起到重要作用。过氧化氢可以和二价铁离子结合形成具有强氧化性的羟基自由基使纤维素产生更多的还原末端，但过量的过氧化氢也会对菌丝体有所伤害，在 24 个蛋白质点中共检测到 3 个过氧化氢酶，过氧化氢酶可以清除菌丝表面的超氧自由基等物质，减少菌丝体受到的伤害。

8. 染色体分割蛋白 ParA（点 18）

染色体分割蛋白系统在细胞分裂过程中可以帮助染色体准确地划分以确保子细胞得到该物种完整的基因组[61]。该系统包括两个反式作用因子 ParA、ParB 和一个顺势作用位点 ParS。ParA 是一种 ATP 酶，可以激活 ParB，ParA 与 ParAB 操纵子上游的操纵序列结合并开始转录，当 ParA 与 ADP 结合时，对 ParAB 操纵子起到阻遏作用，当 ParA 与 ATP 结合时可以与 ParB-ParS 核蛋白复合物相互作用。ParB 具有 3 个不同的结构域：氨基末端 ParA 结合结构域、中间的 DNA 结合结构域和羧基端的二聚化结构域[62]。

9.2.3.2 鉴定的蛋白质在不同功能类群的分布

鉴定的差异表达蛋白质涉及的生物过程如下：7 个代谢过程、5 个细胞过程、4 个刺激响应。其中代谢过程包括：6 个参与有机物质代谢过程，3 个参与生物合成过程，6 个参与分解代谢过程。5 个细胞过程都与细胞物质、能量有关。4 个刺激响应均为胁迫响应（图 9-21）。

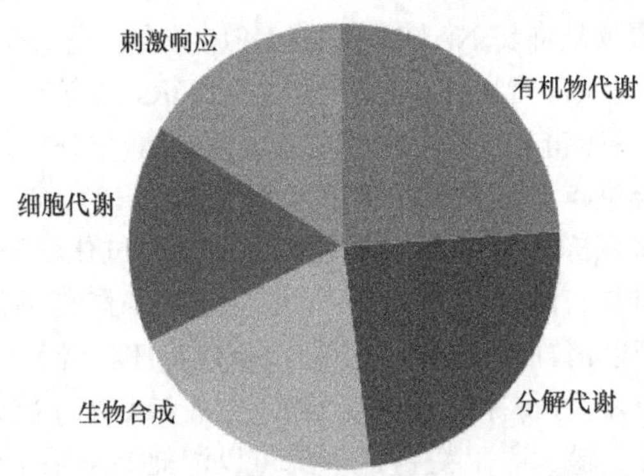

图 9-21 质谱鉴定胞外蛋白质参与的生物过程

9.2.4 讨论

根据纤维素酶活性的测定结果以及桦剥管菌的生长速度规律，选择提取培养第 15 天胞内蛋白以及胞外分泌蛋白，由于真菌多糖含量较高，造成在等电聚焦过程中蛋白质分离不开以及 SDS 聚丙烯酰胺凝胶电泳中出现拖尾现象，因此在蛋白质沉淀过程中加入 1%的 PVPP 吸附多糖，提取效果较好。在一向等电聚焦过程中，胞内蛋白质种类比较丰富，上样 1500μg 蛋白质最后得到的蛋白质图谱效果很好，适用于 ImageMaster 软件分析蛋白质表达差异，而胞外分泌蛋白种类很少，上样 400μg 得到的蛋白质图谱比较清晰。

在白桦组中差向异构酶、苹果酸脱氢酶、磷酸烯醇丙酮酸蛋白磷酸转移酶、NIMA 调节蛋白相关蛋白、GTP 结合蛋白表达量上调，这几种酶参与到能量和物质代谢、氮代谢、细胞通信、蛋白质合成、有丝分裂等过程，而转醛醇酶、热休克蛋白表达量下调，这两个点涉及糖代谢和刺激响应等过程。云杉组中 SAM 依赖性甲基转移酶、无机焦磷酸酶、糖基转移酶、β-微管蛋白和 40S 核糖体蛋白表达量上调，这些酶参与到物质合成、信号转导、染色体表达调控、脂类代谢、蛋白质合成修饰等方面。而甲硫氨酸氨基肽酶表达量下调，该酶在组织修复和蛋白质降解的过程中起到关键作用。在木屑诱导组的培养基中含有木屑成分，菌体要降解纤维素并吸收葡萄糖等营养物质因此会出现与代谢相关的酶表达量上调。但也有一些蛋白质出现表达量下调，可能是在新的环境中菌体要适应新的培养条件，而且木屑的成分复杂，有些成分可能会引起某些蛋白质的活性降低，另外一些表达量上调的蛋白质也可能会与其他蛋白质发生拮抗作用。还有部分蛋白质在对照组和诱导组的表达量变化不大，这些蛋白质多数参与细胞的基础代谢，维持细胞基本的生命活动。

在胞外蛋白中并未检测到木质纤维素降解相关的蛋白质，但在相同时间却能测到纤维素酶的活性，由于胞外蛋白比较敏感，可能在较为复杂的蛋白质提取和双向电泳过程中出现降解或丢失，而且在选取蛋白质点时，纤维素降解相关蛋白质可能含量较少，蛋白质点不明显，不具备切胶以及质谱分析的条件，因此没有被选中。胞外分泌蛋白不仅包含细胞分泌的蛋白质，而且包括细胞壁脱落物，以及部分解体的细胞器[63]，因此在胞外蛋白中检测到部分胞内蛋白。

9.2.5 小结

本研究主要分析了桦剥管菌不同木屑诱导下蛋白质的差异表达以及仅对马铃薯液体培养基中的胞外分泌蛋白进行分析。

（1）胞内蛋白由于含量较高，选用液氮研磨菌丝并用 TCA 丙酮法提取蛋白质，可以有效减少离子干扰，在研磨过程中加入适量的 PVPP 可以吸附菌丝中的多糖以减少在 SDS 电泳中的拖尾现象。胞外分泌蛋白含量较少，且实时发生变化，在提取过程中难度较大，容易发生降解，而且培养液的液体较多，浓缩蛋白具有一定难度，经过多次预实验最终在离心后的液体培养基中加入 15% TCA 沉淀过夜，翌日加入丙酮沉淀并去除杂质，再通过离心的方法得到蛋白质干粉，效果较好。

（2）利用蛋白质双向电泳和考染串联-质谱技术分析在不同木屑诱导条件下桦剥管菌的胞内蛋白差异表达，利用等电聚焦和聚丙烯酰胺凝胶电泳构建差异蛋白表达图谱，使用 ImageMaster 软件对不同的蛋白质样品图谱进行比对分析，检测到 3 组样品均有 600 个左右蛋白质点，共检测到 32 个差异蛋白质点，通过质谱分析共检测到 17 个差异蛋白质点，其中有 3 个假设的功能目前还不清晰的蛋白质，有 13 个表达量上调蛋白质点，4 个下调蛋白质点。上调的蛋白质点为异构酶、NIMA 调节蛋白、组氨酸激酶、磷酸烯醇丙酮酸蛋白磷酸转移酶、SAM依赖性甲基转移酶、苹果酸脱氢酶、糖基转移酶、β-微管蛋白、无机焦磷酸酶、GTP 结合蛋白、40S 核糖体蛋白；下调的蛋白质有甲硫氨酸氨基肽酶、转醛醇酶以及热休克蛋白。

（3）对胞外分泌蛋白进行分析，24个蛋白质点共成功鉴定到15个蛋白质，包括4个醇氧化酶、1个核糖体蛋白、1个1-脱氧-*D*-木酮糖-5-磷酸还原异构酶、3个转录调节因子、1个GMC氧化还原酶、1个短链脱氢酶、3个过氧化氢酶和1个染色体分割蛋白，涉及了物质能量代谢、刺激响应、生物合成以及细胞代谢等过程。

参考文献

[1] KangY-M, Prewitt M L, DiehlS V. Proteomics for biodeterioration of wood （*Pinus taeda* L.）: Challenging analysis by 2-D PAGE and MALDI-TOF/TOF/MS. International Biodeterioration & Biodegradation, 2009, 63（8）: 1036-1044.

[2] Herrmann K, Entus R. Shikimate pathway: Aromatic amino acids and beyond. eLS, 2001, doi: 10.1038/npg.els.0001315.

[3] Chelikani P, Fita I, Loewen P C. Diversity of structures and properties among catalases. Cellular and Molecular Life Sciences, 2004, 61（2）: 192-208.

[4] Ferry J G. Formate dehydrogenase. FEMS Microbiology Letters, 1990, 87（3）: 377-382.

[5] Popov V O, Lamzin V S. NAD（+）-dependent formate dehydrogenase. Biochemical Journal, 1994, 301（Pt 3）: 625.

[6] Jormakka M, Byrne B, Iwata S. Formate dehydrogenase — a versatile enzyme in changing environments. Current Opinion in Structural Biology, 2003, 13（4）: 418-423.

[7] Dutton M V, Evans C S. Oxalate production by fungi: Its role in pathogenicity and ecology in the soil environment. Canadian Journal of Microbiology, 1996, 42（9）: 881-895.

[8] Mäkelä M, Galkin S, Hatakka A, et al. Production of organic acids and oxalate decarboxylase in lignin-degrading white rot fungi. Enzyme and Microbial Technology, 2002, 30（4）: 542-549.

[9] Shimada M, Akamtsu Y, Tokimatsu T, et al. Possible biochemical roles of oxalic acid as a low molecular weight compound involved in brown-rot and white-rot wood decays. Journal of Biotechnology, 1997, 53（2）: 103-113.

[10] Kato N, Sahm H, Wagner F. Steady-state kinetics of formaldehyde dehydro genase and formate dehydrogenase from a methanol-utilizing yeast,*Candida boidinii.* Biochimica et Biophysica Acta（BBA）-Enzymology, 1979, 566（1）: 12-20.

[11] Nicholls P. Formate as an inhibitor of cytochrome c oxidase. Biochemical and Biophysical Research Communications, 1975, 67（2）: 610-616.

[12] 韦小敏. 斜卧青霉胞外蛋白质组学分析与纤维素酶合成调控机制研究. 山东大学博士学位论文, 2011.

[13] Varela E, Tien M. Effect of pH and oxalate on hydroquinone-derived hydroxyl radical formation

during brown rot wood degradation. Applied and Environmental Microbiology, 2003, 69（10）: 6025-6031.

[14] Shary S, Kapich A N, Panisko E A, et al. Differential expression in *Phanerochaete chrysosporium* of membrane-associated proteins relevant to lignin degradation. Applied and Environmental Microbiology, 2008, 74（23）: 7252-7257.

[15] Martin F, Canet D. Biosynthesis of amino acids during [^{13}C] glucose utilization by the ecto-mycorrhizal ascomycete *Cenococcum geophilum* monitored by ^{13}C nuclear magnetic resonance. Physiologievegetale, 1986, 24（2）: 209-218.

[16] Rineau F, Shah F, Smits M M, et al. Carbon availability triggers the decomposition of plant litter and assimilation of nitrogen by an ectomycorrhizal fungus. The ISME Journal, 2013, 7（10）: 2010-2022.

[17] Buswell J A, Ander P, Eriksson K-E. Ligninolytic activity and levels of ammonia assimilating enzymes in *Sporotrichum pulverulentum*. Archives of Microbiology, 1982, 133（3）: 165-171.

[18] Fenn P, Choi S, Kirk T K. Ligninolytic activity of *Phanerochaete chrysosporium*:Physiology of suppression by NH_4^+ and l-glutamate. Archives of Microbiology, 1981, 130（1）: 66-71.

[19] Wolfram F, Kitova E N, Robinson H, et al. Catalytic mechanism and mode of action of the periplasmic alginate epimerase AlgG. Journal of Biological Chemistry, 2014, 289（9）: 6006-6019.

[20] Babu P, Victor X V, Nelsen E, et al. Hydrogen/deuterium exchange-LC-MS approach to characterize the action of heparan sulfate C5-epimerase. Analytical and Bioanalytical Chemistry, 2011, 401（1）: 237-244.

[21] 汪新颖, 王波, 侯松涛, 等. 苹果酸脱氢酶的结构及功能. 生物学杂志, 2009, 26（4）: 69-72.

[22] Huang K J, Lin S H, Lin M R, et al. Xanthone derivatives could be potential antibiotics: Virtual screening for the inhibitors of enzyme I of bacterial phosphoenolpyruvate-dependent phosphotransferase system. The Journal of Antibiotics, 2013, 66（8）: 453-458.

[23] Patel H V, Vyas K A, Savtchenko R, et al. The monomer/dimer transition of enzyme I of the *Escherichia coli* phosphotransferase system. Journal of Biological Chemistry, 2006, 281（26）: 17570-17578.

[24] Motose H, Tominaga R, Wada T, et al. A NIMA - related protein kinase suppresses ectopic outgrowth of epidermal cells through its kinase activity and the association with microtubules. The Plant Journal, 2008, 54（5）: 829-844.

[25] Grallert A, Connolly Y, Smith D L, et al. The *S. pombe* cytokinesis NDR kinase Sid2 activates Fin1 NIMA kinase to control mitotic commitment through Pom1/Wee1. Nature Cell Biology, 2012, 14（7）: 738-745.

[26] Steeg P S, Palmieri D, Ouatas T, et al. Histidine kinases and histidine phosphorylated proteins in mammalian cell biology, signal transduction and cancer. Cancer Letters, 2003, 190（1）: 1-12.

[27] 王真, 欧齐星, 王双山, 等. 流产布鲁氏菌 ATP/GTP 结合蛋白基因缺失株保护力及安全性研究. 中国农业大学学报, 2013, 3: 21.

[28] 马立安, 江涛, 张忠明. 拟南芥 Ran 小 GTP 结合蛋白在细胞有丝分裂中的定位. 华中农业大学学报, 2009, 27（6）: 701-704.

[29] 韩光亭. 罗布麻纤维结构、针织加工与性能研究. 东华大学博士学位论文, 2006.

[30] 麻浩, 李野, 张磊, 等. 混菌发酵中与普通生酮基古龙酸菌产 2-酮基-*L*-古龙酸相关功能蛋白的研究. 生物技术通讯, 2012, 23（5）: 658-661.

[31] Matsushika A, Goshima T, Fujii T, et al. Characterization of non-oxidative transaldolase and transketolase enzymes in the pentose phosphate pathway with regard to xylose utilization by recombinant Saccharomyces cerevisiae. Enzyme and Microbial Technology, 2012, 51（1）: 16-25.

[32] Snodgrass P J. Ornithine Transcarbamylase: Basic Science and Clinical Considerations. Amsterdam: Kluwer Academic Publishers, 2004.

[33] Santini D, Vincenzi B, Massacesi C, et al. *S*-adenosylmethionine（AdoMet）supplementation for treatment of chemotherapy-induced liver injury. Anticancer Research, 2002, 23（6）: 5173-5179.

[34] Gajadeera C S, Zhang X, Wei Y, et al. Structure of inorganic pyrophosphatase from *Staphylococcus aureus* reveals conformational flexibility of the active site. Journal of Structural Biology, 2015, 189(2): 81-86.

[35] Kurzai O, Schmitt C, Claus H, et al. Carbohydrate composition of meningococcal lipopolysaccharide modulates the interaction of Neisseria meningitidis with human dendritic cells. Cellular Microbiology, 2005, 7（9）: 1319-1334.

[36] 李玉, 路福平, 王正祥. 功能性低聚糖合成中糖基转移酶研究进展. 食品科学, 2013, 34（9）: 358-363.

[37] 林钦恒, 肖吉, 陈瑞东, 等. 微生物糖苷类抗生素糖基转移酶的体外研究进展. 中国抗生素杂志, 2013, 37（12）: 881-895.

[38] 李滨. 红曲菌氨肽酶的研究. 中南林业科技大学硕士学位论文, 2012.

[39] Krátký M, Vinšová J, Novotná E, et al. Salicylanilide derivatives block *Mycobacterium tuberculosis* through inhibition of isocitrate lyase and methionine aminopeptidase. Tuberculosis, 2012, 92（5）: 434-439.

[40] Roderick Ś L, Matthews B W. Structure of the cobalt-dependent methionine aminopeptidase from *Escherichia coli*: A new type of proteolytic enzyme. Biochemistry, 1993, 32（15）: 3907-3912.

[41] Huang J, Hu H, Xie Y, et al. Effects of TUBB3, TS and ERCC1 mRNA expressions on chemoresponse and clinical outcome of advanced gastric cancer by multiplex branched-DNA liquid chip technology. Translational Gastrointestinal Cancer, 2013, 3（1）: 21-28.

[42] Jung M, Koo J S, Moon Y W, et al. Overexpression of class III beta tubulin and amplified HER2 gene predict good response to paclitaxel and trastuzumab therapy. PloS One, 2012, 7（9）: e45127.

[43] Williams A J, Werner-Fraczek J, Chang F, et al. Regulated phosphorylation of 40S ribosomal protein S6 in root tips of maize. Plant Physiology, 2003, 132（4）: 2086-2097.

[44] Spahn C M T, Kieft J S, Grassucci R A, et al. Hepatitis C virus IRES RNA-induced changes in the conformation of the 40S ribosomal subunit. Science, 2001, 291（5510）: 1959-1962.

[45] Pouska V, Svoboda M, Leps J. et al. Co-occurrence patterns of wood-decaying fungi on *Picea abies* logs: Does *Fomitopsis pinicola* influence the other species? Polish Journal of Ecology, 2013, 61（1）: 119-133.

[46] 易晓雷, 苗雄鹰. 丝切蛋白-1 和内皮细胞分化因子受体-1 的研究进展. 肿瘤药学, 2012, 2（4）:

242-248.

[47] 熊向华, 赵洪亮, 薛冲, 等. 毕赤酵母醇氧化酶启动子突变体的分离与鉴定. 生物技术通讯, 2008（1）: 11-13.

[48] 孙凯, 薛鸿, 解卫平, 等. 低表达核糖体蛋白 L22 对人肺动脉平滑肌细胞增殖的影响. 南京医科大学学报（自然科学版）, 2012, 6: 8.

[49] Patel N S, Stadanlick J, Cecile-Duc A, et al. Ribosomal protein L22 （Rpl22） controls the development of αβ lineage T cells by regulating ER stress pathways （HEM4P. 239）. The Journal of Immunology, 2014, 192（1 Supplement）: 116.15.

[50] Murkin A S, Manning A K, Kholodar A S. Mechanism and inhibition of 1-deoxy-D-xylulose-5-phosphate reductoisomerase. Bioorganic Chemistry, 2014 （57） :171-185.

[51] Seetang-Nun Y, Sharkey T D, Suvachittanont W. Molecular cloning and characterization of two cDNAs encoding 1-deoxy-D-xylulose 5-phosphate reductoisomerase from *Hevea brasiliensis*. Journal of Plant Physiology, 2008 （165）: 991-1002.

[52] 高文运. 萜类化合物生物合成的 MEP 途径中关键酶的作用机制. 见: 中国化学会, 国家自然科学基金委员会. 中国化学会第八届天然有机化学学术研讨会论文集, 2010.

[53] 李嵘, 王喆之. 植物萜类合成酶 1-脱氧-*D*-木酮糖-5-磷酸还原异构酶的分子结构特征与功能预测分析. 植物研究, 2007, 27（1）: 59-67.

[54] Sun W, Shen Y H, Yang W J, et al. Expansion of the silkworm GMC oxidoreductase genes is associated with immunity. Insect Biochemistry and Molecular Biology, 2012, 42（12）: 935-945.

[55] Hernández - Ortega A, Ferreira P, Merino P, et al. Stereoselective hydride transfer by Aryl - Alcohol oxidase, a member of the GMC superfamily. ChemBioChem, 2012, 13（3）: 427-435.

[56] 张顺成, 张朝晖, 陈振明, 等. 超嗜热菌中短链脱氢酶的酶学性质及应用. 科技通报, 2012, 28(5): 65-69.

[57] 田小亮, 裴小琼, 刘艳, 等. 无色杆菌 JA81 基因组中多个假定短链脱氢酶的克隆表达及其在 4-苯基-3-丁炔-2-酮还原中的应用. 应用与环境生物学报, 2013, 19（006）: 1008-1013.

[58] 臧金金. 改性 PVA/壳聚糖复合小球的合成及其用于固定化过氧化氢酶. 天津大学硕士学位论文, 2013.

[59] 乔利英. 亲水性卟啉及金属卟啉的合成及化学模拟. 山西大学硕士学位论文, 2006.

[60] Naziroglu M. Molecular role of catalase on oxidative stress-induced Ca^{2+} signaling and TRP cation channel activation in nervous system. Journal of Receptors and Signal Transduction, 2012, 32（3）: 134-141.

[61] Copley S D, Rokicki J, Turner P, et al. The whole genome sequence of *Sphingobium chlorophenolicum* L-1: Insights into the evolution of the pentachlorophenol degradation pathway. Genome Biology and Evolution, 2012, 4（2）: 184-198.

[62] Mierzejewska J, Jagura-Burdzy G. Prokaryotic ParA-ParB-ParS system links bacterial chromosome segregation with the cell cycle. Plasmid, 2012, 67（1）: 1-14.

[63] Nandakumar M P, Cheung A, Marten M R. Proteomic analysis of extracellular proteins from *Escherichia coli* W3110. Journal of Proteome Research, 2006, 5（5）: 1155-1161.